mare

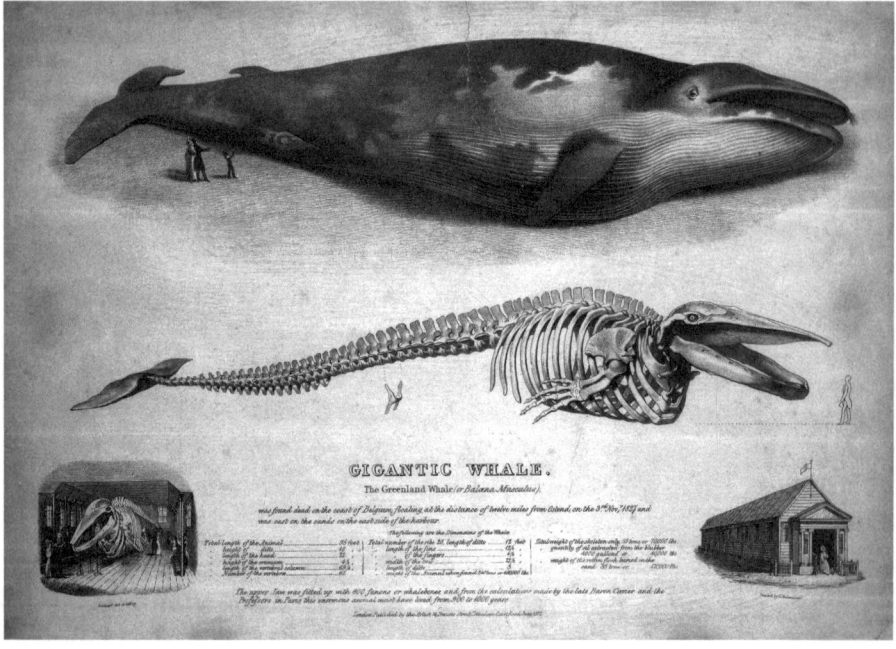

Philip Hoare

LEVIATHAN
oder
Der Wal

Auf der Suche
nach dem mythischen
Tier der Tiefe

Aus dem Englischen von
Hans-Ulrich Möhring

mare

Die Arbeit des Übersetzers an diesem Buch wurde
vom Deutschen Übersetzerfonds gefördert.

Die Originalausgabe erschien 2008 unter dem Titel
Leviathan, or, The Whale bei Fourth Estate / HarperCollins, London.
Copyright © Philip Hoare 2008

Sonderausgabe
© 2013, © 2020 by mareverlag, Hamburg
Lektorat Claudia Jürgens
Register Rainer Kolbe, Ostenfeld/Husum
Typografie Farnschläder & Mahlstedt, Hamburg
Schrift Caslon
Druck und Bindung CPI books GmbH, Germany
Printed in Germany
ISBN 978-3-86648-642-3

www.mare.de

Für Theresa

INHALT

Prolog 11

I Lotungen 23
II Am Anfang der Reise 55
III Der Pottwal 79
IV Ein schmutziges Gesetzeswerk 117
V Fernes Land 131
VI Versiegelte Order 149
VII Der göttliche Magnet 183
VIII Ganz wie ein Walfisch 223
IX Der rechte Gebrauch des Wals 257
X Das Weiß des Wals 291
XI Der melancholische Wal 331
XII Kalter Krieg um Wale 365
XIII Whale Watching 397
XIV Am Ende der Welt 419
XV Die Jagd 441

Anmerkungen 463
Literaturverzeichnis 488
Abbildungsnachweis 496
Dank 497
Register 503

Dort schläft und schwimmt der Leviathan,
Der Lebewesen größtes, lang gestreckt
Über der Tiefe wie ein Kap, und scheint
Ein treibendes Stück Land, ein ganzes Meer
Atmet er ein und bläst es wieder aus.

John Milton: *Das verlorene Paradies*

(zitiert auf dem Titelblatt der ersten englischen Ausgabe von *Moby-Dick*)

PROLOG

Du hast mich in die Tiefe geworfen,
in das Herz der Meere;
mich umschlossen die Fluten,
all deine Wellen und Wogen schlugen über mir zusammen.

Jona 2,4

Vielleicht kommt es daher, dass ich beinahe unter Wasser geboren wurde. Ein, zwei Tage vor dem errechneten Geburtstermin besuchten meine Eltern die historische Werft in Portsmouth, wo sie an einer Führung durch ein U-Boot teilnahmen. Beim Abstieg ins Bootsinnere setzten bei meiner Mutter die Wehen ein und alle dachten erst, ich würde unterhalb des Wasserspiegels zur Welt kommen. Doch dann ließ ich mir Zeit, bis wir heimgekehrt waren in unsere viktorianische Doppelhaushälfte in Southampton mit ihren noch funktionsfähigen Dienerklingeln und ihrer Wendeltreppe aus dunklem Teakholz.

Ich hatte von Anfang an Angst vor tiefem Wasser. Selbst gebadet zu werden war für mich mit Schrecken verbunden (obwohl ich ansonsten kein ängstliches Kind war), denn ich musste an die Geschichten denken, die meine Mutter aus ihrer Kindheit erzählte: Als sie klein war, hatte mein Großvater außen auf die Emaillebadewanne der Familie einen Wal gemalt. Dieses Bild, mit anderen kindlichen Ängsten und Aufregungen verquickt, konnte jederzeit aus den Tiefen auftauchen wie der Riesenkrake in dem Film *20 000 Meilen unter dem Meer* mit seinem insektenäugigen U-Boot *Nautilus*, dem blonden Wuschelkopf Kirk Douglas im gestreiften T-Shirt und seinen futuristischen Tauchern, die auf dem Meeresboden herumliefen, als machten sie einen Strandspaziergang.

Ich musste auch an mein liebstes Strandspielzeug denken, einen grauen Plastiktaucher, der an einem dünnen roten Schlauch im Wasser hing und, silberne Bläschen ausstoßend, an die Oberfläche ploppte, wenn man hineinblies, und darüber fielen mir die Meeres-

forscher des 19. Jahrhunderts ein, eingeschlossen in gesichtslosen Helmen und vulkanisierten Gummianzügen, die Füße mit Bleistiefeln beschwert. Und in meinem Kinderlexikon las ich von der druckfesten Tiefseetauchkugel, in der Menschen zur tiefsten Stelle im Pazifik, dem Marianengraben, abstiegen, wo glasige Anglerfische ihre Beute mit Leuchttentakeln an der Stirn anlockten, die vor ihren weit aufgerissenen teuflischen Mäulern baumelten. Ich fürchtete mich dermaßen vor diesen Ungeheuern, dass ich nicht einmal die Seiten richtig anfassen konnte, auf denen sie abgebildet waren, und sie an den Ecken umblättern musste.

Das Hallenbad in Southampton mit seinem grünspanigen Dach und seiner Fensterfront wurde beim wöchentlichen Schulschwimmen zu einer Stätte öffentlicher Demütigung und Qual. Auf Kommando entkleidet bis auf die bleiche Haut und, bei älteren Jungen, die sprießende dunkle Behaarung, standen wir dann zitternd in schlecht sitzenden Badehosen auf nassen Kacheln, von denen man sich, hieß es, alle möglichen Krankheiten einfangen konnte. In der Halle, wo alle Geräusche widerhallten und die schwache Wintersonne spöttische Kräusel an die Decke warf, stellten wir uns am flachen Ende auf, um auf Pfiff unseres Sportlehrers, eines borstenhaarigen Mannes mit einer Befehlspfeife um den Hals, ins Wasser zu springen.

Wenn wir drin waren, sollten wir uns am Rand festhalten und mit den Füßen strampeln. Meine Fingerspitzen wurden ganz blau vor Kälte und Klammern, aber ich schaffte es, das Wasser in ausreichendem Maße zum Brodeln zu bringen, auch wenn ich in Wirklichkeit nur versuchte, meine Unbeholfenheit zu verbergen. Dann bekamen wir ein Schwimmbrett, dessen Schaumstoff an den Kanten bröckelte wie altes Brot, und sollten damit zum anderen Beckenrand hinüberschwimmen. Der war für mich so unerreichbar wie Australien und die Belohnung im Fall des Gelingens – ein Aufnäher für die Badehose – so unerringbar wie eine olympische Medaille.

Ich lernte nie schwimmen. Die gebellten Befehle, die Furcht, auf den Kachelboden zu den alten Heftpflastern und Haarknäueln zu sinken, das alles erzeugte zusammengenommen eine unüberwindliche Abwehr. Für mich verband sich Schwimmen nicht mit Vergnügen, sondern mit Anstalten, Krankenhäusern, Wehrdienst und Krieg, wo mir Sachen befohlen wurden, die ich nicht tun wollte. Am Strand redete ich mich immer damit heraus, ich wäre erkältet, wenn meine Freunde ins Meer hüpften. Meine ganze Kindheit und Jugend hindurch lebte ich mit dieser Schwäche und irgendwann drehte ich sogar den Spieß herum und stellte sie als Stärke dar.

Erst als ich mit Mitte zwanzig allein in London lebte, beschloss ich, mir Schwimmen beizubringen. Im kalten East-End-Schwimmbad aus der Zwischenkriegszeit machte ich die Entdeckung, dass das Wasser mich trug. Ich erkannte, was mir gefehlt hatte: das Zutrauen, dass ich von selbst schwamm. Es war keine Frage der Übung, es war vielmehr die Bereitschaft, sich zu überlassen, zuzulassen, dass etwas anderes mein körperliches Dasein in der Welt bestimmte; von ihr getrennt, war ich doch darin eingebunden. In gewisser Weise war es ein bewusster Neuanfang, eine Art, mich meinen Ängsten zu stellen.

Für den Dichter Algernon Swinburne war das Meer eine geradezu sündige Verlockung, was er in seinem einzigen Roman aufdeckte, *Lesbia Brandon*, der an der Südküste der Isle of Wight mit ihren dramatischen Steilfelsen über den Wassern des Ärmelkanals spielt, wo er aufwuchs. In dem Buch – erst 1952 postum veröffentlicht, über vierzig Jahre nach Swinburnes Tod – lernt der junge Held Herbert das Wasser lieben: »… alle Geräusche der See durchtönten ihn, all ihre Lüfte und Lichter wehten und schienen ihn an: Er war landkrank, wenn die See nicht in Sicht war, und in ihrer Nähe fühlte er sich zweimal so lebendig.« Er fordert sogar die Wellen heraus »wie ein junges Seetier … warf sich an ihre wilde weiche Brust und kämpfte um ihre heftigen Umarmungen, rang mit ihnen wie ein Liebender mit der Geliebten«.[1]

Swinburne, der Sohn eines Admirals, hatte einen malerischen Strand, von dem aus er losschwimmen konnte; ich wuchs in einem Vorort auf der anderen Seite des Solent auf, der Meerenge zwischen dem Festland und der Isle of Wight. In dieser von Docks und Kränen und Werften geprägten Gegend arbeitete mein Vater in einer Kabelfabrik und prüfte dick isolierte Telekommunikationsleitungen, die über den Meeresgrund des Atlantiks liefen, als wollten sie England an Amerika festbinden. In meiner kleinen Kammer auf der Rückseite des Hauses hörte ich morgens bei Nebel die Schiffe tuten; nachts gruben rasselnde Bagger eine Fahrrinne für die riesigen Linien- und Containerschiffe, die das Southampton Water befahren. Hier bedeutet das Meer Handel, nicht Erholung. Ein Hafen ist die schiere Rastlosigkeit, ein Umschlagplatz, der nur um des

Umschlags willen da ist. Alles bezieht sich hier aufs Wasser – selbst Sholing, wo ich wohnte, ist eine Verschleifung von *Shore Land*, »Küstenland« –, gleichzeitig jedoch scheint die Stadt das zu leugnen, als ob sie und das Element, dem sie ihre Existenz verdankt, zwei völlig getrennte Lebensbereiche wären.

Heute nehme ich das Wasser anders wahr. Wenn ich kann, schwimme ich jeden Tag im Meer. Fern vom Wasser fühle ich mich beengt; sommers wie winters richte ich mich in meinem Tageslauf nach den Gezeiten. Ich sitze im Strandkies und sehe zu, wie die Fähren aneinander vorbeiziehen, wie sie kurz verschmelzen, bevor sie sich wieder trennen, unterwegs zwischen Irgendwo und Nirgendwo. Weit draußen in denselben Gewässern, die den rothaarigen Dichter so erregten und die seinen blassen, sommersprossigen Körper trugen, lege ich mich auf den Rücken, auf einer Höhe mit dem Land, und lasse die Wellen über mich gleiten wie eine Decke. Unbehindert, unbeobachtet, sei es im warmen Wasser des späten August oder in der eisigen rauen Dezembersee, lasse ich mich tragen und beobachte, wie mir die Welt mitsamt meinen Kleidern am Strand immer ferner wird.

Manchmal streift mich etwas Schwabbeliges am Bein – einer der Tintenfische, die oft am Ufer angespült werden, wo ihr fleckiges Fleisch und ihre schleimigen Tentakel verfaulen und darunter, neben den harten Papageienschnäbeln, die kalkweiße Schale zum Vorschein kommt, der Schulp. Manchmal spüre ich ein schmerzhaftes Stechen, wenn ich mit einer unbemerkten Qualle in Berührung gekommen bin. Und trotzdem schwimme ich immer wieder hinaus, dorthin, wo mich niemand findet, wo Seeschwalben tauchen und Kormorane treiben und wo ich keine Ahnung habe, was unter mir ist. Ich träume von Leichen auf dem Grund, verschleiert und zugleich bewegt, wie die tote Frau im Fluss in dem Film *Die Nacht des Jägers*, oder von dem Hai, den ich einmal in einer Bucht in Cornwall vom Steilufer aus zu sehen meinte. Die Art, wie das

Wasser offenbart und gleichzeitig verbirgt, verstört mich noch immer. Es ist eine trügerische und herzlose Geliebte.

Bedenke die List der See – wie ihre schrecklichsten Geschöpfe unter Wasser dahingleiten, zum größten Teile unsichtbar, heimtückisch verborgen unter dem schönsten Azur.[2]

Städte und Zivilisationen steigen auf und gehen unter, aber das Meer ist immer das Meer. »Wir beziehen die Vorstellung des Alters nicht auf den Ozean, noch fragen wir uns wie beim Festland, wie er vor tausend Jahren aussah, denn er war stets gleich wild und unergründlich«, schrieb der Denker Henry David Thoreau. »Der Ozean ist eine Wildnis, die den Erdball umspannt, wilder als ein bengalischer Dschungel und voller von Ungeheuern, und doch schwappt er an die Kais unserer Städte und die Gärten unserer Seebäder.«[3]

Das Meer ist das größte Unbekannte überhaupt, die letzte wahre Wildnis, und es erstreckt sich über drei Viertel der Erde. Seine kleinsten Organismen halten uns am Leben, indem sie uns den Sauerstoff für jeden zweiten Atemzug liefern. Seine Gezeiten und Ufer bestimmen unsere Bewegungen und unsere Grenzen stärker als jeder Staatsvertrag und jede Regierung. Doch wenn wir darüber hinwegfliegen, denken wir uns seine Weite nur – sofern wir überhaupt daran denken – als zu überwindende Distanz. In unserer Überheblichkeit bilden wir uns ein, wir hätten den Ozean genauso gezähmt, wie wir das Land erobert haben.

> Trotzdem hat der Mensch … das Gespür für den ehrfurchtgebietenden Schrecken der See verloren, der ihr seit Urzeiten anhaftet … Wahrlich, ihr törichten Sterblichen, Noahs Flut ist noch nicht verebbt; sie bedeckt noch immer zwei Drittel unserer schönen Erde.[4]

Wer es einmal gesehen hat, kann es unmöglich jemals vergessen, so wie einer, der es nie gesehen hat, es unmöglich beschreiben kann. Das Meer ist immer in meinem Kopf, es hilft mir, mich auf der Erde zu verorten – selbst in Red Cloud, Nebraska, wo ich einmal an einem heißen Nachmittag nach langem Anstehen in einem Freibad schwamm, einem großen blauen Loch mitten in der Prärie. Es war weiter vom Ozean entfernt, als ich je gewesen war, gleichzeitig aber eine Erinnerung daran. Die gänzliche Abwesenheit des Meeres machte seine Existenz umso eindringlicher fühlbar.

Dem achtlosen Blick mag sein Wasser Tag für Tag gleich erscheinen, doch bei näherer Betrachtung erkennt man darin ein unaufhörliches Drama mit unzähligen kleinen und großen Auftritten, aufgeführt am Uferrand oder auf dem offenen Ozean. Es ist in jedem Fall ein Naturschauspiel, ob es sich nun meterhoch erhebt oder still daliegt wie ein glasklarer See, so spiegelglatt, als wäre es gar nicht vorhanden, und die Erde nahtlos an den Himmel anschließt. Wogend und brandend, sich ständig erneuernd und zugleich bewahrend, nimmt es und gibt es mit gleicher Selbstverständlichkeit. Es straft, wie es schenkt. Manchmal scheint es ein lebendiges Wesen zu sein, ein allverschlingender Organismus, durch den die ganze Welt besteht, und doch bekommen wir im Alltag kaum etwas von ihm mit: eine flüchtige Ahnung beim Blick aus dem Auto, dem Flugzeug, einen winzigen Ausschnitt, wie es den winzigen, flüchtigen Sandkörnern entspricht, die wir sind. Und während ich mit dem Fahrrad auf dem Deich stehe und auf mein heimisches Gewässer hinausschaue, wie es sich an einem Herbstnachmittag ruhig und grau vor mir erstreckt, wird die Vorstellung noch unwahrscheinlicher, dass hier einst gigantische Geschöpfe an die Oberfläche kamen.

Wale und Delfine sind schon im Southampton Water gefangen und in solchen seltenen Fällen sind natürlich die üblichen Vorkehrungen für Schaulustige getroffen worden. Kleine Tümmlerschwärme besuchen das Mündungsgebiet häufig und beim Spazieren auf den Hafenstraßen kann es einem Besucher aus dem Landesinneren passieren, dass er erfreut und überrascht unweit vom Ufer viele dieser außergewöhnlichen Fische dabei erblickt, wie sie auf dem Wasser tollen und springen, irgendwann verschwinden und an anderer Stelle wieder auftauchen, um mit ihren grotesken Luftsprüngen weiterzumachen.[5]

In den frühen 1970er-Jahren machten wir einen Familienausflug in den Windsor Safari Park, dessen Hauptattraktion ein Schwertwal war. Meine jüngste Schwester, die noch walbegeisterter war als ich, kaufte eine kleine farbig illustrierte Broschüre mit dem etwas verschämten Titel

DELFINE KÖNNEN FASZINIEREND SEIN
IM WINDSOR SAFARI PARK

Auf der Vorderseite war ein grinsender Flipper zu sehen, auf der Rückseite eine Reklame für Zigaretten Marke Embassy Regal, die von »herausragender Qualität« seien, wie man uns verhieß.

»Es wird Ihnen gefallen und Sie unterhalten«, hieß es in dem Heft weiter, »ein paar Fakten und Zahlen« zu erfahren, »die Ihr Wissen erweitern und Ihren Spaß an der Darbietung noch steigern könnten. Vielleicht möchten Sie auch selbst ein paar Fotos machen – fotografieren Sie, so viel Sie mögen!«

Nach Schnappschüssen von Tieren, die sich am Beckenrand rekelten, als nähmen sie an einem Schönheitswettbewerb teil, oder wie Akrobaten in die Luft sprangen, erschien ein neuer Darsteller im Programm:

»Er wächst 30 Zentimeter im Jahr«, lasen wir – eine Tatsache,

die selbst in Anbetracht des großzügig bemessenen Beckens vor uns schlimme Befürchtungen aufkommen ließ –, »und mit nur viereinhalb Jahren ist er 4,90 Meter lang, wiegt eine Tonne und frisst zwischen 70 und 90 Pfund Heringe am Tag.«

Er wurde eigens für den Windsor Safari Park 1970 vor der Küste Nordamerikas gefangen und in einem Spezialkasten, in dem er zur Kühlung permanent mit Wasser besprüht werden konnte, mit einer Boeing 707 nach London geflogen. Schließlich wurde er per Laster und Kran in das Delfin-Trainingsbecken transportiert und war nach kurzer Zeit so weit, mit seinem Trainingsprogramm zu beginnen.

Erst später sollte ich erfahren, dass gefangene Wale das Fressen verweigern und so lange zwangsernährt werden, bis sie ihren Widerstand aufgeben. Ich war mehr an dem Spektakel interessiert, das ich gleich erleben sollte.

Ich kann mich nicht an Ramus Einzug in das Becken erinnern (meine Schwestern schon), doch als es erschien, dieses schnittige, starke Tier mit seiner schönen schwarz-weißen Zeichnung, war es, als ob seine glänzende Haut mit dem Chlor gebleicht worden wäre, das dem Wasser im Becken seine türkisblaue Farbe gab: ein blasser Abklatsch des Ozeans fern dieser zoologischen Haftanstalt. Der Schwertwal absolvierte sein Pensum und gehorchte den Anweisungen seines Trainers wie ein dressierter Hund. Als er in die Luft sprang und mit einem Platschen landete – und dabei das gebannte Publikum auf den Manegenplätzen dieses Orcazirkus nass spritzte –, war es wie ein Schlag, den ihm die Gefangenschaft versetzte. Seine stolze Rückenflosse hing schlapp zur Seite.

»Hier in ihrem Becken in Windsor«, versicherte uns die Broschüre, würden die Akteure »sehr viele Jahre länger leben als im Meer, zur Freude und Unterhaltung ihrer Besucher«. Nach zwei Jahren war Ramu für sein Aquarium zu groß geworden. 1976 wurde er an die Seaworld in San Diego verkauft, wo er den neuen Namen Winston bekam, vier Nachkommen zeugte und zehn Jahre später an Herzversagen starb – einer von über zweihundert Schwertwalen, die im letzten Viertel des 20. Jahrhunderts in der Gefangenschaft ihr Leben ließen.

Nach Hause zurückgekehrt, malte ich ein Bild des Orcas in mein Tagebuch und verzierte die Seite. Doch es gab bereits andere Einträge dort, neue Leidenschaften. Ich vergaß die Wale und beschäftigte mich anderweitig.

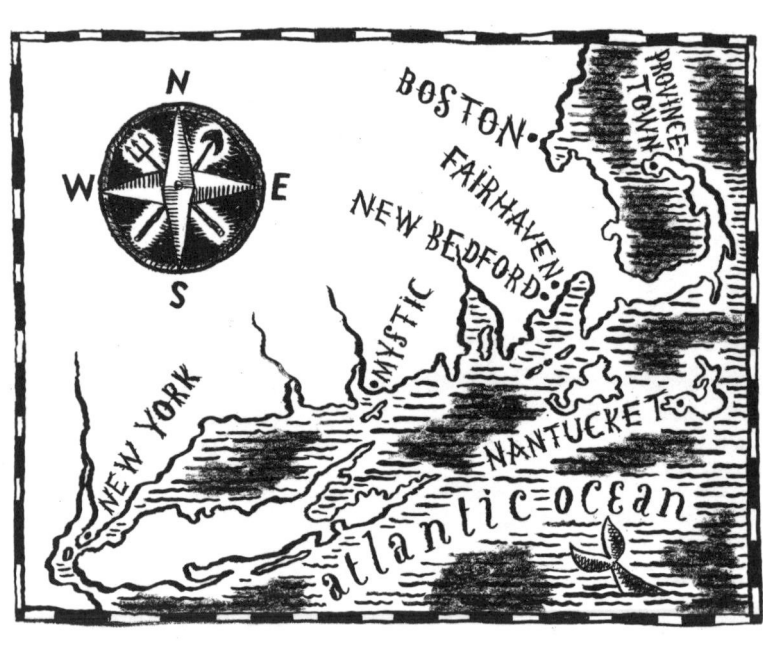

I
LOTUNGEN

> Der vordringlichste dieser Beweggründe war die überwältigende Vorstellung vom großen Wale selbst. Solch ein unheilträchtiges und geheimnisvolles Ungetüm erregte meine ganze Neugier.
>
> *Moby-Dick*[1]

Es war mein erster Besuch in Amerika. Es war Januar und ich kannte niemanden in New York. Eisige Winde bliesen durch die Häuserschluchten. Krank vor Heimweh und Alleinsein, fuhr ich mit der Subway bis zur Endstation. Am Bahnhof Coney Island zeichneten sich merkwürdige Silhouetten gegen den Himmel ab, wie Gerippe der Hochhäuser von Manhattan, die ich gerade hinter mir gelassen hatte: eine vielkurvige Achterbahn in Winterruhe und ein anderes Vergnügungsgerät, das wie ein riesiges gynäkologisches Instrument aussah. Ich begab mich zum Aquarium und wanderte durch die leeren Räume, betrachtete schaudernd die mit Fischen gefüllten Becken. Eine Kläglichkeit hing in diesem Schauhaus außerhalb der Saison, ein Gefühl der Verlassenheit, das von der ausgestorbenen Promenade mit dem Meer davor hereinwehte.

In die weiße Wand war ein dickes Beobachtungsfenster eingelassen, das den Tonnen von Wasser standhielt. Es erinnerte mich an die Bullaugen in den Bädern Southamptons, an die Kinder ihr käsiges Fleisch pressten. Durch diese trübe Scheibe jedoch war etwas zu sehen, das wesentlich gespenstischer war: ein Weißwal oder Beluga, in voller Länge aufrecht im Wasser stehend, als wollte er mich begrüßen. Vom knubbligen Kopf bis zur stummeligen Fluke muss dieses geisterhafte Walkind, das mich mit durchdringendem Blick fixierte, dreieinhalb Meter lang gewesen sein.

So deplatziert dieser Wal in New York auch wirkte, er hatte historische Vorläufer. 1861 hatte Phineas T. Barnum ein Belugapaar in sein American Museum am Broadway gebracht. Die Wale, sieben und fünfeinhalb Meter lang, waren vor Labrador aus dem Wasser gefischt und in hermetisch abgeschlossenen und mit Seetang ausgekleideten Kästen nach Süden transportiert worden. Ihr Kellerbecken war 17,60 Meter lang und 7,60 Meter breit, aber nur 2,10 Meter tief und mit Süßwasser gefüllt. Sie schwammen darin wie ein Liebespaar, obwohl selbst ihr Besitzer glaubte, dass ihr Glück nur von kurzer Dauer sein würde. »Dies ist eine echte ›Sensation‹«, staunte die *New York Tribune* und malte sich aus, Barnums Unternehmen werde »nicht bei Weißwalen haltmachen. Es wird Pottwale und Meerjungfrauen umfassen und überhaupt alle Absonderlichkeiten, die schwimmen, fliegen oder kriechen, bis das Museum ein großer Mikrokosmos der tierischen Schöpfung sein wird.«[2]

Dieses lebhafte Interesse an Walen, wie es auch in Philip Brannons Bericht vom Southampton Water zum Ausdruck kommt, war eine viktorianische Mode, eine zeittypische Verbindung von Wissenschaftsgeist und normaler menschlicher Neugier. In England wurden lebende Wale an Aquarien in Manchester und Blackpool geliefert (eine Tümmlerschau musste allerdings geschlossen werden, weil man befürchtete, das schamlose Treiben der Akteure könnte gewisse feine Empfindsamkeiten verletzen) und im September 1877 traf ein Weißwal in Westminster ein, im Zentrum der größten Stadt der Welt. Das 2,90 Meter lange Exemplar war ebenfalls, zusammen mit zehn anderen, vor Labrador gefangen worden, wo es bei Flut gestrandet und mit einem Netz geborgen worden war. Damit begann seine lange Reise nach London.

Von Montreal aus, wohin ihn eine Schaluppe in einem schmalen Kasten beförderte, fuhr der Wal mit dem Zug nach New York, was zwei Wochen dauerte. Das Tier verbrachte sieben Monate im Sommeraquarium von Coney Island und dort »nahm es die Angewohnheit an, im Kreis zu schwimmen«, bevor es aus seinem Becken geholt und von einem Dampfer des Norddeutschen Lloyd, der *Oder*, nach Southampton verschifft wurde. Während der Überfahrt lag es in einer mit Seetang gepolsterten Holzkiste an Deck und wurde alle drei Minuten mit Salzwasser befeuchtet. Trotz solcher intensiven Pflege hatte der Wal bereits begonnen, von seiner eigenen Speckschicht, dem Blubber, zu zehren.

In Southampton wurde der Weißwal in einen offenen Güterwagen der South-Western Railway umgeladen, um zum Bahnhof Waterloo und von dort zu seinem endgültigen Bestimmungsort zu gelangen, einem 13,50 Meter langen, 6 Meter breiten und 1,80 Meter tiefen Eisentank im neugotischen Royal Aquarium, das wenige Jahre zuvor gegenüber dem Parlament gebaut worden war. Der Wal musste zwei Stunden warten, bis der Tank voll war. »Er hatte still in der Kiste gelegen und alle 23 Sekunden geatmet. Er schlug schwach mit dem Schwanz, als er spürte, wie die Kiste bewegt wurde. Er plumpste seitlich ins Wasser und sank auf den Grund wie ein Stück Blei.« Dem Tier wurden drei Stunden Ruhe gewährt, bevor das Publikum »in Scharen« eingelassen wurde, um es von einer eigens erbauten Tribüne in Augenschein zu nehmen.

Für die *Times* war das nicht die richtige Art, einen Wal zu behandeln. »Es ist unwahrscheinlich, dass er lange in Süßwasser überleben wird, auch wenn er in Abständen von zehn bis hundert Sekunden zum Atmen nach oben kommt und manchmal das Wasser durch das breite Nasenloch ausstößt, das er mitten auf der Stirn hat. Laute Stimmen oder Arbeitsgeräusche veranlassen ihn gelegentlich, zwei Minuten am Stück unter Wasser zu bleiben.« Der Weißwal wurde mit lebenden Aalen gefüttert, doch es fiel auf, dass seine hohe Rückenwölbung, »die rund und prall von Fett sein sollte«, steil abstand.

»Sollte er den widrigen Bedingungen des Lebens in dieser Stadt erliegen, wird sich diesem Ungetüm kein Fischbein entnehmen lassen«, fügte die Zeitung hinzu. »Auch ist der Weißwal nicht sehr reich an Speck. Aber aus seiner Haut werden sich Wallederstiefel machen lassen.«[3]

Die *Times* hatte recht mit ihrem Verdacht, wenn auch nicht mit der Zuschreibung des Geschlechts. Wie im Delirium schwamm der Wal – der in Wirklichkeit ein Weibchen war – in einem fort rasch im Tank auf und ab und stieß mit dem Kopf an die Wand. Nachdem er sich davon »etwas erholt hatte, schwamm er wieder mehrmals im Tank im Kreis, rammte abermals das Ende des Tanks, drehte sich auf den Rücken und starb«[4].

Doch damit war das schändliche Schauspiel noch nicht vorbei, denn die Leiche wurde aus dem Tank geholt und am nächsten Tag öffentlich ausgestellt. Ein Gipsabdruck wurde genommen und von bedeutenden Biologen und Ärzten eine Nekropsie durchgeführt. Sie stellten fest, dass der Wal alles andere als verhungert war, sondern einen vollen Magen gehabt hatte – allerdings auch einen extremen Blutstau in den Lungen. Dass das Tier bei der Fahrt über den Atlantik auf dem offenen Deck gestanden hatte und regelmäßig mit Wasser übergossen worden war, hatte weniger lebensverlängernd gewirkt als vielmehr durch die Verdunstung zur Abkühlung geführt, sodass es sich erkältet hatte.

Das öffentliche Ableben des Wals in Westminster zog Reaktionen von hochgestellten Persönlichkeiten nach sich. Bischof Claughton von St. Albans, im Nebenberuf Dichter, klagte, dies sei »das Geschöpf, von dem der Psalmist sagt, der große Schöpfer habe es in sein Element gesetzt«[5], und der Mensch habe nicht das Recht, es dem zu entreißen. William Flower vom Royal College of Surgeons – er sollte später der erste Direktor des Natural History Museum werden – hatte der Nekropsie beigewohnt und hielt dem entgegen, die »angeblichen Spuren schlechter Behandlung« an seinem Körper »entstanden dadurch, dass die Aale im Tank nach seinem Tod die Flossenränder anknabberten«. Professor Flower gab an, die ganze Vorgehensweise sei durch die »daraus gezogene wissenschaftliche und allgemeine Erkenntnis«[6] gerechtfertigt. Allerdings hatte seine eigene Lehranstalt von der Spende der inneren Organe profitiert, von denen »sehr interessante Präparate«[7] zu erwarten standen.

THE DEAD WHALE AT THE ROYAL AQUARIUM.

Auch Barnums Wale in New York waren längst von dem ihnen prophezeiten Schicksal ereilt worden. Als Opfer ebenso unzulänglicher Bedingungen, vergleichbar mit in Plastiktüten heimgetragenen Jahrmarktfischen, waren auch sie nach wenigen Tagen gestorben – nur um so lange von immer neuen Exemplaren ersetzt zu werden, bis das Museum 1865 abbrannte. Versuche, den letzten Weißwal zu retten, hatten keinen Erfolg und schließlich schlug ein mitleidiger Feuerwehrmann die Tankscheibe mit einem Haken ein. »So wurde der Wal lediglich zu Tode gebraten, statt die langwierige Qual des Kochens erdulden zu müssen.«[8]

Angesichts des gefangenen Wals auf Coney Island verspürte ich für meinen Teil eine Mischung aus Faszination und Mitleid. Er war so fehl am Platz wie ein Tiger in einem New Yorker Apartment. Das Tier hätte frei in arktischen Gewässern schwimmen sollen. Stattdessen war seine makellos weiße Haut von der Gefangenschaft angegriffen, ganz als ob die Grünalgen auf den Glasscheiben auch sie verunreinigt hätten. Die Stille an diesem Nachmittag und an allen noch vor ihm liegenden Nachmittagen hatte es verstummen lassen. Normalerweise ist der Beluga von allen Walen der ruffreudigste und wird von Seeleuten als der Kanarienvogel des Meeres bezeichnet; dieser hier war eingesperrt wie ein zahmer Singvogel. Wie er da so hing, dieser grau verschleierte Büßer gar

nicht von ihm begangener Sünden, führte ich die Hand an das dicke Glas, als könnte es einen Austausch zwischen uns geben. Ich wartete darauf, dass er eine Flosse hob. Als er das nicht tat, wandte ich mich ab, weil ich seinen Blick nicht länger ertragen konnte.

Nach einigen Jahren in London wurde die Stadt bedrückend für mich. Manchmal war mir zumute, als ob der ganze Himmel ein Meer wäre und wir Städter lediglich Gründler, niedergehalten von seinem gewaltigen Druck auf unseren Wegen zwischen den Höhlen und Felsen der Straßen. Ich wohnte am Stadtrand, in Sichtweite der Docklands, und konnte über die Jahre dabei zusehen, wie die Wolkenkratzer geradezu naturwüchsig dem Londoner Lehm entstiegen wie Kristallstalagmiten im Marmeladenglas eines experimentierenden Schuljungen. Nachts träumte ich, dass das Hochhaus, in dem ich wohnte, von den Wassern der erwarteten Sintflut umspült wurde und dass ich von meinem Domizil im achten Stock auf die Wale und Haie hinabblicken konnte, die unten ihre Runden zogen. In anderen Träumen sah ich einen ummauerten Hafen und Massen von gefangenen Meerestieren, die sich darin drängten und alles versuchten, um irgendwie zu entkommen.

Eine Stadt, der mein ganzes Wünschen und Sehnen als Jugendlicher gegolten hatte, fühlte sich jetzt wie ein Virus an, mit dem ich mich infiziert hatte, und obwohl ich ihn, wie eine in Schüben wiederkehrende Malariaerkrankung, niemals gänzlich loswerden konnte, war ich im Begriff, nach und nach und Stück für Stück mein altes Leben hinter mir zu lassen. Dann starb mein Vater, meine Mutter blieb allein zurück und auf einmal hielt ich mich wieder öfter daheim in Southampton auf. Irgendwie tröstete mich das über Schmerz und Verlust hinweg, über das Kappen anderer emotionaler Bande. Ich war ausgesetzt, ankerlos – doch ich fühlte auch eine Art Annäherung, eine Gegenseitigkeit. Das war die heilende Wirkung des Alten, doch ich sah es nun mit anderen Augen.

Statt des baumlosen Ausblicks aus dem achten Stock tägliche Abstecher an die Küste; statt der harten Kanten der Stadt unendliches Grün und Blau; statt watschelnder flohgeplagter Tauben schwarz-weiße Austernfischer, die bei Ebbe pickend über den Strand spazierten. Meine Augen gingen mit der Erleichterung ins Weite, die man empfindet, wenn man aus dem Zugfenster bis zum Horizont schaut und nicht sofort auf Hauswände starrt. Statt abergläubisch Pennys von der Straße aufzuheben, suchte ich den

Strand nach Lochsteinen ab, die garantiert Hexen abwehren, und häufte so viele davon zu Hause auf meiner Kommode auf, dass ich immer wieder kleine Lawinen auslöste. Und ich blickte aufs Meer hinaus, wo die Transatlantikschiffe dahinfuhren wie Fitzgeralds unablässig in die Vergangenheit zurückgetriebene Boote, und wartete auf eine zweifelhafte Zukunft wie der Mann, der vom Himmel fiel.[9] So tröstlich das Wasser einerseits war, machte es mich in meinem vorstädtischen Exil andererseits manchmal ganz rastlos.

Fünf Jahre nach meinem ersten Besuch in Amerika nahm ich einen Zug von der Penn Station in New York nach Boston. Auf einer Neuenglandkarte, die ich mir am Kiosk gekauft hatte, verfolgte ich meine Route an der Küste entlang mit. Der Name selbst, *Neu*-England, klang romantisch, optimistisch, vertraut und fremd zugleich. Die Namen auf der Karte evozierten das Land, aus dem ich kam – Manchester, Norwich, Warwick –, derweil Manhattan abgelöst wurde von greller Sonne und breiten Stränden und picknickenden Familien, die den hinter ihnen vorbeisausenden Zug anscheinend gar nicht wahrnahmen. Am Ende der Zugfahrt spazierte ich zum Hafen hinunter, bestieg die Fähre und sah Boston hinter etlichen kleinen Inseln verschwinden. Dazu läutete eine Glocke, die an einer Boje befestigt war, »mehr erfüllt von Trauer um das Vergangene als von Ermahnungen für die Zukunft, und niemand hört sie, ohne an die Seeleute zu denken, die tief unter ihr auf dem Grunde des Meeres schlafen«[10]. Vor mir lag eine Fahrt von vielen Seemeilen. Ich wusste nicht, was ich am Zielort zu erwarten hatte, aber als das Boot anlegte, schienen alle anderen zu wissen, wo sie hinwollten. Also folgte ich ihnen, nach Provincetown hinein.

Cape Cod krümmt sich in den Atlantik wie der Schwanz eines Skorpions. Es ist neues Land, das erst vor 15 000 Jahren von kilometerdicken Gletschern geformt wurde. Die noch jüngeren inneren Küsten haben ihren Sand von der äußeren Seite des Kaps, sodass der Verlust dort zum Gewinn hier wird wie bei einer Eieruhr. Dies ist auch der Friedhof des Atlantiks. An seinen Stränden die Spuren von Katastrophen: ganze Wracks unter dem Sand begraben, Masten, die aus den Dünen ragen, menschliche Hände dazu. Guglielmo Marconi, der Pionier der drahtlosen Kommunikation, der seine Funkstation an ebendieser Küste errichtete, glaubte, er könne mit seinem Antennenwald im Strandhafer die Stimmen ertrunkener Männer auffangen, die noch im Äther hingen.

Cape Cod ist weniger das Ende des Festlands als der Anfang des Meers. Für Thoreau, der hier vor 150 Jahren umherging, war es ein Ort, »wo alles sanft in Zukunft zu entschlummern schien«[11]. »Ein Mann kann dort stehen und ganz Amerika hinter sich lassen«, schrieb er.[12] Aber hier fing es auch mit Amerika an. Vor 400 Jahren gingen die Pilgerväter auf dieser sandigen Landzunge zum ersten Mal an Land, nicht am Plymouth Rock, so wie sie auch von Southampton in See stachen und nicht von Plymouth in Devon. Statt des Utopia, das sie suchten, fanden die Exilanten »eine grässliche und einsame Wildnis«[13]. Sie ahnten nicht, dass die Ureinwohner schon seit Jahrtausenden auf diesem Kap lebten.

Nachdem sie einen Monat lang im Sand herumgestapft waren, war es für die Pilgerväter ausgemacht, dass Cape Cod nur für Fische und Heiden taugte. Provincetown wurde eine Kolonie von Gesetzlosen außerhalb ihres puritanischen Einflussbereichs und sein Ruf schlug sich in

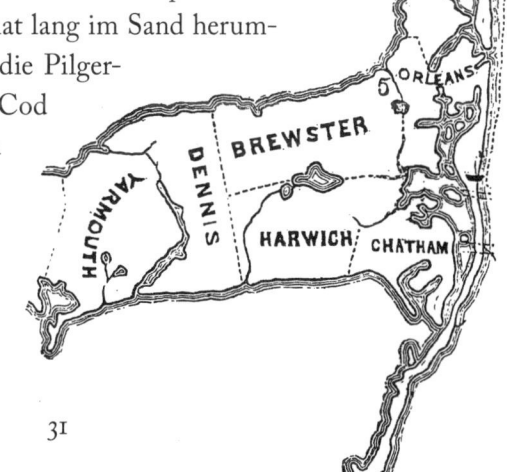

seinem Spitznamen nieder: Hell Town. Von Piraten, Krieg und Revolution gebeutelt, standen Ende des 18. Jahrhunderts immer noch nur eine Handvoll Häuser hier. Bald jedoch erlebte dieser streitfreudige, halblegale Hafen seinen größten wirtschaftlichen Aufschwung – und den verdankte er dem Wal.

Die Pilgerväter hatten ihren Mangel an Waffen beklagt, als sie sahen, wie viele breitbuckelige, träge Wale sich in der Cape Cod Bay tummelten. Es war, als lägen die Tiere dort vor Anker. Hunderte »spielten ganz nahe bei uns, sodass wir, wenn wir die Mittel und Wege dazu gehabt hätten, an dieser Örtlichkeit einen reichen Ertrag von ihnen hätten haben können«.[14] Anders als die Indianer, die Wale zur eigenen Ernährung jagten, wollten die Europäer mit solchen Tieren Profit machen und hatten das seit den Fahrten der Basken nach Labrador so gehalten.

Um die Zeit, als die *Mayflower* auslief, brachen andere Schiffe von niederländischen Häfen auf, um in der Arktis kommerziellen Walfang zu betreiben. Zwei Männer der *Mayflower*-Besatzung hatten vor Grönland Wale gejagt und schätzten, dass sie an den Beständen in der Cape Cod Bay 4000 Pfund verdient hätten. Allein die Wale hatten die Pilgerväter anfänglich bewogen, Provincetown als Siedlungsort in Betracht zu ziehen, und wie Cotton Mather festhielt, wurde Tran der Haupthandelsartikel ihrer Kolonie. Die *Mayflower* selbst wurde als Walfangschiff in Dienst genommen und befuhr die Bucht von Plymouth aus.

Auch Provincetown stürzte sich mit Feuereifer auf den Walfang. 1737 liefen zwölf Walfänger von dort in die Davis Strait aus. 1846 war Provincetown bereits der Heimathafen von mehreren Dutzend Schiffen. Wenn Familien wie die Cooks, denen acht Häuser in einer Reihe am Ostende des Ortes gehörten, aus dem Fenster schauten, sahen sie ihre Schiffe vor ihren Grundstücken liegen, wie heute die Autos in den Auffahrten parken. In dem heutigen vornehmen Feinkostgeschäft verkauften die Cooks früher Schiffsbedarf. Nebenan wurden Harpunen und Lanzen geschmiedet und auf einer blauen Gedenktafel an einer anderen Hauswand ist »David C. Scull, der Ambra-König« verewigt.

Später stiegen die Azorer und Portugiesen in den großen Stockfischhandel des Ortes ein. Ihre Nachfahren leben noch heute hier, abzulesen an Namen wie Avellar, Costa, Oliveira und Motta sowie am jährlichen Flottensegen, zu dem sie ihre Fischerboote mit Fahnen schmücken und eine bekleidete Petrusstatue zum Hafen hinuntertragen.

Ende des 19. Jahrhunderts kamen auf Dampfern von Boston und New York auch andere Besucher, »Sommergäste«, darunter Künstler und Schriftsteller. Was sie anzog, war das klare Licht, das um die Halbinsel spielt wie abgestrahlt vom Reflektor eines Fotografen, aber auch die Abgeschiedenheit. Provincetown blieb ein heikler, nicht ungefährlicher Posten. In dem als Portland Gale in die Geschichte eingegangenen Sturm von 1898 ertranken 500 Menschen und wurden viele Kais zerstört. Auf der sandigen Landspitze Long Point gelegene Häuser gaben sich nach jahrzehntelanger Gegenwehr den Stürmen geschlagen und wurden auf Flößen aus alten Fässern im Ganzen über die Bucht befördert, um Zuflucht an ruhigeren Gestaden zu finden. Die Journalistin und Aktivistin

Mary Heaton Vorse schrieb: »Provincetowner haben so viel Lebenszeit auf dem Meer in Schiffen zugebracht, dass ein Haus für sie eine Art Landschiff darstellt oder ein spezielles Hausboot, auf das die üblichen Regeln für Häuser nicht zutreffen.«[15]

Nach und nach ließ sich die Stadt widerwillig zähmen. Abwasserrohre wurden gelegt, Straßen gepflastert und das inselartige Stück Land überhaupt erst auf dem Landweg zugänglich gemacht. »Für einen Binnenländer ist die Landschaft des Kaps ein ständiges Verwirrspiel«, schrieb Thoreau.[16] Je nachdem, wo der Sand hinweht und sich sammelt, wandelt sich der Ort, sodass man nie ganz sicher sein kann, wo Süden oder wo Westen ist. Noch heute ist er eine Welt für sich, ein Anhang zur Landkarte, ein Anhang zu Amerika. Im Sommer sprudelt er über vor Leben und seine Geschäftsstraße wird zum Tummelplatz von Familien auf Tagesausflug und Dragqueens, bevor sie sich am Stadtrand verläuft, früher kenntlich an einem in den Boden gerammten Walkiefer und heute an Joshs Autowerkstatt und einigen verstreuten Strandhütten wie aus einem Edward-Hopper-Gemälde. Draußen auf dem Wasser dagegen ebbt der Lärm ab wie eine verklingende Saite und an seine Stelle tritt das Auf und Ab der See.

Erst am letzten Tag vor meiner Abreise aus Provincetown fuhr ich zum ersten Mal Wale beobachten. Ich weiß noch, wie kalt es war, als das Boot die Bucht verließ und die Landwärme von einer eisigen Meeresbrise vertrieben wurde. Derweil beschrieb uns der Führer die Geografie der unter uns liegenden Stellwagen Bank. Er erzählte, dass Fischer mit dem Schleppnetz Mastodonknochen vom Meeresgrund heraufgeholt hatten; dass diese Gewässer zu den fischreichsten der Erde gehörten; dass sie von den meistbefahrenen Schifffahrtsrouten im Atlantik gekreuzt wurden. Auf einer Schautafel hinter ihm zeigte er uns die Tiere, die wir vielleicht zu Gesicht bekommen würden. Ich betrachtete ihre unglaublichen Gestalten in der Broschüre, die er verteilte. Sie kamen mir so unwirklich vor wie die Dinosaurier in den Büchern, die ich mir als Junge aus der Leihbücherei geholt hatte.

Da schrie jemand:

WAL!

und in mittlerer Entfernung glitt ein kolossaler grauschwarzer Schemen aus dem Wasser und war gleich wieder verschwunden. Ehe ich mich versah, tauchten die Wale vor uns auf, bliesen geräuschvoll ihre Dampffontänen in die Luft, wiegten sich in den Wellen. Einige Meter entfernt warf sich ein junger Buckelwal aus dem Wasser und präsentierte seine weiße Unterseite, die gefurcht war wie eine riesige Gummimuschel. Es war ein harter Schnitt auf eine Nahaufnahme von etwas, das es nicht geben konnte: einen fliegenden Wal.

Ohne an die Kinder ringsum zu denken, entfuhr mir unwillkürlich ein »Fuck!«. Andere Wale warfen ihre Schwänze in die Luft und klatschten mit ihren Flossen auf das Wasser, als wollten sie sich gegenseitig, oder uns, Zeichen geben. Vor meinen Augen erschienen immer mehr Tiere, wie herbeigerufen von einem verborgenen Zirkusdirektor. Ich staunte über ihre mitreißende Körperbeherrschung und die Eleganz, mit der sie sich in ihrem Element bewegten. Ich beneidete sie darum, dass sie immer schwammen; dass sie immer frei waren.

Jeden Sommer kommen Buckelwale in den Golf von Maine. Sechs Monate fasten und paaren sie sich in den warmen, aber nährstoffarmen Gewässern der Karibik und säugen ihre Kälber mit Milch, die einen sahneartigen Fettgehalt hat, bis es so weit ist, dass sie die jährliche Reise nach Norden antreten. Auf Strecken, die erstmals von ihren Vorfahren vor Jahrmillionen zurückgelegt wurden, orientieren sie sich über Tausende von Kilometern an uralten unsichtbaren Zeichen, bis sie vor der nordostamerikanischen Küste auftauchen, wo der warme Golfstrom auf den kalten Labradorstrom trifft und in dem dadurch entstehenden Auftrieb Nährstoffe vom Meeresboden emporgefördert werden.

Hier in den graugrünen Wassern wird eine gewaltige Nahrungskette in Gang gesetzt. Die Wale laben sich an Sandaalen und Heringen und werden dick und rund von der saisonalen Völlerei. Keine zwei Stunden Bootsfahrt von einer der größten Städte der USA entfernt haben diese gigantischen Tiere hier ihren Spaß- und

Spielplatz – ist doch der Buckelwal »der verspielteste und unbekümmertste aller Wale und schlägt im Allgemeinen mehr fröhlichen Schaum und weißes Wasser als sonst einer«[17]. Selbst seine Jäger würdigen diese Vergnügtheit des Buckelwals und haben ihm deswegen den Spitznamen *the merry whale* gegeben, »der lustige Wal«. Dabei ist sein wissenschaftlicher Name kaum weniger markant: *Megaptera novaeangliae,* »neuenglischer Großflügler«.

Fünfzig Tonnen Blubber, Fleisch und Knochen hat dieser Leviathan zu bewegen, wenn er sich mit seinen 4,5 Meter langen Flossen, die knotigen Flügeln gleichen, aus seinem Reich in die Luft schwingt, sodass die Spitze des Schwanzes, dreimal so breit, wie ein Mensch groß ist, kaum noch das Wasser berührt.

Wenn man in der Zeitlupe der Erinnerung das Nachbild betrachtet, das davon im Kopf zurückbleibt, scheint ein springender Wal seinem natürlichen Milieu entkommen zu wollen, dem Element, das ihn, kaum dass er die Oberfläche durchstößt, schon wieder hinabzieht. Niemand weiß letztlich, warum Wale springen. Fast alle Arten, vom kleinsten Delfin bis zum größten Blauwal, tun es auf ihre Weise. Es gibt Rückwärtssprünge, Bauchklatscher, halbherzige Hüpfer oder richtige Überschläge. Es kann sein, dass die Tiere damit Parasiten abzuschütteln versuchen – der Aufprall ist so heftig, dass Hautfetzen abgehen, die als Proben für genetische Tests genommen werden können. Es ist nicht vorherzusagen, wann sie springen, aber wenn sie es tun, dann mitunter mehrmals, häufig wenn der Wind auffrischt, ganz als wäre der Wetterwechsel – wie bei Mary Poppins – die Ursache ihres magischen Auftritts. Der Wissenschaftler Hal Whitehead ist der Überzeugung, diese Wasserturner fänden es »angenehmer oder befriedigender, vielleicht auch nur weniger schmerzhaft, mit dem Körper auf rauem statt auf glattem Wasser aufzuschlagen«[18].

Es scheint einleuchtend, dass ihre Kunstsprünge eine energiegeladene Art zu kommunizieren sind, Demonstrationen physischer Kraft und Überlegenheit, mit denen sie anderen Walen sagen: »Hier bin ich«, und: »Bin ich nicht toll?« Aber wenn man einen Wal aus dem Wasser springen sieht wie einen viel zu groß geratenen Pinguin, ist der erste Gedanke: Er hat Spaß. Die Tatsache, dass Kälber und Jungtiere stärker dazu neigen, stützt diese Vermutung. Möglicherweise geht es den Walen genau wie den Jungen, die in Provincetown Kopfsprünge vom Macmillan Wharf machen: Sie spielen nur und vertrauen dabei blind auf ihre Unsterblichkeit, wenn sie sich von einem Medium ins andere schleudern. Vielleicht bedauern sie uns ja auch, weil wir an die Schwerkraft gebunden sind, und gestatten uns einen kurzen Blick auf ihr wahres Wesen, indem sie sich majestätisch aus dem Ozean erheben.

Der Anblick von Walen in der freien Natur machte mich wieder zum Jungen. Ich erinnerte mich, was mich an diesen exotischen Tieren ursprünglich so fasziniert hatte: ihre schiere Vielfalt, das breite Spektrum ihrer extrem unterschiedlichen Gestalt, Größe und Farbe, vom kleinen Schweinswal bis zu den großen Furchenwalen (benannt nach ihren gefurchten Unterseiten). Hinzu kam noch der mysteriöse Pottwal, von dem ich eine kleine Figur in der

Spielzeugkiste meiner Schwester fand, balancierend auf einer Plastikwelle. Dadurch bevölkerte sich seinerzeit die Wasserwelt, vor der ich solche Angst hatte, mit freundlichen Geschöpfen, einem bunten Stamm weltweiter Vagabunden, mannigfaltig wie Vögel und doch alle vom selben Schlag. Das war es, was mich anzog: ihre Geschlossenheit im Gegensatz zu unserer Versprengtheit. Obwohl wir wie sie Säugetiere sind, stellen sie ein geordnetes Ganzes dar; wir sind ein chaotischer Haufen.

Die Wale oder Cetacea (von griechisch *ketos* über lateinisch *cetus*, »Seeungeheuer«) scheiden sich säuberlich in zwei Unterordnungen. Die Zahnwale *(Odontoceti)*, 71 Arten von Fluss- und Seedelfinen, Schnabelwalen, Gründelwalen, Schweinswalen und Pottwalen, ernähren sich von Fischen und Tintenfischen. Die Bartenwale *(Mysticeti),* von denen es mindestens 14 Arten gibt, filtern den Krill und die kleinen Fische, von denen sie sich ernähren, durch ihre Barten.

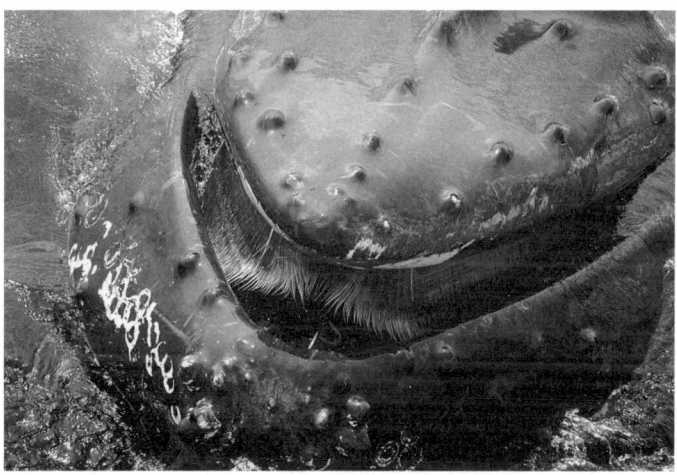

Die Absonderlichkeit der Barten unterstreicht noch einmal die Andersartigkeit der Wale, die schon im Mutterleib beginnt. Obwohl Bartenwalföten Zahnknospen haben, werden diese vor der

Geburt in den Kiefer zurückgezogen und von Auswüchsen aus Keratin ersetzt, einem Faserprotein, aus dem auch die menschlichen Finger- und Zehennägel bestehen. Diese langen, flachen und biegsamen Hornplatten hängen im Halbkreis mit den glatten Kanten nach außen vom Gaumen herab. Sie wachsen ständig nach und werden vom laufenden Spiel mit der Zunge an den Enden zu feinen Fransen verdünnt. Bartenwale nehmen in ihren Kehlsäcken riesige Wassermassen auf, wobei sie sich buchstäblich den Kiefer ausrenken, um die Menge zu maximieren, drücken dann das Wasser mit der Zunge und dem Mundboden wieder hinaus und behalten ihr Futter in den Fransen zurück.

Zahnwale verfolgen ihre Beute im Meer, Fisch für Fisch. Bartenwale sind gewissermaßen Weidetiere und füllen sich wahllos das Maul mit Heringen, Sandaalen und vor allem dem Krill, winzigem Zooplankton, das im Ozean schwimmt wie lebender Staub. Hier in den nährstoffreichen Gewässern um Cape Cod sind sie vorherrschend: vom scheuen Zwergwal und springfreudigen Buckelwal bis zum rundlichen Nordkaper und zum schnittigen Finnwal – dem zweitgrößten Tier der Erde, auch Windhund des Meeres genannt, weil er zwanzig Knoten erreicht und mehr.

Nach dem Blauwal ist der Finnwal *(Balaenoptera physalus)* auch das lauteste Tier, und da Schall sich im Wasser weiter und schneller ausbreitet, kann ein vor der amerikanischen Küste rufender Finnwal von seinen Artgenossen auf der anderen Seite des Atlantiks gehört werden. Seine Paarungsrufe liegen unter der menschlichen Hörschwelle; als sie erstmals von Wissenschaftlern aufgefangen wurden, dachten diese, es wäre das Knarren des Meeresgrunds. Und gleich wird dieses gewaltige Geschöpf – größer als jeder Dinosaurier – unter mir hinwegziehen. Mit einer kaum merklichen Bewegung senkt der Wal seine breite, abgeplattete Schnauze und taucht unter dem Kiel hindurch wie von einem unsichtbaren und geräuschlosen Motor getrieben.

Da stehst du nun … derweil unter dir, zwischen deinen Beinen sozusagen, die gewaltigsten Meeresungeheuer dahinziehen, grad so, wie einst im alten Rhodos die Schiffe zwischen den Stiefeln des berühmten Kolossos hindurchsegelten.[19]

Diese eine Bewegung untergräbt meinen Stand im Leben. Mehr als ich es sehe, fühle ich dieses 25 Meter lange Tier unter mir schwimmen. Das Wissen, dass es dort ist, packt mich im Innersten, und etwas in mir will hinterherspringen und mit ihm in eine unergründliche Tiefe tauchen, wo niemand uns jemals finden könnte.

Der Finnwal vollendet sein Manöver, indem er backbords zum Atmen aufsteigt. Anders als Menschen müssen Wale bewusst beschließen zu atmen, sonst wären ihre Tauchgänge nicht möglich. Mit der ganzen Kraft seiner gewaltigen Lungen stößt er die verbrauchte Luft aus, dass es sich anhört wie eine Fahrradpumpe, die von einem Finger zugehalten wird. Es ist ein tiefes Ausatmen, kein Speien von Meerwasser, und wie bei einem Menschen an einem kalten Morgen sieht man den kondensierten Wasserdampf.

Man denkt unwillkürlich an Orgelventile, wenn viele Hundert Liter Luft in der Sekunde aus den Nasenlöchern des Wals schießen und jede ausgestoßene Wolke in der Sonne einen eigenen Regenbogen bildet. Dann wiederholt er den Atemvorgang so lange, bis sein Körper mit Sauerstoff vollgepumpt und er bereit ist, wieder zu tauchen. Es ist eine innere Verwandlung: Die flexiblen Rippen werden eingeklappt, sodass sie die Lungen zusammenquetschen – ein besonderer Schleim bewirkt, dass sie nicht verkleben – und auch das letzte bisschen Luft in Nischen im Schädel des Wals pressen. Diese Technik, verbunden mit dem Herausfiltern von Stickstoff aus dem Blut und den öl- statt luftgefüllten porösen Knochen, verhindert, dass das Tier die »Taucherkrankheit« bekommt. Der Wal, raffinierter gebaut als jedes Unterseeboot, ist ein konstruktionstechnisches Wunder.

Mit einem letzten mächtigen Prusten stößt der Finnwal eine Mischung aus Luft, Salzwasser und ein wenig Walschleim aus und füllt die Lungen, dann verschließt er seine glänzenden Blaslöcher luftdicht und setzt zum Tauchen an. Die Blasfontäne sprüht mir ins Gesicht wie ein fischwürziger Zerstäuber. Ich bin angeatmet worden und es fühlt sich wie eine Taufe an.

Es fällt schwer, bei Walen nicht romantisch zu werden. Ich habe erwachsene Männer weinen sehen, als sie ihren ersten Wal erblickten. Und auch wenn es falsch ist, Tiere nur deswegen zu anthropomorphisieren, weil sie groß oder klein sind, süß oder schlau, ist es doch nur menschlich, denn wir sind Menschen und sie nicht. Es ist manchmal die einzige Art, wie wir sie verstehen können.

Kein anderes Wesen lebt in derartigen Dimensionen. Einen Wal zu erblicken ist etwas anderes, als einen Spatzen auf einem Stadtbaum oder eine Katze die Straße überqueren zu sehen. Es ist sogar etwas anderes, als eine Giraffe zu sehen, wie sie durch die afrikanische Savanne stakst und sich den Staub aus den schönen Augen blinzelt. Wale stehen außerhalb des Normalen, außerhalb von allem, womit wir im Alltag rechnen. Sie sind weniger Tiere als Teile der Landschaft; der Meerschaft. Wenn sie sich nicht bewegten, könnte man kaum glauben, dass sie überhaupt lebendig sind. Mit ihrer Größe, ihrer ganzen Existenz sind sie ein Gegengift zu unserem Leben in steinernen Städten. Vielleicht berührten sie mich an diesem Punkt in meinem Leben deshalb so tief: Ich war bereit, die Wale wahrzunehmen, an sie zu glauben. Ich war auf der Suche nach etwas gewesen und ich hatte es gefunden.

Hier gab es ein Tier, das mir als Lebewesen nahe war – es hatte Herz und Lungen wie ich, ähnliche Eigenschaften als Säuger –, aber das gleichzeitig in seiner Körperlichkeit etwas geradezu Übernatürliches hatte. Wale sind sichtbare Zeichen des Meereslebens, das wir nicht sehen können; ohne sie könnten wir meinen, das Meer wäre leer. Und doch sind sie gänzlich wandelbar, traumartig, weil sie in einer anderen Welt existieren, weil sie aussehen, wie wir uns fühlen, wenn wir in unseren Träumen schwimmen. Ohne unsere Projektionen wären sie vielleicht nur eine Spezies unter anderen, eines von vielen Geschöpfen Gottes (wobei natürlich mancher sagen wird, diese Vorstellung sei auch nur eine Projektion). Dennoch hat ihre Existenz für uns etwas Unwahrscheinliches. Wir sind erdgebundene Landbewohner mit beschränkten Sinnen. Wale setzen sich über die Schwerkraft hinweg, sie bewohnen andere Dimensionen, leben in einem Medium, das uns auslöschen würde und das unsere irdischen Kapazitäten weit übersteigt. Trotz ihrer Linné'schen Klassifizierung sind sie außerirdische Wesen, die unsichtbaren Magnetfeldern folgen, mit Schallwellen sehen und mit ihren Körpern hören, sie bewegen sich in einer Welt, von der wir nichts wissen. Es sind Tiere vor dem Sündenfall, von paradiesischer Unschuld.

Aber sie haben auch einen schlechten Atem und scheißen rötliches Wasser. Sie fressen hemmungslos Tag und Nacht. Es sind übergroße Tiere, »charismatische Megafauna«, wie die Zoologen abschätzig sagen. Da sie im Ganzen auf keine Waage passen, wurden sie einst stückweise gewogen wie Hammelkeulen. Ihrem Element entrissen, fallen sie ihrem eigenen Gewicht zum Opfer, denn sie haben keine Beine, auf die sie sich stellen könnten, und sind völlig hilflos, trotz oder gerade wegen ihrer gewaltigen Größe. (Bei Walen gehen einem schnell die Superlative aus.) Trotz ihrer geballten Leiblichkeit sind sie nicht zu begreifen, ja kaum zu beschreiben. Wir können uns ehrfürchtig um ihre Kadaver versammeln und daran herumschnippeln, aber letzten Endes behält unser Erkenntnisdrang nichts als Knochen übrig, die wenig Auskunft über die wahre Gestalt ihrer lebenden Besitzer geben.

Wale gab es schon vor den Menschen, aber wir kennen sie eigentlich erst seit zwei oder drei Generationen. Vor der Erfindung der Unterwasserfotografie wussten wir kaum, wie sie überhaupt aussehen. Erst nachdem wir die Erde von Raumschiffen im Weltall aus betrachtet hatten, wurde der erste frei schwimmende Wal unter Wasser fotografiert. Der erste Unterwasserfilm von Pottwalen, aufgenommen vor der Küste Sri Lankas, wurde 1984 gedreht; unsere Bilder davon, wie diese gemütlichen Riesen lautlos und elegant durch den Ozean gleiten, sind jünger als der Einsatz von PCs. Wir wussten, wie die Erdkugel aussieht, bevor wir wussten, wie Wale aussehen. Noch heute kennen wir einige Schnabelwale *(Ziphiidae)* nur von Knochen, die an entlegenen Gestaden angespült wurden, weltferne Tiefseetiere, die von Biologen bis jetzt weder lebend noch tot je gesichtet wurden und die so wenig erforscht sind, dass ihr Status »data deficient«[20] ist, das heißt, es sind zu wenige Daten vorhanden. Auch im 21. Jahrhundert werden immer neue Wale identifiziert und wir täten gut daran, nicht zu vergessen, dass es Tiere auf der Welt gibt, die größer sind als wir und die doch noch keines Menschen Auge je gesehen hat; dass nicht alles katalogisiert und vereinnahmt und digitalisiert ist. Dass in den Weltmeeren große Wale schwimmen, die noch keinen Menschennamen tragen.

Im Dezember 2004 berichtete die *New York Times* über einen in einer Fachzeitschrift veröffentlichten wissenschaftlichen Aufsatz, »Twelve years of tracking 52-Hz whale calls from a unique source in the North Pacific«. Zwölf Jahre hatten Forscher einen Wal verfolgt, der zwischen Kalifornien und den Aleuten vor Alaska herumschwamm und »mit einer Stimme rief, die der keines anderen Wales glich, und keine Antwort erhielt«.

»Der Ruf, möglicherweise ein Paarungssignal, deutet darauf hin, dass das Tier in totaler und unfreiwilliger Vereinzelung lebt.« In dem Beobachtungszeitraum wurde die Tonlage des Wals tiefer, was vermuten lässt, dass er noch im Wachstumsstadium war. Ein Wissenschaftler meinte, er könnte »fehlgeschaltet« sein, das heißt »auf der falschen Frequenz senden, aber die richtige abhören«; ein anderer überlegte, der Rufer könnte das Produkt einer Verbindung zwischen einem Blauwal und einer anderen Art sein »und von daher im wahrsten Sinne einzigartig«.[21]

Solche Geschichten gehen uns zu Herzen, weil wir gar nicht anders können, als Gefühle für diese paradoxen Tiere aufzubringen. Sie ernähren sich von winzigsten Organismen, doch sie müssen große Massen verzehren, um ihre gewaltigen Körper am Leben zu halten. Buckelwale zum Beispiel fressen eine Tonne Fische am Tag, hauptsächlich Sandaale, mit denen sie ihren Durst stillen, weil diese eigene Drüsen zur Salzausscheidung haben und daher süßwasserhaltig sind. Wale leben in den größten Gewässern der Welt, aber sie können nicht trinken.

Die optimal an ihre Umwelt angepassten Tiere orientieren sich mittels Schallwellen, sie »sehen« gewissermaßen mit ihnen und erkunden so die Beschaffenheit einer Welt, die uns verschlossen ist. Als Produkte eines anderen Zweigs der evolutionären Auslese scheinen sie eine höhere Daseinsstufe erklommen zu haben. Der offene Ozean, ohne alle Hindernisse und mit einem reichen Nahrungsangebot, ist ein hervorragendes Medium für die Entwicklung derart riesiger, langlebiger und intelligenter Tiere, ein Milieu, in dem Kommunikation und Geselligkeit an die Stelle materieller Kultur treten. Es sind ungebundene Wesen, frei von Hypotheken und fossilen Brennstoffen, nicht von Grenzen oder Bedürfnissen eingeengt, zufrieden damit, einfach zu singen und zu schlafen, zu fressen und zu sterben.

Wir haben fast die ganze Menschheitsgeschichte gebraucht, um dem Wal nahezukommen; erst in den letzten paar Jahrzehnten haben wir eine Ahnung davon gewonnen, was Wale in Wirklichkeit sein könnten. Im Rückblick wird dies einmal als bemerkenswerte historische Wende erscheinen: dass ein Jahrhundert, an dessen Anfang Wale aktiv gejagt wurden, sie am Ende passiv beobachtete. Auch Tiere haben eine Geschichte – obgleich wir davon nur einen winzigen Ausschnitt kennen können –, und seit die moderne Wissenschaft die Wale entmystifiziert und zugleich ihre wahren Wunder enthüllt hat, hat sich unsere Einstellung zu ihnen geändert. Seit wir sie in Nahaufnahmen sehen und sie, vermittelt über Fotos, Filme und Fernsehen, praktisch Teil unseres öffentlichen Diskurses geworden sind.

Für die moderne Welt ist der Wal ein Symbol der Unschuld in einer Zeit der Bedrohung. Er ist ein Tier aus der Schöpfungsgeschichte, ein »Mythos des fünften Morgens«, wie es in einem Gedicht von Mary Oliver heißt[22], kindlich und anklagend zugleich. Vergangene Zeiten dagegen sahen eine Gefahr in dem großen Fisch, der Jona verschlang oder an dem Sindbad anlegte, einem gigantischen Wal, »auf welchem sich der Sand abgelagert hat, sodass seit langer Zeit Bäume auf ihm gewachsen sind und er einer Insel gleicht«[23]. Der antike Schriftsteller Lukian erzählt von einem 1500 Stadien langen Wal, dessen Bauch ganze Völkerschaften enthielt und Menschen, die meinten, gestorben zu sein, nachdem sie schon viele Jahre verschlungen waren.[24] Das Ungetüm, das Andromeda angriff und von Perseus getötet wurde, hielt man für einen Wal. Von Poseidon gesandt, sollte diese Keto (oder Ketos, lateinisch

Cetus) die Tochter des Aithiopenkönigs verschlingen, wurde jedoch durch das von Perseus hochgehaltene Medusenhaupt versteinert – ein Himmelsmythos, der jeden Herbst neu aufgeführt wird, wenn das Sternbild des Walfischs am südlichen Horizont aufsteigt.

D. H. Lawrence stellte zwar die Behauptung auf: »Jesus, der Erlöser, war Cetus, der Leviathan. Und all die Christen seine kleinen Fische.«[25] Dennoch war der Wal für die Christenheit das Inbild des apokalyptischen Tiers. Im 16. Jahrhundert schrieb der metaphysische Dichter John Donne über einen ungeheuerlichen Fisch, seine Rippen seien Säulen und sein hochgewölbter Rücken aus stahlharter Haut unempfindlich gegen Blitze[26], während einen Kontinent weiter die Indianer im Nordwesten der Neuen Welt glaubten, dass die mächtigen Wellen, die ihre Dörfer davontrugen, von Kämpfen zwischen Donnervögeln und Walen aufgewühlt wurden. In der indischen Version der Sintflut erscheint Vishnu erstmals als Avatar in Gestalt eines gehörnten Riesenfischs, der Manu und seine Arche in Sicherheit bringt, und die Anhänger des Islams behaupten, dass zehn Tiere ins Paradies eingehen werden, darunter der Wal, der Jona verschlang. Alle diese Vorstellungen jedoch werden heute von einem einzigen großen Bild überstrahlt, dem Wal in seiner berühmtesten Inkarnation: Moby Dick.

Weiter sprach der Engel des Herrn zu ihr: Du bist schwanger, du wirst einen Sohn gebären und ihn Ismael nennen; denn der Herr hat auf dich gehört in deinem Leid. Er wird ein Mensch sein wie ein Wildesel. Seine Hand gegen alle, die Hände aller gegen ihn! Allen seinen Brüdern setzt er sich vors Gesicht. (Genesis 16, 11 f.)

Wie viele vor mir fand ich Herman Melvilles Buch in seiner geballten Wucht schwer zu lesen. Sein Umfang, in jeder Hinsicht, sein hoher Anspruch überforderten mich. Es war so unbegreiflich wie der Wal selbst. Im Lauf der Jahre griff ich gelegentlich danach und ließ mich hineinziehen, bis meine Aufmerksamkeit wieder abschweifte. Doch nach meinem ersten Besuch in Neuengland nahm ich es mir abermals vor, und wie ich auf einmal in der Lage war, Wale zu sehen, so war ich auch in der Lage, *Moby-Dick* zu lesen.

Vielleicht lag es an der Labsal, die mir die Lektüre von *Billy Budd, Sailor, & Other Stories* während der endlosen Stunden eines Transatlantikfluges bereitete, in denen meine Augen einfach nicht geschlossen bleiben wollten, obwohl die Lichter in der Kabine gelöscht und alle anderen um mich herum in die Kokons ihrer dünnen Airline-Decken gehüllt waren. Die vergilbten Seiten einer Penguin-Ausgabe aus den 1970er-Jahren – gekauft, als ich noch in London Englische Literatur studierte – wirkten irgendwie tröstlich mit ihren Schilderungen des Reisens in weniger beengten Zeiten, vor allem die traurige Geschichte vom »Schönen Matrosen« Billy Budd, der unschuldig hingerichtet wird. Oder vielleicht war es das Rätsel des Autors selbst, das mich fesselte, eines Mannes, der den Lauf des Jahrhunderts, das er durchlebte, vorhersagte und doch an dessen Ende vergessen starb.

1851 erschienen, in der Jahrhundertmitte – vier Jahre nach *Wuthering Heights*, dem einzigen Roman, der mit seiner erzählerischen Kraft konkurrieren kann –, schöpfte *Moby-Dick* aus den Erfahrungen, die Melville selbst zehn Jahre zuvor auf einer Walfangfahrt gemacht hatte. Das Buch setzt mit frappierender moderner Abruptheit ein, indem es mit dem suggestivsten ersten Satz, den ein Roman nur haben kann, über den Leser hereinbricht wie eine donnernde Brandungswelle:

Nennt mich Ismael.

Nach dieser bewusst zweideutigen Aufforderung – ist dies der wirkliche Name unseres Helden oder lediglich eine bequeme Tarnung? – und seinen biblischen Anklängen folgen wir dem wurzellosen jungen Mann von Manhattan, wo er des Lebens so überdrüssig geworden ist, dass ihm der Sinn fast nach Mord, ja nach Selbstmord steht, in das Asyl seiner Wahl: auf die See. Von New Bedford aus segelt Ismael auf der Jagd nach Walen um die Welt. Seine Absichten sind poetisch wie prosaisch zugleich: »Weiterhin gehe ich darum stets als einfacher Seemann zur See«, bemerkt er trocken, »weil sie darauf bestehen, mich für meine Mühe zu entlohnen, wohingegen sie Passagieren, soweit ich gehört habe, nie auch nur einen einzigen Penny bezahlen.«[27]

Für seinen halb wahnsinnigen einbeinigen Kapitän Ahab hingegen ist die Fahrt der *Pequod* ein einziger großer Akt der Rache an einem ungeheuerlichen Pottwal, einer grauenerregenden bezahnten Ausgeburt der Tiefsee, nicht zu vergleichen mit den gemütlichen Bartenwalen der Küstengewässer. Dies ist die Bestie, die Ahab »entmastet« hat und die sich irgendwann auch den Rest von ihm holen wird. Selbst in diesem neuen industriellen Jahrhundert fürchtete der Mensch noch die Naturgewalten, und wie die wilde Heide von Yorkshire in Emily Brontës Buch selbst handlungstragend ist, so war der Wal für Melville das unselige Werkzeug des Schicksals. Nicht umsonst wird Ahab von dem verrückten Propheten Gabriel auf dem ihnen begegnenden Schiff *Jeroboam* gewarnt, der Weiße Wal sei »der fleischgewordene Gott der Shaker«[28]. Jona wurde von dem Wal verschont, um Gottes Werk zu verrichten;

Ahab wird vom Wirken des Teufels vernichtet. Nur Ismael überlebt als »eine weitere Waise«[29], ein Symbol des Märtyrertums und der Wiedergeburt, denn man muss sein Leben verlieren, um es zu retten.

Moby-Dick übertrifft alle anderen Bücher, es ist in seiner Art einmalig. Mit seiner einleitenden Liste historischer Zitate zum Wal, zusammengetragen von Ismaels »Unter-Unterbibliothekar«, steht es von Anfang an neben sich, und im Text geht es weiter mit exzentrischen Klassifizierungen, mit denen Melville seinen Gegenstand genauso zu fassen versucht, wie seine Jäger dies mit der Harpune taten. Durch Abschweifungen und Exkurse, mit denen er im Erzählen aus seiner eigenen Geschichte heraustritt, unterbricht Ismael den Leser fortwährend beinahe mutwillig und bombardiert ihn mit Buß- und Brandpredigten oder musikalischen Intermezzi, mit anatomischen Allegorien oder fast wollüstigen Abhandlungen über Walrat.

In einem Kapitel nach dem anderen bietet Melville immer neue welt- und walumspannende Legenden auf. Aus den Gestalten, denen er selbst begegnete, schafft er ein neues Geschlecht von Männern, die sich dem Walfang verschrieben haben, und eine neue Daseinsweise. Aus der schmierigen, schmutzigen Arbeit des Walfangs formt er ein leuchtendes Heldentum. Dabei verschmilzt er seine Erfahrungen zur See mit seiner düsteren Weltsicht und dem Gegensatz von Gut und Böse und ergründet die Zukunft seiner Nation am Beispiel seiner unbefleckten und doch blasphemischen Schöpfung, als ob der Wal eine amerikanische Sibylle des neuen Zeitalters wäre.

Als ich es jetzt wieder zur Hand nahm, erkannte ich *Moby-Dick* als ein Buch, das durch den Wal mythische Qualität gewann, wie es seinerseits einen Mythos aus dem Wal gemacht hatte. Es ist die literarische Brille, durch die wir heute den Wal sehen, die Standardsicht auf alles, was nur irgendwie mit Walen zu tun hat – von Zeitungskarikaturen und Kinderbüchern zu Fish-and-Chips-Läden und Pornostars. Wenige hätten diesem exzentrischen Werk eine solche Karriere prophezeit, am wenigsten sein Autor. Nicht einmal die erste Auflage von *Moby-Dick* hat sich verkauft, zu Melvilles Lebzeiten wurde es fast vollständig ignoriert. Ein neues Jahrhundert musste kommen, bis seine Qualitäten erkannt wurden. 1920 erklärte Viola Meynell, »es zu lesen und zu verarbeiten ist die Krönung jedes Leserlebens«, und schrieb über seinen Verfasser: »Sein Ruhm mag noch begrenzt sein, ist aber nachhaltig, denn Melville zu kennen heißt, für alle Zeit von ihm geprägt zu werden.«[30] (Sie bemerkte auch, dass Ahab J. M. Barries Vorbild für Captain Hook war und der Weiße Wal sein Vorbild für das diesen verfolgende Krokodil mit dem tickenden Wecker im Bauch.) Zwei Jahre später schrieb D. H. Lawrence in seiner außergewöhnlichen Essaysammlung: »Er war Futurist, lange bevor der Futurismus die Farbe entdeckte … ein Mystiker und Idealist«, Verfasser »eines der seltsamsten und schönsten Bücher der Welt«, das »sein Geheimnis und seinen gequälten Symbolismus zum Abschluss bringt«.[31]

Moby-Dick wurde nachträglich der große amerikanische Roman. Es wurde auch eine Art Bibel, ein Buch, von dem man nur zwei Seiten am Stück las, ein transzendentaler Text. Wenn ich es lese, ist es immer wie zum ersten Mal. Beim U-Bahn-Fahren studiere ich meine Taschenbuchausgabe so konzentriert wie die verschleierte Frau neben mir ihren Koran. Tag für Tag werde ich daran erinnert, dass es ein Teil unserer kollektiven Vorstellungswelt ist: von Leitartiklern, die der Krieg gegen den Terror auf Ahab bringt, wie auch von der allgegenwärtigen Kaffeehauskette, benannt nach dem Ersten Steuermann der *Pequod*, Starbuck, wo Kunden ihren Kaffee zu einer Hintergrundmusik schlürfen, die von einem Großneffen des Autors stammt, Richard Melville Hall, gemeinhin Moby genannt.

Melvilles Weißer Wal ist weit entfernt vom niedlichen Anthropomorphismus des lachenden Delfins und des Kunststücke machenden Schwertwals, von *Flipper* bis *Free Willy*, oder vom singenden Buckelwal und von der Kampagne »Rettet die Wale« – sie alle auf ihre Weise Ausdruck unserer Schuld. Mit seiner unheimlichen Gestalt und seiner gespenstischen Farbe steht Moby Dick, durch Ahabs Augen gesehen, vielmehr für den Leviathan der Apokalypse, einen Racheengel mit schiefem Maul, gespickt mit den Harpunen anderer gescheiterter Jäger. Dieser Wal könnte ebenso gut ein Drache wie ein reales Tier sein, mit Ahab als prospektivem Drachentöter.

Das Zeitalter des Walfangs brachte den Menschen in nahen Kontakt mit diesen Tieren, näher als je zuvor oder danach. Der Wal bedeutete Geld, Nahrung, Auskommen, Handel. Aber da Männer seinetwegen ihr Leben aufs Spiel setzten, bedeutete er auch etwas Dunkleres, Metaphysischeres. Der Wal war Zukunft, Gegenwart und Vergangenheit, alles in einem, an seinem Schicksal hing auch das Schicksal des Menschen. Er versprach Weltherrschaft, Reichtum und Macht, und gleichzeitig verkörperte er Tod und Verhängnis, wenn Männer dem Ungetüm Auge in Auge begegneten, schwaches Boot gegen mächtige Fluke, und dabei nicht selten ums Leben kamen. Mehr als uns vielleicht klar ist, wurde die moderne Welt auf dem Rücken des Wals errichtet. Was in dem brutalsten Aufeinandertreffen von Mensch und Natur seit Anbeginn der Geschichte auf dem Spiel stand, war die Zukunft der Zivilisation. Und wie die Tiere die Begegnung fast mit dem Aussterben bezahlten, so müssen wir uns fragen, was sie uns seelisch gekostet hat. Wie konnte sich in so kurzer Zeit unser Bild vom Wal vollständig in sein Gegenteil verkehren?

Wenn ich die Augen schließe, sehe ich diese gewaltigen Tiere vor der blauschwarzen Tiefe in mein Gesichtsfeld und wieder hinausschwimmen, dieselben Geschöpfe, die Melvilles dubiosen Erzähler umtrieben: »… und inmitten der wilden Hirngespinste, welche mich zu meinem Vorhaben drängten, trieben sie in meine innerste Seele, Paar für Paar, eine endlose Prozession von Walen«.[32] Auf meiner eigenen Reise ins Ungewisse wollte ich herausfinden, warum auch ich mich vom Wal verfolgt fühle, vom unglücklichen Ausdruck im Gesicht des Belugas, von der schlaffen Flosse des Schwertwals, von Bildern, die sich in meinem Kopf festgesetzt hatten. Wie Ismael zog es mich zur See zurück, bang vor dem, was sie barg, aber auch unwiderstehlich angezogen.

II

AM ANFANG DER REISE

Dort liegt nun eure Inselstadt der Manhattos, umgürtet mit Kais wie die Inseln im Indischen Meere mit Korallenriffen – der Handel umgibt sie mit seiner Brandung. Nach rechts und links führen euch die Straßen zum Wasser. Ihr südlichster Zipfel ist die Battery, jene stolze Mole, die von Wogen umspült und von Brisen gekühlt wird, welche nur wenige Stunden zuvor kein Land vor sich sahen. Schaut euch die Scharen der Wassergaffer dort an.
Durchwandert die Stadt an einem verträumten Sabbatnachmittag ... Was seht ihr? – Stummen Schildwachen gleich, stehen überall in der Stadt Tausende und Abertausende von Sterblichen, gefangen in ozeanischen Träumereien ... Das äußerste Ende des Landes muss es sein; im schattigen Lee der Lagerhäuser dort drüben herumzulungern reicht ihnen nicht ... Sagt mir, ist es vielleicht die magnetische Kraft der Kompassnadeln all jener Schiffe, die sie dorthin zieht?

Moby-Dick[1]

Heute ist die Pearl Street asphaltiert, früher jedoch lagen dort Austernschalen herum wie auf den schimmernden weißen Wegen, die man noch auf Cape Cod sehen kann. Am 1. August 1819, als Herman Melville hier geboren wurde, markierte diese Verkehrsader die südliche Grenze von Manhattan. Und wie schwer man sich heute New York ohne seine himmelwärts gierenden Hochhäuser vorstellen kann, so vertraut war Melville dieses Stadtbild, das sich dann zu seinen Lebzeiten völlig veränderte.

1819 war Manhattan noch zu weiten Teilen von Feldern eingenommen; aus dem weitläufigen Gelände, wo befreite Sklaven und die letzten amerikanischen Ureinwohner lebten, war noch nicht der Central Park geworden. Die meisten New Yorker waren britischer oder niederländischer Abstammung; dies war noch nicht die Vielvölkerstadt, die sie gegen Ende des Jahrhunderts werden sollte. Die Austernbänke waren dem Meer noch nicht zur Landgewinnung abgetrotzt worden und am Ende der Pearl Street lag die Battery, eine Promenade, wo die Bürger Seeluft schnuppern konnten. Castle Clinton war noch eine Insel, auch wenn es später der Sitz des New York Aquarium werden sollte, wo Charles H. Townsend 1913 einen lebenden Tümmler zur Schau stellte.

Melvilles Geburtshaus wurde schon vor langer Zeit abgerissen. In der Nähe ist zum Gedenken eine Büste des Schriftstellers in eine Wand eingefügt, hinter Plexiglas wie ein quadratisches Bullauge und überschattet von einem Bürohochhaus. Gegenüber, im

Schatten der musealen Masten des South Street Seaport, spucken die Flussfähren die frühmorgendlichen Pendler aus Jersey aus. Die Sonne scheint durch die Stahlseile der Brooklyn Bridge; ein Obdachloser rekelt sich auf einer Bank am Fluss. Die Stadt, weiterhin in ständiger Bewegung, ist es gewohnt, sich nach ihrem eigenen Bild immer neu zu erschaffen und die Geschichte hinter sich zu lassen. Und doch lebt die Vergangenheit auf diesen Straßen fort und im Gedenken an die Menschen, die einmal auf ihnen gingen.

Die Melvilles gehörten der Mittelschicht an, würden wir heute sagen. Hermans Vater Allan Melvill – das e wurde später angehängt zum Zeichen ihrer adeligen schottischen Herkunft – war Importkaufmann für Modeartikel, ein eleganter Dandy mit hochgebürsteten Haaren, und brachte von seinen Europareisen französische Antiquitäten und Stiche mit, die seine Kinder an Samstagnachmittagen bestaunten. »Vor allen Dingen war da das Bild eines großen Wals, so groß wie ein Schiff, vollgesteckt mit Harpunen, und drei Boote fuhren, so schnell sie konnten, hinter ihm her.« Solche Bilder erzeugten bei seinem jungen Sohn »einen unbestimmten prophetischen Gedanken, ich sei dazu bestimmt, eines Tages ein großer Reisender zu werden«.[2]

Auf beiden Seiten stammte Melville von Helden ab. Sein Großvater väterlicherseits, Major Thomas Melvill, hatte als verkleideter »Indianer« an der Boston Tea Party teilgenommen und aus Protest gegen die britischen Zölle Tee in den Hafen gekippt; zu seinen Ehren bewahrte die Familie ein Fläschchen mit den Teeblättern auf. Sein anderer Großvater, General Peter Gansevoort, nach dem sein Bruder benannt wurde, hatte 1777 gegen die Briten und die Indianer das belagerte Fort Stanwix gehalten; zum Gedenken dieses berühmten Sieges sollte Herman einen seiner Söhne Stanwix nennen. Auch die See hatte die Familie im Blut. Ein Onkel, Kapitän John D'Wolf II., hatte auf der Fahrt von Kamtschatka einen Wal gerammt. »Es war, als prallte man auf einen Felsen, und brachte uns vollständig zum Stillstand«, hielt er schriftlich fest. »Das Ungeheuer zeigte sich alsbald, blies einen Spaut in die Luft, schlug mit der Fluke und tauchte ab. Es schien keinen Schaden genommen zu haben, so wenig wie wir, allerdings hatte es uns einen heillosen Schreck eingejagt.«[3] D'Wolf, ein stattlicher Mann mit weißen Haaren und frischem Gesicht, war der erste Kapitän, den der junge Herman kennenlernte. Er blieb später auf See.

Mit ihrer wachsenden Familie zogen die Melvilles stetig stadtaufwärts in immer größere Häuser, bis sie am Broadway, Nr. 675, ankamen, in einem Viertel um die Bond Street, wo die Oberschicht schon lange von den nachrückenden Wellen kleiner Händler und einfacher Arbeiter fortgeschwemmt worden war. Hier wurden Herman und seine Geschwister von einer Hauslehrerin unterrichtet, doch ein Scharlachfieber schlug ihm auf die Augen und von da an fiel ihm das Lesen schwer. Die Verhältnisse schienen einigermaßen stabil zu sein, doch 1830 musste sich sein Vater geschäftlich für bankrott erklären. Die Familie war gezwungen, nach Albany umzuziehen, der Landeshauptstadt flussaufwärts am Hudson River. Zwei Jahre später starb Allan im Alter von 48 Jahren in geistiger Umnachtung und hinterließ seiner Frau Maria nichts weiter als Schulden und acht Kinder.

In dieser prägenden Phase seines Lebens, wo er familiäre Sicherheit am meisten gebraucht hätte, wurde der zwölfjährige Herman in die Welt hinausgestoßen. Er behauptete später, seine Mutter, eine strenge Calvinistin, habe ihn gehasst. Er verließ die Schule und arbeitete für eine Bank, kam damit aber nicht zurecht, und nach kurzen Versuchen als Lehrer und als Gehilfe auf der Farm seines Onkels ging er nach Westen, wo er gern als Vermesser an einem der neuen Kanäle mitgearbeitet hätte, die zu der Zeit das Landesinnere erschlossen. Er kam bis zur Grenze in St. Louis, Missouri, bevor er nach New York zurückkehrte, dort aber keine Anstellung als Kanzleischreiber fand, weil seine Handschrift so schlecht war.«Es gibt keinen größeren Misanthropen als einen enttäuschten Jungen, und so einer war ich, dessen warme Seele die Widerwärtigkeiten hinausgeprügelt hatten.«[4] Vom Land verstoßen, suchte der junge Mann ein neues Leben auf See.

Am 5. Juni 1839 stach die *St. Lawrence* mit einer Ladung Baumwolle für die Fabriken in Lancashire von New York aus in See. An Bord war auch der 19-jährige Herman Melville. Er war ein Außenseiter, der von der Mannschaft wegen seiner bürgerlichen Manieren, seiner besseren Kleidung und seiner Unkenntnis des Matrosenlebens schikaniert wurde, »sodass ich mir schließlich auf dem Schiff wie ein Ismael vorkam, ohne einen einzigen Freund und Gefährten«[5]. Er fand Trost im grundlosen, wie von einem eigenen Willen beseelten Auf und Ab des Ozeans. Im Neufundlandnebel hörte er einmal ein Seufzen und Schluchzen, das ihn an die Reling treten ließ. Dort erblickte er »vier oder fünf lange schwarze schlangenartige Gegenstände«, die nur ein paar Zoll aus dem Wasser ragten. Aber diese Wale waren keinesfalls die monströsen Kolosse von den Stichen seines Vaters, nicht »richtige Kraken, die Hochfluten erzeugten und Kontinente überschwemmten, wenn sie hinabtauchten, um ihre Nahrung zu suchen«[6]. Ihm kamen sogar Zweifel, ob die Geschichte von Jona wirklich stimmte.

Die Sehenswürdigkeiten von Liverpool, der zweiten Stadt des Empire, erstaunten den jungen Mann. Er sah eine schwimmende Seemannskirche, ein umgebautes altes Kriegsschiff mit einem Kirchturm anstelle des Mastes und einem als Kanzel gestalteten Balkon. Hier predigte William Scoresby, einst einer der größten Walfänger Englands und dann in den geistlichen Stand getreten. Ihm begegneten auch Szenen erschütternder Armut. Ein junger Mann hielt schweigend ein bemaltes Brett auf den Knien, das ihn darstellte, »wie er von der Maschinerie einer Fabrik erfasst und mit verstümmelten und blutenden Gliedmaßen zwischen den Spindeln und Zahnrädern herumgeschleudert wurde«[7]. Und einen noch grauenhaften Anblick bot eine Elendsgestalt, die am Fuß einer Kellertreppe stöhnte: eine völlig verwahrloste Mutter mit zwei knochendürren Mädchen links und rechts und einem Kleinkind auf dem Arm. »Sein Gesicht war noch bei allem Schmutz erschreckend weiß, aber die geschlossenen Augen glichen bläulichen Kugeln. Es musste schon seit Stunden tot sein.«[8]

Am 30. September kehrte Melville auf der *St. Lawrence* nach New York zurück, nur um festzustellen, dass sich außer ihm selbst nichts verändert hatte. Er hatte kein Geld verdient und musste wieder zu unterrichten anfangen, um seine verwitwete Mutter und seine vier Schwestern zu unterstützen. Aber er hatte das Leben auf See geschmeckt und im Jahr darauf brach er von der Hauptstadt des Walfangs zu einer noch kühneren Fahrt auf.

> Hart ist der Übergang vom Schulmeister zum Seemann,
> das versichere ich euch ...[9]

Im zweiten Kapitel von *Moby-Dick* trifft Ismael am Samstagabend bei Schneefall in New Bedford ein und erfährt, dass er zwei Tage warten muss, bis das nächste Postboot nach Nantucket fährt, wo er auf einem Schiff anheuern will. Auf der Suche nach einem billigen Bett für die Nacht stößt er auf das Spouter Inn, dessen Wände mit schauderhaften Gerätschaften und verräucherten Ölgemälden unergründlicher Meeresszenen behängt sind. Hier bekommt er vom Wirt erklärt, dass er sich zu einem Harpunier packen muss.

Das war zu der Zeit durchaus nicht ungewöhnlich: Abraham Lincoln persönlich teilte sich häufig das Bett mit einem Reisegefährten. Aber Ismael muss zu seinem Entsetzen feststellen, dass sein Zimmergenosse ein hochgewachsener Wilder mit tätowiertem Gesicht ist. »Was für ein Gesicht! Dunkel war es, purpurn und gelb gefärbt, hier und da mit großen, schwärzlichen Vierecken bedeckt.«[10] Und als Queequeg den mumifizierten Kopf verstaut, den er in der Stadt zu verkaufen versucht hat, und sich im Kerzenschein entkleidet, erkennt Ismael mit Grauen, dass der Kannibale am ganzen Körper tätowiert ist.

Dies ist also der Mann, mit dem er die Nacht verbringen soll. Nach etwas Gekabbel jedoch legt sich der weiße Amerikaner zu dem blau gefärbten Polynesier, und als Ismael am Morgen aufwacht, findet er sich von Queequegs Arm »auf das liebevollste und zärtlichste umschlungen. Man hätte fast meinen können, ich sei sein Weib.«[11] Doch während er dort so liegt und sich nicht rühren kann, kommt dem jungen Mann eine Kindheitserinnerung an Dunkelheit, Eingesperrtsein und Angst.

Es war Mittsommer. Wegen irgendeines kleinen Vergehens musste der kleine Ismael früh am Tag zu Bett gehen. Er wurde mit grässlichem Bettarrest bestraft, während draußen das Leben fröhlich weiterging. Kutschen fuhren vorbei, andere Kinder spielten. Die Sonne schien hell an diesem längsten Tag des Jahres und machte seine Versuche zunichte, sich still in sein Schicksal zu fügen.

Schließlich fiel er in einen albtraumgepeinigten Schlummer, und als er erwachte, hing sein Arm aus dem Bett – und eine andere

Hand lag in der seinen. »Eine Ewigkeit verstrich, so schien es mir, derweil ich da lag, stocksteif vor furchtbarster Angst, und es nicht wagte, meine Hand wegzuziehen.« Als er wieder einschlief, wich die Empfindung von ihm, doch er fand nie eine Erklärung für das sonderbare Erlebnis, das er halb im Wachen und halb im Schlafen gehabt, und für »die namenlose, unvorstellbare, schweigende Gestalt«, die seine Hand gehalten hatte.[12]

Dergestalt also an diesem frostigen Dezembermorgen in New Bedford von seinem Bettgenossen umklammert, kann Ismael Queequegs Arm kaum von der Steppdecke unterscheiden. Wie diese, »ein Flickwerk unregelmäßiger kleiner Quadrate und Dreiecke in allen Farben«, ist der mit ihr verschmelzende Arm »über und über mit einem Muster tätowiert, das dem endlosen kretischen Labyrinth glich«.[13] Statt sich zu fürchten, ist Ismael die Empfindung eher angenehm und fühlt er sich sicher in der Umarmung des Wilden, als fände er es denkbar, sich ebenfalls am ganzen Leib ein solches Muster verpassen zu lassen. In der kommenden Nacht wird er Queequegs »Busenfreund« und die zwei erklären ihre Bereitschaft, füreinander zu sterben. Ismaels Rebellion gegen die normale Welt geht so weit, dass er sich mit einer durch und durch heidnischen Erscheinung identifiziert.

Diese Szenen, halb Albtraum und halb Liebesgeschichte, gehören zu den denkwürdigsten in der ganzen viktorianischen Literatur und sind so anschaulich beschrieben, dass man fast meinen möchte, der Autor habe sie selbst erlebt. Doch als Melville 1840 zu Weihnachten in der winterkalten Hafenstadt eintraf, stieg er auf der anderen Seite des Flusses ab, in Fairhaven. Er wurde von Gansevoort begleitet, der seinem jüngeren Bruder die Sachen kaufte, die dieser benötigte: Ölzeug, ein rotes Flanellhemd, Segeltuchhosen; Strohmatratze, Kissen und Decken; Messer, Gabel, Löffel und Blechteller; Nähzeug, Seife, Rasierer, Kulturbeutel; dazu eine Seekiste, um alles zu verstauen.

30. Dezember 1840

BESATZUNGSLISTE[14]

FÜR DAS SCHIFF ACUSHNET
AUS FAIRHAVEN

unter dem Kapitän Valentine Pease,
zur Fahrt in den Pazifischen Ozean

NAME	GEBURTS-ORT	WOHN-ORT	STAATSBÜRGER/ UNTERTAN WELCHEN LANDES
Herman Melville	Fairhaven	New York	USA

PERSONENBESCHREIBUNG

ALTER	GRÖSSE FUSS	ZOLL	HAUTFARBE	HAARFARBE
21	5	9 ½	Dunkel	Braun

Die 26 Männer, die auf der *Acushnet* fuhren, erhielten alle einen Anteil am erwarteten Gewinn und diese Prozente sind aussagekräftiger als alle goldenen Tressen. Kapitän Pease, Befehlshaber und Miteigner, beanspruchte den 12. Teil des Profits, der Erste Offizier, Frederic Raymond aus Nantucket, den 25. Melville als einfacher Matrose bekam den 75. Teil, während der unerfahrene Carlos Green aus New York – als Schiffsjunge ein *greenhand* im wahrsten Sinne des Wortes – nur mit dem 190. Teil rechnen konnte. Für manche war selbst das erfreulich, nicht zuletzt für den Koch William Maiden und die gemeinen Matrosen Thomas Johnson und Enoch Read, deren Hautfarbe mit Schwarz oder Mulatte angegeben wurde. Sie hatten immer unter einem Herrn gedient; jetzt hatten sie ihr Leben dem Wal überschrieben.

Die *Acushnet* kam frisch von der Werft; in der Hochzeit des Walfangs wurden neue Fangschiffe angeblich wie am Fließband produziert, »ausgestoßen und abgehackt wie Würste«[15]. Andere waren umgebaute Linien- oder Postschiffe. »Ein solches Schiff, das früher vergnügte Reisegesellschaften von Damen und Herren nach Liverpool oder London befördert hat, trägt dann eine Besatzung von Harpunieren um Kap Hoorn in den Pazifik.«[16] Das Achterdeck, wo die feine Gesellschaft einst die frische Seeluft genoss, stank jetzt nach Waltran. Die *Acushnet*, »vollbauchig und langspierig«[17], war 31,70 Meter lang, 8,30 Meter breit und 4 Meter tief. Benannt nach dem Fluss, auf dem sie vom Stapel gelassen wurde, lag sie mit ihren hohen Masten und ihrer dichten Takelage als Verkörperung von Fleiß und Robustheit am Kai von Fairhaven. Im Unterschied zu ihrem Alter Ego war ihre Reling nicht mit Walzähnen besetzt und hatte sie keine Pinne aus einem Walkiefer, ein Zierrat, durch welchen Ahabs *Pequod* »ein Kannibale unter den Schiffen« war, »der sich mit den erjagten Gebeinen seiner Feinde schmückt«[18]. Die *Acushnet* hatte ihre eigene Abschreckung: An der Seite waren falsche Geschützpforten aufgemalt, um Angriffe von Piraten oder Wilden abzuwenden.

Sie war im Besitz eines Syndikats von 18 Männern, darunter der Schiffsmakler Melvin O. Bradford und sein Bruder Marlboro Bradford, beide Quäker. Ihr Kapitän Valentine Pease jr. war 43 Jahre alt, ein großer, strenger und manchmal ausfällig werdender Backenbartträger, nicht übermäßig mit Glück gesegnet. Auf seinem ersten Schiff, der *Houqua*, war sein Erster Steuermann Edward C. Starbuck »unter merkwürdigen und nicht voll aufgeklärten Umständen«[19] auf Tahiti abgemustert worden. Sieben Mann ertranken, zwei weitere starben, als ihr Boot von einem Wal zerschmettert wurde, und elf Mann desertierten, sodass von der ursprünglichen Besatzung nur drei Mann zurückkehrten und ihren Anteil einstrichen.

Das war kein ungewöhnlicher Vorgang. Von den 26 Besatzungsmitgliedern zu Anfang kehrten nur 11 auf der *Acushnet* zurück, die übrigen desertierten oder wurden abgemustert. Lange, harte Fahrten und von allmächtigen Kapitänen verhängte disziplinarische Maßnahmen zermürbten die Männer. In den Verträgen hieß es, dass die Männer das Schiff nicht verlassen durften, bis der Laderaum voll Öl war, und dass sie »die Ordnung, den Befehlsgehorsam und die gesundheitlichen und sittlichen Gepflogenheiten« einhalten mussten, die man von ihnen erwartete. »Verbotener Verkehr« mit Frauen wurde mit fünf Tagen Lohnentzug bestraft, mit »Trunksucht und Zügellosigkeit« handelte man sich ähnliche Strafen ein, wenn nicht die Peitsche.[20] Um das Maß vollzumachen, mussten sie ihre abgetragenen und verschlissenen Sachen durch überteuerte neue Bekleidung aus den Beständen an Bord ersetzen. Wenn die Schulden von ihrem Anteil an den Profiten des Schiffs abgezogen wurden, blieb ihnen oft nichts mehr übrig oder sie mussten für ihre Mühen sogar noch draufzahlen. Bei solchen Bedingungen war es kaum verwunderlich, dass Männer ausrissen, ja, zwei Besatzungsmitglieder der *Acushnet* hatten sich schon abgesetzt, bevor sie überhaupt losfuhr. Sie hatten schließlich nicht angeheuert, um sich als Sklaven behandeln zu lassen.

Es gibt so manches, was einem ein Ort nicht verrät, so als wollte er seine Vergangenheit hüten. Wer heute New Bedford besucht, käme nie auf den Gedanken, dass es einmal die reichste Stadt in Amerika war. Man mag sie für verstaubt halten – jedenfalls wenn man noch nie da war –, doch dies war einst die Hauptstadt eines neuen, globalen Wirtschaftszweigs, das umtriebige industrielle Zentrum einer auf dem Rücken der Wale gegründeten Republik.

New Bedfords Ursprünge lagen in seinem geschützten Hafen und den guten Verkehrsanbindungen an das restliche Neuengland, vor allem aber trugen die starken Bindungen an die Quäker von

Nantucket – die im frühen 18. Jahrhundert die Kunst des Walfangs perfektioniert hatten – zu dem beispiellosen Erfolg der Stadt bei. Einer dieser Quäker, Joseph Rotch, trieb in den Jahren nach der amerikanischen Revolution maßgeblich die Entwicklung New Bedfords voran. Als Melville 1840 dort eintraf, war es reich geworden, vor allem seit eine Brücke es mit Fairhaven verband, seiner Schwesterstadt auf der anderen Flussseite.

Route 6, der Highway, der früher »The King's road« genannt wurde und der bis zur äußersten Spitze von Cape Cod verläuft, überquert noch heute den Acushnet auf einer Drehbrücke aus dem 19. Jahrhundert, einer Baukastenkonstruktion, die sich um einen Mittelpfeiler dreht, um den wirklich wichtigen Verkehr passieren zu lassen. Hier haben Wasserfahrzeuge immer noch Vorfahrt. Der Hafen gibt den Ton an. Die Stadt riecht nach Diesel und Fisch und am Ende der Straßen liegen Schiffe. Sie ist zudem zum Nationalpark erhoben worden, doch sie bietet keine idyllischen Hügel und Wälder, sondern 13 Straßenzüge, die alle dem Gedenken des Walfangs gewidmet sind.

NEW BEDFORD – THE WHALING CITY

Neben dem modernen Freeway ziert eine riesige Wandmalerei eine Fabrik zur Tiefkühlung von Fischen, die einen ganzen Block einnimmt: Airbrush-Wale, die friedlich in einem türkisblauen Meer schwimmen. New Bedford ist vom Wal gezeichnet: Selbst den Nummernschildern vieler hier fahrender Autos ist ein Pottwal aufgeprägt, das Staatstier des benachbarten Connecticut.

Vor der Stadtbücherei steht eine überlebensgroße Statue auf

einem Granitblock. Sie erinnert an ein Kriegerdenkmal, doch sie wurde 1913 aufgestellt und mit einem prägnanten Spruch versehen:

A DEAD WHALE OR A STOVE BOAT.

Ein toter Wal oder ein zerschmettertes Boot – eine klare Alternative. Trotz seines kantigen Kinns und seines arischen Aussehens hat der idealisierte muskulöse Walfänger in seinem abgekappten Bug etwas von einem Stammeskrieger; er könnte beinahe ein Prärieindianer sein. Sein Speer ist unerbittlich auf einen Punkt gerichtet: Wir sind der Wal, der Wal, der seinen ersten Menschen erblickt – und seinen letzten.

Das heutige New Bedford lebt im Schatten solcher Denkmäler fort. Brooks Pharmacy verkauft kitschige Postkarten der Whaling City. Besucher können mit dem »Wal« fahren (»Catch the Whale«), einem Stadtbus, oder T-Shirts in einem Laden kaufen, der sich »Black Whale« nennt. Um die Ecke stapeln sich im dunklen Innern des Herrenausstatters Carter's, gegründet 1947, Arbeitskleidung und Fischermützen für moderne Ismaels. Die jungen Verkäufer nicken ihren wenigen Kunden am Samstagmorgen zu und führen lieber ihr Gespräch über den Freitagabend fort. Morgen wird der Kirchturm gegenüber die Seeleute zum Gottesdienst rufen, desgleichen die verschlafenen Gäste des Spouter Inn.

*Sein Denkmal halte stand,
Harpune in der Hand.
Der wackre Sohn der See
bereicherte das Land.*[21]

Im selbigen New Bedford steht eine kleine Walfängerkirche, und nur wenige schwermütige Walfischfänger, die kurz vor dem Einschiffen nach dem Indischen oder dem Stillen Ozean stehen, versäumen es, diesem Orte einen Sonntagsbesuch abzustatten. Ich vergaß es ganz gewiss nicht.[22]

Ein Veteran von der Mission nebenan lässt mich ins Seamen's Bethel ein – das mit seiner Stülpschalung und seinem viereckigen Turm einem Schiff ähnelt, das über die Kuppe des Johnny Cake Hill segelt –, dann geht er zum Rauchen nach draußen und lässt mich allein herumgehen. Aus dem dunklen Vorraum tritt man in einen hellen Saal mit Kirchenbänken und weißen Marmortafeln an den Wänden, jede ein Zeugnis einstiger Trauer, »als sei jeder stille Gram eine Insel und nicht mitteilbar«[23].

Zum Gedenken an
CAPT. WM. SWAIN
Kapitän der *Christopher Mitchell* aus Nantucket.
Dieser ehrenwerte Mann, an einem Wal festgekommen,
wurde von der Leine über Bord gerissen
und ertrank am 19. Mai 1844
in seinem 49. Lebensjahr.

Seid auch ihr bereit! Denn des Menschen Sohn
wird kommen zu einer Stunde, da ihr's nicht meinet.

Der Wirkungsbereich des Seamen's Bethel war und ist die See. Mit jedem Sohn, den die Stadt an den Ozean verliert, kommt auf diesen Tafeln ein neuer Name hinzu. Und doch könnte dieser Ort eine Filmkulisse sein, und auf der Empore könnte immer noch John Hustons Kamera stehen und seinen *Moby Dick*-Film von 1956 drehen, während der klagende Choral von Jonas Not in dem hohen Kirchenraum widerhallt:

> Geripp und Grauen in dem Wal
> Umwölbte mich im finstern Schlund ...[24]

und Orson Welles in der Rolle des Vaters Mapple aus Melvilles Roman seiner seefahrenden Gemeinde eine Predigt über ebenjene biblische Geschichte hält:

> Wahrlich, die Welt ist ein Schiff am Anfang seiner Reise,
> nicht am Ende, und die Kanzel ist ihr Bug.[25]

Hier verehrt Ismael seinen Schöpfer und hier hört er Vater Mapple von einer Kanzel predigen, die wie der Bug eines Schiffs gebaut ist. Aber Hustons Film – der seine Welturaufführung im State Theatre

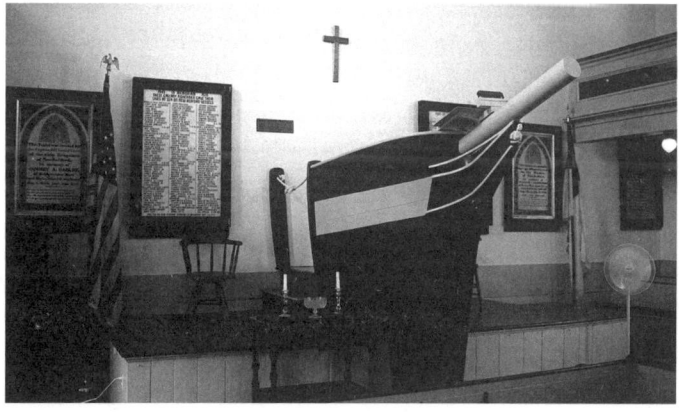

von New Bedford erlebte, nachdem sein Hauptdarsteller Gregory Peck einen Umzug durch die Stadt angeführt hatte – wurde in Wirklichkeit in England gedreht und die Theaterkanzel, die heute hier steht, wurde 1961 von einem einheimischen Schiffsbauer angefertigt, um die Filmfans zufriedenzustellen, die sie hier zu besichtigen hofften.

In den Straßen draußen, deren Häuser Ismael als trostlose »pechschwarze Blöcke«[26] erlebte, kann ich keine Besonderheiten entdecken, als ich mich zum modernen Whaling Museum gegenüber begebe, wo ich von dem Skelett eines 50 Tonnen schweren, 20 Meter langen Blauwals begrüßt werde, das über der Empfangstheke hängt wie ein gigantisches Mobile.

Als dieser Wal 1998 an einen Strand auf dem nahen Rhode Island gespült wurde, war er sechs Jahre alt, also noch ein Kalb, und doch schuf er ein riesengroßes Problem. Da sowohl das Museum als auch die Smithsonian Institution Anspruch auf ihn erhoben, wurde ein Kompromiss geschlossen: ein salomonisches Leviathansurteil. Es wurde vereinbart, dass das Museum den Wal bekam, allerdings mit der Auflage, dass er öffentlich ausgestellt wurde und bei Tag und Nacht zu sehen war.

Um dieses Kunststück zu vollbringen, musste der Wal zunächst zerlegt werden. Der Leichnam wurde in Abschnitte zerteilt, die in Käfigen im Acushnet versenkt wurden. Zwei Jahre taten sich die kleinen Flussbewohner am Fleisch des Wals gütlich, bis das Gerippe so sauber abgenagt war wie ein Rippchen. Das wieder zusammengesetzte Endergebnis schwimmt jetzt durch eine Eingangshalle, die so gebaut wurde, dass sie den Anforderungen der Smithsonian genügt, ein verwaistes Walkalb in einer gläsernen Gruft. Es ist gewissermaßen inkontinent, denn es gibt immer noch Tran ab wie ein frisch gefällter Nadelbaum Harz oder eine Eisenbahnschwelle Teer. Der Geruch hängt in der Halle: ein undefinierbarer Hauch Ozean, der der Luft selbst eine gewisse Tranigkeit verleiht.

Das Museum von New Bedford ist reich bestückt, fast jedes bekannte Walbild ist hier vertreten. Am eindrucksvollsten ist Esaias van de Veldes *Ein Wal, zwischen Scheveningen und Katwijk gestrandet, mit eleganten Schaulustigen* von 1617, das nur einen aus einer ganzen Reihe von Pottwalen darstellt, die im 16. und 17. Jahrhundert an die Küsten der Niederlande geschwemmt wurden. Solche Walstrandungen waren Symbole für die Geschicke des Landes in einer Zeit des Wandels und als Szenen beschaulichen Unheils wurden sie in Stichen und sogar auf Delfter Tellern und Kacheln vervielfältigt. Sie berichten vom holländischen Goldenen Zeitalter – und seinen Bedrohungen –, und in einem ungewöhnlichen und bemerkenswert lebensechten Stich gibt Jan Saenredam einen 18 Meter langen Pottwal wieder, der am 19. Dezember 1601 in Beverwijk strandete.

Der Wal liegt zwischen Land und Meer; seine körperliche Präsenz ist massiv, fast erschlagend. Vor seinem Bauch sind vornehm gekleidete Besucher mit Wämsern und Halskrausen aufgereiht, darunter der Künstler selbst, zu erkennen im Vordergrund mit seinem Gehilfen, der seinen Umhang als Windschutz hochhält, während der Meister zeichnet. Zwischen diesen posierenden oder zu Pferde sitzenden Betrachtern und dem Wal besteht ein eigentümlicher allegorischer Abstand, so als befänden sie sich in völlig unterschiedlichen Dimensionen. Hier ein Wal, dort die Menschen.

Selbst die Hunde gaffen ungläubig.

Die auffälligste Gestalt in der Mitte ist mit dem Federhut der Graf Ernst Casimir von Nassau, dem das Bild auch gewidmet ist. Er war im Krieg gegen Spanien zum Helden geworden, dennoch benutzt er ein Taschentuch, um seine aristokratische Nase vor dem Gestank zu schützen. Andere klettern dagegen auf dem Wal herum; ein Offizier stößt seinen Säbel in das Blasloch.

Wie Ameisen krabbeln sie über und um das geschlagene Tier, diese Menschlein. Hinter seinem gewaltigen, nun aber kraftlosen

Schwanz, über den schon ein Seil geworfen wurde, bringen Kutschen weitere in Seide gehüllte Edelleute herbei und Zelte sind aufgeschlagen worden zur Verköstigung der anströmenden Scharen. Wäre dieses Tier auf der anderen Seite des Kanals in England gestrandet, wäre er das Eigentum der jungfräulichen Königin gewesen; Elizabeth I. aß gern Walfleisch. Hier in Holland wurde es zum Gegenstand von Künstlern, die damit die Sterblichkeit selbst einer solch phänomenalen Kreatur darstellen wollten. Albrecht Dürer beispielsweise machte sich 1520 auf den Weg, um einen in Zeeland gestrandeten Wal zu besichtigen. Doch die Reise, auf der er beinahe verunglückt wäre und sich mit einem Fieber infizierte, an dem er 1528 starb, war umsonst, der Wal war wieder ins Meer gespült worden. Dürer beschrieb ihn vom Hörensagen als »viel mehr als hundert Klafter lang«; er bereite den Einheimischen Sorgen, »denn sie fürchten den großen Gestank. Denn er ist so groß, dass sie meinen, man kann ihn nicht in einem halben Jahre zerhauen und Tran aus ihm sieden.«[27] Solche Ereignisse erschienen als Vorboten des Todes: Der Wal in Scheveningen brauchte vier Tage, um zu sterben, dann explodierten seine Gedärme, was zu tödlichen Infektionen unter den Schaulustigen führte.

Saenredams Bild, von Zeichen und Wundern voll, ist eingerahmt von den apokalyptischen Ereignissen, die vom Kommen des Leviathans angekündigt werden. Zwei Putten halten eine Kartusche, die ein kurz darauf erfolgtes Erdbeben zeigt, *Terra mortus*. Links und rechts davon sehen wir eine Mond- und eine Sonnenfinsternis, ihrerseits flankiert von den Hälften des nun bereits zerteilten Wals. Dazu blickt Vater Zeit aus einer Ecke herab und in der anderen legt ein geflügelter Todesengel seinen Bogen an, Symbol der Pest, die um diese Zeit Amsterdam heimsuchte. Bemerkenswert ist, wie in einem metaphorisch derart aufgeladenen Bild die Aufmerksamkeit auf den ausgefahrenen Penis des Tiers gelenkt wird. Wie ein Hosenbeutel aus dieser Zeit ist das ein Hinweis auf die Manneskraft beziehungsweise ihr Fehlen; seine Schlaffheit bildet einen Kontrast zur steil emporragenden Feder des Grafen wie auch zum englischen Namen des Pottwals, *sperm whale*, »Samenwal«. Aus Sicht des Zoologen hingegen ist dieses Detail der Beweis, dass sich nur Pottwalbullen so weit nach Norden vorwagen. Das Museum von New Bedford ist voll von Waldarstellungen aus der Sicht der Menschen. Blut ausstoßende Wale, die nach Art von Jockeys von Seeleuten geritten werden. Umgedreht schwimmende Wale mit aufgerissenem Maul, die Harpunen und Lanzen in die Unterseite gestoßen bekommen. Hollywoodmäßige Wale, die anscheinend den Sieg davongetragen haben. Was würde Ismael sagen, wenn er beim Warten auf das Auslaufen seines Schiffs beschlösse, sich noch ein Weilchen in der Stadt herumzutreiben – sagen wir ungefähr 150 Jahre lang –, und an der Kasse seine sieben Dollar bezahlte, um einen kritischen Blick auf diese Sammlung zu werfen?

In dem Kapitel »Über die ungeheuerlichen Zerrbilder von Walen« zieht unser gestrenger Erzähler über solche »absonderlichen, fantastischen Bildnisse« her. Er wirft den Alten vor, »der Urquell all dieser Trugbilder« zu sein;[28] aber der schlimmste Walverfälscher seiner Zeit war Frédéric Cuvier, der Bruder des Barons Cuvier, des namhaften französischen Naturforschers. Sein *Pottwal* von 1836 war, wie Ismael unverblümt erklärt, »ein Kürbis«[29]. Es war eine Kunst der Andichtung. Von der Académie française belehrt, es gebe nicht weniger als 14 Arten von Pottwalen, lieferten die Künstler prompt Bilder ab, die eher die Mode des Directoire wiedergaben: à la mode korsettierte und bekragte Wale, schlank und mit Fischschwanz, oder Wale mit unförmigen Bäuchen und falsch platzierten Augen.

Wie sahen Wale wirklich aus? Ismael räumt ein, dass es für solche haarsträubenden Irrtümer gute Gründe gibt. In Gänze waren diese Tiere nur gestrandet zu sehen, erklärt er, und wie zu erwarten

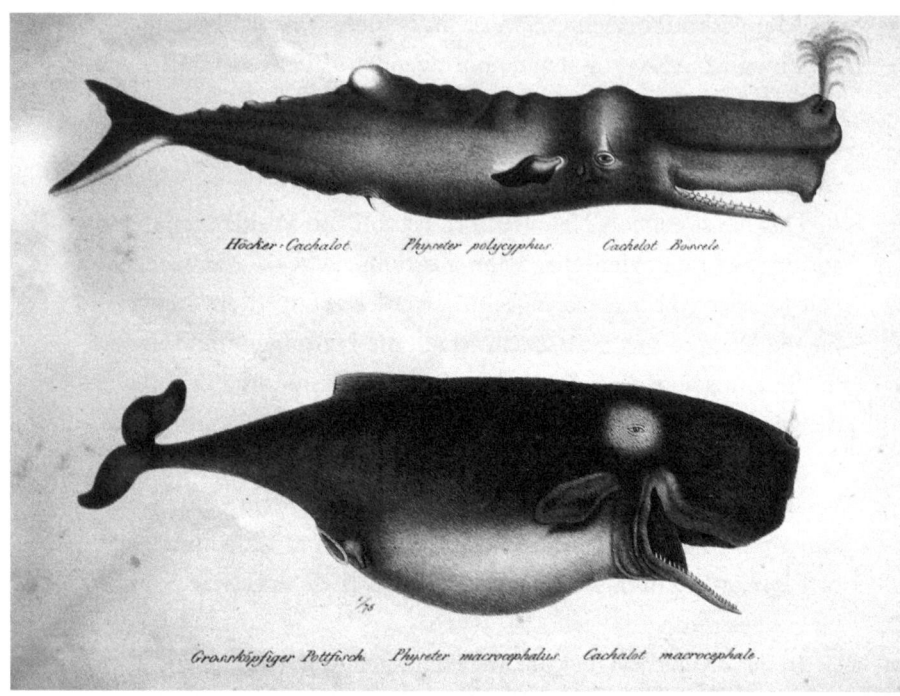

»ist der lebende Leviathan bislang noch nie im Meer Porträt geschwommen ... Es lässt sich auf Erden somit unmöglich feststellen, wie der Wal wirklich aussieht.« Das Bemerkenswerte an seinen Ausführungen ist, dass sie heute noch zutreffen. Der Wal ist und bleibt unergründlich, »bis zuletzt ohne Bildnis«.

Und die einzige Möglichkeit, wie ihr wenigstens eine leidlich genaue Vorstellung von seiner lebenden Gestalt gewinnen könnt, besteht darin, dass ihr euch selbst auf Walfang begebt. Indem ihr dieses aber tut, lauft ihr keine geringe Gefahr, von ihm in alle Ewigkeit zerschmettert und versenkt zu werden. Weshalb ihr, wie ich meine, bei eurer Wissbegier, was diesen Leviathan angeht, nicht allzu anspruchsvoll sein solltet.[30]

Ebenso ähneln beim Blättern in alten Büchern Walfangstiche den Bildern von Renaissancemeistern, nur dass etwas von Grund auf verkehrt ist: Keine Engel verkünden jungfräuliche Geburten, keine Kaufmannsgattinnen sitzen ruhig in gekachelten Wohnzimmern, sondern wir betrachten den rasenden Todeskampf eines gigantischen Tiers. Die Stille solcher Bilder unterstreicht noch ihre Merkwürdigkeit, verbreitert die Kluft zwischen dem, was sie sind, und dem, was sie wiederzugeben versuchen. Der Abstand zwischen Darstellung und Wirklichkeit war nie so groß wie in all diesen Bildnissen von Walen – ob aus Farben, aus Zähnen, aus Holz, aus Eisenblech, aus Stein, aus Bergen oder aus Sternen. Nie haben Worte und Bilder uns so gründlich im Stich gelassen.

Es ist etwas am Pottwal, das mich weitertreibt, etwas, das ich selbst jetzt noch nur schwer beschreiben kann. Einerlei, wie viele Bilder ich mir anschaue, ich bekomme ihn nicht richtig zu fassen. Einerlei, wie oft ich ihn zu zeichnen versuche, seine Gestalt entzieht sich mir. Dennoch bleibt meine Neugier bestehen, Ismaels Warnungen zum Trotz. Und während mein launischer und immer fragwürdiger werdender Führer durch die Pflasterstraßen von New Bedford streift und sich vor der ihn erwartenden langen Reise bei Carter's schnell noch ein letztes Kleidungsstück besorgt, ja, noch während er sich für seine eigene direkte Begegnung rüstet, schärft er mir ein: »Seine Lebensgeschichte muss noch geschrieben werden, anders als die aller sonstigen gejagten Wale«[31], und fordert mich auf herauszufinden, warum.

III

DER POTTWAL

… ich kann ihn nicht verstehn und
werd es niemals können.

Moby-Dick[1]

Irgendwann im Mittelalter stach jemand in den Kopf eines Pottwals und ließ das wachsige Öl fließen, das diesen füllt. An der kühlen Luft des Nordens trübte sich die kostbare warme Flüssigkeit und sah damit auf einmal wie Sperma aus. Dadurch entstand die Vorstellung, der Leviathan speichere seinen Samen im Kopf. Der englische Name *sperm whale* mag unschön und sogar unpassend sein, doch er trifft insofern den Nagel auf den Kopf, als der Pottwal gewissermaßen der Urvater der Wale ist: der alle anderen überragende Wal, der Kaiser der Wale, Seine cetaceische Majestät, ein Wal von eingeborener Herrschergewalt. Er erfüllt all unsere Erwartungen an einen Wal. Man denke an einen Wal, und ein Pottwal schwimmt einem in den Kopf. Man fordere ein Kind auf, einen Wal zu zeichnen, und es wird einen Pottwal kritzeln, der auf den Wellen reitet.

Doch der Pottwal hat auch schwer an unseren Sünden zu tragen. Er ist ein Tier, dessen Leben nur deshalb beschrieben wurde, weil es ihm genommen war, ein Wal, der dermaßen mit Superlativen und Unmöglichkeiten geschmückt daherkommt, dass wir seine Existenz kaum glauben würden, wenn ihn noch nie jemand leibhaftig erblickt hätte – und selbst wenn, könnten uns Zweifel kommen. Nur ein solches Geschöpf konnte Melvilles Buch seine Kraft verleihen; *Moby-Dick* hätte schwerlich von einem Schmetterling handeln können.

Für die Wissenschaft stellt er eine Familie für sich dar. Der Pottwal – von Linné, dem Vater der Taxonomie, 1758 als *Physeter macrocephalus* klassifiziert, »großköpfiger Bläser« – ist der älteste Wal überhaupt, das einzige verbliebene Mitglied der Physeteridae, die sich vor 23 Millionen Jahren entwickelten und im Pliozän und Miozän etwa 20 Gattungen zählten. (Tatsächlich bestimmte Linné anfangs vier Arten: *Physeter macrocephalus, P. catodon, P. microps* und *P. tursio*, die aber heute alle als eine Art gelten, nachdem der Zwerg- und der Kleinstpottwal, *Kogia breviceps* und *K. sima*, einer eigenen Familie zugerechnet werden, den Kogiidae.) Als ein Relikt der Urzeit ist er, mit den Worten eines Biologen, »ein Opfer der erdgeschichtlichen Entwicklung … eingeschlossen in die gummiartige Hülle seiner eigenen riesigen Haut«[2]. Sein nächster Verwandter an Land ist das Nilpferd, obwohl er mich mit seiner grauen Runzligkeit, den kleinen Augen und den Elfenbeinzähnen mehr an einen Elefanten erinnert.

Der Pottwal bleibt eine Klasse für sich. Schon von der Gestalt her wirkt er irgendwie unförmig, unfertig, als ob etwas fehlen würde – große Brustflossen vielleicht oder eine markante Rückenflosse. Jedes Tier würde mit so einem Umriss Staunen erregen, ganz besonders aber das größte Raubtier der Welt. Ismael sah in dem Wal »alle möglichen unheilvollen Anspielungen [auf] … übernatürliche Wirkkräfte«[3] verkörpert. Heute wird er als »im Großen und Ganzen gutmütiges und verletzliches Wesen«[4] betrachtet; aus einem furchterregenden Feind ist ein gemütlicher, sanfter Riese der Meere geworden. Der Abstand zwischen diesen beiden Vorstellungen ist der zwischen Mythos und Realität, zwischen Legende und Wissenschaft, zwischen Menschheitsgeschichte und Naturgeschichte. Es ist ein Indiz für seinen magischen Charakter – und ein Symbol für das Schicksal aller Cetaceen –, dass dem Pottwal eine solche Verwandlung vom böswilligen Dämon zum gefährdeten Überlebenden gelungen ist. *Physeter macrocephalus* mag seit Jahrmillionen die Erde bewohnen, aber wir kennen ihn im Grunde erst seit 200 Jahren. Erst mit dem Aufkommen des modernen Walfangs Anfang des 18. Jahrhunderts bekam der Mensch überhaupt eine ungefähre Vorstellung von dem Tier. Und es gibt uns weiterhin Rätsel auf. In der Kategorie der Fleischfresser ist der Pottwal größer als jeder Dinosaurier – was leicht dazu führen kann, dass man ihn mit seinem ungeheuren Maul für einen Tyrannosaurus des Meeres hält –, obwohl sein Körper zu 97 Prozent aus Wasser besteht, dem Stoff, aus dem auch Menschen zum größten Teil bestehen. Wir alle tragen Ozeane in uns. Wie alle Wale trinkt auch der Pottwal nie. Er ist als Wüstentier bezeichnet worden: Wie ein Kamel von seinem Höcker zehrt, so kann sich der Wal dank seiner dicken Speckschicht an die Wechselfälle des Meeres anpassen, sei es Überfluss oder Mangel.[5] In einer Umwelt, in der die Nahrungsbestände drastisch schwanken, ist es von Vorteil, wenn man drei Monate lang ohne Essen auskommen und gewaltige Temperaturunterschiede verkraften kann, von tropischen bis zu arktischen Bedingungen.

Es sind wahrhaftig globale Tiere. Pottwale leben in sämtlichen Breiten und allen Ozeanen, vom Nordatlantik bis zum Südpazifik, selbst im Mittelmeer. Nach wissenschaftlichen Berechnungen aufgrund von Beobachtungen zu Luft und zu Wasser schwimmen heute noch 360 000 Exemplare durch die Weltmeere, allerdings ist das nur knapp ein Viertel der Population vor dem Zeitalter der eisernen Harpune. Durch ihre Vorliebe für die tiefen Jagdgründe vor den steilen Festlandsockeln wurden Pottwale bis vor kurzer Zeit nur von Walfängern jemals lebend erspäht, und diese sprachen davon, dass ihre Beutetiere in Adern schwammen, wie »von einem unfehlbaren Instinkte geleitet – besser wohl: einer geheimen Weisung der Gottheit«[6], fügt Ismael hinzu. Infolgedessen steckt ihre Erforschung noch in den Anfängen. Es ist, als wären wir seit dem 19. Jahrhundert kaum weitergekommen, als Illustratoren übergewichtige Wale, an tropischen Palmenstränden liegend, zeichneten.

A SPERM WHALE.

Die Kenntnisse, die wir besitzen, bilden versprengte Haufen wie die Wale selbst und verweigern sich der Deutung. Welche Farbe haben sie? Unter Wasser erscheinen sie, durch das Meeresblau gefiltert, gespenstisch grau, aber an der Sonne sind sie braun oder gar schwarz, je nach Alter und Geschlecht. Mitunter grenzt die Farbe sogar an ein extravagantes Rot- oder Blauviolett, aufgelockert von hellen Flecken an der Unterseite und schließlich vom Perlmuttweiß des Maules: »was für ein wahrhaft schöner und keuscher Mund, vom Boden bis zur Decke ausgeschlagen, oder besser tapeziert, mit einem weißen, feucht glitzernden Häutchen, das schimmert wie das Seidenkleid der Braut.«[7] Von der Seite und von unten leuchtet dieses Weiß wie ein halb offener Kühlschrank: zur Einladung – und zur Warnung. An Stellen, wo sich die hauchdünne Haut ständig abschält wie alte Farbe, ist der riesige Kopf scheckig; dabei ist er relativ glatt, der übrige Körper dahinter jedoch ist gefurcht und gerunzelt wie eine Backpflaume. Diese Veränderlichkeit verleiht dem Tier etwas Metaphorisches.

In hydrodynamischer Hinsicht sieht der Pottwal aus wie von einem exzentrischen Ingenieur konstruiert. Keine gestalterischen Konzessionen. Seine scharfkantige Schwanzflosse, Fluke genannt, gleicht nicht der des geschmeidigen und femininen Buckelwals. Er ist ein grober Klotz von einem Tier, schroff, kompromisslos. Mit seiner Eckigkeit scheint er dem Wasser zu trotzen, statt sich ihm zu fügen. Von oben gesehen allerdings ist sein klobiger Kopf recht schmal, keilförmig: Dieses Tier ist dermaßen dafür gemacht, die meiste Zeit seines Lebens in der Tiefe zu verbringen, dass ein Wissenschaftler es angemessener findet, den Pottwal einen »Auftaucher« zu nennen statt einen Taucher.[8] Allein schon dank seiner Größe kann sich der Wal lange Zeit am Meeresgrund aufhalten, da sein Körper ein einziger großer Sauerstofftank ist.

Unter der charakteristischen Schnauze versteckt sich das zweite imposante Merkmal des Pottwals: sein Unterkiefer mit 40 und mehr Zähnen, die in den zahnlosen Oberkiefer einrasten wie ein Stecker in eine Buchse. Größenmäßig reichen diese elfenbeinernen Beißgeräte von Hühnereiformat bis zu wuchtigen 30-Zentimeter-Zapfen, die so breit sind, dass ich sie nicht mit den Fingern umspannen kann. Wenn man einen Zahn durchschneidet, kann man an den Riffelringen das Alter seines Besitzers ablesen wie an den Jahresringen eines Baums. Bei den ältesten Walen sind die Zähne »stark abgenutzt«, wie Ismael bemerkt, »jedoch weder verfault noch, wie bei uns, künstlich mit Füllungen geflickt«[9], auch wenn

Pottwale tatsächlich oft an Karies leiden. In seltenen Fällen besitzen sie auch nicht durchgebrochene Oberzähne, Relikte von Vorfahren, die sich noch einer vollständigen Dentition rühmen konnten. Die natürliche Auslese hat ihren Nachfahren nur eine untere Zahnreihe gelassen, so als hätten sie über Nacht ihr Gebiss verlegt. Dies lässt den Pottwal freundlicher erscheinen, nur halb monströs.

Die Zähne sind gelblich, erst poliert bekommen sie eine schöne sahneweiße Farbe wie die kleinen Elfenbeinstoßzähne an den aus Ebenholz geschnitzten Elefanten, die mein Großvater nach dem Ersten Weltkrieg aus Indien mitbrachte. Wenn man sie in der Hand wiegt, sind sie schwer, glatt, angenehm anzufassen, sprechende Zeugnisse ihrer benthischen Herkunft. Ihrer Auffälligkeit zum Trotz ist ihre Funktion nicht ganz klar. Ein Autor des 19. Jahrhunderts bemerkte, dass die Zähne schiefe Kratzspuren »wie von einer groben Feile« aufwiesen, seiner Meinung nach die Folge von »Korallen, zermalmten Muscheln oder Sand« und häufigem Kontakt mit dem Meeresboden.[10] Dagegen weisen Nahrungsreste, die man im Bauch von Pottwalen findet, selten Bissspuren auf. Jungtiere fressen Kalmare und Fische, lange bevor sie Zähne ausbilden, und Weibchen bekommen erst im späten Reifestadium welche, wenn überhaupt. Offensichtlich sind Zähne für die Nahrungsaufnahme nicht nötig. (Bei manchen Walen sind sie ein ausgesprochenes Hindernis: Layardwale, *Mesoplodon layardii*, haben große Zähne, die ihnen im Bogen um den Oberkiefer wachsen und so eine Art Maulkorb bilden, mit dem sie dennoch fressen können.)

In *The Natural History of the Sperm Whale* von 1839 spricht Thomas Beale davon, dass drei erlegte Wale, einer davon blind und die anderen zwei mit deformierten Unterkiefern, ansonsten in guter Verfassung waren, was für ihn bewies, dass sie nicht nur ohne Zähne fressen, sondern auch auf das Augenlicht verzichten können. Dieses große Raubtier kaut seine Beute nicht, es schluckt sie vielmehr wie ein riesiger Staubsauger, worauf auch das Vorhandensein von Kehlfalten hinweist. Von Fachleuten ist die Ansicht vertreten worden, dass Pottwale ihren Unterkiefer als große Falle wie eine Angel herabhängen lassen, beködert mit der Biolumineszenz von zuvor verzehrten Kalmaren. Beale glaubte, dass der Wal passiv im Wasser hängt und auf seine Beute wartet, derweil Kalmare, angezogen ebenso vom »eigentümlichen und sehr starken Geruch des Pottwals« wie von der »blendenden weißen Erscheinung« seines Rachens, »sich um Maul und Kehle regelrecht drängen«.[11] Die moderne Wissenschaft ist jedoch zu anderen Ergebnissen gekommen.

Was das Rätsel des Pottwalkopfs betrifft, macht Ismael seine unwissenden Leser darauf aufmerksam, dass dessen wahre Gestalt im Schädel in keiner Weise zum Ausdruck kommt; nach dem Gerippe könnte nie jemand darauf schließen, dass das lebende Tier eine solche Schnauze besitzt. Er sieht darin einen weiteren Beweis für eine Irreführung im großen Maßstab, und in einer phrenologischen Analyse (fehlt nur, dass er noch die Höcker des Wals befühlt) erklärt er, dass die riesige Stirnpartie, die dem Tier den Anschein der Weisheit verleiht, »nur eine Täuschung«[12] sei. Aber Ismael täuscht sich seinerseits, denn der Pottwal besitzt das größte Gehirn von allen Lebewesen, die es je auf der Erde gegeben hat: Es wiegt bis zu 9,5 Kilogramm, das des Menschen dagegen im Schnitt nur 1,3 Kilogramm. Was er mit einem solchen Organ anfängt, ist eine andere Frage.

Im Museum von New Bedford beherrscht das Skelett eines Pottwals eine ganze Abteilung; nur es zu umwandeln ist schon eine beklemmende Erfahrung. Der Schädel allein ist über sechs Meter lang und höher als meine Schultern. Aufgrund des linksseitigen Blaslochs ist der Gesamteindruck asymmetrisch (Zahnwale besitzen nur ein Nasenloch, Bartenwale dagegen zwei), buchstäblich sinister (sodass ich mich frage, ob Wale Linkshänder sind wie ich). Dieselbe Eigenschaft gibt dem komplexen Gefüge aus Kapseln und Gängen für die Gefäße und Nerven den Charakter einer abstrakten Plastik. Eine Öffnung verbindet die Wirbelsäule mit dem Gehirn, eine andere geht zu den Ohren und Augen, ihrerseits geschützt von der Knochenmasse, woran der sich gabelnde Unterkieferknochen schwingt, ein gezahntes »Fallgatter«, das herabhängt »wie der Stampfstock unter dem Klüverbaum eines Schiffs«[13]. Ich muss Ismael recht geben: Dieses Kalziumgerüst lässt kaum die wahre Gestalt des Tiers erahnen. Man könnte die Form eines Menschen aus seinem Gerippe erschließen, aber wer könnte sich danach das wirkliche Aussehen dieses Geschöpfs vorstellen?

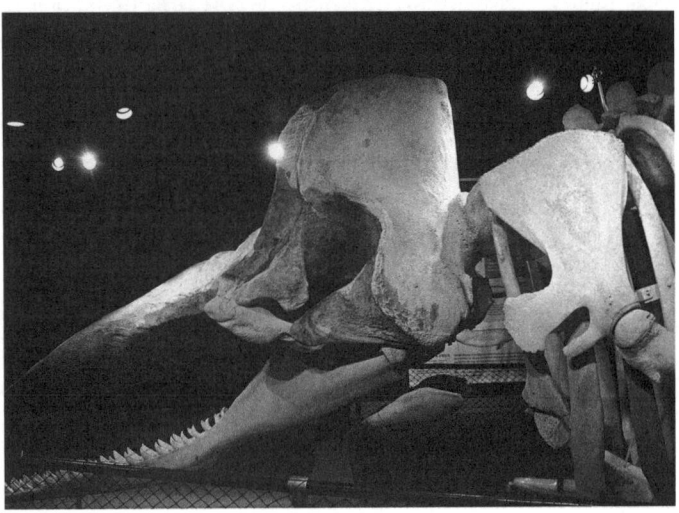

Wie der Pottwal im Tod nur wenige seiner Geheimnisse preisgibt, so hat er im Leben eine andere Sicht der Dinge als wir. Seine Augen sind so angeordnet, dass er nicht geradeaus schauen kann (obwohl ihre Position an der Stelle, wo der keilförmige Kopf sich zum Maul hin verschmälert, zur Folge hat, dass der Wal unter sich räumlich sehen kann – vermutlich beim Jagen von Nutzen – und sich beim Schwimmen auf den Rücken legt, um Objekte über sich zu begutachten und vielleicht zu fressen). Die meiste Zeit seines Lebens muss der Wal die Welt in zwei Hälften betrachten, schließt

Ismael; sein Kopf ist ihm im Weg, und »alles dazwischen wird für ihn ... tiefstes Dunkel und blankes Nichts sein«[14]. Es kommt einem sonderbar vor, dass solch ein mächtiges Wesen optisch derart eingeschränkt ist. Diese Blindheit des Pottwals, sagt Ismael, ist auch der Grund für »das Zaudern und Zagen und die befremdliche Furchtsamkeit, die unter diesen Walen so verbreitet sind«[15]. Ein »gegalltes«[16] Tier taucht tief in den Ozean ab, wo es für den Menschen und seine Harpunen unerreichbar ist. Wenn der Pottwal derart die Flucht ergreift, kann ihn niemand mehr einholen. Mehr als jeder andere Meeressäuger ist er Herr seines Elements. Angetrieben von der Muskelkraft seines Schwanzes, stößt er viele Hundert, ja tausend Meter in die Tiefe, die paddelförmigen Brustflossen so ordentlich eingezogen wie das Fahrwerk eines Flugzeugs. Und wenn er einmal unten ist, kann er bis zu zwei Stunden dort bleiben. Für diese Leistung ist ein Wal gezwungen, seine Zeit an der Oberfläche vor allem mit Atmen zu verbringen – »seine Spouts auszublasen, wie es die Waljäger nennen«[17] –, wobei er in 10, 11 Minuten 60 bis 70 Atemzüge tut.

Indes atmet der Pottwal nur rund ein Siebtel seiner Zeit, nur am Sonntag sozusagen.[18]

Während die Menschen zum Tauchen ineffizient den Atem anhalten, laden Wale ihre roten Blutkörperchen mit Sauerstoff auf, bevor sie wieder auf Grund gehen, häufig an genau derselben Stelle, wo sie auch aufgetaucht sind, vielleicht um ihrer Erfassung der Nahrungssituation unten sicher zu sein. Diese gewaltigen Tauchgänge unternehmen sie zusammen mit sogenannten Schiffshaltern, kränklich grauen Begleitern, die sich wie Dämonen an ihren runzligen Flanken festsaugen, »zweifellos Fische, wenn auch nicht ganz richtige Fische«[19]. Es sind Schmarotzer, die sich kaum eigenständig bewegen können und von ihren Wirten abhängig sind, ohne die sie auf den Meeresgrund sinken würden. Schlimmer sind die Angriffe von Neunaugen, »sich schlängelnden, meterlangen, schleimigen braunen Geschöpfen, vor denen sich selbst Zoologen ekeln«[20]. Diese heften sich mit scharfzähnigen Saugmäulern an die Wale und hinterlassen an ihren riesigen, aber hilflosen Opfern knutschfleckartige Narben.

Gemeinhin wird ein Pottwal zwischen 300 und 800 Meter tief tauchen und dabei eine U-förmige Kurve beschreiben.[21] Sobald er die gewünschte Tiefe erreicht hat, wird er bis zu drei Kilometer weit horizontal schwimmen, vermutlich auf Nahrungssuche. Gelegentlich wird der Wal noch tiefer gehen. Man hat tote Pottwale in 1134 Meter Tiefe, in Unterwasserkabeln verheddert, gefunden – wobei diese Zahl nicht die Qualen beziffern kann, die der ertrinkende Wal leidet, wenn sich sein Kiefer in der isolierten Leitung verfangen hat.

1884 zog ein Reparaturdampfer vor Südamerika ein Kabel hoch, in dem sich ein sterbender Wal mit heraushängenden Eingeweiden verfangen hatte; das Kabel selbst war an sechs Stellen zerbissen.[22] In einem anderen Fall von Erkenntnis auf Kosten eines Tierlebens fand man im Bauch eines 1969 südlich von Durban in Südafrika gefangenen Pottwals die Überreste zweier Haie der Gattung *Scymnodon*.[23] Da diese Fische Meeresgrundbewohner sind, die ihre Nahrung in 3000 Meter Tiefe suchen, war dies ein Beweis für die hervorragenden Tauchleistungen der Wale. Ein Großteil dessen, was wir über Pottwale wissen, wurde von Leuten herausgefunden, deren Hauptinteresse es war, sie zu töten. Wale starben, damit Menschen sie beschreiben konnten.

Und die Bestände füllen sich nicht ohne Weiteres wieder auf. Der Pottwal hat die niedrigste Geburtenrate aller Säugetiere: Ein Weibchen bekommt nur einmal alle vier bis sechs Jahre ein einzelnes Kalb. Zudem ist der Größenunterschied zwischen den Geschlechtern im Reich der Cetaceen am ausgeprägtesten: Männchen können zweimal so groß werden wie Weibchen. Die Geschlechter leben die meiste Zeit über getrennt, und währenddessen werden die Männchen immer größer und damit immer attraktiver für ihre potenziellen, wenngleich kurzzeitigen Partnerinnen, die durch ihre Wahl auch die Überlegenheit ihrer Art sichern: Die ungeheuren Distanzen, die Pottwale zurücklegen, haben zur Folge, dass ihre Population weltweit genetisch erstaunlich einheitlich ist.

Die zur Fortpflanzung nach Süden ziehenden Männchen kämpfen um die Gunst der Weibchen. Die entstellten Unterkiefer, die Beale sah, sind ein Beleg für diese wütenden, aber kurzen Kämpfe, gleichermaßen die Bissspuren an Kopf, Rücken und Bauch der Tiere; Moby Dicks Unterkiefer, mit dem er Ahabs Bein absenst, wird als sichelförmig bezeichnet, ja, manche sind regelrecht verknotet. Obwohl sie nicht wie brunftige Hirsche ein Territorium zu verteidigen haben, beißen sich Wale gegenseitig große Stücke aus dem Blubber heraus und rammen einander dabei mit ihren streitbaren Stirnen, die bei den Männchen beinahe obszöne Ausmaße erreichen.

Der erfolgreiche Freier paart sich mit seiner Erwählten Bauch an Bauch, wobei sie unten schwimmt – *more hominum*, wie Ismael es diskret formuliert.[24] Die Tragezeit ist 15 Monate; Kälber werden mindestens zwei Jahre lang gesäugt, manchmal gemeinschaftlich, und es sind Fälle bekannt, in denen noch 13-Jährige an der Mutterbrust tranken. »Die Milch schmeckt sehr süß und sahnig«, meint Ismael; »man hat sie gekostet – sie würde gut zu Erdbeeren passen.«[25] Da Wale keine Lippen haben, bekommen die Kälber die Milch aus den Zitzen der Mütter seitlich ins Maul gespritzt, eine Technik, die erstmals von dem Arzt Sir William Wilde erkannt wurde, dem Vater Oscars.[26]

Pottwale haben die komplexeste Sozialstruktur aller Lebewesen außer dem Menschen.[27] Wie andere Zahnwale auch schwimmen sie in Verbänden, nach Geschlechtsreife getrennt in Fortpflanzungs- und Junggesellengemeinschaften. Weibchen und unreife Wale schwimmen, über ein weites Gebiet verteilt, in Gruppen von 20 bis 30 zusammen; sie bevorzugen wärmere Gewässer, möglicherweise weil sich in solchen Breiten weniger Schwertwale aufhalten, ihre einzigen natürlichen Feinde. Gemeinschaftliche Kinderpflege festigt diese weitreichenden Bindungen: Wenn eine Mutter nach Nahrung taucht, lässt sie ihr Kalb (das ihr noch nicht folgen kann) in der Obhut anderer Weibchen oder jugendlicher Männchen zurück, die eine Art Walkrippe bilden. Es sind Fälle beobachtet worden, in denen große Männchen vorsichtig ein Kalb im Maul tragen, da sie dabei allerdings gleichzeitig den Penis ausstellen, ist das wahrscheinlich eher ein Paarungsverhalten als Kinderpflege.[28]

In ihren Zehner- und Zwanzigerjahren schließen sich die jungen Walbullen Junggesellengruppen an, als wäre dies Teil eines Übergangsritus. Sie werden mit 19 geschlechtsreif (Weibchen allerdings schon mit sieben), aber sie paaren sich erst, wenn sie über 20 sind. Auf der Suche nach Beute schwärmen sie weiter aus: Erwachsene Männchen schweifen über mehr als 40 Breitengrade nach Norden und Süden und bilden lose Ansammlungen mit einer Ausdehnung von 300, 350 Kilometern.[29] Im Lauf der Zeit schrumpfen diese Verbände, bis die Männchen dann im mittleren Alter Einzelgänger werden, die bis in die subpolaren Meere vordringen, um neue Jagdgründe zu finden, bevor sie zur Paarung in wärmere Gewässer zurückkehren.

Aus Ordnungsgründen teilten die englischen und amerikanischen Walfänger die Tiere, die sie jagten, nach dem Vorbild von Handelsklassen ein:

Pods oder *gams:* Züge von bis zu 20 Walen
Schools oder *shoals:* Schulen von 20 bis 50 Walen
Herds oder *bodies:* Herden von über 50 Walen

Einzeln ziehende Bullen waren »Schulmeister«, Gruppen von Weibchen waren »Harems« und junge Männchen bildeten Junggesellenschulen von »Vierzigfassbullen«.[30] Ismael gibt uns die denkwürdige Beschreibung einer Walkrippe, in welche die *Pequod* hineinsegelt.

Als wir indes über Bord hinabblickten, offenbarte sich uns unter dieser wundersamen Welt über Wasser eine andere und noch absonderlichere: In den tiefen Gewölben der See schwebten, trieben die Körper der säugenden Walmütter und ... es schien, als schauten die Jungen dieser Walkühe zu uns hinauf, gerad wie Menschenkinder beim Säugen still und starr etwas anderes betrachten als die Mutterbrust ... Auch die Jungwale beachteten uns nicht, so als wären wir in ihren neugeborenen Augen nur ein Fetzen Seetang.[31]

Dies alles jedoch hält die Männer nicht davon ab, mit Gewalt in diese unschuldige Szene einzubrechen. Es ist einer der grausamsten Aspekte seines historischen Schicksals, dass dieser meistgejagte aller Wale für ein langes Leben gemacht ist, was sich etwa an dem langsamen Takt seines großen Herzens zeigt: zehn Schläge in der Minute. Eine Spitzmaus, deren Herz 1000-mal in der Minute schlägt, lebt nur ein Jahr. Es ist, als hätten die Jahrmillionen, in denen die Art schon existiert, das Leben des Tiers verlangsamt. Mit 45 steht ein Pottwal in der Mitte des Lebens und hat seine optimale Größe erreicht; wie ein Mensch tritt er mit ungefähr 70 ins Greisenalter ein. Weibchen werden über 80, vielleicht sogar 100 Jahre und mehr, allerdings ist kein Fall bekannt, in dem eine Kuh mit über 40 noch geworfen hätte. Vielmehr helfen diese Matriarchinnen anderen Weibchen »auf Arten und Weisen, die wir noch nicht verstehen«[32], wie Hal Whitehead sagt, einer der bedeutenden heutigen Kenner der Pottwale. Er nennt diese älteren Walkühe »Weise«[33] und beschwört damit Bilder von grauhaarigen

Großmüttern, die ihre Söhne und Töchter in der Kindererziehung unterweisen und Erinnerungen an gute Jagdgründe weitergeben. In Anbetracht ihrer langsamen Vermehrung und der jahrhundertelangen Jagd, der sie ausgesetzt waren, ist es als evolutionärer Erfolg zu bezeichnen, dass die Pottwale in den Weltmeeren nach wie vor allgegenwärtig sind; von allen Säugern sind nur Schwertwale und Menschen derart weltweit verbreitet. Obwohl sie den tiefen Gewässern angehören, sind Pottwale schon vor Long Island gesichtet worden, beinahe innerhalb der Stadtgrenzen von New York, während andere unweit der Küsten von Cornwall oder Norwegen schwimmen.[34] Dabei handelt es sich im Allgemeinen um einsame Bullen, aber andere Wale schwimmen in Herden von Hunderten und mehr, Zahlen »jenseits aller Fassungskraft des Verstandes«[35] für Frederick Bennett. Walfänger stießen unvermittelt auf riesige Scharen dieser gewaltigen Tiere, vergleichbar Büffeln auf der Prärie. Hal Whitehead vergleicht sie zudem mit Elefanten, da sie durch die Savannen des Ozeans streifen und ähnliche Sozialstrukturen und gegenseitige Abhängigkeiten aufweisen, sogar die gleichen stark modifizierten und überaus nützlichen Nasen.[36]

Und während sie so die Ozeane durchstreifen, achten die Pottwale nicht darauf, ob es Tag oder Nacht ist. Wie alle Wale atmen sie willkürlich und müssen im Schlaf (in dem sie sicherlich träumen, wenn Hunde dafür ein Maßstab sind) ihr Gehirn zur Hälfte wach halten. Manchmal hängen sie nach dem Fressen senkrecht im Wasser, Blasloch an der Oberfläche, und dösen als Gruppe vor sich hin. Pottwale legen soziale Fähigkeiten an den Tag, die weit über den Herdeninstinkt hinausgehen. Sie haben gern Körperkontakt und können Stunden damit verbringen, sich dicht unter der Oberfläche umeinander herumzuwälzen. »Sie lieben es offenbar, sich gegenseitig zu berühren«, bemerkt Jonathan Gordon zu diesem Unterwasserballett. »Es ist kein ungewöhnlicher Anblick, dass die Tiere fast zärtlich die Kiefer verhaken.«[37]

Dieser Zusammenhalt bewährt sich auch in der Verteidigung. Die Wale, immer in Bewegung, schwimmen in Reih und Glied »wie Soldaten bei der Truppenschau«[38]. Sie suchen Sicherheit in der Masse und tauchen in Gruppen auf Beutesuche, wobei sie zum Schutz gegen Feinde die Tiefe miteinander abstimmen. Selbst solche wehrhaften Tiere sind anfällig für Angriffe von Schwertwalen, gerade im dreidimensionalen Jagdgrund des Meeres, wo man sich nirgends verstecken und aus jeder Richtung attackiert werden kann. Hier sind sie sich gegenseitig die einzige Zuflucht.[39]

Bedrohte Pottwale hören auf zu fressen, schwimmen an die Oberfläche und schließen sich um ihre Kälber zu einem Abwehrkreis zusammen, der als »Margeritenblüte« bezeichnet wird, weil dabei die Körper mit dem Kopf nach innen wie Blütenblätter angeordnet sind. Dadurch präsentieren sie den Störenfrieden ihre mächtigen Fluken und bilden zum Schutz ihrer Jungen eine Art cetaceische Wagenburg. In einer anderen Variante sind die Fluken innen und die Köpfe mit den bissbereiten Mäulern außen. Belagerte Wale behalten diese Position still und unbewegt bei. Wenn ein Wal vom Kreis getrennt wird, verlassen ein oder zwei seiner Gefährten die geschützte Stellung, um das Tier in die Formation zurückzuholen, wobei sie ihr eigenes Leben aufs Spiel setzen, denn die Schwertwale stoßen wie ein Wolfsrudel zu und reißen große Fleischbrocken aus den Pottwalen heraus. Dies sind, schreibt ein Biologe, »heroische‹ Taten nach so gut wie jedem Verständnis«[40].

Es ist eine Ironie des Schicksals, dass solche Techniken zwar zur Abwehr von Schwertwalen bestens geeignet sind, gleichzeitig aber dem Menschen das Abschlachten der Tiere erleichtern. »Bei den Weibchen ist die Anhänglichkeit an die Jungen höchst bemerkenswert«, meint Beale. »Man erlebt es häufig, dass sie diese mit der hartnäckigsten Sorge und Zuwendung zur Flucht vor Gefahr drängen und dabei unterstützen.« Wird eine angegriffen, »bleiben ihre treuen Gefährtinnen bis zum letzten Augenblick, oder bis sie selbst verwundet werden, bei ihr«. »Beidrehen« nannten das die Walfänger, die von der fatalen Neigung ihrer Opfer profitierten, sich bei Gefahr zusammenzuscharen, und »durch geschickte Taktik« ganze Schulen auslöschten.[41] »Sie schwammen nicht fort und tauchten nicht«, schrieb der Beobachter einer Waljagd im 20. Jahrhundert. »Der Harpunier traf die Wale daher ganz mühelos, angefangen mit dem größten.«[42] Wie Beale treffend hinzufügt: »Die Anhänglichkeit scheint gegenseitig zu sein, denn die jungen Wale waren noch Stunden, nachdem ihre Eltern getötet wurden, in der Nähe des Schiffes zu sehen.«[43]

Die Wale zu vermenschlichen ist eine Grenzübertretung; wenn aber ganze Familien einem angeschlagenen Verwandten folgen und schließlich an Land stranden oder wenn ein durch eine Schiffsschraube tödlich verwundetes Weibchen von ihren Mitwalen auf den Schultern getragen wird, kann man sich der Gefühle nur schwer erwehren. Es sind wahrhaft sanfte Riesen: Wie Elefanten nachgesagt wird, dass sie beim Anblick einer Maus die Flucht ergreifen, so können Pottwale vor einer Schar streitbarer Delfine das Weite suchen. Das Erscheinen einer Robbe, selbst das Klicken einer Kamera kann sie verjagen. Es ist fast, bemerkt Hal Whitehead, als wäre dem Wal sein eigener Lebensraum unheimlich.

Und doch sind es fleischfressende Tiere mit einem unersättlichen Appetit. Sie fressen hauptsächlich Kopffüßer, verschmähen aber auch Thunfische und Barrakudas nicht; in ihren Mägen sind komplette neun Meter lange Haie gefunden worden. Und sie nehmen kolossale Mengen zu sich, 300 bis 700 Kalmare am Tag: Weltweit fressen Pottwale 100 Millionen Tonnen Fisch im Jahr, so viel wie die jährliche Fangmenge der gesamten menschlichen Hochseefischerei.[44]

Wie Pottwale, die tiefer tauchen als jedes andere Säugetier, sich in den Tiefen des Ozeans verhalten, wissen wir einfach nicht. Wir wissen, was sie fressen, weil wir es in ihren Mägen finden, aber wir wissen nicht, wie es dorthin gelangt. Schall ist zweifellos wichtig für das Beutemachen. Obwohl der Pottwal, wie Thomas Beale bemerkte, »eines der geräuschlosesten Meerestiere« ist (»unter den erfahrensten Walfängern ist es bestens bekannt, dass sie keinerlei Nasen- oder Stimmlaute von sich geben, abgesehen von einem leisen Zischen beim Ausstoßen des Spauts«)[45] und obwohl er keinen Kehlkopf hat, besitzt er das größte Schallerzeugungsorgan in der gesamten Tierwelt, denn er gebraucht ein Drittel seines Körpers, um die lauten Klicks hervorzubringen, die er beim Jagen unablässig von sich gibt. Die überdimensionale Nase des Wals ist faktisch ein hocheffizienter großer Kalmarsucher.

Wie Fledermäuse mit Schallsignalen fliegende Insekten orten, so senden Pottwale ähnliche, wenn auch deutlich lautere Pulse aus, um ihre Beute aufzuspüren. Ihre charakteristischen Klicklaute werden durch das Ausdehnen und Zusammenziehen von »Blasen« im Nasensack erzeugt. Es ist ein bemerkenswert komplizierter Vorgang, wie Hal Whitehead erläutert.[46] Vom äußeren Blasloch gehen links und rechts die zwei Nasengänge ab. Der linke führt direkt zu den Lungen, der rechte aber durchläuft einen Distalsack, dessen ventilartige Mündung als »Affenschnauze« bezeichnet wird (*museau du singe* oder *monkey's muzzle*). Der Schallimpuls wird ausgelöst, indem Luft durch dieses Ventil gepresst wird – nicht unähnlich den Klicklauten, die man selbst mit der Zunge am Gaumen erzeugen kann. Dann läuft er durch das Spermacetiorgan oben im Kopf, den sogenannten Pott *(case)*, bevor er von einem anderen Luftsack weiter hinten im Schädel, dem Frontalsack, abprallt und reflektiert wird. Durch eine Reihe von Akustiklinsen in dem darunterliegenden Organ mit aufgelockertem Spermacetigewebe (dem *junk* oder der »Quabbe«) wird der Schall dann umgelenkt und nach außen gesendet. Das eigentümliche Konstrukt der Pottwalnase dient somit als lebender Verstärker. Ein Teil des Schallimpulses wird auch im Pott weiter hin und her reflektiert, wodurch ein zweiter Puls entsteht. Da dieses Interpulsintervall der Länge des Spermacetiorgans entspricht, können die richtigen Laute, die der Wal erzeugt – die Pulse zwischen den Klicks –, über seine Körpergröße Auskunft geben. Man kann vom Interpulsintervall auf die Länge des Tiers schließen, wie auch die Klicks umso lauter sein werden, je größer der Wal und sein Kopf sind. Paarungswillige Männchen können einander wohl nach ihren Klicklauten taxieren und daran auch das Geschlecht des anderen ablesen. Hinzu kommt, dass die Laute so stammesspezifisch sind wie die Schnalzsprache der südafrikanischen Xhosa.

Die Klicks, die man viele Meilen weit hören kann, sind wichtig

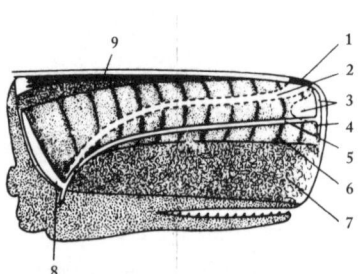

Aufbau des Spermacetiorgans und System der epicranialen Nasengänge des Pottwals:
1 – Blasloch; 2 – linker Nasengang; 3 – Distalsack; 4 – Affenschnauze; 5 – rechter Nasengang; 6 – Spermacetiorgan (Pott); 7 – Junk; 8 – Frontalsack; 9 – Muskel- und Sehnenschicht

für die Ortung und die Kommunikation. Sie erweitern das Wahrnehmungsfeld des Wales beträchtlich und ihr Tempo und Takt verändern sich von einer Gruppe zur anderen, so wie sich der englische Dialekt auf dem Weg von Yorkshire nach Hampshire verändert. Einzelne Wale können so ihre Familienmitglieder erkennen und mit ihnen kommunizieren, während sie sich gleichzeitig die Magnetfelder der Erde zunutze machen, um ihr unterseeisches Terrain zu sondieren, die Gipfel und Täler der ozeanischen Tiefen, in denen sie zu Hause sind. Und wenn sie tauchen (häufig in lockeren Verbänden), können sie mit ihren Klicklauten Vorhandensein, Entfernung und Art ihrer Beute außerordentlich präzise bestimmen. Man geht davon aus, dass ein Wal seine Beute »durchschauen« kann, und zwar derart genau, dass er sogar erkennt, ob ein Tier trächtig ist. Die Antwortklicks werden mit dem dichten, harten Kiefer »gehört« – demselben Knochen, aus dem Ahabs falsches Bein gefertigt ist –, der gewissermaßen als Hörorgan fungiert, indem er den Schall durch die bioakustischen Öle direkt an die Trommelfelle überträgt. Das äußere Ohr des Wals ist weitgehend nutzlos; das Tier hört mit dem Körper selbst.

Je tiefer der Wal taucht, je weiter er sich vom Lärm der Oberwelt entfernt, umso effektiver werden seine Sinne. Ein Pottwal vermag ein 200 Dezibel lautes Knallen zu erzeugen, das sich im SOFAR Kanal, einer schallleitenden Wasserschicht, 100 Meilen weit ausbreiten kann. Es kommt einem merkwürdig vor, dass ein solcher Koloss sich derart unkörperlicher Mittel bedient, aber Pottwalbullen erzeugen mit ihren mächtigen Köpfen so starke Schallwellen, dass sie ihre Beute damit betäuben oder sogar töten können. Diese gerichteten akustischen Explosionen, die man mit Kanonenschüssen verglichen hat[47], wirken ungefähr so, als ob man ein Wild erlegen würde, indem man es sehr laut anschreit.

Dank der eifrigen Jagd ihres Landes auf Pottwale im 20. Jahrhundert sind sowjetische Forscher zu dem Ergebnis gekommen, dass der Wal für die Jagd in den Tiefen unter 200 Metern, in die nur ein Prozent des Sonnenlichts dringt, »ein einzigartiges Videoempfangssystem« benutzt, »womit das Tier selbst in völliger Dunkelheit Objekte erkennen kann; das Bild wird dabei akustisch in Form reflektierter Schallenergie wahrgenommen«.[48] Mit anderen Worten, der Pottwal sieht seine Beute mittels Schallwellen. Und wenn man dann endlich denkt, dass einen an diesem Tier nichts mehr überraschen kann, bekommt man von einer anderen Theorie erklärt, dass der Wal durch seine Schalldetonationen und Kopfbewegungen Planktonen in der Tiefsee zum Aufleuchten bringen kann.[49] Mithilfe ihrer Biolumineszenz kann sich der Leviathan in der völligen Finsternis den Weg zu seinem Mittagessen leuchten.

Nach dem Verlassen der U-Bahn bleibt man noch eine Weile im Untergrund und wird durch einen gefliesten Tunnel geleitet, ehe man hinaustritt in den Schatten einer hehren Kathedrale der Wissenschaft. An den Wänden, die ihrerseits geologische Schichten nachbilden, ist ein regelrechtes Bestiarium versammelt: heraldische Greife, schuppige mittelalterliche Fische und, was am meisten Furcht erregt, Zähne bleckende Pterodaktylen mit ihren obszönen Storchenschnäbeln und grimmigen Glotzaugen, die ledrigen Flügel angelegt.

Im Mittelschiff der Kathedrale drängen sich Kinder um einen geschwärzten Diplodocus, der lässig mit seinem peitschenartigen Schwanz zu wedeln scheint. Vor 100 Jahren wären sie von einem anderen Monster empfangen worden, denn hier stand das Skelett eines Pottwals, bewacht von einem viktorianischen Polizisten, als wäre es ein Häftling in der Strafanstalt Pentonville.

Die Route durch das Museum wird mir wieder bewusst wie eine verloren geglaubte Erinnerung. Ich gehe vorbei an Ichthyosauriern, die durch längst verschwundene triassische Meere schwimmen, und verstaubter Savannen- und Dschungelfauna, Schaustücken ei-

466. Skeleton of Sperm Whale.

nes Totenzoos. Unversehens gelangt man in einen Saal, der eher einer Flugzeughalle gleicht als einem Museumsraum. Wie eines der Modellflugzeuge, die von der Zimmerdecke meines Kinderzimmers hingen, schwebt dort der Blauwal, das größte Exponat im Natural History Museum.

Anders als sonst bei Kindheitserinnerungen ist er in Wirklichkeit größer, als ich ihn im Gedächtnis hatte. Mit seinen 30 Metern von der Nasenspitze bis zur sechs Meter breiten Fluke könnte der Wal in seinem Innern ohne Weiteres eine geräumige Wohnung fassen. Er sieht aus wie ein Märchenwesen, eine Erfindung der Brüder Grimm: Um sein riesiges Maul spielt ein leises Lächeln und sein unverhältnismäßig kleines Auge blickt aus seiner runzligen Höhle, halb amüsiert, halb flehend. Selbst der Name, den sich Linné für ihn ausgedacht hat, *Balaenoptera musculus*, ist wohl ein Beispiel für schwedischen Humor: *Balaena* heißt Wal, *pteron* Flügel oder Flosse und *musculus* sowohl Muskel als auch Mäuschen.[50]

Wie die heutigen Besucher ließ auch ich mich seinerzeit von diesem Modell täuschen, denn die Holz- und Gipsrekonstruktion

ähnelt nur ungefähr einem Blauwal, der in Wirklichkeit sehr viel stromlinienförmiger ist, als man nach diesem aufgedunsenen Abbild vermuten würde. Als die Walplastik in den 1930er-Jahren geschaffen wurde, hatte noch niemand einen lebenden Wal in seinem Element zur Gänze gesehen und die Konstrukteure richteten sich nach toten Tieren, aus dem Wasser gezogen und platt an Land liegend wie alte Reifenschläuche, sodass ihre wahre Schönheit nicht zu ahnen war. Wie die Dinosaurier in Crystal Palace (wohin wir eine weitere Familienwallfahrt unternahmen, um den dortigen Park mit seinen Iguanodons und Plesiosauriern aus Beton zu besichtigen) ist der gewaltige Londoner Wal ein typischer Fall von Irrtum und Irreführung. Als Junge dachte ich, im Innern des Modells wäre das Gerippe des Tiers, so wie in einer Kirchengruft die Gebeine eines Heiligen liegen. In Wirklichkeit ist der Wal hohl und wurde an Ort und Stelle aus Gips und Maschendraht um einen Holzrahmen herum geformt – fast als wäre der ganze große Saal darumgebaut worden.

Der Vorschlag eines neuen Walsaales für das Museum war bereits 1914 gemacht worden, aber dann kam der Krieg dazwischen.

Das Vorhaben wurde 1923 neu auf den Tisch gebracht, als Sidney Harmer, der tatkräftige Direktor des Museums, die Aufmerksamkeit des Kuratoriums auf »die Untauglichkeit der ausgestellten Reihe von größeren Walen« lenkte. »Das Thema Walfang ist gegenwärtig sehr aktuell«, erklärte er und erinnerte die Kuratoriumsmitglieder daran, sie hätten »häufig ihre Sympathie für Bestrebungen geäußert, die Wale vor der Ausrottung zu bewahren«.

»Unter solchen Umständen«, führte Harmer auf drei Blättern hellblauen Kanzleipapiers weiter aus, »wäre es naheliegend zu erwarten, dass solche Arten wie der Grönlandwal, der Blauwal und der Buckelwal im Walsaal ausgestellt werden ... um den Besuchern eine befriedigende Vorstellung davon zu verschaffen, wie diese drei wichtigen Arten aussehen.«[51] Es wurde sogar angeregt, staatliche Beihilfen für Arbeitslose und Kriegsversehrte zu diesem Zweck zu nutzen. Der hauptsächliche Grund für den neuen Saal war jedoch der Wunsch, die Arbeit der *Discovery*-Expeditionen in Südgeorgien im Südatlantik zu unterstützen, wo Wissenschaftler in Zusammenarbeit mit der britischen Walfangflotte forschten.[52]

Es dauerte beinahe zehn Jahre, bis Harmers spektakuläres Projekt verwirklicht wurde. Im Juni 1929 wurde der Plan bekannt gegeben, den neuen Saal zu bauen, eine moderne Stahlträgerkonstruktion mit Glasdach[53], aber fertig war er erst 1931. Füllen sollte den gewaltigen neuen Raum ein lebensgroßer Wal, und so beschloss das Museum 1933, an einen norwegischen Ingenieur heranzutreten, der einen Blauwal besorgen, ihn in einem Trockendock am Schwanz aufhängen und einen Abdruck davon anfertigen sollte.[54] Um die Kosten dieses ehrgeizigen Plans zu senken, wollte man den Blubber verkaufen und von dem Abdruck angefertigte Modelle an amerikanische Museen vermarkten, doch wegen seines ausgesprochen »experimentellen Charakters« wurde er schließlich fallen gelassen.

Im April 1937 machte Percy Stammwitz, der Technische Assistent und Präparator des Museums, den Vorschlag, das Modell im Saal selbst anzufertigen.[55] Nach Messungen, die Wissenschaftler in Südgeorgien vorgenommen hatten, arbeiteten Stammwitz und sein Sohn Stuart fast zwei Jahre an dem Blauwal. Anhand riesiger Papiermuster, Schnittmustern zum Schneidern vergleichbar, wurden Querschnitte in Holz zurechtgesägt und diese dann in Meterabständen mit Leisten verbunden. Über dieses Gerüst wurde ein Drahtnetz gelegt, auf das dann die abschließende Gipsschicht kam. Stuart persönlich malte das Auge des Wals. Es war eine lange und mühsame Arbeit und in der Bauzeit benutzten die Arbeiter das Walinnere als Kantine – ähnlich wie Benjamin Waterhouse Hawkins 1853 in seinem halb fertigen Iguanodon ein Silvesteressen für eine Gesellschaft von Wissenschaftlern gegeben hatte, die von einer Zeitschrift als moderne Jonas im Bauch des Ungeheuers dargestellt wurden.

Das Modell, das auf seinem hölzernen Unterbau Gestalt annahm, ähnelte einem Schiff, das im Saal des Museums angelegt

hatte wie eine Arche, bereit, vom Stapel zu laufen und die Schätze des Museums vor der Sintflut zu retten, oder vielleicht wie ein Zeppelin, im Begriff, für die Atlantiküberquerung mit Helium gefüllt zu werden. Ja, nachdem er an der Decke aufgehängt worden war, beklagten sich die an dem Wal arbeitenden Maler tatsächlich, er schwanke so sehr, dass sie seekrank würden.

Das Endprodukt sah dermaßen lebensecht aus, dass die *Times* meinte, es könne »von einem Besucher bei flüchtiger Betrachtung zweifellos für einen ›ausgestopften‹ Wal gehalten werden«[56]. Bei seiner Fertigstellung im Dezember 1938, kurz vor Kriegsausbruch, wurden ein Telefonbuch und ein paar Münzen als eine Art Zeitkapsel in dem Modell deponiert. So wurde der beschauliche Wal am Vorabend des Kriegs zum Denkmal einer kurzen Friedensperiode: ein cetaceisches Zenotaph. Er war auch ein riesiger Glücksbringer, jedenfalls für die Wärter, die Pennys auf seine Fluke legten, um Besucher, die sonst vielleicht Münzen in einen Brunnen warfen, zur Nachahmung anzuregen. Wenn das Museum am Abend schloss, nahmen sich die Wärter die Spenden und vertranken sie im Pub.

Heute hängt an einer Seite ein Schild:

> BITTE KEINE MÜNZEN AUF DEN SCHWANZ
> DES WALS WERFEN.
> DADURCH ENTSTEHT SCHADEN.
> DANKE SCHÖN.

Daneben liegen ein Zwanzigpence- und ein Zehnpencestück auf der Gipsfluke.

Begleitend wurden weitere Modelle angefertigt, nachdem Stammwitz' anfängliche Versuche, Delfine auszustopfen, so wenig geglückt waren wie frühere Anläufe, einen Blauwal zu modellieren. Diese wiederum wurden von einer Flottille aus Fiberglaswalen ersetzt, vom kleinen Gangesdelfin bis zum urtümlich aussehenden Sowerby-Zweizahnwal, die alle ihrer Führerin folgen, als würde die vielleicht eines Nachts die Mauern des Ausstellungssaals sprengen und ihre Gefolgschaft hinunter zur Themse und weiter ins Meer führen. Bis dahin hängen sie dort und beobachten zum Zeitvertreib mit ihren starren Glasaugen die durchziehenden Schulklassen.

Unterhalb des Walsaals, im Bauch des Gebäudes, führt mich Richard Sabin, der Kurator der Meeressäugersammlung, durch eine automatische Tür, die sich hinter uns schließt wie in einem Raumschiff und den klimatisierten Bereich von der Außenwelt abdichtet. Ich folge ihm und wir gelangen zu Reihen riesiger grauer Spinde, die vom Boden bis zur Decke reichen. Er öffnet eine Tür nach der anderen und führt ihren Inhalt vor: Stücke von Walen, in Alkohol konserviert und mit ihren lateinischen Doppelnamen beschriftet: *Phocoena phocoena, Tursiops truncatus, Balaenoptera physalus*. Ein Container von der Größe eines kleinen Fischbeckens enthält einen Buckelwalfötus; mit seinem aufgerissenen Maul und seiner bleichen Haut sieht er eher wie ein Gummispielzeug aus.

Am Ende des Korridors kommen wir in einen großen Raum mit Regalen an den Wänden, auf denen Gläser mit hellbrauner Flüssigkeit stehen, ein krasser Kontrast zu dem summenden weißen Flimmern der Deckenbeleuchtung. In jede Glassäule ist ein Tier gestopft wie eine besonders makabre Gewürzgurke. Ein stacheliger Ameisenigel dreht sich, als versuchte er, mit seinen Grabkrallen aus seinem transparenten Gefängnis hinauszuklettern. Ein abgeschnittener Haikopf liegt am Boden eines breiten Gefäßes und blickt vorwurfsvoll. In einem anderen steckt der schuppige Leichnam eines Quastenflossers, inzwischen in Wassern schwimmend, die von der unermesslichen Zeit tabakbraun gefärbt wurden.

Das ist der Stoff, aus dem meine Albträume sind, und als ich am Ende einer Reihe von Objekten – manche noch von Darwin gesammelt und alle sortiert und mit handgeschriebenen Gepäckanhängern versehen wie bereit zur Weiterreise anderswohin – vor einem großen, glotzäugigen Knochenfisch zurückweiche, den jemand nonchalant auf der Seite liegen gelassen hat, ist mir der Weg von mehreren geschlossenen Metallfässern verstellt, die wie Riesentöpfe in einer Kantinenküche aussehen und besonders einschüchternd wirken durch die fotokopierten Etiketten, die ihren unsichtbaren Inhalt angeben: komplette Delfine und junge Wale. Keiner dieser Schrecken jedoch kann sich mit dem gigantischen Glastank vergleichen, halb so lang wie der ganze Raum und von massiven Beinen getragen, die an eine Bahre erinnern. In einer Mischung aus Formalin und Meerwasser schwebt darin der Riesenkalmar *Architeuthis dux*, der mythische Feind des Pottwals.

Wie er da liegt, wirkt er seltsam gespenstisch mit seinem mattgrünen Schimmer, der seiner Röte im wirklichen Leben spottet. Von Falkland-Fischern im Südatlantik brutal aus dem Wasser gezerrt, wurde er eingefroren wie ein riesiges Fischstäbchen und erst nach Hull und dann hierher transportiert, in die Keller von South Kensington. Mit seinen 8,50 Metern ist er beileibe nicht das größte Exemplar: 1880 wurde in der neuseeländischen Island Bay ein Kalmar gefangen, der 18,60 Meter maß. Manche werden sogar noch größer. Nelson Cole Haley, der von 1849 bis 1853 auf dem Walfänger *Charles W. Morgan* fuhr, gab an, er habe vor der Nordwestküste Neuseelands drei gewaltige Kalmare zusammen schwimmen sehen, von denen er einen auf 90 Meter schätzte.

»Man kann das für Seemannsgarn halten«, gab Haley im Hinblick auf diese monströse Prozession zu, doch er hatte schon viele Wale und andere Tiere gesehen, und »obwohl ich vor dem, was ich da sah, vielleicht ein wenig erschrak, verlor ich den Kopf doch nicht zu sehr, als dass ich meinem bescheidenen Urteil über ihr Äußeres nicht so gut wie sonst hätte trauen können«. Was er sah, da hatte er keinen Zweifel, waren »wunderbare Ungeheuer der Tiefsee«.[57] Es könnte gut sein, dass die Wissenschaft Haleys Erscheinungen einmal bestätigt: Sonargeräte haben vor einigen Jahren ein aus der Tiefe kommendes Geräusch aufgenommen, das auf den Namen

»Bloop« getauft wurde und das nur von einem sehr großen Tier stammen kann, möglicherweise einem ungeheuren Kalmar von 100 Metern Länge, viel größer als ein Blauwal.[58]

Seeleute sahen in diesen Bestien die sagenhaften Kraken, die mythischen Meeresungeheuer, »gespenstische Wesen«, die man für fähig hielt, ganze Schiffe in die Tiefe hinabzuziehen. Es war, als hätte die Natur einen passenden Gegner für den Wal geschaffen. Auf ihrer Jagd nach Moby Dick begegnet der *Pequod* »eine große weiße Masse«, die sich träge aus dem Wasser hebt, ein Phantom von einer Größe, dass es zur lebenden Insel wird: »Eine gewaltige breiige Masse, mehrere Kabel lang und breit, trieb sahnigweiß glänzend auf dem Wasser; zahllose lange Arme strahlten von ihrer Mitte aus und wanden sich umeinander wie ein Nest voller Anakondas, so als wollten sie blindlings alles greifen, was unglücklicherweise in ihre Reichweite geriet.«[59]

Wie man mit dem Wort »Wal« eine geradezu poetische Ganzheit assoziiert, so scheint »Kalmar« das fragmentarische, gesichtslose Böse zu beschwören; und als diese »gespenstische, formlose, zufällige Erscheinung des Lebens ... mit einem leisen, saugenden Schmatzen« versinkt, schaudert es auch Ismael.

»Man sieht ihn so selten, dass alle zwar einmütig erklären, er sei das größte lebende Wesen im Weltmeer, aber nur wenige mehr als eine vage Vorstellung von seiner wahren Gestalt und Natur gewinnen. Dennoch wird allgemein angenommen, dass der Pottwal sich ausschließlich vom Kalmar ernährt.«[60] Doch hier in einem Londoner Keller, in einem gläsernen Sarg eingelegt, ist das Monster zum toten Fisch degradiert worden.

Es ist ein enormes darmartiges Fleischgewirr, von der rauen Behandlung im Schleppnetz zerfranst. Aus seinem langen Mantel strecken sich acht Arme wie schlaffe Taue; sie sind mit tückischen kreisrunden, bezahnten Saugnäpfen besetzt, die einer Walhaut durchaus ihren Stempel aufdrücken konnten. An ihrer Wurzel sitzen die Beißwerkzeuge des Kalmars, hart, stark und glänzend wie ein Papageienschnabel und aus Horn; trotz seiner phallischen Erscheinungsform hat das Monster auch etwas von einer *Vagina dentata*. In dieser Vitrine, seinen ursprünglichen dunklen ozeanischen Gefilden entrissen, sind seine riesigen Augen mit einem Durchmesser von über 30 Zentimetern zur optimalen Lichtausnutzung in ihren Höhlen geschrumpft, wodurch das Schaustück blind für sein Schicksal erscheint, aller Eigenheit beraubt, die es einmal besaß. Kopffüßer haben ein hoch entwickeltes Nervensystem; ein Grund für den Schnabel des Tiers ist, dass es seine Nahrung zerkleinern muss, und da die Speiseröhre gefährlich dicht am Gehirn verläuft, könnte eine unüberlegte Mahlzeit es beschädigen. Es sind wahrhaft fremdartige Tiere: Kalmare besitzen auch zwei Herzen.

Zwei sechs Meter lange Tentakel, mindestens noch einmal so lang wie der Rest des Tiers, sind wie vorausfühlend ausgestreckt.

Sowjetische Wissenschaftler vertraten die Auffassung, dass der Riesenkalmar alles andere als ein passives Opfer des Pottwals ist, sondern vielmehr seine Arme aktiv um dessen Kopf windet, um ihm das Maul zuzuhalten und vielleicht sogar das Blasloch zu verschließen, das Grauen jedes Wals. Nur wenige Menschen können von sich behaupten, Zeuge eines solchen Kampfes geworden zu sein. In seinem Buch *The Cruise of the Cachalot* berichtet Frank Bullen, wie der Walfänger aus New Bedford, auf dem er diente, im Indischen Ozean fuhr. Gegen Ende der Nachtwache erblickte er im hellen Mondschein weit entfernt einen großen Aufruhr im Meer. Zuerst dachte er, es könnte sich um eine aufsteigende vulkanische Insel handeln. Dann erkannte er durchs Fernglas einen großen Pottwal, der mit einem Riesenkalmar kämpfte. Die Arme des Kopffüßers hatten sich wie ein Netz um den klobigen schwarzen Kopf des Wals geschlungen, der sich unterdessen ungerührt durch seinen Angreifer hindurchkaute. Bullen weckte den Kapitän und meinte, er solle kommen und sich dieses einmalige Schauspiel ansehen, doch dieser blaffte ihn bloß an und legte sich wieder schlafen.

Solche Szenen mögen der Stoff von Horrorfilmen sein, doch was den Wal betrifft, so kann er in diesem bislang noch nie fotografierten oder gefilmten infernalischen Gefräßigkeitswettkampf zwischen schnappendem Schnabel und reißenden Zähnen die gallertartige Masse aus Ganglien und Sehnen mit seinem ungeheuren Maul einfach lebendig verschlingen, auch wenn der Kalmar noch so sehr die Arme ringelt, um seinem Schicksal zu entgehen. (Die klassische Verteidigungsstrategie des Kalmars, die Tintenwolke, ist angesichts eines Feindes nutzlos, der im Dunkeln »sehen« kann. Wobei der Zwergpottwal – eine verkleinerte Version seines Verwandten – eine dicke rötlich braune Flüssigkeit ausscheidet, wenn er erschrickt, als wollte er die Methode seines Beutetiers nachahmen.)

In einem Glas in der Nähe liegen Fleischbrocken und Schnäbel von Kalmaren, die von der *Discovery*-Expedition aus dem Bauch eines Pottwals geborgen wurden, wie das darin treibende mit Sepia beschriftete Etikett verrät. In diesem Untergrundlabor sind die verfeindeten Kombattanten für die Nachwelt eingelegt worden. In den Mägen erlegter Wale sind Kalmare gefunden worden, die noch lebten; die Existenz von *Architeuthis* konnte bestätigt werden, als sterbende Wale Arm- und Tentakelstücke erbrachen. Und für *Physeter* ist das durchaus keine seltene Kost: Zehn Prozent der Pottwalnahrung vor den Azoren besteht aus Riesenkalmaren und in der Antarktis werden Koloss-Kalmare – *Mesonychoteuthis hamiltoni*, mit basketballgroßen Augen – von Pottwalen gefressen, ihren einzigen Feinden. Die außergewöhnliche Art seiner Beute unterstreicht nur das bleibende Geheimnis des Tag und Nacht fressenden Jägers, der unablässig den unersättlichen Ofen seines Stoffwechsels anheizt.

Oben im Erdgeschoss ist es stumm geworden in den Gängen, die noch vor einer Stunde von plappernden Schulkindern wimmelten. Ich höre das ferne Brummen eines Staubsaugers, während ich an Räumen mit längst verstorbenen Tieren vorbeigehe, am Blauwal und an den darüberhängenden dunklen Gerippen. Jetzt in der Stille erinnern sie an das, was sie einmal waren, und sie wirken dabei harmlos und ominös zugleich. Ich will zum Hauptausgang hinausgehen – muss aber feststellen, dass abgeschlossen ist.

Ich stelle mir vor, wie ich die Nacht im Museum verbringe, unter den Dinosauriern und den ausgestopften Tigern mit ihren vergilbenden Zähnen und ihren Glasaugen. Mir fällt die Ecke auf dem Gelände ein, wo bis kurz vor dem Krieg zur Ausstellung als Skelette gedachte Tierleichen in Quarzsandgruben gelegt wurden, da dort der Regen durchsickern konnte und den Verwesungsvorgang beschleunigte, der zwei Jahre und mehr dauerte. Fotos zeigen, wie Pottwale aus einer Art Trockendock für Tiere geschleppt werden, obwohl sie mir eher wie Leichen aussehen, die man aus zerbombten Häusern schafft. Erst als Anwohner sich über den Geruch beschwerten, wurde der Praxis ein Ende gesetzt. Es ist schwer zu glauben – sage ich mir, als ich endlich in das hell erleuchtete Knightsbridge hinausgelange –, dass hinter der neugotischen Fassade einmal tote Wale lagen und von einem Wissenschaftler bearbeitet wurden, der in seinem Overall eher wie ein Gärtner beim Rigolen aussah – allerdings demonstrativ mit einer Zigarette im Mund, vermutlich gegen den Gestank des verwesenden Tiers zu seinen Füßen.

Während andere Wale die oberen Meeresschichten bevölkern, die von Sonne und Wellen durchdrungen sind, ist der Pottwal ein Bewohner der Tiefsee und verbringt sein halbes Leben damit, deren blinde Geschöpfe zu fressen. Doch obwohl er im Finstern zu Hause ist, war *Physeter* in unserer Welt einst der Lichtbringer schlechthin. Zwei Jahrhunderte lang und mehr lieferte sein Kopf den Leuchtstoff für Wohnzimmer und Straßenlaternen von Kensington bis Kentucky. Selbst die Lichtstärke wurde früher mit einer reinen weißen Walratkerze gemessen: In England war die *candle power* definiert durch die Verbrennung von 7,77 Gramm Wachs in der Stunde.[61] Da Walrat nicht gefriert, konnte es ebenso im Winter für Lampen verwendet werden wie als Schmiermittel für Uhren und andere feine Instrumente. Der Wal war eine Fabrik für sich, die seltsame Substanzen und menschliche Schicksale produzierte.

Der Kopf des Pottwals birgt im halbkreisförmigen Becken seines Schädels zwei Flüssigkeitsbehälter. Der obere ist das Spermacetiorgan (der »Pott«), ein längliches, fass- oder kegelförmiges Gebilde, das von einer Muskelhülle umschlossen ist und mit Öl gesättigtes, schwammiges Gewebe enthält. Darunter liegt die zweite Kammer, die von der ersten durch den rechten Nasengang getrennt und ebenfalls mit Öl gefüllt ist. Es ist dieses kostbare halbflüssige Wachs, das einst den Wert des Wals für uns Menschen ausmachte.

Da der Wal sich nicht dazu äußern mag, welchen Wert das Walrat für ihn besitzt, gibt stellvertretend für ihn die Wissenschaft eine Erklärung. Zumindest versucht sie es. Eine Theorie besagt, dass der Kopf des Wals eine gewaltige Auf- und Abtriebshilfe ist. Die Dichte und Viskosität des Öls verändert sich mit der Temperatur; indem der Wal durch den rechten Nasengang kaltes Wasser einsaugt, kühlt das Öl ab und wird dadurch schwerer (im Unterschied zum Wasser, das beim Gefrieren leichter wird). Heizt er das Organ mit seiner Körperwärme auf, entsteht ein Effekt wie mit dem Wachs in einer Lavalampe, was bedeutet, dass der Wal aufsteigen und absinken kann, wie er will. Doch diese elegante Hypothese ist umstritten und andere sind der Meinung, dass das Walrat hauptsächlich die Funktion hat, die Schallerzeugung zu unterstützen. Durch seine Fähigkeit, Schall zu übertragen, wird der Kopf des Tiers praktisch zu einem hocheffektiven Richtlautsprecher, mit dem es seine Gegenwart mitteilen kann.

Ismael weist dieser magischen Flüssigkeit eine sinnlichere Rolle zu. In einem der ungewöhnlichsten Kapitel von *Moby-Dick*, »Ein Händedruck«, sitzen er und seine Schiffskameraden um eine Wanne voll Spermazet – sprich Walrat – herum und zerdrücken Klumpen in dem abkühlenden Öl.

> Drücken, drücken, drücken – den ganzen Morgen lang! Ich drückte dieses Spermazet, bis ich selbst beinah mit ihm verschmolz ... und ich mich dabei ertappte, wie ich, ohne es zu wollen, die Hände meiner Mitstreiter drückte, die ich fälschlich für die zarten Klümpchen hielt. Solch überströmend zärtliche, freundschaftliche, liebevolle Gefühle zeugte dieses Tun, dass ich zuletzt ihre Hände in einem fort drückte und ihnen voller Inbrunst in die Augen sah, so als wollte ich sagen: Kommt, lasset uns einander reihum die Hände drücken – mehr noch, wir wollen uns allesamt ineinanderdrücken! Wir wollen uns alle, auf der ganzen Welt, hineindrücken in dieses Spermöl, die wahre Milch, den wahren Seim der Menschenliebe, und darin aufgehen!
> Ach, dass ich dieses Walrat ewig drücken könnte! [62]

Bezeichnenderweise folgt darauf im Kapitel »Der Überzieher« eine noch merkwürdigere Schilderung, in der Ismael »ein höchst absonderliches, enigmatisches Objekt« beschreibt, »jenen unfassbaren Kegel ... fast einen Fuß breit an der Basis und pechschwarz

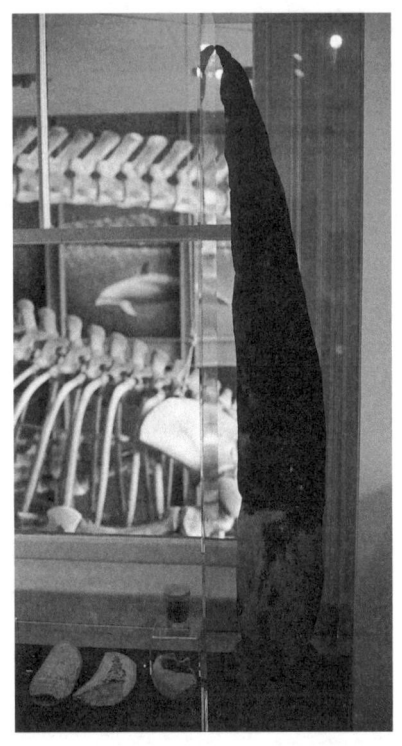

wie Jojo, Queequegs Ebenholzgötze«. Nur der aufmerksame Leser bekommt mit, dass vom Penis des Wals die Rede ist. In einem bizarren Ritual entfernt der »Hauer« die riesige Vorhaut, »wie ein afrikanischer Jäger eine Boa häutet«, dann stülpt er sie um, zieht sie lang und hängt sie zum Trocknen auf. Daraufhin schneidet er zwei Armschlitze in die dunkle Haut und schlüpft hinein. »Nun steht der Hauer vor euch, angetan mit dem vollen Ornat seines Amtes«, sagt Ismael, »... gewandet in ehrbares Schwarz ... – welch einen trefflichen Anwärter auf ein Erzbistum gäbe dieser Hauer ab, welch einen prächtigen Burschen für den Heiligen Stuhl!«[63]

Ob es einen solchen Ritus an Bord eines Walfängers jemals gegeben hat oder nicht (und er könnte durchaus ein Produkt der schalkhaften Fantasie des Verfassers sein), es ist »das erstaunlichste Kapitel in einem erstaunlichen Buch«, wie Howard P. Vincent schrieb, obwohl er es im Jahr 1949 nicht wagte, konkreter zu werden als mit der Bemerkung: »neunzig Prozent von Melvilles Lesern entgeht die Bedeutung des ›Überziehers‹ völlig.«[64] Andere Autoren gingen weniger zimperlich mit der sexuellen Symbolik des Wales um. D. H. Lawrence hatte den Pottwal bereits »das letzte phallische Sein des weißen Mannes«[65] genannt und 1938 erwähnte W. H. Auden in einem Gedicht Ahab und das »zwielichtige Ungeheuer, das ihn einst entmannte«[66] – eine Anspielung auf einen Vorfall, in dem der Kapitän eines Nachts bewusstlos auf dem Boden liegend gefunden wurde. Dabei »war sein

Knochenbein derart stark verdreht worden, dass es sich wie ein Pfahl in seine Leiste gebohrt hatte«.[67] Es war, als ob die Männer in dieser durch und durch maskulinen Welt den Wal sexualisieren mussten, um ihn gefügig zu machen – wie sie ihrerseits von ihm vereinnahmt werden konnten. Anfang der 1970er-Jahre war dann dasselbe Tier für Harold Beaver »sowohl Brautgemach als Rammbock ... ein wahres Amphibium, zwiegeschlechtlich wie Gabriels ›fleischgewordener Gott der Shaker‹«[68]. Der proteische Wal war selbst zum Phallus geworden, aber auch zum Spermatozoiden, gigantisch und samenhaft zugleich.

Bei solchen mysteriösen und symbolischen Eigenschaften, solch sagenumwobenen Feinden und einem solchen Kultstatus kann es kaum verwundern, dass dem Pottwal das Schicksal beschieden war, vom Menschen gejagt zu werden. Blauwal und Finnwal waren zu schnell, der Buckelwal unergiebig. Es war der Pottwal – sofort zu erkennen an seinem schrägen Spaut, seiner Neigung, an der Wasseroberfläche zu liegen, und paradoxerweise an seinem scheuen Wesen –, der sich als Opfer für alle anderen Wale anbot: ein stiller, rühmlicher Streiter.

IV

EIN SCHMUTZIGES GESETZESWERK

> Wer ist denn kein Sklave?
> Sagt mir das!
>
> *Moby-Dick*[1]

Eine eigens dafür erbaute Halle beherbergt New Bedfords spektakulärstes Ausstellungsstück: das im Maßstab 1:2 nachgebaute Modell eines Walfängers. Auch wenn man die Verkleinerung in Rechnung stellt, sind die extrem beengten Unterdecks des Schiffes beklemmend. Woran sie vor allem erinnern, sind die Sklavenschiffe der damaligen Zeit: das eine Schiff dazu gedacht, die Ausbeute an toten Walen, das andere dazu, lebende Menschen zu transportieren. Unweit davon steht in einer Vitrine ein wesentlich kleineres Ausstellungsstück: die gerahmte Daguerreotypie eines gut aussehenden Mannes mit gepflegten Kraushaaren, starken Wangenknochen und ernsten, fragenden Augen. Er trägt nach der Mode der Zeit ein Stehkragenhemd mit Schleife und eine elegante dunkle Jacke. Doch diese gesetzte Erscheinung war die treibende Kraft hinter der Kampagne zur Abschaffung der Sklaverei – in einer Stadt, die Männer zur Waljagd versklavte.

Im Jahr 1838 floh Frederick Douglass, der Sohn einer schwarzen Sklavin und eines weißen Vaters, dessen Namen er nie erfuhr, als Seemann verkleidet aus Baltimore. Er kam nach New Bedford, wo er vier Jahre lang Fässer rollte, Schiffe belud, Holz sägte,

Schornsteine fegte und bei einem Schmied arbeitete, bis seine Hände wie Horn waren. Ismael erklärte, »ein Walfänger war mein Yale College und mein Harvard«[2]; für Douglass und seinesgleichen war »die Werft ... unsere Schule«[3].

Wie ganz Amerika ist New Bedford ein Ort, wo viel zusammenkommt. Mehr weiße Amerikaner stammen von Taschendieben und Prostituierten ab als von den Pilgervätern, und ähnlich waren auch, wie Ismael uns wissen lässt, »nicht einmal die Hälfte der vielen tausend Männer vor dem Mast, die auf amerikanischen Walfängern segeln, geborene Amerikaner«[4]. Während die Eisenbahnen Amerikas von irischen Streckenarbeitern gebaut wurden, wurde das schmutzige Geschäft des Walfangs von Afrikanern und Indianern oder von Azorern und Kapverdiern verrichtet. Die Helden an der Harpune waren in der Regel eher Farbige als Söhne der *Mayflower*.

Im zweiten Viertel des 19. Jahrhunderts war einer von 20 New Bedfordern schwarz, ein höherer Bevölkerungsanteil als in New York, Boston oder Philadelphia; »in New Bedford«, wundert sich Ismael, »stehen echte Menschenfresser schwatzend an Straßenecken, wahre Wilde, von denen manche noch ungetauftes Fleisch auf den Knochen haben. Da steht der Fremde, starrt und staunt.«[5] Das South End der Stadt hieß bei seinen azorischen Bewohnern Little Faial; ein anderes Viertel wurde nach seinen Bewohnern New Guinea genannt. Auf den Straßen mit ihren typisch neuenglischen Holzhäusern konnte man ein Dutzend Sprachen hören und dunkelhäutige Gestalten sehen, Landsleute von Queequeg, Tashtego und Daggoo, den polynesischen, indianischen und afroamerikanischen Harpunieren der *Pequod*. Für Mary Heaton Vorse, eine

Besucherin von 1917, lag ein »Anschein von Süden« auf der Hafenstadt mit ihren kapverdischen »Bravas« und ganzen Stadtvierteln, in denen Weiße die Ausländer waren und von Kindern angegafft wurden und »eine prächtige Negerin mit feinen arabischen Zügen ... im Gehen innehielt, um uns verwundert zu betrachten«.[6] Schwarze Seeleute wurden von Reedern angeheuert, die keine Fragen stellten oder die als Quäker gegen die Sklaverei waren. Manche stiegen bis zum Kapitän oder Maat auf. Andere hatten im Zuliefergewerbe Erfolg: Lewis Temple aus New Bedford erfand eine Harpune mit raffiniert ausklappbarem Widerhaken. Unter Deck jedoch waren die Kojen weiterhin nach Rassen getrennt und angesichts der schlechten Bedingungen waren gegen Ende des Jahrhunderts nur noch Farbige zum Anmustern zu bewegen; daher die überwiegend schwarzen Gesichter auf Fotos von Walfangbesatzungen. Charles Chace, einer der letzten Walfangkapitäne New Bedfords, hielt in seiner Kabine für alle Fälle zwei geladene Pistolen bereit, wie mir einer seiner Nachfahren erzählte, und als seine Kapverdier mit einem Satz Anziehsachen und einem Zehndollarschein abgemustert wurden, gaben viele ihren afrikanischen Namen auf und nahmen wie Sklaven den ihres Herrn an, um sich ihrer neuen Heimat anzupassen.

Zum Teil wenigstens verdankte New Bedford seinen Erfolg der Verkehrsanbindung an das übrige Amerika; im selben Jahr, in dem Frederick Douglass eintraf, wurde die Stadt an das neuenglische Schienennetz angeschlossen. Aber für Douglass und für Henry »Box« Brown – der in einer Kiste aus dem Süden herausgeschmuggelt wurde und am Bestimmungsort wie ein Schachtelteufel herauskam – war New Bedford eine wichtige Station der Underground Railroad, des geheimen Netzwerks, das Tausenden von Sklaven zur Flucht in die Nordstaaten und nach Kanada verhalf. Ein Hafen war der perfekte Ort für solchen Menschenschmuggel und im Walfang kannte man sich traditionell mit Tarnung aus und hatte zudem Arbeit zu bieten. Für Douglass und die anderen Flüchtlinge war New Bedfords Zwischenstatus allein schon eine Art Freiheit: »Kein Farbiger ist in einem Sklavenhalterstaat wahrhaft frei ... aber hier in New Bedford hatte ich das Glück, eine recht weite Annäherung an die Freiheit seitens der farbigen Bevölkerung zu erleben.«[7]

Im 18. und 19. Jahrhundert gab es ein Nebeneinander von Walfang und Sklaverei als lukrativen transozeanischen Ausbeutungsgewerben. Während Walfänger sich als Kriegsschiffe aufmachten, um Piraten den Schneid abzukaufen (und manchmal selbst mit entlaufenen Sklaven bemannt waren), tarnten sich Sklavenschiffe, die zur Zeit des Bürgerkriegs die Blockaden der Nordstaaten umgehen wollten, als Walfänger. Es war kein Zufall, dass sich 1850, als Melville die Arbeit an *Moby-Dick* begann, die Frage der Sklaverei kritisch zuspitzte. Die Spannungen, die schließlich die Nation zerrissen, gaben auch Melvilles Buch seine symbolische Aufladung.

Im selben Jahr räumte ein neues Gesetz, das *Fugitive Slave Law*, den Sklavenhaltern das Recht ein, ihr entlaufenes »Eigentum« über Bundesstaatsgrenzen hinweg zu verfolgen. Für Amerikas großen Philosophen Ralph Waldo Emerson war es ein »schmutziges Gesetzeswerk«[8]. Gleichzeitig versteckte sein Nachbar Bronson Alcott entflohene Sklaven in seiner utopischen, strikt veganen Kommune Fruitlands in Concord – einem frühen Beispiel moralischer Lebensführung, wo Baumwollsachen verboten waren, weil dafür Sklaven ausgebeutet wurden, und Öllampen desgleichen, weil dafür Wale sterben mussten –, ganz ähnlich wie während der Reformation in England verfolgte katholische Priester in sogenannten Priesterlöchern Unterschlupf fanden.

Während der Bürgerkrieg drohte und Norden und Süden darüber stritten, ob es Recht oder Unrecht war, Mitmenschen in Ketten zu legen, zog Melville einen hintersinnigen cetologischen Vergleich zu der Fehde:

Manche glauben, einen Unterschied zwischen dem Grönlandwal der Engländer und dem Glattwal der Amerikaner zu erkennen. Aber in ihren wichtigsten Merkmalen stimmen beide haargenau überein; außerdem hat niemand bis dato ein einziges entscheidendes Faktum beibringen können, auf dem eine grundsätzliche Unterscheidung gründen könne. Nur durch endlose Unterteilungen, die auf keineswegs schlüssigen Unterscheidungen beruhen, sind manche Gebiete der Naturgeschichte so widerlich verworren geworden.[9]

An anderer Stelle erwähnt Ismael den »äthiopisch schwarzen Rücken«[10] eines Wals, der gejagt wird, bis ihm das Herz birst; und auch in Moby Dicks Weiße scheint sich Amerikas Fixierung auf die Hautfarbe widerzuspiegeln.

Fest entschlossen, seine Mitflüchtlinge »vor den blutrünstigen Menschenjägern zu schützen«[11], rief Frederick Douglass als erster Schwarzer in Amerika, der öffentlich gegen solches Unrecht aufbegehrte, eine beispiellose Kampagne ins Leben. Historikern gefällt die Vorstellung, Douglass und Melville könnten sich auf den schmalen Straßen New Bedfords begegnet sein; im selben Jahr, in dem Melville von dort in See stach, hielt Douglass im Athenaeum Nantuckets einen Vortrag über die Abschaffung der Sklaverei. Vier Jahre später war er nach der Veröffentlichung seiner Lebensgeschichte, *Narrative of the Life of Frederick Douglass*, heftigen Anfeindungen ausgesetzt. Manche, denen seine herbe Schönheit – nicht ganz schwarz, nicht ganz weiß – ein Dorn im Auge war, bezweifelten sogar die Authentizität des Verfassers und nannten Douglass einen »Negerschauspieler« und »nur zur Hälfte Nigger« (worauf er zurückgab: »Und damit euer Halbbruder«).[12] Im Mai 1850 wurden Douglass' Auftritte in der New York Society Library – in der auch Melville zu der Zeit seine Geschichte des Weißen Wals recherchierte – von »Captain« Isaiah Rynders und seiner politischen Schlägerbande gestört, die Abolitionisten, Ausländer und Schwarze angriff, und das mit Unterstützung einer Zeitung, die ihre Leser aufforderte:

SCHLAGT DEN LUMPEN TOT![13]

Als Douglass mit seinen zwei englischen Freundinnen Julia und Elizabeth Griffiths auf dem Broadway promenierte, stießen Passanten Rufe aus, »wie bestürzt über einen entsetzlichen Anblick«[14]. Schlimmer noch, als die drei nahe der Battery spazieren gingen, wurden sie unter wüsten Beschimpfungen von fünf oder sechs Männern angegriffen, die Douglass ins Gesicht schlugen und den Frauen Hiebe auf den Kopf versetzten. Die Szene hat ein Gegenstück in Melvilles autobiografischem Roman *Redburn*, veröffentlicht im Jahr davor, in dem der junge Seemann den schwarzen Steward seines Schiffes »Arm in Arm mit einer gut aussehenden Engländerin« durch die Straßen von Liverpool spazieren sieht, wozu er bemerkt: »In New York wäre ein solches Paar innerhalb von drei Minuten vom Pöbel belästigt worden und der Steward hätte sich glücklich schätzen können, wenn er mit heilen Gliedern davongekommen wäre.«[15]

Douglass reagierte auf diese Übergriffe mit seinem Artikel »Farbigenphobie in New York!«[16] und später wurde er in dem schrecklichen Krieg, der sich anschloss, Abraham Lincolns Berater in Sklavenfragen. Melville, dessen Vater mit dem Liverpooler Abolitionisten William Roscoe befreundet gewesen war, spielte in *Moby-Dick* seinerseits mit dem Gegensatz von Schwarz und Weiß. In ihrer eigenartigen historischen Verkettung waren Sklaverei und Walfang beide Ausdruck der Zustände im Vorkriegsamerika und durch ihre Abhängigkeit von nicht unendlich ausbeutbaren Ressourcen, Menschen und Walen, beide zum Untergang verurteilt.

Zur Zeit von Melvilles Ankunft erlebte New Bedford eine beispiellose Blüte. In den 1840er-Jahren liefen 300 Walfangschiffe – über die Hälfte der amerikanischen Flotte – von dort aus und kehrten oft mit 2000 bis 3000 Fässern Öl zurück, die mehrere Hunderttausend Dollar Profit abwarfen. Viele junge Neuengländer ließen sich von der Aussicht auf Heldentum und Heldenruhm verlocken und heuerten an. Während ihre Altersgenossen in Kalifornien auf Goldsuche oder in den Dakota Plains auf Büffeljagd gingen, zog es sie in eine andere Wildnis. Der Walfang war der Wilde Westen des Meeres.

Wie ein Cowboy oder Jockey war auch der erfahrene Walfänger vom Äußeren her für die Arbeit prädestiniert – oder vielleicht war es so, dass die Arbeit ihn formte. »Er ist ein eher schlanker, mittelgroßer Mann mit sehr blassen Wangen und mit tief und dauerhaft safrangelb gefärbten Händen«, schrieb Charles Nordhoff, der kurz nach Melville von New Bedford aus auf Fahrt ging, »… sehr rundschultrig, möglicherweise eine Folge des vielen Ruderns«.[17] Als Vagabund, abgespeist »mit der schäbigen Rolle einer Walfangreise«, wie Ismael es ausdrückt,[18] zeichnete sich der altgefahrene Walfänger aus durch

eine ganz besondere Schäbigkeit … Seine Schuhe sind abgestoßen und fleckig, und die Schnürsenkel schleifen am Boden, wenn er geht. Seine Hosenbeine sind viel zu kurz, sodass zwischen ihrem Unterrand und dem Schuh der breite Streifen eines groben, grauen Wollstrumpfs erscheint. Ein Stück seiner roten Flanellunterhosen ist über dem Hosenbund zu sehen, und ein lumpiges schwarzes Tuch um den Hals, befestigt mit einem großen Ring aus dem Zahn eines Pottwals, mit Perlmutt eingelegt, hält eine Hemdbrust zusammen ... die keinen einzigen Knopf vorzuweisen hat.[19]

Der Walfänger war eine Art freibeuternder Bergmann, der mit dem ozeanischen Öl, das er aus der Tiefe holte, den Hochofen der industriellen Revolution genauso anheizte wie ein Kumpel, der in der Erde nach Kohle grub. Walöl und Walbein waren Produkte für das Maschinenzeitalter, und Reeder und Kapitäne wandten die gleichen Druckmittel an, wie sie in Gruben und Fabriken praktiziert wurden. Sie senkten die Löhne und sparten an Proviant, um einen höheren Profit zu erzielen.

> Riskierst du dein Leben, den Wal fest am Tau,
> Deckst dem Käptn das Haus du und kleidst seine Frau.[20]

An dieses häufig schändlich ungerechte Gewerbe banden sich junge Männer, die kaum eine Ahnung hatten, worauf sie sich einließen. Nachdem sie in New York unterschrieben hatten, wurden sie nach New Bedford befördert, wobei der Preis der Überfahrt gleich einmal von den versprochenen 75 Dollar abgezogen wurde. Manchmal wurden sie von den »Landhaien« betrunken gemacht und regelrecht schanghait, und wenn sie aufwachten, befanden sie sich auf einem ausfahrenden Schiff, von dem es kein Entrinnen mehr gab.[21]

Im schlimmsten Fall wurden Walfänger wie Wanderarbeiter behandelt, wenig besser als Leibeigene. Nordhoff verbrachte viele Monate »in dem ganzen sittlichen und buchstäblichen Schmutz eines Walfangschiffs« und kehrte mit der Überzeugung zurück, dass er zwei Jahre seines Lebens weggeworfen hatte: Der Walfang, erklärte er, sei »ein gigantischer dreckiger Schwindel«[22]. Ein junger

Walfänger kam nach fünfjähriger Fahrt nach Hause, und während seine Freunde auf den Goldfeldern reich geworden waren, hatte er, wie er feststellen musste, gerade mal 400 Dollar verdient, die auch noch zur Hälfte zur Begleichung seiner Schulden beim Ausrüster draufgingen.

Für Ismael war New Bedford »ein absonderlicher Ort«, der mit seinem Reichtum wie verkleidet wirkte.[23] Nordhoff ließ sich zunächst davon täuschen. Von einem entlegenen Winkel Neuenglands aus schickte sich diese Hauptstadt des Walfangs an, die Welt zu erleuchten, und doch war sie bemerkenswert still. »Man würde nie vermuten, dass man innerhalb der Grenzen einer Stadt steht, die der siebtwichtigste Handelshafen in der Union ist und deren Schiffe auf sämtlichen Weltmeeren fahren.«[24] Der Grund für diese beredte Stille war die Beschränkung des Seehandels auf ein relativ kleines Stadtgebiet, so als wollte der Hafen seine banalen, fast schon anrüchigen Transaktionen in ein Walfangghetto verbannen.

New Bedford ist immer noch eine Arbeiterstadt, ein Industriehafen, und vielleicht mag ich es deshalb so gern: Es erinnert mich an meine Heimatstadt. Es führt seine Geschäfte heute von denselben Gebäuden aus, die einst vom Walhandel genutzt wurden; es gibt portugiesische Zeitungen und portugiesische Radiosendungen; und am Freitagabend serviert Antonio in seinem Restaurant im Norden der Stadt den Nachfahren von Walfängern und Fabrikarbeitern Klippfisch und Shrimp Fritters. Wenn die Kunden drinnen trinkend an der Theke sitzen, während draußen auf der Straße ein eisiger Wind bläst, kann man sich gut vorstellen, wie ein heutiger Ismael zur Tür hereinkommt – oder sogar sein Schöpfer.

Als Melville an jenem grauen Dezembertag des Jahres 1840 in New Bedford eintraf, sah er die »terrassenartig angelegten Straßen, deren eisbedeckte Bäume in der kalten, klaren Luft hell glitzerten«[25]. Ein Panorama der Geschäftigkeit entfaltete sich vor seinen Augen; alles drehte sich um das Geschäft mit dem Wal. Scharen von Schiffen lagen am Kai und stauten zur Vorbereitung auf lange Fahrten Vorräte in den Frachtraum, der sich in dem Maße, wie diese abnahmen, mit den Früchten der Jagd füllen sollte. Es war ein praktischer Austausch: Wenn das »Tranglück«[26] mit der *Acushnet* war, brauchte sie niemals Ballast. Zusätzliche Fässer wurden in losen Dauben mitgeführt und später an Bord von Küfern zusammengebaut. Andere Schiffe trockneten ihre Segel wie Kormorane die ausgestreckten Flügel, während ihre Fracht von Männern gelöscht wurde, die von tropischen Meeren zurück waren; sie waren leicht zu erkennen, denn ihre sonnenverbrannte Haut leuchtete neben den blassen Gesichtern derjenigen, die zu Hause überwintert hatten.

Auf den Kais, die wie die Wale bei Tag und Nacht keine Ruhe kannten, »türmten sich Tonnen über Tonnen zu mächtigen Hügeln und Bergen, und die weltenwandernden Walfänger lagen nach langer Fahrt ruhig und sicher Seite an Seite vermurt«. Hier lauscht Ismael den Arbeitsgeräuschen von Zimmerleuten und Küfern, in die »sich der Lärm aus Essen und Feuern mischte, auf denen Pech geschmolzen wurde«. Auf seine sisyphoshafte Art, anregend wie abstumpfend, sind dies alles Anzeichen dafür, »dass kurz nach dem Ende der langen und gefährlichen Fahrt sogleich eine zweite beginnt, und wenn die zweite beendet ist, eine dritte, und so weiter, für immer und ewig. So endlos, ja so qualvoll ist alles irdische Mühen und Streben.«[27] Diese Arbeit war genauso trist wie die auf einem Containerschiff, das feste Strecken fährt: Sachen anliefern, Sachen abholen, ächzend und stöhnend unter dem Gewicht von Tran und Walbein.

Auch Nordhoff sah Kais, die voll waren von »Harpunen, Lanzen, Speckspaten und anderen Gerätschaften, die dem Leviathan den Tod bringen sollten«[28]. Dahinter lagen die Wirtshäuser und Büros, Ausstatter und Segelmacherwerkstätten, Schmieden und Speisezimmer, Banken und Makler, die allesamt vom Wal zehrten und in ihrer unablässigen Jagd nach Gewinn ihre ganze Energie auf den Fluss und weiter aufs Meer richteten. Den fünf nach Schiffsart verplankten Häuserblocks, die von der Water Street abgingen – New Bedfords »Wall Street« –, sagte man nach, die betriebsamsten in ganz Neuengland zu sein. Diese vom Wasser bergauf führende Hauptstraße war von den Läden der Ausrüster und Zulieferer eingenommen, während in den Nebenstraßen die Pensionen lagen, geführt von Walfängerwitwen »für zahlreiche jugendliche Anwärter auf die Ehre der Spauttaufe«[29]. Anderer Ehren wegen konnten sie ein schwimmendes Bordell besuchen, das vor der Küste ankerte.

Dieser schmuddeligen Geschäftigkeit entrückt waren die Herrenhäuser in der County Street, New Bedfords erster Adresse. Noch heute prunken diese Villen Block für Block in allen erdenklichen Baustilen und kontrastierenden Farben, die jedes Detail hervorheben, keine wie die andere und doch jede das Produkt von Fabriken, die Zierleisten am laufenden Meter ausstießen. Wie die *summer cottages* der Millionäre im nahen Newport, Rhode Island, suchen sie sich gegenseitig an Extravaganz zu überbieten. Das prachtvollste von allen ist das Haus, das 1834 für den Walfänger und Quäker William Rotch jr. gebaut wurde, dessen Großvater Joseph aus Nantucket kam und den Grundstein für New Bedfords Aufschwung legte. Dieser protzige Kasten, der mit seinen Veranden und Balkonen, seinen Empfangs- und Schlafzimmern einen eigenen Straßenblock für sich beansprucht, passt so gar nicht zu dem strengen Gesicht, den langen silbernen Haaren und dem schlichten schwarzen Rock seines einstigen Besitzers. Dennoch führte William Rotch von der leuchtturmähnlichen verglasten Dachlaterne aus, die ihm einen Blick über den Hafen und die Quelle seines Reichtums gestattete, die größte Walfangflotte der Welt. An einem Winternachmittag stieg ich beim Dunkelwerden durch die Dienstbotenmansarde in diesen Ausguck hinauf. In der Ferne funkelten schon die Natriumdampflampen des Hafens. Ja, »nirgendwo in Amerika«, meint Ismael, könne man »prunkvollere Patrizierhäuser finden, nirgendwo prachtvollere Parks und Gärten, als hier in New Bedford. Woher kommen sie? Wie wurden sie diesem einstmals schroffen Schlackenland eingepflanzt?« Antwort gaben ihm »die eisernen Harpunen, die wie Sinnbilder ringsum jedes noble Anwesen zieren ... Jawohl, all diese schönen Häuser und blumenblühenden Gärten stammen aus dem Atlantischen, dem Stillen und dem Indischen Ozean. Alle miteinander hat man sie harpuniert und vom Boden der See hier heraufgeschleift.«[30] Jede Veranda und jede Säule, jede kleine Extravaganz in der County Street musste ein Wal mit dem Leben bezahlen. Tran für Marmor, Fischbein für Holz, so wurden die Waren des Meeres am Ufer eingetauscht.

Und unten am Kai, wo spätabends die Fischereiflotte an rostigen Pfählen festgemacht liegt, wo die Schiffswände sich sachte anbuffen und die Maschinen tuckern, da frage ich mich, wie es für die jungen Männer gewesen sein muss, von diesem Hafen auszulaufen und von diesen heimischen Gewässern ins Ungewisse aufzubrechen. In der Loslösung von Amerika und der Flucht auf die offenen Meere waren sie dem Schicksal völlig ausgeliefert, irrfahrende Waisen auf der Suche nach einem neuen Zuhause im Kreis einer Männerfamilie und dabei versklavt an die Bewegungen des Wals, Mensch und Tier für alle Zeit aneinandergekettet.

Als ich am nächsten Morgen abfahre, beginnt es zu schneien und die Wandmalerei am Freeway verwandelt sich in ein weiß getupftes impressionistisches Gemälde. Als wir beschleunigen und ich über die Schulter zurückschaue, werden die gemalten Wale schnell unkenntlich. Hundert Meter weiter und sie sind fort, zusammen mit der Stadt vom Flockenwirbel verschluckt, und an ihre Stelle tritt das Asphaltband der vor uns liegenden Straße.

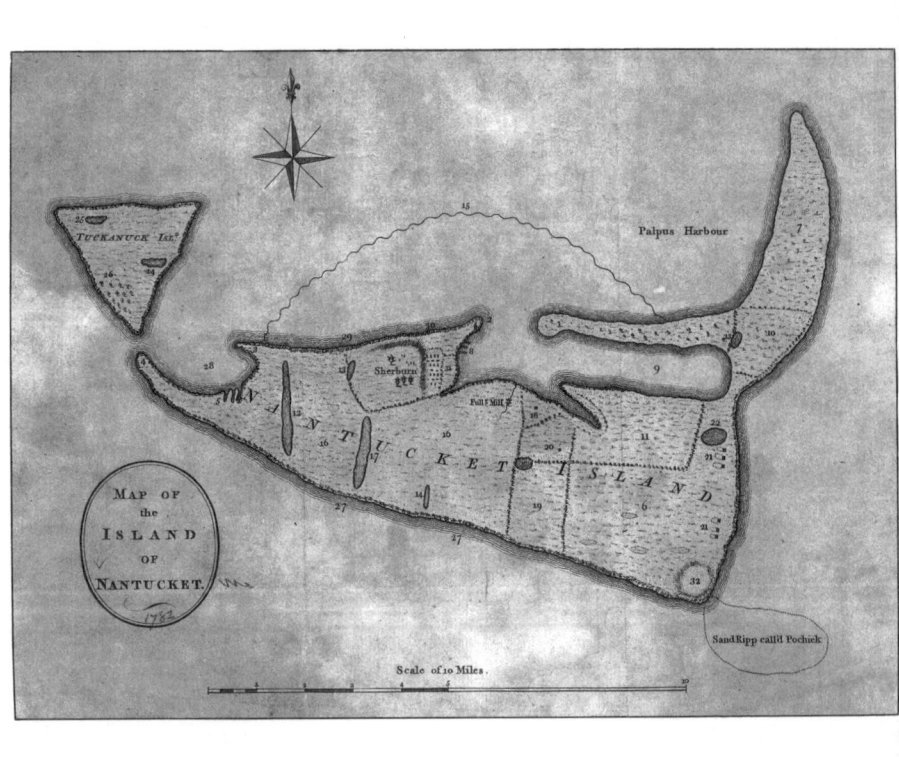

V
FERNES LAND

Nantucket! Holt eure Karte hervor und schaut's euch an. Seht nur, in welchem Winkel der Welt es liegt, wie es sich da weit vor der Küste erhebt, einsamer als der Leuchtturm von Eddystone … nichts als ein kleiner Hügel, ein Ellenbogen aus Sand, alles Strand und kein Hinterland … Was Wunder also, dass diese strandgeborenen Bewohner Nantuckets sich ihren Lebensunterhalt auf See zu verdienen trachteten!

Moby-Dick[1]

Außerhalb der Saison ist Hyannis verlassen, im Winter geschlossen. Wegen Sturm ist der Fährbetrieb heute Morgen eingestellt; auch die Abendfahrten können noch abgesagt werden, wenn der Wellengang für eine sichere Überfahrt zu hoch ist. Es scheint so, als sollte es mir wie Ismael gehen und mein Versuch scheitern, heute Abend noch nach Nantucket zu kommen. Es sind die kältesten Tage des Jahres und der Wind wird stärker. Im Fährbüro macht die Frau die erwartete Mitteilung. Aber wie wär's mit dem Flugzeug?, fragt sie. In 15 Minuten geht der letzte Flug.

Der kleine Flieger holpert über die dunkle Startbahn, bis seine Tragflächen sich zu strecken und zu straffen scheinen. Bald bleiben die Lichter der Stadt unter uns zurück und weit unten erscheinen die silberschwarzen Wellen. Ich sitze auf dem Platz des Kopiloten; der junge Pilot trägt eine Baseballmütze und das Cockpit riecht nach seinen Stullen. Das zweite Steuerhorn tickt und dreht sich über meinem Schoß. Durch die Windschutzscheibe sehe ich einen Umriss am Horizont, eingefasst von blinkenden Leuchttürmen. Ein Sternenknäuel ballt sich um Orion. 20 Minuten später stürzen wir durch die Wolken, von zwei Strahlen getroffen, die uns nach unten leiten. Mit einem Rums setzen die Reifen auf der Rollbahn auf, und während wir paar Passagiere aussteigen, wittert der Boxerhund Flint Heimat.

Als Ismael und Queequeg mit dem Schoner aus New Bedford in Nantucket ankommen, steigen sie für die Zeit, in der sie nach einem geeigneten Walfänger suchen, in einem anderen Gasthof ab. Dabei nutzt Ismael die Gelegenheit, die Insel in aller Ausführlichkeit vorzustellen, von ihrer bemerkenswerten Geschichte bis zu ihrer Muschelsuppe – dabei war der Autor selbst in Wirklichkeit niemals hier. Das berühmte Nantucket war schon in die kollektive Fantasie Amerikas eingegangen, ein Name, der für den heroischen Pioniergeist der neuen Republik stand. Frühe Kartografen wollten sogar in seiner Bucht die Gestalt eines Wals erkennen, als verkörperte sich der Mythos der Insel selbst in ihrer äußeren Form. Aber wie das benachbarte Cape Cod war Nantucket sowohl ein Teil von Amerika als auch davon abgesondert.

Das Wort Nantucket kommt aus einer Indianersprache und bedeutet »fernes Land« und schon von fern stanken seine Kais früher so sehr, dass Besucher die Insel riechen konnten, bevor sie sie sahen. Heute liegen hier teure Jachten, die blitzblank in der Sonne funkeln. Die kopfsteingepflasterte Main Street der Stadt ist dermaßen hubbelig, als wollte sie unerwünschte Besucher abschrecken. Schicke Boutiquen und altmodische Drugstores mit hohen Tresen, wo man eine Kleinigkeit essen und trinken kann, werden abgelöst von sandigen Straßen mit Holzhäusern. Viele haben Türklopfer und Wetterfahnen in Walgestalt, »doch sind sie so erhaben und tragen so offenkundig und unübersehbar die Aufschrift: ›Hände weg!‹, dass man sie nicht genau genug aus der Nähe in Augenschein nehmen kann, um sich ein Urteil über sie zu bilden«, beklagt sich Ismael.[2] In der Nähe befindet sich das Athenaeum, wo Frederick Douglass 1841 auf der ersten hiesigen Versammlung gegen die Sklaverei vor einem gemischtrassigen Publikum sprach; ein zweites Treffen im Jahr darauf endete im Tumult. Einen solchen Aufruhr kann man sich heute hier nur schwer vorstellen.

Je höher bergan man kommt, umso größer werden die Häuser. Jedoch im Unterschied zu den protzigen Villen New Bedfords deuten sie den Wohlstand, der sich darin verbirgt, nur diskret an. Drei gleich aussehende Häuser, in den 1830er-Jahren von Joseph Starbuck für seine drei Söhne gebaut, waren die ersten Ziegelbauten auf der Insel; sie künden von einem traumhaften Neuengland. Schon vor 100 Jahren sah Mary Heaton Vorse Nantucket als »eine schöne alte Frau, die träumend im Garten sitzt … stolz auf ihre verblasste erlesene Schönheit«; damals gab es bereits mehr Sommergäste als Ganzjährige und »keine Einwanderer schwärmten durch die weitläufigen Häuser der alten Walfangkapitäne wie in New Bedford«.[3]

Heute zeigt diese Insel, von der die Namen Macy, Folger und Starbuck um die Welt gingen, dem Kommerz die kalte Schulter. Es gibt keine Supermärkte, die billige Postkarten verkaufen, keine Jeansläden mit hohen Hosenstapeln. Man hat den Gesamteindruck einer leicht unwirklichen Vollkommenheit. Das kalte Licht verwandelt jede Straße in eine geschmackvolle Komposition von Giebeln und Bäumen unter einem stechend blauen Himmel. Die Farben gehen ineinander über; mattgraue Schindeln und staubgrüne Flechten; Wurzeln werfen das Ziegelpflaster wie Zeitlupenerdbeben auf.

Auch diese Straßen führen alle an einen Ort. Wenn New Bedfords Villen, wie Melville meinte, vom Meeresgrund heraufgeschleift wurden, dann wurden diese Häuser in Fässern am Hafen angeliefert, in fein säuberlichen Zahlenkolonnen in gebundenen Büchern aufgeführt, auf jahrelangen Fahrten ans andere Ende der Welt in Walzähnen verewigt. Sie mögen harmlos aussehen, doch auch sie wurden von Heiden und Monstern erbaut.

In Nantuckets renoviertem Walfangmuseum blickt das Gerippe eines Pottwals auf eine Wand gegenüber voller Harpunen und Lanzen, die an mittelalterliches Kampfgerät im Londoner Tower erinnern. Die Räume im ersten Stock sind gefüllt mit den zierlicheren Nebenprodukten dieses blutigen Gewerbes: Auf Glasborden stehen schöne Beispiele von Scrimshaw, einer Kunst, die auf ihre Weise Ausdruck einer Überflusswirtschaft war.

Auf den langen Fahrten gab es für die großen Besatzungen, die der Walfang erforderte, über längere Zeit wenig zu tun. Um die Männer sinnvoll zu beschäftigen, bekamen sie Walzähne, die sie mit Bildern ihrer Fantasie oder ihres Alltagslebens versahen. Nachdem man sie zur leichteren Bearbeitung in Lake eingelegt und mit Haihaut poliert hatte, wurden in die Zähne – die bis zu 25 Zentimeter lang sein konnten – mit Nadeln oder Messern Muster geritzt und diese dann mit Ruß von den Trankesseln des Schiffs eingerieben. Manche waren nur mit Kritzeleien bedeckt, aber in andere wurden Motive aus zeitgenössischen Zeitschriften oder imaginäre antike Szenen eingeschnitzt. Häufig wurden die Schiffe selbst dargestellt.

Verziert mit vollbusigen Frauen oder entrückt blickenden Jünglingen oder walfängerischen Großtaten, waren dies Beispiele für die Volkskunst des Industriezeitalters. Ismael vergleicht ihre »verschlungenen Muster ... voll von barbarischem Geiste und urtümlichen Andeutungen« mit den Holzschnitten »jenes großen alten deutschen Wilden, Albert Dürer«[4]. Diese handlichen Elfenbeinbrocken, deren sahniger Glätte man noch die haltende Seemannsfaust anfühlt, besitzen eine einfache sinnliche Sinnhaftigkeit, verwandt vielleicht dem Tätowieren »oder Stechen, wie man es auf einem Kriegsschiff nennt«[5]. Wie ihre Muster den Tätowierungen auf den Oberarmen der Matrosen ähnelten, so besaßen die Tätowiergeräte, denen man ihre außereuropäische Herkunft deutlich ansah, Griffe aus Walelfenbein, während andere Seeleute »eigens für die Skrimshanderei Kästchen mit Geräten, die an ein Zahnarztbesteck erinnern«[6], besaßen. Die Ritzzeichnungen waren Zeugnisse der Erfahrungen und Wünsche der Walfänger, Journale für

Analphabeten. Manche waren mit pornografischen Karikaturen versehen oder in Phallusform geschnitzt.

Die kunstvollsten Stücke künden den Ruhm des Walfangs: Die Hochzeit des Scrimshaw waren die 1830er- und 1840er-Jahre mit ihren großen Südseefahrten, als aus Walbein auch Garnhaspeln hergestellt oder Teigschneider geschnitzt wurden, mit denen man Galanteriehandlungen belieferte oder die Lieben daheim beschenkte. Später jedoch verstaubten diese makabren Kunstgegenstände ungeliebt und unbeachtet auf den Dachböden. Erst im 20. Jahrhundert kamen sie wieder zum Vorschein und für ihre Wiederentdeckung war vor allem ein Mann verantwortlich: John Fitzgerald Kennedy.

Die Kennedys, eine amerikanische Dynastie mit dem Stammsitz in Hyannis, gehören untrennbar zum Cape und zu seinen Inseln. Noch ehe er der 35. Präsident der Vereinigten Staaten wurde, setzte John F. Kennedy sich dafür ein, dass die Strände des Outer Cape von Eastham bis Provincetown zum National Seashore erklärt und vor Verstädterung geschützt wurden. Und aus Liebe zur Seefahrertradition Neuenglands fing Kennedy an, Scrimshaw zu sammeln. Bald schon umfasste seine Sammlung 34 Walzähne und die Lieblingsstücke lagen auf seinem Schreibtisch im Oval Office, wo sie von derselben Hand gewendet wurden, die die Welt in der Waage hielt.

1963 bestellte die First Lady für ihren Mann ein ganz besonderes Weihnachtsgeschenk: einen Walzahn, auf dem das Präsidentensiegel eingraviert war. Er sollte ihn nie bekommen. Kurz vor seinem Tod gab der Präsident im Weißen Haus ein privates Abendessen für Greta Garbo, bei dem er der Schauspielerin ein Stück Scrimshaw schenkte. »Ich wäre geneigt, es für einen Traum zu halten«, schrieb die Garbo hinterher Mrs Kennedy, »wenn ich nicht den ›Zahn‹ des Präsidenten als mein Besitzstück vor mir hätte.«[7] Zwei Wochen später, in der Nacht vor seiner Beisetzung, legte seine

Witwe ihm das Weihnachtsgeschenk mit in den Sarg. Es war ein bedeutungsschwerer Akt: Der König von Camelot wurde mit dem Talisman eines heroischen Zeitalters bestattet, einer Reliquie, durchdrungen von der Kraft seines ursprünglichen Besitzers. Man muss bei diesem emotionsgeladenen Ritual unwillkürlich an Ismaels Feststellung denken, dass die britischen Könige und Königinnen mit Walöl gesalbt wurden:

> Denkt euch nur, ihr königstreuen Briten! Wir Walfänger liefern das Zeug zur Krönung eurer königlichen Häupter![8]

Damit lag das Amulett des Präsidenten für den Zeitpunkt bereit, an dem man diesen König Artus aufs Neue benötigte; so als könnte er dereinst den Blick seiner hellblauen Augen über den Horizont des Atlantiks schweifen lassen und nach der Wiederkehr der Wale Ausschau halten.

Auf Nantucket nahm der moderne Walfang seinen Anfang, auf seinen schmalen Schultern liegt der Ruhm. Im Jahr 1659 erwarben neun Neubürger die Rechte an der Insel, Quäker wie Thomas Macy, Tristram Coffin und Christopher Hussey, die in Neuengland von den Puritanern verfolgt worden waren. Diese Insel »schien nur besiedelt worden zu sein, um zu beweisen, wozu der Mensch imstande war«[9], und für einen solchen Ort war der Walfang eine Fügung des Schicksals, wie es in Obed Macys *Geschichte von Nantucket* berichtet und von *Moby-Dicks* Unter-Unterbibliothekar zitiert wird:

> Im Jahre 1690 standen einige Leute auf einem hohen Hügel und sahen den Walen zu, wie sie bliesen und sich balgten, als einer bemerkte: Dort – er wies auf das Meer – ist eine grüne Weide, wo unserer Kinder Enkel ihr Brot verdienen werden.[10]

Jahrhundertelang hatten die hiesigen Indianer in diesen reichen Gewässern Wale gejagt. Die neuen Bewohner Nantuckets guckten sich ihre Techniken ab. Anfangs bestieg man mit primitiven Leitern am Ufer stehende Masten, um Glattwale auf ihrem Zug nach Norden zu erspähen. Harpuniert und an den Strand gezogen, lieferten sie mit ihrer über einen halben Meter dicken Speckschicht mehr Tran als alle anderen Wale, und ihre Barten waren länger und feiner – die nämlichen »langen, mächtigen Streifen biegsamen schwarzen Fischbeins«,[11] aus denen Kapitän Pelegs Wigwam auf dem Deck der *Pequod* bestand.

1712 wurde dann ein neues Fangobjekt ausgemacht. Der Legende nach war Christopher Hussey auf Waljagd, als sein Boot über das übliche Nantucketer Fanggebiet hinausgetrieben wurde. Dort, im tiefen Gewässer, stieß er auf »den damals sagenhaften oder gänzlich unbekannten Pottwal«, wie Ismael ihn nennt. Nunmehr sollte dieser den Glattwal vom »Thron des Königs der Meere«[12] verdrängen und damit wurde die »abstoßende und anstößige« Jagd auf den Glattwal für die stolzen Insulaner zu einer langweiligen Angelegenheit, gemessen an »einer kühnen Hatz auf den edlen Pottwal«[13]. Im Vergleich zur niederen Bärenhetze der Glattwale war es wie eine Fuchsjagd zu Pferde, zum Fang eines solchen Tiers auszuziehen. Bald wurde daraus eine wesentliche Stütze der Inselwirtschaft, vor allem als die Glattwale rarer wurden. Um 1730 bestand die Flotte der Insel aus 25 Schiffen. Am Ende des Jahrhunderts war sie weltweit führend im Walfang.

»Und ich bitte Sie, Sir, was auf Erden kommt ihm gleich?«, zitiert unser Unter-Unterbibliothekar *Edmund Burke, im Parlament, bezugnehmend auf den Walfischfang von Nantucket.*[14] Im weiteren unterrichtete Burke Großbritannien über die Fortschritte dieser siegreichen Walfänger: »Kein Meer, dem ihre Fischereien nicht zusetzen. Kein Himmelsstrich, der nicht ihre Mühen bezeugt.« Das alte Europa könne sich nicht messen mit »diesem neuen Menschenschlag, einem gewissermaßen noch im Knorpelstadium befindlichen Schlag, noch nicht zum Knochengerüst des Mannesalters verfestigt«.[15] Die neue Nation schien sich am Wal zu beweisen. Für Owen Chase, den Ersten Offizier der *Essex* und Spross einer alten Nantucketer Familie, waren er und die anderen Walfänger Kreuzfahrer, in der Führung eines »Vernichtungsfeldzuges gegen den Leviathan der Tiefe«[16] begriffen. Sie waren die Ritter und Knappen eines neuen Ordens, die kämpfend ein Weltreich schufen, während gleichzeitig »die Wale, wie die Tiere des Waldes, durch den Vormarsch der Zivilisation in immer fernere und entlegenere Meere getrieben wurden«[17]. Es war ein und dasselbe Muster, nach dem die Ressourcen der Neuen Welt geplündert wurden. Wie ihre Kollegen zu Lande Büffel jagten, bis Bestände von 60 Millionen ausgerottet waren, so verfolgten diese Cowboys der Meere die Wale, bis es fünf vor zwölf war. Es war, als müssten die vorsintflutlichen Tiere sterben, damit die moderne Welt sich durchsetzen konnte. Für Amerika war der gemeinsame Feind die Wildnis, und wie die Wildnis des Landes voller Tiere – und Eingeborener – war, so waren die amerikanischen Meere voller Wale, die zum Abschlachten freigegeben wurden. Der Krieg wurde 1712 erklärt und damit fing der »Vernichtungsfeldzug« an.

Anfangs war der Walfang in Nantucket ein Familiengeschäft, ein Handwerk, in das man hineinwuchs. Nach zwei Walfangfahrten konnte ein tüchtiger junger Mann damit rechnen, dass er sein eigenes Schiff befehligte. Die Mannschaften »bestehen aus den Söhnen und Verwandten der angesehensten Familien auf der Insel«, schrieb Owen Chase; »sie arbeiten nicht allein für ihren zeitweiligen Lebensunterhalt, sondern sie haben untereinander einen Ehrgeiz und Stolz, ein Bestreben, sich auszuzeichnen und hervorzutun«.[18]

Ursprünglich wurden die Wale zum Auslassen in den Hafen

zurückgebracht, aber ab etwa 1750 wurden Tranöfen an Bord mitgeführt, Ziegelöfen mit riesigen Kesseln, in denen der Blubber ausgekocht wurde – eine baskische Erfindung. In einer schönen Verkehrung von Ursache und Wirkung konnten nun die Fahrten, die zum Auftun der Wale unternommen werden mussten, immer länger werden, weil das Auslassen ja unterwegs geschah. Gleichzeitig wurde der Walfang Teil eines größeren politischen Spiels. Die Unabhängigkeitskriege bereiteten dem Wachstum von Nantucket ein vorläufiges Ende – seine Flotte schrumpfte von 150 auf 35 Schiffe –, da die Insulaner versuchten, Großbritannien, ihrem größten Abnehmer, die Treue zu halten. Aber mit der neuen Republik kehrten die Schiffe zahlreicher denn je zurück.

> So haben denn diese nackten Nantucketer, diese Einsiedler der See ... die wässerige Welt überrannt und erobert ...; mögen auch die Engländer über ganz Indien ausschwärmen und ihre flammendrote Flagge an die Sonne selbst hängen: Zwei Drittel dieses Erdballs aus Land und Wasser gehören dem Nantucketer. Denn sein ist das Meer; er nennt es sein eigen, wie die Kaiser Imperien ihr eigen nennen; andere Seeleute haben dort nur Wegerecht ... Dort liegt seine Heimat, dort sein Handwerk ...[19]

Im Jahr 1944 wurde Ismaels Hymne auf Nantucket für die amerikanischen Truppen in Übersee ausgestrahlt, um die Kampfmoral zu heben und an ein heroisches Zeitalter zu erinnern. »Tatsächlich ist sich ein Nantucketer der Ehrwürdigkeit und der Verdienste seines Berufes immer vollauf bewusst –«, hatte Owen Chase 100 Jahre zuvor geschrieben, »zweifellos weiß er, dass sein Lorbeer, wie jener des Soldaten, unter Einsatz des Lebens erkauft ist.«[20] Seine Ehre war nicht befleckt von den »Luxusgütern eines Außenhandels«[21]. Der Lohn dafür war Gottes Freigebigkeit gegen *His own country*.
Nantucket war der reinste Ausdruck dieses ehrbaren Strebens.

Seine Häuser scheinen es durch die Art zu sagen, wie sie schlicht und kantig gegen das Licht abstechen und mit ihren Fensterläden und schmalen Türen, die dem Glück wie dem Unglück die Stirn bieten, selbst wie Schiffe aussehen. Die neuenglischen Häfen schickten in einer Woche mehr Schiffe aus als die altenglischen in einem Jahr und »von unseren Segeln sind heute die fernen Gefilde des Pazifiks nahezu weiß«[22], rühmte Chase. Durch den Walfang griff Amerika zum ersten Mal um die ganze Welt aus; der Walfang exportierte seine Kultur und seine Ideologie. Und Nantucket war daran maßgeblich beteiligt. 1833 arbeiteten 70 000 Menschen im Walfang und den damit verbundenen Gewerben und machten 70 Millionen Dollar Umsatz; zehn Jahre später hatten sich die Zahlen fast verdoppelt. Die Vereinigten Staaten exportierten alljährlich eine Million Gallonen Tran nach Europa, das sind 3,79 Millionen Liter. Auf dem höchsten Stand waren es nicht weniger als 38 amerikanische Häfen, die gegen den Wal ins Feld zogen, von Wiscasset in Maine bis Wilmington in Delaware, auch wenn viele bei dem Versuch scheiterten.

Der Anreiz zu diesem schmutzigen Geschäft war das Geld, gewaltige Summen in manchen Fällen. Ein Reeder konnte damit rechnen, seine Investition mit dreifachem Gewinn zurückzubekommen. Die ersten industriellen Vermögen in Amerika gründeten auf der Walfischerei. In Neuengland blieb die Industrie in den Händen der Quäker, die keinen Widerspruch sahen zwischen ihren pazifistischen Überzeugungen und ihrem täglichen Geschäft. Kapitän Bildad, der Miteigner der *Pequod*, sorgte sich jedenfalls nicht deswegen; »obgleich selbst ein eingeschworener Gegner menschlichen Blutvergießens, hatte er doch, ohne den Gehrock abzulegen, den Lebenssaft des Leviathan fässerweise vergossen … Höchstwahrscheinlich war er seit Langem zu dem weisen und verständigen Schlusse gelangt, dass eines Mannes Religion das eine ist und diese wirkliche Welt etwas ganz anderes.«[23]

Von allen Produkten, zu denen der Wal verarbeitet wurde, waren die sauber brennenden Kerzen, die auf Nantucket hergestellt wurden, die feinsten, so als strahlte das »innere Licht« der Quäker vom Wal aus. Die Technik, aus Walen Kerzen zu machen, wurde 1748 von Jacob Rodriguez Rivera, einem portugiesischen sephardischen Juden, in Neuengland eingeführt. Es war ein kompliziertes Verfahren. Der Kopfinhalt von Pottwalen wurde direkt von den Schiffen in die Fabrik gebracht, wo er in großen Kesseln erhitzt wurde, um Wasser und Unreinheiten zu beseitigen. Er wurde in Fässern gelagert und kühlte über Winter zu einer festen Masse aus. Diese Masse kam dann in Wollsäcke und diese wiederum in eine hölzerne Presse, aus der das Walrat tröpfelte wie Saft aus Äpfeln oder Öl aus Oliven. Diese erste und reinste Pressung wurde als »wintergefiltertes« Walratöl bezeichnet.[24]

Die übrige Masse wurde zu »schwarzen Kuchen« verarbeitet und bis zum Frühjahr gelagert, wo sie dann bei wärmeren Temperaturen zu triefen begann. Eine zweite Pressung ergab das »frühlingsgefilterte« Öl. Nach einer dritten und letzten Pressung blieb ein bräunlicher Rückstand übrig; mit Holzspänen und Pottasche erhitzt, klärte sich dieser wie Butter und das Ergebnis war reines weißes Wachs, das ein Vermögen brachte.

Die »Kaufmännin« Kezia Coffin entstammte einer der ersten Familien Nantuckets. Sie war berühmt für ihre feinen Kleider, das verbotene Spinett, das sie spielte, und das Opium, das sie angeblich nahm. Sie fing als Stecknadelhändlerin an, dehnte dann aber ihre Handelstätigkeit auf Walprodukte aus. Das englandtreue Nantucket trieb weiter Handel mit Großbritannien und während der Revolution traf Kezia mit einem britischen Admiral ein privates Abkommen, Öl und Kerzen nach London zu verschiffen und selbst Schmuggelware zu extrem überhöhten Preisen zu verkaufen.[25] Kezia war ein Paradebeispiel für weibliche Durchsetzungskraft und Geschäftstüchtigkeit auf einer Insel, wo die Frauen die Abwesenheit der Männer gewohnt waren. »Aye, Starbuck«, wie Ahab seinem Ersten Steuermann gesteht, »und von diesen vierzig Jahren hab ich nicht drei an Land verbracht ... kaum dass ich eine Mulde hinterließ auf meinem Hochzeitskissen.«[26] Der Walfang trennte die Geschlechter und an diesem isolierten Flecken, so isoliert wie ein Schiff und noch trostloser mitten im Winter, griffen die »Witwen« der Walfänger zu Opium, um mit der Einsamkeit fertigzuwerden. Andere benutzten Gipsdildos, *he's-at-home* genannt, »Mann-im-Haus«.[27]

Der amerikanische Krieg mit Großbritannien verkomplizierte das Leben für die Waljäger Nantuckets. Die Insel war offiziell neutral – nicht zuletzt wegen der pazifistischen Einstellung ihrer Bewohner. Sie durften nur von Neuengland ausfahren, wenn sie sich öffentlich auf die Seite der Rebellen stellten; doch in dem Fall hätten die Briten ihre Fangschiffe für sich reklamiert. Einige zogen nach Neufundland oder Kanada, um ihren Beruf auszuüben. Andere segelten zu den Falklandinseln, um dort die neu entdeckten Walgründe im Auftrag der Briten auszubeuten.[28]

Nach der Revolution machte der Überfluss an Walen Nantucket reicher denn je. Zudem exportierte es sein Handwerk und seinen Sachverstand. Quäker aus Nantucket hatten in Hudson, New York, einen Walfanghafen gegründet, wo eine Flotte von 35 Schiffen gedieh, obwohl es 200 Kilometer vom Meer entfernt war.[29] Andere Kolonien wurden in Dartmouth, Neuschottland, von Timothy Folger und Samuel Starbuck gegründet, und 1785 verhandelten Starbuck, Folger und William Rotch sen. mit der britischen Regierung darüber, in Großbritannien einen Walfanghafen zu schaffen. Rotch und sein Sohn Benjamin segelten zu Gesprächen mit dem Premierminister William Pitt nach London, von dem sie 20000 Pfund Umzugskosten und die Einbürgerung von 500 ihrer Landsleute mit 30 Schiffen verlangten, aber da die Franzosen ihnen bessere Konditionen boten, ließen sie sich einstweilen in Dünkirchen nieder.

Erst nach langwierigen Verhandlungen luden die Briten schließlich 1792 die Nantucketer ein, eine neue Station in Milford Haven zu errichten[30], und gewährten ihnen »die Rechte und Privilegien englischgebürtiger Untertanen«[31]. Ähnlich wie später die walisischen Siedler in Patagonien gründeten hier Nantucketer eine Enklave mitsamt neuenglischer Architektur, einem Quäker-Versammlungshaus und einem Friedhof in Pembrokeshire voller Starbucks und Folgers.

Wie andere Religionen auch gewann das Quäkertum gerade durch die Einschränkungen, denen es unterlag, an Einfluss. Da sie keinen Amtseid schwören durften, waren Quäker etwa von juristischen und ärztlichen Berufen ausgeschlossen. Infolgedessen wurden ihre Talente auf das Wirtschaftsleben gelenkt, wo sie außerordentlich erfolgreich waren. Und wenn die Quäkermoral auch die Zurschaustellung von Reichtum verbot, so erlaubte sie doch die Verwendung hochwertiger Materialien für schlichtes Design; daher auch die schmucklose Architektur von Nantuckets »Goldenem Zeitalter«, eine Ästhetik, die die Insel bis in die heutige Zeit prägt.

Solcher Reichtum stand in krassem Gegensatz zur wachsenden schwarzen Bevölkerung, die ihm zudiente, anfangs als Sklaven, dann mit der frühen Abschaffung der Sklaverei durch die Quäker 1773 als freie Männer und Frauen. Einige kamen selbst zu Wohlstand: 1822 fuhr Absalom F. Boston auf der *Industry* mit einer rein schwarzen Besatzung aus und kehrte als reichster Afroamerikaner der Insel zurück, dessen dicke goldene Ohrringe seinen Erfolg deutlich verrieten. Dennoch blieben die Weißen fraglos die herrschende Klasse der Insel, abzulesen an den immer wiederkehrenden Namen Coffin, Chase, Folger, Gardner, Macy, Starbuck, Hussey. Haus um Haus in Straße um Straße im Besitz ihrer verschworenen Walratgemeinschaft, aufgeteilt das Territorium unter Familien und Fabriken auf einem Inselwal von Gnaden der Wale, die gezählt, verbucht, aus Fässern gegossen und in klingendes Silber verwandelt wurden, das einzige Edelmetall, das ein Quäker akzeptierte.

Nantuckets Silhouette kündete von der Gunst seines Schicksals: himmelwärts stechende Schiffsmasten, Dachlaternen mit walförmigen Wetterfahnen und Windmühlen mit langen, schrägen, in einem Wagenrad endenden Drehstangen, die sie aussehen ließen wie »große verwundete Vögel, die einen Flügel oder ein Bein hinter sich herschleifen«[32]. Diese kleine Insel war eine einzige große Maschine, die Wale und Wind zu Kerzen und Mehl verarbeitete. Streng, kernig und vom Glück begünstigt, so war Nantucket eine Nation für sich, die in den Herzen ihrer Männer auf See und in der Arbeit ihrer Frauen zu Hause lebte.

Jahrelang sieht er kein Land, sodass es für ihn, wenn er es endlich erreicht, wie eine andere Welt riecht, seltsamer als der Mond für einen Erdenbewohner. So wie die landlose Möwe bei Sonnenuntergang ihre Flügel einfaltet und inmitten der Wogen in den Schlaf gewiegt wird, so holt bei Einbruch der Nacht der Nantucketer weit draußen auf See seine Segel ein und legt sich zur Ruh, derweil gerad unter seinem Kissen Herden von Walen und Walrossen ihres Weges ziehen.[33]

Doch in den 1840er-Jahren läutete eine Verkettung von widrigen Umständen den Niedergang Nantuckets ein. Die neuen Walfangschiffe, die größer sein mussten, weil die Fahrten länger wurden, scheiterten an der tückischen Sandbank vor dem Hafen der Insel, der zu versanden begonnen hatte. Der Handel bevorzugte zunehmend das leichter zugängliche New Bedford, desgleichen viele Inselbewohner, die dorthin umzogen. Die neue Hafenstadt erlebte einen rasanten Aufstieg, und während die hochfahrenden Seeleute Nantuckets stur die erschöpften alten Fanggründe abgrasten, beuteten New Bedfords schneidige junge Walfänger mit reichem Gewinn die pazifischen Gewässer aus. 1846 zerstörte ein Großbrand ein Drittel der Betriebe der Stadt – und die Fässer mit Walöl, von denen die Lagerhäuser voll waren, fachten das Feuer noch zusätzlich an. Zwei Jahre später lockte der Goldrausch junge Nantucketer mit der Aussicht auf schnelleren Reichtum. 1849 war das Schiff mit dem passenden Namen *Aurora* das erste aus Nantucket, das nach San Francisco fuhr, wo die Walfangschiffe verlassen im Hafen lagen, weil die Besatzungen zu den Goldfeldern zogen und sich zu den von Osten kommenden Scharen gesellten.[34] Von diesen verließen viele ihr Zuhause mit wenig oder nichts, nicht einmal Unterwäsche, weil sie sich sagten, dass sie aufgebrochen waren, um Gold zu waschen und nicht ihre schmutzigen Unterhosen.

Die Totenglocke läutete für Nantucket mit der Entdeckung neuer Bodenschätze. Um 1840 wurden städtische Straßen und Häuser bereits mit Kerosin und Kohlengas beleuchtet, wobei der Gebrauch von Stadtgas anfangs nur die Nachfrage nach Walöl steigerte, weil die Begeisterung für helle Beleuchtung um sich griff.[35] Im Jahr 1859 unternahm dann Edwin L. Drake auf einer Farm in Titusville, Pennsylvania, eine Bohrung nach Erdöl; der schwarzgoldene Strahl, der wie eine Walfontäne aus dem Boden schoss, signalisierte das Ende der Pottwalfischerei – und den Anfang einer neuen Plünderung der natürlichen Ressourcen.

Nach Feuer und Erdöl kam der Krieg. 400 Männer und Jungen aus Nantucket zogen in den Kampf für die Sache der Union, als Schiffe der Konföderierten unter der Yankee-Walfangflotte wüteten. Zahlreiche Schiffe wurden gekapert oder verbrannt, was andere Reeder veranlasste, ihre zu Hause zu lassen. Einige wurden von der Union selbst geopfert: 40 Walfänger, die sogenannte *Stone Fleet*, wurden mit Steinen beladen und als Blockade vor Südstaatenhäfen versenkt. Die Walindustrie schleppte sich noch ein paar

Jahre dahin, doch 1869 lief das letzte Walfangschiff von Nantucket aus. Langsam, aber sicher fiel die Insel aus der Zeit heraus. Von der modernen Welt abgeschnitten wie militärisch requiriertes Gelände, blieben seine wüsten Heidegebiete unberührt erhalten, seine Häuser vor den starken Atlantikwinden in Mulden versteckt. Auf den Pflasterstraßen kehrte Stille ein, als keine Wagen mit Ölfässern mehr darauf rumpelten. Die leeren Fenster von Ziegelhäusern blickten auf den ausgestorbenen Kai, während die Quäkerkapitäne, die sie einst erbaut hatten, in kahlen Gräbern ruhten.

»Da bläst er!«

VI

VERSIEGELTE ORDER

> Indem wir so mit versiegelter Order segeln,
> sind wir selbst die Behältnisse des geheimen Pakets,
> dessen rätselhaften Inhalt wir zu erfahren wünschen.
>
> Herman Melville, *Weißjacke*[1]

An der Küste von Connecticut erheben sich weiße Holzhäuser aus dem grauen Gras wie Weihnachtstorten. Früh am Morgen ist jede Pfütze vereist, selbst das Moos knackt unter meinen Füßen. Meinen Gastgebern zufolge ist diese Straße eine der ältesten in Neuengland, ein Indianerpfad, aus dem eine Kolonialroute wurde. Als ich gestern Abend im Mondschein auf der menschenleeren Straße spazieren ging, meinte ich, an den Rändern, wo das Licht der Häuser vom dunklen Wald verschluckt wurde und die Zivilisation abrupt aufhörte, Gestalten zu erkennen.

Heute Morgen steigt die Sonne über Granitfelsen empor und auf dem Highway, der die Straße kreuzt, donnern bereits die Lastwagen vorüber. Dahinter ist der Fluss, der sich zum Meer hin verbreitert und an dem ein anderer Walfanghafen liegt: Mystic. Auch dies ist ein Ort voller Erinnerungen. Hier führten 1637 die Puritaner gegen die Pequot einen Krieg, in dem sie 400 Männer, Frauen und Kinder töteten. Vielleicht war es kein Zufall, dass Ahabs Schiff den Namen dieses niedergemetzelten Stammes bekam. Oder dass ich durch die entblätterten Bäume vor mir die Masten der *Charles*

W. Morgan erspähen kann, des letzten verbliebenen Walfangschiffs in Amerika, gebaut und im selben Jahr auf dem Acushnet vom Stapel gelassen, in dem Melville zu der Fahrt antrat, die ihn zu der Geschichte der *Pequod* inspirierte.

Doch die *Morgan* ist kein abenteuerlicher Segler mit einem Walkiefer als Pinne oder Walzähnen als Beleghölzern. Sie ist ein reales Schiff mit der dazugehörigen Enge und Ungemütlichkeit, ein aufs Wesentliche reduziertes Werkzeug. Alles hier diente dem Fang, der Verarbeitung und Lagerung des Wals und nicht der Bequemlichkeit der mit dieser Arbeit Betrauten. Sie war eine schwimmende Fabrik, ein Öltanker des 19. Jahrhunderts; aber sie ist auch erstaunlich schnittig, wie die Klipper, die Tee von Ceylon nach England transportierten und auf einem von denen ein Vorfahre von mir Kapitän war, bis er auf See blieb.

Die *Morgan* ist beinahe topplastig vor lauter Gerätschaften allüberall.[2] Während ich unter Wanten den Kopf einziehe und über Frachträume hinwegtrete, wird mir bewusst, wie viele Gefahren ein solches Schiff für den Unkundigen barg, schon vor dem Auslaufen. Schwingende Taue und Blöcke erforderten, dass jede Bewegung mit Umsicht getan wurde. Hier lebte man vor aller Augen; selbst der Kapitän teilte seine Kajüte, dem Anschein nach eine komprimierte Mischung aus Wohn-, Ess- und Arbeitszimmer. Der Raum wirkt anheimelnd mit seinem verblassten roten Sofa, fest eingebaut wie eine Sitzbank im Wohnwagen. In der eigentlichen Kapitänskabine ist das schmucke Holzbett kardanisch aufgehängt, damit es bei hohem Wellengang mitschwingt und seinen Benutzer in den Schlaf wiegt, und in der Ecke verbirgt ein Schrank die einzige private »Pütz« an Bord.

In dieser Miniaturwelt – so winzig im Vergleich zum Ozean ringsherum – wird jeder Zentimeter genutzt. Regale passen genau in die Ecken, Schubladen sind über dem Sofa eingebaut, Truhen unter den Betten verstaut. Lampen hängen an Haken, Töpfe und Pfannen stehen in Fächern, damit sie nicht durch die Kombüse rollen, die selbst kaum mehr als speiseschrankgroß ist. Die ordentliche Inneneinrichtung, putzig wie ein Puppenhaus, wäre eines Shaker-Haushalts würdig. Manchmal reiste eine ganze Familie in diesem Quartier. Durch ihre Augen sehe ich jetzt das Leben an Bord: Kinder bei den Hausaufgaben an dem um den Mast gebauten Tisch, ihre Mutter beim Nähen trotz des hin und her schlingernden Schiffs. Ein Vierjähriger, Eugene, fiel beim Spielen in einem Fangboot fast über Bord und konnte sich gerade noch an der Seite festhalten und nach seinem Papa schreien. Zur Schlafenszeit erzählte ihr Vater ihnen Geschichten davon, was der Wal gesagt und getan hatte.

Die Realität des Schiffslebens war weniger angenehm. Es gibt schrankartige Kabinen für die Offiziere und Maate und mit sinkendem Rang wird das Quartier immer bescheidener, bis es in der schmalen Back jenseits des Flensgatts nur noch Stockkojen als Ablagen für die menschliche Ladung gibt. Hier schliefen die Niedersten zusammengedrängt wie Kakerlaken im Bug, wobei selbst für das Licht, das ihnen bewilligt wurde, Klassenunterschiede galten. Plan im Deck sind massive, wie umgedrehte sechsseitige Pyramiden geformte Glasprismen eingesetzt, sogenannte Deckslichter, die die Sonnenstrahlen bündeln und so eine Helligkeit erzeugen, die 70 Watt entspricht. Doch diese Beleuchtung war undemokratisch verteilt: Während die Kapitänsräume sich eines ganzen Haufens dieser stromlosen Leuchtmittel erfreuten, hatte die Back nur zwei, in deren trübem Licht ein Matrose in seiner Koje kaum lesen konnte, und wenn an Deck ein loses Tau darauf lag, war es ganz unmöglich.

Der Aufenthalt in der Back war selten angenehm. Ein Seemann behauptete, er kenne »Schweineställe in Kentucky, die nicht halb so dreckig und diesem elenden Loch in jeder Beziehung vorzuziehen«[3] seien. Es war nicht bloß dunkel und übel riechend, sondern auch feucht; bei schlechtem Wetter konnte es den Männern passieren, dass sie tagelang in nassen Sachen herumlaufen mussten. »Die schon vorher zur See gefahren waren, für die war das nicht neu«, schrieb Nelson Cole Haley, gerade einmal zwölf Jahre alt, als er von zu Hause in Maine ausriss. Mit 16 heuerte Haley dann für die Fahrt der *Morgan* von 1849 bis 1853 als Bootssteurer an.

Dennoch war es hart, selbst für sie. Wenn sie die Wache einmal angetreten hatten, häufig sofort quitschnass, sobald sie aus der Back heraus waren, blieb ihnen keine Gelegenheit mehr, die Sachen zu wechseln, sofern sie überhaupt eine trockene zweite Garnitur besaßen, bis sie abgelöst wurden und nach unten gingen. Dort lebten 25 Männer auf so engem Raum, dass alle unmöglich zu gleicher Zeit einen Stehplatz finden konnten … Und das war nicht nur für einen Tag oder Monat so, sondern das war vier Jahre lang ihr einziges Zuhause.[4]

In den Tropen, wo die gnadenlose Sonne durch die Deckslichter brannte, war es darunter noch schwerer auszuhalten. Wenn das Schiff bei Flaute vor sich hin dümpelte und sich wochenlang keine Wale blicken ließen, breitete sich Mattigkeit unter den Männern aus. Das Oberdeck wurde durch Wässern gekühlt und auch die als Proviant mitgeführten lebenden Schweine quiekten vor Vergnügen, wenn ihnen Eimer mit Meerwasser übergeschüttet wurden. Einige Männer fanden im Schatten der Segel Schutz vor der Sonne, aber die im Rigg »bekamen sie voll von oben und unten ab«, denn die gleißende Sonne spiegelte sich im Meer und blendete sie noch zusätzlich. In der Back war die Hitze noch schlimmer. »Den Wachen, die unten in ihren Kojen lagen und zu schlafen versuchten, lief am ganzen Körper der Schweiß herunter, obwohl ihre einzige Bedeckung die vorgezogenen Vorhänge waren.«[5]

Doch selbst auf einem solchen Schiff konnte es noch Geheimnisse geben. Eine willkommene Abwechslung für die Seeleute war ein *Gam*, eine Begegnung mit einem anderen Schiff, bei der Briefe und Nachrichten ausgetauscht wurden und die Männer ein bisschen gesellig zusammen sein konnten. Bei einem solchen *Gam* mit der *Christopher Mitchell* aus Nantucket – demselben Schiff, dessen vorheriger Kapitän William Swain im Kampf mit einem Wal sein Leben ließ, wie seine Gedenktafel im Seamen's Bethel bezeugt (siehe S. 68) – hörte der junge Haley von einem Matrosen an Bord, der zwar »nicht mehr Furcht vor dem Wal an den Tag legte als der tapferste Neuling«[6], aber sich wegen seines Aussehens hänseln lassen musste. Als er erkrankte und in seiner Koje nackt gesehen wurde, stellte sich heraus, dass er eine Frau war.

Diese namenlose Matrosin hatte eine außerordentliche Geschichte zu erzählen. Ihr Liebster hatte ihr die Heirat versprochen, aber war dann zur See gegangen. Mithilfe eines New Yorker Detektivs fand sie heraus, dass er auf einem Walfänger angemustert hatte. Da sie nicht wusste, auf welchem, fuhr sie nach New Bedford, wo sie sich die Brüste mit Stoff abband und sich – groß und schlank, wie sie war – »für einen grünen Jungen ausgab, der auf Waljagd gehen wollte«[7]. Nach ihrem Geständnis brach sie in Tränen aus, wurde aber vom Kapitän getröstet, der sie recht attraktiv fand, nachdem sie sich ein lockeres Kleid genäht und durch Krankheit und Aufenthalt im Schatten wieder eine damenhaftere Blässe gewonnen hatte. Als das Schiff in Lima anlegte, wurde die Frau dem amerikanischen Konsul übergeben; erst nach der Heimkehr der *Christopher Mitchell* wurde ihre Geschichte öffentlich.

So sah das Niemandsland eines Walfangschiffs aus, wo Männer noch Männer waren und auch Frauen Männer sein mussten. Es war ein ganz eigenes Leben an Bord: eingeschlossen und doch offen, gefangen und doch frei, diszipliniert und doch zwanglos. Viele Monate lang kannte die Besatzung eines Schiffs nur diese Welt. Die Zeit wurde nach den Wachen und nach den Schatten der Masten gemessen; in der Weite des Ozeans von dünnen Holzwänden umgeben, konnten sie überall auf der Welt sein, eine Gemeinschaft von Männern, die von launischen Offizieren befehligt wurden und den eigenwilligen Wanderrouten der Wale folgen mussten. Und doch hielt sich die Romantik hartnäckig, allen Entbehrungen zum Trotz. Warum sonst hätten sich Männer freiwillig für dieses Leben entscheiden sollen, wenn nicht um des Abenteuers willen? Schwerlich wegen der Bezahlung oder der Arbeitsbedingungen.

Es war diese Eingesperrtheit, die Melville in seinen Seefahrtsromanen so überzeugend darstellt, vor allem in den zwei Werken, die er vor *Moby-Dick* schrieb: *Redburn*, eine literarisch verfremdete Schilderung seiner ersten Seereise nach Liverpool, und *White-Jacket*, ein weiterer Ausschnitt aus seinem Leben. Wie der Untertitel sagt, beschreibt Letzteres »Die Welt auf einem Kriegsschiff«, das ein vom Meer abgeschnittenes »Stück Terra firma« ist. »Es ist ein Staat in sich, und der Kapitän ist sein König … Nur Mond und Sterne sind außerhalb seiner Gerichtsbarkeit.«[8] Hier lebten die Männer »auf einem so beengten Raum, dass sie sich kaum bewegen können, ohne sich zu berühren. Abgeschnitten ... sind die Bewohner einer Fregatte auf sich selbst und aufeinander angewiesen, und ihre ganzen Überlegungen sind nach innen gerichtet.«[9] Ein solches intimes Beisammensein ließ Wünsche aufkommen, die sonst in der zivilisierten Welt verboten waren. Redburn preist die Schönheit seines englischen Schiffskameraden Harry, eines jungen Mannes mit dunklen Locken und »glatten Muskeln« und Gesichtszügen von »einer mädchenhaften Zartheit«[10]; ein genauso schöner italienischer Junge spielt seine Drehorgel mit einer zweideutigen Hingabe, die fast peinlich zu lesen ist.[11] Der Erzähler von *White-Jacket* ist vorsichtiger, doch er erwähnt einen Seekadetten, »der es zu bestimmten Zeiten fertigbrachte, sich in würdelose Vertraulichkeiten mit einigen der Männer einzulassen«[12]. Wenn sie sich widersetzten, ließ er sie auspeitschen – ein Szenarium, das Melville zu seinem letzten Werk inspirierte, *Billy Budd*, in dem es der schurkische Waffenmeister Claggart auf den »Schönen Matrosen« Billy oder Baby Budd abgesehen hat, mit tödlichen Folgen für sie beide. Im wirklichen Leben fanden Seeleute andere Ventile; Philip C. Van Buskirk, ein Zeitgenosse Melvilles, hinterließ überraschend offenherzige Tagebuchaufzeichnungen über seine zwanghafte Selbstbefriedigung an Bord.[13]

Ismael selbst äußert sich über solche Dinge höchstens hinter vorgehaltener Hand; aber da im Werk seines Schöpfers nichts zufällig ist (so ziemlich das Einzige, worin die Literaturkritiker übereinstimmen), ist es unmöglich, in Melvilles emblematischen Titeln kein Muster zu erkennen:

RED BURN
WHITE JACKET
MOBY DICK
BILLY BUDD

Diese Bücher spielen in einer Welt ohne Frauen und in einer Zeit, die für die Liebe zwischen Männern noch keinen Namen hatte (allerdings prägte sein Kollege Walt Whitman den Begriff *adhesiveness*, »Anhänglichkeit«, für das, was er für seinen Mitmann empfand[14]). Vom feurigen Jüngling in *Redburn* zur männlichen Zucht in *White-Jacket*, vom phallischen weißen *Moby-Dick* zum jungfräulichen *Billy Budd*, immer verfremdete Melville seine Vergangenheit und verhüllte seine Gefühle durch die literarische Gestaltung.

Die See war der ideale Schauplatz für solche hintergründigen Fantasien. Ein vaterloser Bürgerjunge hatte sich dem Land – und weiblichem Einfluss – so weit wie nur irgend möglich entzogen und sich eine neue Familie und eine neue Identität gesucht. Statt der Mutter und den Schwestern stand er einem Kapitän Rede und Antwort und lebte unter Männern. Fern der Sicherheit der heimischen Umgebung und frei von ihren Einschränkungen wurde Melville in die brutale Wirklichkeit eines Zusammenlebens mit Männern gestürzt, die nichts verband als das gemeinsame Betreiben eines blutigen Geschäfts. Aller Bindungen an die Zivilisation ledig, segelten er und seine Schiffskameraden zu Inseln, wo mörderische Eingeborene mit abgefeilten Zähnen sie zu verspeisen drohten. Sie waren Jungen in einer typischen Jungengeschichte, obwohl sie auf einem Schiff fuhren, wo selbst die Decke, an die sie mit den Mützen schrammten, sie niederdrückte.

Als ich unter die Wasserlinie in den Bauch der *Morgan* steige, fühle ich mich wie im Wal, von hölzernen Rippen umschlossen. In der feuchten Luft spüre ich den Druck des Wassers von außen, obwohl ich weiß, dass dieser massive Innenraum von kräftigen Eichenkniehölzern gestützt wird, vergleichbar den Strebebögen an einer großen Kathedrale. Die Kirchenassoziation geht fehl, denn diese maritime Krypta war einst mit Ölfässern gefüllt und als sichtbares Maß des Erfolgs wurde eine aufsteigende Skala von Füllhöhen an der Wand eingeritzt, ähnlich der Zellenwand, an der ein Gefangener die Tage abstreicht. Es lag in jedermanns Interesse – vom Kapitän mit seinem stattlichen Anteil bis zum Matrosen mit seinem bescheidenen Prozentsatz –, dass der freie Raum schrumpfte. Jedes Fass bedeutete mehr Gewinn, jedes fehlende Verlust.

Die Planken und Spanten der *Morgan* sind heute noch vom Öl der Jahrzehnte durchquollen. Wie die Kerzenfabrik auf Nantucket, deren vollgesogene Dielen trieften, als sie herausgerissen wurden, ist dieses Schiff mit den Produkten der jahrelang von ihm verarbeiteten Tiere gesättigt. Auch ein Walskelett behält seinen Saft und so wurde das davon durchtränkte Holz gewissermaßen zum Walgerippe und das Todesschiff, dieser Walwitwenmacher, verwandelte sich in ein Abbild der Geschöpfe, die es jagte. Als die *Morgan* 1941 zur Instandsetzung nach Mystic gebracht wurde, fand man in den Bilgen allerlei Gegenstände: Tonpfeifenstücke, Münzen, Walzähne und eigenartige muschelähnliche Knochen – die Innenohrknochen von Walen –, die wie archäologische Relikte jahrzehntelang im Schiffsbauch herumgeklappert hatten. Das Schiff war sein eigenes Museum geworden.

Als ich dann wieder in der Kapitänskajüte am Tisch sitze, während der Wind das Schiff am Liegeplatz hin und her schaukelt, sodass das Eis um den Bug aufbricht und gleich wieder zu abstrakten Scherben gefriert, versuche ich mir das Leben in dieser Holzkiste vorzustellen, vollgestopft mit über 40 Männern und Jungen und dem ausgelassenen Tran vieler Wale. Vielleicht gingen die Männer durch solche Bedingungen umso mehr in der Schinderarbeit auf, die sie betrieben; vielleicht gaben sie für die Dauer der Zeit ihre Menschlichkeit auf, um sich ohne Wenn und Aber im Waltran zu suhlen; um für den Wal zu leben und zu sterben.

Melville stach am Sonntag, den 3. Januar 1841, auf der *Acushnet* von New Bedford aus in See. Er mag kein *greenhand* mehr gewesen sein, doch seine frühere Überfahrt nach Liverpool mit Baumwolle als Ladung statt Öl hatte wenig Ähnlichkeit mit dem Abenteuer, das vor ihm lag. Auf See trafen dann die Maate die Auswahl für die Fangbootbesatzungen. Achtern versammelt, wurden die Männer nach ihren Erfahrungen befragt und die Maate prüften ihre Hände und Füße und fühlten ihre Muskeln wie bei einer Sklavenauktion. Auf jedem Schiff gab es drei oder vier solcher Besatzungen, die aus dem Kapitän oder einem Maat, vier einfachen Matrosen (wie Melville einer war) und einem Harpunier bestanden; es konnte sein, dass keine fünf Männer an Bord des Schiffes blieben, wenn die Boote von den Davits abgelassen wurden, an denen sie einsatzbereit hingen. Wie immer beim Walfang wechselten Zeiten hektischer Betriebsamkeit mit einschläfernder Untätigkeit oder stumpfsinniger Plackerei ab. Die Zeit selbst lief anders auf See. Fern vom Land walzte der alles nivellierende Ozean die Tage zu einem Kontinuum aus, das von Mittag zu Mittag in nautische Einheiten aufgeteilt wurde.

Erster Teil, Mittag bis 8 Uhr abends
Mittelteil, 8 Uhr abends bis 4 Uhr morgens
Letzter Teil, 4 Uhr morgens bis Mittag[15]

Wache um Wache regelte das Leben der Mannschaft.[16] Wenn sich keine Wale blicken ließen, segelte das Schiff aufs Geratewohl durch die noch nicht definierten Zeitzonen. Wenn die Jagd lief, beschleunigte sich die Zeit oder hörte ganz auf. Und alles – die Männer, ihr Mühen und Hoffen – war nur auf die paar Minuten ausgerichtet, in denen ein Wal bezwungen werden konnte. Von der Anwerbung und Anstellung bis zum Ausschauen und Erspähen einer fernen Unruhe im Wasser, gefolgt von der wilden Jagd, diente alles nur dem Zweck, Holzfässer zu füllen, die für einen kurzen Landaufenthalt sorgten, bis es losging zur nächsten Fahrt. Das ganze Geschehen war ein unerbittlicher Kreislauf, dem man unter Umständen erst entkam, wenn die Natur oder die Laune eines Wals einen daraus befreiten. Wie die Wanten den Mast am Schiff hielten und die Leine an der Harpune den Wal, so war der Seemann in einer Art Glaubensakt fest an seine Beute gebunden.

»*Ah, die Welt! Oh, die Welt!*«[17]

Decks wurden geschrubbt und Männer für zwei Stunden auf Ausguckwache geschickt, um nach Walen zu schauen. Bis dahin hingen das Schiff und seine Besatzung gewissermaßen in der Schwebe. Neu Angeworbene übten in den Booten, um in einer hohen Schule der See ihre Muskeln zu stählen und ihre Koordination zu schärfen. Sie probierten ihre Techniken an vorbeiziehenden Tümmlern oder Grindwalen aus, deren Tran weniger ehrliche Walfänger gelegentlich zur Gewinnsteigerung dem Walrat untermischten. 69 Tage lang segelte die *Acushnet* auf einer Route, die wir nicht genau kennen, obwohl davon auszugehen ist, dass sie wie die meisten neuenglischen Walfänger auf den Azoren anlegte, um frischen Proviant und neue Männer an Bord zu nehmen. Erst anschließend, wenn sie über die 8000 Meter tiefen Abgründe des mittleren Atlantiks fuhren, begann die eigentliche Jagd.

Pottwale sind nicht an jahreszeitliche Wanderungen gebunden wie die Buckelwale; dennoch legen sie jährlich viele Zehntausend Meilen zurück, wobei sie sich häufig in bestimmten Gebieten sammeln, die bei den Walfängern »Gründe« heißen. Sie wurden auf Seekarten vermerkt und mit Walsymbolen gekennzeichnet, ähnlich wie Landkarten in einem Feldzug. Ein beliebter Walgrund war die Äquatorregion, »die Linie«. Hier am Mittelring der Erde kamen die Wale zusammen, als gehorchten sie einem vorherbestimmten Schicksal. Seit Wochen hatten die Männer auf den Bramdwarssalings gestanden und Ausschau gehalten und alle warteten darauf, dass die winzigen Gestalten, die dort 25 bis 30 Meter hoch in der Luft schwankten, die magischen Worte riefen:

Da bläst er! D-a b-l-ä-s-t e-r!

– woraufhin auf einmal die Tiere erschienen, wie aus der Tiefe heraufbeschworen.

Und siehe, ganz nah in Lee, keine vierzig Faden entfernt, lag ein riesiger Pottwal und wälzte sich im Wasser wie der kieloben dahintreibende Rumpf einer gekenterten Fregatte. Sein breiter, glänzender, äthiopisch schwarzer Rücken glitzerte wie ein Spiegel in der strahlenden Sonne.[18]

Manchmal sahen sie 20 oder 30 Wale auf den Wellen reiten wie Surfer und »herumpurzeln, wenn die hohen Wellen sie mitrissen, sodass sie sich fast überschlugen«, wie der junge Haley bewundernd festhielt. »Manchmal sah man einen auf dem Kamm einer Welle. Wenn sie brach, schoss er mit solcher Geschwindigkeit an ihr hinunter, dass er in seinem Kielwasser einen Streifen weißer Gischt hinterließ. Unten im Tal zwischen zwei hohen Wellen schob er gemütlich seine Spautlöcher aus dem Wasser und blies, als wollte er sagen: ›Seht her, so wird's gemacht!‹«[19] Doch noch während die jungen Wale dergestalt spielten, erscholl der Befehl, die Boote wegzufieren.

Das Yankee-Walboot war »das vollkommenste Wasserfahrzeug, das jemals die Wellen durchschnitt«[20]: ein schnittiges, spitzes Boot von neun Metern Länge, doch »so leicht«, wie Melville schrieb, »dass drei Mann es davontragen könnten«[21]. Gleich an Bug und Heck, war es leicht manövrierbar und in beide Richtungen zu rudern und mit seinen klinkerbeplankten Seiten und seinen 5,5 Meter langen Riemen trug es seine sechsköpfige Besatzung flink und leise übers Wasser. »Auftriebig und elegant in den Bewegungen«, schrieb Frederick Bennett, Arzt auf einem britischen Walfänger, »springt es von Woge zu Woge und scheint eher über die See zu tanzen, als mit dem Kiel ihren Busen zu zerpflügen.«[22] Achtern hielt der Maat ein großes Steuerruder und gab Befehle an die barfüßigen Männer, denn wie die Dollen gedämpft waren, so trugen sie auch keine Schuhe, um ihre Beute nicht zu erschrecken. Ein Pottwal konnte jederzeit durchgehen wie ein erschreckter Hirsch – und ein »gegallter« Wal nutzte niemandem etwas.

Der Kommandant jedes Boots trieb seine Männer an, wie etwa im beschwörenden Flüsterton ein Nantucketer Maat:

»Nun pullt doch, um Himmel willen! Das Boot kommt ja überhaupt nicht voran. Ach, ihr schlaft ja alle! Da liegt er! Pullt, Kinderchen, pullt! Ich liebe euch, meine braven Jungs, ja, wirklich, das tue ich. Ich werde alles für euch tun, ich werde euch mein Herzblut zu trinken geben, nur bringt mich dieses eine Mal zu diesem Wal und pullt.«[23]

Das waren die Worte eines schmachtenden Liebhabers, wie die Harpunen die Pfeile eines todbringenden Amors waren – Anfeuerungen, die wechselten zwischen wilder Beschimpfung und Schüren der Rivalität:

»Pullt, pullt, meine wackeren Kerls – pullt, meine Kindchen – pullt, meine Kleinen«, säuselte Stubb lang gezogen und schmeichelte seinen Mannen ... »Warum brecht ihr euch nicht alle Knochen im Kreuz, meine Jüngelchen? ... Warum brecht ihr die Riemen nicht, ihr Halunken? ... Der Teufel soll euch holen, ihr liederliches Lumpenpack; ihr schlaft ja alle miteinander. Schluss mit Schnarchen, ihr Schlafmützen, und pullt!«[24]

So flitzten die tödlichen kleinen Boote durchs Wasser, flink und zerbrechlich, immer mit dem Risiko, bei dem Zusammenstoß zu Kleinholz zerschmettert zu werden. Wenn sie in der Nähe des Gegners waren, zogen die Männer die Riemen ein und warteten.

Und warteten.

Pottwale bringen die meiste Zeit unter Wasser zu und können für zehn Minuten oder eine Stunde auf Grund gehen. Ein erfahrener Walfänger erkennt an der Größe, wie lange ein Tier unten bleiben wird: Mit jedem Fuß Wal verlängert sich die Wartezeit um eine Minute.

Es war eine beängstigende Rechnung: Je länger sie warteten, umso größer das Monster, mit dem sie es zu tun bekamen.

In 1500 Metern Tiefe konnte der Wal in aller Ruhe Kalmare schaufeln, ohne sich der Gefahr bewusst zu sein, die oben auf ihn lauerte, der Gestalten, die über das Dach seiner Welt ruderten. Doch der Zeitpunkt kam, wo er sein Blut wieder mit Sauerstoff auffüllen und an Licht und Luft zurückkehren musste. Es war eine Ironie des Schicksals, dass das Zeichen seines sich auffrischenden Lebens – sein typischer schiefer Blas, meilenweit problemlos zu erkennen – auch das Signal seines bevorstehenden Todes war.

Jetzt kam der Moment, für den sich diese Männer krummgelegt hatten. Und auch er kam in Stille gehüllt. »Alle hielten den Atem an; keiner wagte sich zu mucksen. Man hätte fast eine Stecknadel im Boot fallen hören können ... Jetzt waren wir in Wurfweite.«[25]

Es war eine Sammlung auf das, was gleich geschehen sollte, auf die anstehende ungeheure Aufgabe. In dieser Stille stand die ganze Gewalt des Wals gegen den Erfindungsgeist des Menschen. Sie hofften auf die Schwachstellen des Tiers, seine toten Winkel vorn und hinten. Einen Wal »vor dem Auge« anzugehen war tollkühn; an der Seite konnte er alles sehen, was sie tun wollten. Also stahl sich das Boot so nahe, wie sie sich trauten, von vorn oder von hinten heran. Durch das Wasser sahen sie die schreckliche Fluke, dreimal so lang wie ein Mann.

Wie bollern doch die Herzen der entsetzten Rudersleute in diesem kniffligen Moment! Meine jungen Freunde, dreht euch einfach einmal um und werft einen kurzen Blick auf jenen Wal –. Da saust er hin, flitzt durch die Salzfluten, welche um seinen riesigen Kopf herumschäumen, als wär's der Bug eines Schiffs. Glaubt mir, das ist ebenso erschreckend wie der Gang in die Schlacht für den unerfahrenen Rekruten.[26]

Dies war der Moment, in dem jeder Mann auf die Probe gestellt wurde, der Moment, an dem ihrer aller Leben hing. Es war zudem unglaublich, geradezu irrsinnig gefährlich, einen Mann gegen ein Tier aufzubieten, das ihn an Größe und Kraft so weit übertraf, dass noch im 20. Jahrhundert norwegische Schiffe bei der Jagd auf Entenwale – bekannt für ihre Fähigkeit, abrupt abzutauchen und die Leine mit sagenhafter Geschwindigkeit mit hinabzureißen – nur ledige Männer aussandten, weil die Aufgabe für Familienväter als zu riskant galt.[27]

Furcht traf auf Furcht. Ein Harpunier, der den Speer in ein Lebewesen werfen sollte, das hundertmal so groß war wie er. Ein riesiges Säugetier, das vor einer Erscheinung erschrak, die es noch nie gesehen hatte. Die Knochen, die mit dem Hörkanal tief in seinem Kopf verbunden waren, wie die von einem Ölfilm geschützten Augen meldeten dem bestürzten Wal unbekannte Geräusche und Bewegungen, die Gefahr bedeuteten. Seine erste Reaktion war Panik.

Einmal in Alarmzustand versetzt, konnte die ganze Schule geschwind davonschwimmen, und zwar immer gegen den Wind. »Das kleinste Geräusch veranlasst sie, mit fantastischer Schnelligkeit zu verschwinden«, bemerkte Charles Nordhoff.[28] Gigantische Wale konnten sich praktisch in Luft auflösen. »Die reinste Magie«, sagte Nordhoffs Schiffskamerad, als ein Wal mit kaum einer Kopfbewegung so unvermittelt abtauchte, dass »es schien, als ob die gewaltige Masse im Raum gehangen hätte und die Aufhängung urplötzlich gekappt worden wäre«.[29] Ein 18 Meter langes Tier war eben noch neben ihnen geschwommen und im nächsten Moment spurlos verschwunden.

Wenn ein Wal panisch wurde, stand alles auf dem Spiel, wofür das Schiff mit Kapitän und Mannschaft, Vorräten und Walbooten viele Tausend Meilen weit gefahren war. Manchmal gewann der Wal, noch bevor der Kampf losging. Nelson Cole Haleys missglückter Versuch, ein junges Fünffasskalb just in dem Moment zu harpunieren, als es hinter seiner Mutter hertauchte (»ich sah den Umriss des kleinen Kerls unter Wasser«,[30] doch seine Eisen verfehlten ihr Ziel), trug ihm eine wüste Schimpfkanonade und an Bord der *Morgan* einen Rüffel vom Kapitän ein.

Dass die Jäger überlistet wurden, war eher die Regel – ein Beweis für den Irrsinn des Walfangs, falls es eines solchen noch bedurft hätte. Dennoch war es unerhört aufregend, »auf einen Wal loszugehen«, vielleicht das Aufregendste, was diese jungen Männer je getan hatten. Es war »ein prächtiger Spaß«,[31] vom zunehmenden Jagdfieber erfasst, mit den Kameraden zu rudern, ein Testosteronschub mit einem passenden Ziel, an dem sie ihre Erregung auslassen konnten. Sie waren, wie es im Jargon der Zeit hieß, *bully boys*, Rabauken, die wild auf die Jagd waren. Dafür ertrugen sie alle Entbehrungen, für diesen einen höchsten Moment, wenn ihnen das Adrenalin durch die Adern schoss, wie das sauerstoffgesättigte Blut durch die des Wals strömte.

Da erhob sich der Harpunier im kippligen Bug, und wie er sein langes Eisen aus der Gabel ganz vorn im Boot nahm, wurden beides, Boot und Waffe, zu Verlängerungen seines Körpers, seiner Kraft. Aufrecht stehend, jeden Muskel dem ankommenden Wal entgegengespannt, drückte er nun das rechte Knie fest in einen in die Ducht geschnittenen Halbkreis und nutzte so das Boot selbst als Stütze. Dies war die sogenannte »Stützducht« oder »klobige Klampe«,[32] in die das Knie des Jägers so genau passte wie Ahabs Knochenbein in das an Deck der *Pequod* gebohrte Loch. Holz gegen Speck; das schwache Werkstück des Menschen gegen die gewaltige Schöpfung der Natur.

»Gib's ihm!«

Walfang war wie Krieg, »eine richtige Schlacht« in den Augen eines Walfängers. Für die jungen Männer im Boot war er gleichbedeutend mit einem Sturmangriff, ganz besonders für den Mann, der zum ersten Mal im Leben den ersten Wurf tun sollte. Als er jetzt aufs Wasser schaute und den Wal sah, der sein Gesichtsfeld ausfüllte, wurde ihm erst das ungeheure Ausmaß dessen bewusst, was von ihm erwartet wurde. Manche Neulinge wurden bei dem Anblick ohnmächtig und mussten von erfahreneren Werfern ersetzt werden. Manche wurden »ganz ›rappelig‹ vor Furcht und mussten erst nicht allzu sanft eins mit der Pinne übergezogen bekommen, bevor sie Ruhe gaben.«[33] Der Wal reagierte gleichfalls »mit Schreck, in welchem Zustand sie oft eine kurze Zeit lang an der Oberfläche bleiben ... und wie ohnmächtig dort liegen«[34] – als ob Mensch und Wal beide gleichermaßen unter Schock ständen.

Es war ein militärisches Manöver, das übermenschliche Kräfte verlangte. Der Harpunier, der noch verbissener ruderte als seine Kameraden, musste im letzten Augenblick den Riemen loslassen, die Waffe an sich reißen und sie sieben, acht Meter weit auf den Wal werfen, sodass manchen, wie Ismael erzählt, vor Anstrengung die Adern platzten. Die rasiermesserscharfe Spitze an ihrem hölzernen Stock sauste durch die Luft, verbunden mit der Nabelschnur der Leine. In den meisten Fällen blieb sie nicht stecken oder verfehlte ihr grausiges Ziel. »Doch was hatte das zu sagen«, schrieb Melville. »Wir würden die volle Freude der Jagd auf die Ungeheuer haben ohne die ganze abscheuliche Arbeit, die auf den Fang folgt.«[35]

Die Zeit blieb stehen. Die Erfahrung hatte eine derartige Intensität, wie später auch ihre Wale rettenden statt tötenden Nachfahren feststellen sollten, dass der Adrenalinstoß im Augenblick der Gefahr die Erinnerung an alles andere auslöschte, sogar an den Augenblick selbst.

Harpunier hoch aufgerichtet, alle Kraft durch das Eisen auf den Wal loslassend.

Leine im Flug gegen den Fisch sich Schleife um Schleife entrollend.

Besatzung an den Riemen erstarrt, jeder Muskel gespannt.

Mutterschiff am Horizont, rasch in der Ferne entschwindend.

Stille vor dem Tumult des Kampfes um Leben und Tod.

Mit einem kaum hörbaren dumpfen Laut sank die treffende Spitze tief in die Speckschicht ein. Damit brach die Hölle los. Als ob alle den Einschlag gemeinschaftlich fühlten, stob die ganze Walschule blitzartig luvwärts und brachte das Meer wie ein Erdbeben in Wallung. Reißend und sich aufbäumend versuchte der harpunierte Wal sich von dem Speer zu befreien, der sich mit aufgestelltem Widerhaken in sein Fleisch gegraben hatte. Manchmal verbog er mit seinem Toben die ganze Harpune. Ihr Schaft war aus weichem Eisen geschmiedet, damit sie wieder in Form gehämmert werden konnte, selbst wenn sie zum Korkenzieher verdreht war. Wie Soldaten Orden trugen, so bewahrten Seeleute solche Waffen,

»abenteuerlich verkrümmt«[36], wie sie waren, zum Andenken an ihre heldenhaften Schlachten auf.

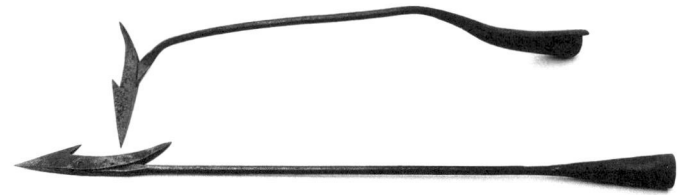

Jetzt stieß der Wal schnell und tief nach unten und drohte dabei seine Angreifer mit sich zu reißen. Die Leine, die so lang war, dass sie über eine Meile weit auslaufen konnte, flitzte aus ihrer Balje, wo sie wie eine zusammengerollte Kobra lag, mit Meerwasser nass gehalten, damit sie nicht durch die Reibung verbrannte, und gelenkt von Händen, die Handschützer aus Segeltuch trugen. Neben der »geheimnisvollen, bisweilen auch grausig gefährlichen Walleine«[37] zu sitzen, wenn sie ausschoss, war laut Ismael, »als säße man mitten im Schwirren und Stampfen einer mit voller Kraft laufenden Dampfmaschine und würde von sämtlichen ratternden Stangen und Kolben und Rädern gestreift«[38]. Das blitzschnell auslaufende Manilaseil konnte einen Mann auf Nimmerwiedersehen mit in die Tiefe ziehen.

An einem Ende ein 60 Tonnen schweres Tier. Am anderen sechs Männer. Durch die Leine konnten sie den Wal *fühlen*: eine innige Verbindung zwischen Mensch und Tier. Die Besatzung strengte sich an, die Beute aus der Tiefe emporzuziehen, wie ein Angler mit einem Fisch ringt; ein Tauziehen zwischen ungleichen Gegnern oder ungleichen Liebenden; Kraft und Gegenkraft. Plötzlich kam der wütende Wal mit einem gewaltigen Schlag an die Oberfläche. Allein sein Atem war beängstigend: Seeleute glaubten, der Spaut sei scharf und ätzend und der Strahl könne einem die Haut verbrennen oder einen blenden, wie Ismael warnt, »so er genau in die Augen spritzt«[39].

Wenn der Wal seinen massigen und doch leichten, weil ölgefüllten Kopf hoch aus dem Wasser reckte und mit dem schmalen Unterkiefer durchs Wasser pflügte, verwandelte er sich »von einer behäbigen Galiote mit breitem Bug in ein schnittiges Lotsenboot aus New York«[40]. Jetzt nahm das panische Tier seine Quälgeister auf eine Schlittenfahrt eigener Art mit. So schnell war noch nie ein Mensch auf dem Wasser gefahren: 26 Meilen die Stunde. »Es schien, als querten sie Weltmeere auf ihrem Wege.«[41]

Früher oder später – und das konnte Stunden später sein – wurde der Wal müde. Erst dann, wenn sie direkt neben oder sogar über dem Tier waren, »Holz an schwarzer Haut«[42], erreichte das Ganze seinen Höhepunkt. Die mit dem Rücken zum Wal ruderten, mochten sich freuen, dass sie Befehl hatten, sich nicht umzudrehen. Jeden Moment konnte der Wal seinen Schwanzstiel sechs Meter hoch in die Luft recken, ein haushohes Muskelpaket, das einem so schnell den Tod bringen konnte, dass es »die Hand Gottes«[43] genannt wurde. Mit einem kurzen Schlag konnte er einen aus ihrer Zahl in die Ewigkeit befördern und die Verächtlichkeit dieser Geste entsprach der menschlichen Überheblichkeit. Schlimmer noch, das Tier konnte sich aktiv gegen das Boot wenden und sich auf sie stürzen, den bezahnten Unterkiefer auf furchterregende Art rechtwinklig zum Körper gehalten wie eine tödliche Säge. Gegen einen solchen Angriff gab es keine Verteidigung. Es hieß: Mensch oder Wal.

Auf das Kommando »Hol dicht!« tauschte der Harpunier den Platz mit dem das Boot steuernden Maat, dem in dieser strengen Hierarchie das Vorrecht gebührte, dem Tier den Todesstoß zu versetzen. Der Maat packte seine lange Lanze mit beiden Händen am hinteren Ende und stieß sie mit seinem ganzen Gewicht immer wieder in den Blubber. Der rasende Wal, dem das Blut in Strömen über den schwarzen Leib lief, hätte gern Rache genommen, konnte aber nur noch ohnmächtig mit dem Maul schnappen. Dann fand das Eisen den Lebenssitz: das Herz und die Lungen, die hinter der linken Brustflosse lagen.

einer der Soldaten stieß mit der Lanze in seine Seite

Die Spitze stocherte so lange darin herum, bis der Schrei erscholl: »Feuer im Schornstein!« Statt des lebensfördernden Dampfstrahls schoss klumpiges Blut in einer roten Fontäne aus dem rasch auf- und zugehenden Blasloch. In seinem Todeskampf schwamm der Wal jetzt in immer engeren Kreisen und erbrach dabei infolge der tödlichen inneren Verletzungen seine zuletzt verspeisten Kalmare. Mit einer letzten Zuckung nahm seine Qual ein Ende. »Sein Herz war geborsten!«[44] Dann rollte der Wal auf die Seite, Flosse nach außen, ein Auge zum Himmel und – so behaupteten seine Mörder – den Kopf zur Sonne gerichtet, und tat seinen letzten Atemzug.

Sie werden auf den blicken, den sie durchbohrt haben.

Trotz des ganzen Jargons, mit dem sie eine Distanz zu ihrer Metzelei aufbauten, waren diese Männer nicht herzlos. Sie waren nicht immun gegen die Grausamkeit dieser Szenen, gegen den Tod eines Wesens, das ein Leben in solchen Dimensionen verkörperte. Charles Nordhoff beschrieb das blindwütige Morden, das er auf seinem Törn durch den Indischen Ozean und an der Küste Afrikas erlebte, als seine Mannschaftskameraden bei der Jagd auf Pottwale sämtliche Lebewesen harpunierten und abstachen, die ihnen in die Quere kamen, von der Anakonda und dem Flusspferd bis zum Seelöwen, als ob alles, was lebte, eben dadurch automatisch zu ihrer Zielscheibe wurde. Junge Männer töten gern, manchmal nur um zu sehen, wie das geht.

Und doch, als ihnen wochenlang keine Pottwale begegnet waren und sie notgedrungen dazu übergingen, Buckelwale zu jagen, wandten sich selbst hartgesottene Seeleute gegen die Tötung einer Walkuh und ihres Kalbs. Die Mutter versuchte ihr Junges zu schützen, indem sie es mit der Flosse dicht an ihrem Körper hielt oder vorwärts aus der Schusslinie schubste, mit dem Ergebnis, dass es einer wohlgezielten Lanze zum Opfer fiel. Für einen Mann war es »eine sinnlose Verschwendung von Leben … und hatte außerdem zur Folge, dass die Walkuh gereizt wurde«[45]. Später sahen sie, wie eines der Kälber, das sie zur Waise gemacht hatten, halb verhungert und verzweifelt am Bauch eines Bullen zu saugen versuchte, der es mit Gewalt vertrieb.

Männer brauchen zu essen, ihre Familien desgleichen, ihre Kinder brauchen Schuhe, Kapitänshäuser brauchen Schindeldächer, ihre Frauen Korsette, Bürger Beleuchtung bei Nacht. Das Anrecht auf die Opfer wurde mit Wimpeln behauptet, »Walfahnen« genannt, die direkt in das klaffende Blasloch des Wals gesteckt wurden. Es war eine letzte Besitzerklärung: Was dem Wal gehört hatte, gehörte jetzt dem Menschen. Diese Walfahnen dienten auch dazu, die herumirrenden Boote wieder mit dem Mutterschiff zu vereinen, das inzwischen vielleicht meilenweit entfernt, wenn nicht sogar außer Sicht war. Dabei konnte es vorkommen, dass ein Pottwalkalb an das Fangboot stupste und die hölzernen Seiten nach den Zitzen der Mutter absuchte.

Physeter dolorosa

In die Schwanzflosse wurde ein Loch gestochen und der 50-Tonner mit einem durchgezogenen Tau langsam zum Schiff geschleppt. Wenn es beim Eintreffen schon dunkel war, wurde der Wal mit dem Kopf nach achtern steuerbords festgemacht. Dort wartete er, während die Besatzung dicht daneben bis Sonnenaufgang friedlich schlummerte.

Dann begann die eigentliche Arbeit.

An der Backbordseite wurde ein Teil des Schanzkleids entfernt, sodass man eine schmale Schneidebühne ablassen konnte, ähnlich der Arbeitsplattform eines Fensterputzers, und von dieser aus stachen die darin geübten Maate mit scharfen Spaten in den Walspeck. Andere Männer baumelten als Walkletterer an Seilen und hieben Fleischbrocken und Knochen ab, die sie an Deck brachten, während ihre Kameraden mit Steigeisen an den Stiefeln über die schlüpfrige Haut kraxelten, um ihre heikle, brutale Arbeit zu erledigen. Ein Loch wurde in die Seite des Tiers geschnitten und darin der riesige Flenshaken eingeführt, der vom Mast hing. Auf die Weise wurde ihm ringsherum die »Decke« abgezogen und damit das genommen, was ihn warm gehalten hatte.

Abgepellt wie eine Apfelsinenschale, wurde die Speckschicht in große Streifen geschnitten und hinunter in das Flensgatt gebracht. Hier wurde sie von halb nackten Männern, die sich im Halbdunkel mit dem scharfen Speckspaten häufig Zehen und Finger abhackten, in handliche Portionen zerlegt. Aus dicken »Pferdestücken« wurden »Bibelblätter«[46], dünne Scheiben, die sich schneller ausko-

Das Auskochen

chen ließen (wobei die Bezeichnung den Wal selbst zur Heiligen Schrift erklärte). Diese wurden dann wieder nach oben geschafft und in gusseiserne Trankessel geworfen, die in einem Ziegelofen standen – ein seltsam häuslich wirkendes Mittelding zwischen Schmiedeesse und Küchenherd, das aussah, als hätte jemand begonnen, an Deck ein Haus zu bauen.

Die Arbeit zog sich zwei Tage hin. Die Männer arbeiteten sechs Stunden und ruhten sechs Stunden, begleitet vom Glitschen, Tropfen, Reißen, Knallen zerhackter Sehnen und zertrennter Muskeln, vom Gestank nach Blut und Innereien, der aufkam, wenn der abgeschnittene Kopf des Tiers in seine Bestandteile zerlegt wurde: in den Pott, die Kammer mit dem flüssigen Walrat, in die Quabbe, die Masse im Kopf, und das Weiße Pferd, die Fasern, die weiteren Tran in schwammigen Zellen enthielten. Dies war das Auskochen, ein notwendiger Vorgang auf diesem sklavischen Schiff, auf dem die Männer ihrerseits an den Wal versklavt waren und dem an Deck verhackstückten mächtigen Wesen huldigten: »das ganze Schiff scheint sich in den leibhaftigen Leviathan verwandelt zu haben, und alle Mann sind betäubt von dem Lärm.«[47] Das meiste am Wal wurde als Abfall über die Reling geworfen und dort von Haien zerfleischt und von Vögeln zerpickt, die in Scharen herbeieilten.

Unter den Teilen, in die das Tier zerlegt wurde, war es der wuchtige Kopf, in dem der verborgene Schatz zu finden war: Unmengen von kostbarem Walrat, einer Substanz »von leicht rosigem Farbton, die wie Softeis oder halb geschlagene weiße Butter aussieht«[48] laut einer Beschreibung. Ismael schildert eine entsetzliche Szene, in der diese Schatzhöhle einem Mann beinahe zum Verhängnis wird. Der Harpunier Tashtego, der dabei ist, mit einem Eimer das Walrat aus dem Pott zu schöpfen, stürzt »mit einem grausigen öligen Gurgeln«[49] kopfüber hinein. Der abgetrennte Kopf des Wals schwimmt im Meer und im Innern schlägt der Indianer wild um sich, um nicht in Walöl zu ertrinken.

In dem Moment erscheint der nackte Queequeg zur Rettung und springt mit einem Entersäbel in der Hand ins Wasser. Damit hackt er ein Loch ins Fleisch des Wals und zieht Tashtego am Kopf heraus wie ein Baby bei einem Kaiserschnitt, bevor die ungewöhnliche Gebärmutter diesem zum Grab werden kann. Das wäre »wahrlich ein erlesener Tod« gewesen, sinniert Ismael hinterher mit wiedergewonnener Lakonie: »erstickt im weißesten und feinsten, wohlriechenden Walrat; eingesargt, aufgebahrt und bestattet in der Geheimkammer tief im Wale, in seinem Sanctum Sanctorum«[50].

Der Herr aber schickte einen großen Fisch, der Jona verschlang.
Jona war drei Tage und drei Nächte im Bauch des Fisches.

Die tiefe Furcht, vom Wal verschlungen zu werden, ging bis auf die Bibel und weiter zurück. Der viktorianische Naturforscher Francis Buckland erzählte, wie ein Wissenschaftler 1829 in Whitstable versucht hatte, einen gestrandeten Pottwal zu sezieren, und beim Abstieg in »die gigantische Masse anatomischer Gräuel« ausgerutscht und in das Herz des Tiers gefallen war, wo er sich mit den Füßen in der Aorta verfing.[51] In den 1920er-Jahren wollte Professor Ambrose John Wilson aus Oxford beweisen, dass Jonas Geschichte der Wahrheit entsprechen konnte. Nur ein Pottwal, meinte er, habe den Propheten hinunterschlucken können, denn den Schlund eines Bartenwals könne nichts Größeres als eine Grapefruit passieren. Da der Pottwal seine Nahrung nicht kaut, benötigt er stark säurehaltige Magensäfte, um ganze Haie und Riesenkalmare zu verdauen. »Die Magensäfte wären selbstverständlich unangenehm«, kommentierte der Professor, »aber keineswegs tödlich. Der Wal kann nichts Lebendes verdauen, da er ja ansonsten seine eigenen Magenwände verdauen würde.«[52]

Um seine Theorie zu stützen, führte Wilson zwei historische

Fälle an. Einem Bericht zufolge wurde 1771 in der Südsee ein Walboot von einem Pottwal entzweigebissen und einer der Matrosen von dem Angreifer gepackt und im Maul mit in die Tiefe gerissen. Beim Wiederauftauchen spie das Tier den Mann auf die Bootstrümmer aus, »sehr zerkratzt, aber nicht ernsthaft verwundet«[53]. Durch den zeitlichen Abstand lässt sich die Geschichte schwer beweisen, aber Wilsons zweites Beispiel war von 1891. James Bartley, Matrose auf der *Star of the East*, die vor den Falklandinseln auf Walfang war, verschwand im Wasser, nachdem ein Pottwal sein Boot mit einem Schwanzschlag zum Kentern gebracht hatte. Stunden später wurde der Wal getötet und längsseits des Schiffes gebracht.

Nachdem die Männer den ganzen Tag und einen Teil der Nacht an dem toten Tier gearbeitet hatten, hievten sie seinen Magen an Deck und entdeckten darin ihren zusammengekrümmten Kameraden, bewusstlos, aber am Leben. Der Mann wurde an Deck hingelegt und mit Meerwassergüssen wiederbelebt; wo er mit den Magensäften des Tiers in Berührung gekommen war, war seine Haut gebleicht, sodass er wie ein gespenstischer Fötus von der Größe eines Erwachsenen aussah. Zwei Wochen lang blieb der völlig verstörte Bartley in wildem Delirium, dann wurde er langsam klar im Kopf und konnte schließlich seinen Dienst wieder versehen. Die Frau des Kapitäns zweifelte später an der Wahrheit der Geschichte, doch diese gab all denen Auftrieb, die der Meinung waren, dass ein Mensch im Innern eines Wals überleben konnte – auch wenn niemand eine Erklärung dafür hatte, wie er dort im Bauch atmen konnte.

Glaubhafter war ein anderer Bericht von Egerton Y. Davis, Arzt auf der *Toulinguet*, die 1893 von Neufundland aus auf Sattelrobbenfang fuhr, obgleich auch er sich dabei an ein weit zurückliegendes Ereignis erinnerte. In hohem Alter beschrieb Davis, wie ein Mann der Besatzung von einer Eisscholle gerutscht war, woraufhin ihn ein aufgebrachter Wal verschluckte, bevor er die anderen Robbenfänger angriff. Von der Kanone des Schiffs verwundet, schwamm der Wal davon und starb nach kurzem Todeskampf. Er wurde am Tag darauf gesichtet, und als die Männer ein Loch in den gasgefüllten Magen hackten, fanden sie dort ihren Kameraden.

Es sei ein schrecklicher Anblick gewesen, sagte Davis und schloss eine eingehende medizinische Beschreibung an. Der Brustkorb des jungen Mannes war vom Rachen des Tiers zerquetscht worden, sodass er wahrscheinlich schon tot war, als er im Magen ankam. Verdauungsschleim bedeckte das Opfer wie der Schleim einer riesigen Schnecke; besonders dick war er auf den unbekleideten Stellen – Gesicht, Händen und einem Bein, wo das Hosenbein zerrissen war –, sodass diese stark aufgeweicht und teilweise verdaut waren. Kurioserweise hatten die Läuse auf seinem Kopf überlebt.

Der Arzt versicherte den Kameraden des Mannes, dass dieser nicht gelitten habe. »Ich kam zu der Ansicht, dass er nicht bei Bewusstsein war, als er verschlungen wurde.«[54] Der Gedanke, der arme Kerl könnte bewusst miterlebt haben, wie er hinuntergeschlungen wurde, war unvorstellbar schrecklich. Im Stillen jedoch mögen sich die anderen Matrosen gefragt haben, wie es sein mochte, im Bauch des Wals zu sein, durch seine Speiseröhre zu glitschen wie ein Wittling durch den Schlund eines Basstölpels, hinab in den grauenhaften Magen des Leviathans.

Solche Geschichten erzählte man sich immer wieder, zum Beispiel von Pinocchio, der ebenfalls im Bauch eines Wals landete. In George Orwells *Coming Up for Air* erinnert sich der Erzähler, dass sein Vater Anfang des 20. Jahrhunderts Meldungen über den Mann las, »der im Roten Meer von einem Wal verschlungen und drei Tage später ausgespien wurde – lebend, aber weiß gebleicht vom Magensaft des Wals«, und er fügt hinzu, dass dieser »bis zum heutigen Tag noch etwa alle drei Jahre in den Sonntagszeitungen auftaucht«.⁵⁵ In der Tat behauptete jemand 1928 in einem Leserbrief an die *Times*, er habe einen Missionar bei der britischen Walfangflotte im Pazifik kennengelernt, der von einem Pottwal verschlungen worden war. Für einen Geistlichen scheint der Mann recht unfallgefährdet gewesen zu sein, denn wie ein richtiger Jona fiel er öfter über Bord, konnte aber »den Atem länger anhalten als die meisten Menschen«. Glücklicherweise hatten seine Schiffskameraden ihn fallen sehen und harpunierten den Wal, der in seinem Todeskampf seinen Mageninhalt von sich gab und den unverdaulichen Geistlichen gleich mit.⁵⁶

Da befahl der Herr dem Fisch, Jona ans Land zu speien.

Offensichtlich fasziniert von solchen Geschichten, vertiefte Orwell das Thema in einem berühmten literarischen Essay, den er kurz vor Ausbruch des Zweiten Weltkriegs schrieb. »Inside the Whale« fand etwas an dem Gedanken eigentümlich anziehend:

> Tatsache ist, dass die Vorstellung, sich im Innern eines Wals zu befinden, tröstlich, gemütlich und anheimelnd wirkt … Der Bauch eines Wales ist eine Höhle, groß genug, um einen Erwachsenen aufzunehmen. Man ist dort in einem dunklen, ausgepolsterten Raum, der genau passt, mit einer dicken Speckschicht zwischen sich und der Außenwelt … Selbst die Eigenbewegungen des Wals würde man wohl nur wenig spüren. Ob er sich auf der Meeresoberfläche wiegt oder in die Dunkelheit der mittleren Tiefen schießt (nach Herman Melville eine Meile), man würde keinen Unterschied merken. Es ist fast schon der Tod, ein Zustand endgültiger, unüberbietbarer Verantwortungslosigkeit.⁵⁷

Ob Allegorie oder Lügenmärchen, solche Spekulationen machten den Wal nur noch geheimnisvoller, als er ohnehin schon war. Und dieses fremdartige, wilde und doch unschuldige Tier, das der

Mensch in der Fantasie derart aufbauschte, wurde nun an Deck eines Schiffs in kleine Stücke zerlegt.

Weiter ging's. Der Unterkiefer wurde aus den knorpeligen Gelenken gebrochen, die konischen Zähne ausgerissen wie von einem Walzahnarzt. Ein Wal brachte 40 bis 50 faustgroße Stücke Meereselfenbein, das die Seeleute bekamen, um sich in ihrer walfreien Zeit daran künstlerisch zu betätigen. Einige Zähne ließen sich gegen Proviant eintauschen. In Fidschi standen sie so hoch im Kurs, dass der Gegenwert an Lebensmitteln, die der Kapitän der *Morgan* dort für Pottwalzähne bekam, ihren Wert auf den Straßen von New Bedford weit übertraf, wo sie höchstens 1,50 Dollar brachten, wie der junge Haley festhielt.

Inzwischen schwamm das Deck derart in Öl, dass es eine einzige große Rutschbahn war, wo die Männer in Gefahr waren, auszugleiten und in das von Haien wimmelnde Wasser zu fallen. Man lebte riskant, denn genauso gut konnte man von Walbrocken erdrückt, von kochendem Öl verbrannt oder von Flensmessern verstümmelt werden. Gegen die gemeingefährliche Schlachterei war die Aufbereitung des in Wannen gesammelten Walrats eine beliebte Arbeit. Die Matrosen mussten die Klumpen aus dem Öl kneten, das ohne die Wärme des lebenden Körpers abkühlte und gerann. Einige stiegen in die Wannen hinein wie Traubentreter und fischten die faserigen Hautteile heraus, die die hohe Qualität des Produkts beeinträchtigt hätten.

»Kein König der Welt, nicht einmal Salomo in all seiner Pracht, konnte ein solches Bad nehmen«, schrieb ein Walfänger. »Ich verliebte mich beinahe in das Gefühl meiner armen Beine, während ich mir die kostbare Salbe von der Haut wischte.«[58] Die Arbeit verlieh dem ansonsten grausamen und heiklen Geschäft geradezu etwas Weibliches; der Erzähler von *Moby-Dick* geriet nachgerade erotisch ins Schwärmen darüber, wie »sich meine Finger wie Aale anfühlten und sich sozusagen schon ringelten und schlängelten«

und wie der Duft und das sinnliche Gefühl ihn einlullten. Für den leicht erregbaren Ismael bekommt solche »süße und salbungsvolle Arbeit« etwas regelrecht Transzendentes und in Nachtgesichten erblickt er »lange Reihen von Engeln, und alle tauchten ihre Hände in ein Glas voll Spermazet«.[59]
Anderswo herrschten höllische Zustände. Die Flammen unter den Trankesseln wurden mit Blubberstreifen gespeist, »Grieben oder Fritters geheißen«, sodass sich der Wal gewissermaßen selbst briet. Die Ironie der Sache entging Ismael natürlich nicht. »Wie ein fettleibiger Märtyrer auf dem Scheiterhaufen oder ein Menschenfeind, der sich vor Gram selbst verzehrt, nährt der Wal, einmal entflammt, selbst sein Feuer und verbrennt am eigenen Leibe.«[60] Und als es dunkel wurde, machte der flackernde rote Feuerschein daraus ein Inferno, das an Lourherbourgs Gemälde des Hüttenwerks in Coalbrookdale erinnert, eines satanischen Schoßes der industriellen Revolution, oder an ein apokalyptischeres Motiv:

> das wilde Weltmeer lag in tiefer Finsternis. Doch diese Finsternis ward von den gierigen Flammen aufgeleckt, welche bisweilen aus den rußigen Abzugslöchern hervorzüngelten und jedes Tau im Rigg bis hoch hinauf erleuchteten, grad wie das berühmte Griechische Feuer. Das brennende Schiff stürmte weiter, als wär es unaufhaltsam unterwegs zu reueloser Rachetat.[61]

Horrorbilder tauchen vor unseren Augen auf, wenn wir an diese Ausübung eines ehrlichen Berufs denken. Was empfand Melville zu seiner Zeit, wenn er solche Szenen weitab vom Auge der Zivilisation beobachtete oder selbst daran teilnahm? Worte haben die Kraft, die Erinnerung zu bezwingen, doch für die Darstellung der Wale vermochten sie nicht mehr, als viktorianische Stiche mit Bildunterschriften zu versehen: »*Da bläst er!*«, »*Wie peilt er?*«, »*Er hat Feuer im Schornstein!*«

Wenn alles erledigt war, wurde das Schiff geschrubbt und abermals bewies der Wal seine Selbstgenügsamkeit, denn das rohe Spermöl besaß »eine einzigartig reinigende Kraft« und die Decks waren »nie so weiß wie just nach dem, was die Waljäger einen Trantag nennen«[62]. Aber kaum war alles an Bord blitzblank und die Männer dazu, hörten die »armen Kerle«, die »gerade die Kragen ihrer sauberen Röcke« zuknöpften, einen Schrei aus dem Ausguck:

»*Da bläst er!*«

Und »schon stürmen sie wiederum los, um einen weiteren Wal zu jagen, und die ganze Müh und Plag beginnt von vorn«.[63]

Ah, die Welt. Oh, die Welt.

VII

DER GÖTTLICHE MAGNET

> Wollt ihr ein großes Buch schreiben,
> müsst ihr ein großes Thema wählen.
>
> *Moby-Dick*[1]

Nachdem er um die halbe Welt gefahren war, kehrte Melville im Oktober 1844 zu seiner Familie im verschlafenen Lansingburgh zurück. Er war erst 25 und doch hatte er in drei Jahren mehr gesehen und erlebt als die meisten Leute im ganzen Leben. Er war so lange und so weit von zu Hause fort gewesen, dass er fast vergessen hatte, wer er war oder wer er sein sollte: Held oder Ausgestoßener? Von seinen Schwestern ermuntert, schrieb er die Geschichten auf, die er ihnen von seinen Abenteuern in der Südsee erzählte, wo er mit seinem Freund Toby Greene, einem dunkeläugigen 17-jährigen Lockenkopf, der »ein bemerkenswert einnehmendes Aussehen« besaß[2], von der *Acushnet* desertiert war und unter nackten Wilden gelebt hatte.

Typee – das Wort heißt »Menschenfresser«, wobei Melville sich mehr davor fürchtete, das Gesicht mit dem »Teufelsblau« tätowiert zu bekommen, als von seinen Gastgebern verspeist zu werden[3] – war eine Sensation unter den Menschen einer amerikanischen Renaissance, die Wert darauf legte, sich von der britischen Literatur abzusetzen. Es war die sinnliche, mitunter idyllische Schilderung eines Lebens unter den Eingeborenen der Marquesasinseln, überdies eine Kritik an den westlichen Einflüssen, die ihr Paradies zu verderben begannen. Walt Whitman hielt es für ein »fremdartiges, reizvolles, überaus lesbares Buch«, genau das Richtige, um es »an einem Sommertag in der Hand zu halten und sich darin zu vertiefen«[4]. Nathaniel Hawthorne bewunderte seine »freiheitliche Sichtweise« und Toleranz von »Sitten, die wenig mit unsern übereinstimmen mögen, durchaus entsprechend dem Geist eines jungen und abenteuerlustigen Seemanns«[5]. Es machte aus Melville Amerikas erstes literarisches Sexsymbol[6] – eine beinahe anrüchige Erscheinung.

Ein Jahr später, wie durch seinen literarischen Erfolg legitimiert, heiratete Melville Elizabeth Shaw, die Tochter von Lemuel Shaw, einem wohlhabenden Bostoner Richter und Freund seines Vaters. Das Ehepaar zog nach New York in die 103 Fourth Avenue und Melville schloss sich dem »Young America« an, einem Kreis um den Verleger Evert Duyckinck und sein Haus in der Clinton Street. Doch die Folgebände, die er nach *Typee* schrieb – *Omoo*, *Mardi* und *Redburn* –, gingen nicht so gut. Sie wurden als entartet, unmoralisch, ja grotesk beurteilt[7] und im Herbst 1849 ließ Melville seine junge Frau mit dem kleinen Sohn Malcolm allein und reiste nach England, wo er sein neues Buch *White-Jacket* zu verkaufen und damit vielleicht weitere Reisen zu finanzieren hoffte. An einem regnerischen Oktobertag fuhr er auf dem Linienschiff *Southampton* von New York ab und kam zwei Wochen später in Deal an, von wo aus er nach London weiterreiste. Dort bezog er in einer Seitenstraße des Strand ein Zimmer »für anderthalb Guineen pro Woche. Sehr billig.«[8]

Heutzutage sind nicht sehr viele in der Craven Street zu Fuß unterwegs, obwohl sie von einer der verkehrsreichsten Straßen Londons abgeht. Hinter Charing Cross Station versteckt, wirken ihre gedunkelten georgianischen Ziegelhäuser wie von der modernen Stadt verramscht. Nummer 25, mit einem breiten Erkerfenster seitlich im dritten Stock, liegt am Ende der Häuserreihe. Die holperige Wendeltreppe führt zu Mansardenzimmern hinauf, die gewöhnlich Dienstboten vorbehalten waren. Die Aussicht von dort ist heute eingeschränkt, aber als die Themse noch nicht befestigt war und die Häuser bis zum Fluss hinuntergingen, konnte Melville aus seinem Zimmer auf einen majestätischen Strom mit regem Schiffsverkehr blicken.

London war zu der Zeit im Baufieber und überall herrschten Hektik und Lärm. In der Nähe lagen der neu angelegte Trafalgar Square und die National Gallery, der am Fluss aufragende Westminster-Palast war noch im Bau. Die Sonne schien nur selten auf seine schöne Fassade, denn sie lag meistens im Nebel, der die Stadt klischeegerecht einhüllte. Wenn der amerikanische Gast aus seiner Pension trat und zum Strand ging, trug er einen neuen grünen Mantel, zu dem er an Bord der *Southampton* einen »geheimnisvollen Hinweis«[9] bekommen hatte. Wie ein Yankee am Hofe der Königin Victoria unterschied er sich deutlich von den Einheimischen.

»Dunkel & behaglich« nannte Melville in seinem Reisetagebuch, einem der wenigen Dokumente mit näheren Angaben über sein Leben, die Wirtshäuser der City, die Cock Tavern, das Mitre, die Blue Posts und das Edinburgh Castle.[10] Dort trank er schottisches Ale, aß Koteletts und Pfannkuchen – er hatte schlechte Manieren und sprach oft mit vollem Mund – und unterhielt sich mit Adler, einem deutschen Professor, den er auf der Überfahrt kennengelernt hatte, über metaphysische Themen. Er besuchte die

Sehenswürdigkeiten und Museen und war sogar bei einer öffentlichen Hinrichtung zugegen, der auch Dickens beiwohnte. Außerdem ging er mit *White-Jacket* bei den Verlegern hausieren, mit wenig Erfolg. Doch während er durch London streifte, entstanden in seinem Kopf neue Ideen.

Auf seinen Streifzügen durch »Höfe & Gassen«, »Keller & Nebengassen«,[11] vom neuen Blackwell Tunnel nach Greenwich und zurück zum Tower Hill, kam Melville an der Stelle vorbei, wo ein bekannter einbeiniger Bettler, ein früherer Seemann, eine Tafel hielt, auf die er die Umstände seiner Verstümmelung gemalt hatte. Der Anblick erinnerte ihn an die Unglücklichen in Liverpool, nur dass hier die dargestellte Szene noch schrecklicher war: »Das Bild zeigt drei Wale und drei Fangboote, und eines der Boote – das vermutlich das fehlende Bein in seiner ursprünglichen Unversehrtheit enthält – wird gerade zwischen den Kiefern des vordersten Wales zermalmt.«[12] London war selbst ein Walfanghafen. In Rotherhithe im Südosten lagen Walfänger am Kai und gab es Tranfabriken, wobei die Großunternehmer des Gewerbes ihre Geschäfte vom vornehmeren Standort des nahen Elephant and Castle aus führten.

Wale beschäftigten Melville; manchmal hat man den Eindruck, sie wären durch die Straßen der Stadt geschwommen. Die Schlachtszenen am Fleet Market erinnerten ihn an ein Flensgatt; nach einem »sehr ungezwungenen« Abend mit ein paar jungen Londonern brach er erst »gegen 2 morgens auf, via Oxford Street nach Hause, & in die Koje«[13]. Es war, als ob die Hauptstadt des Empire den Geist Moby Dicks in ihm wachrief. In seinem Mansardenzimmer, hoch über den Gaslaternen, die die mitternächtlichen Straßen beleuchteten, trauerte Melville um seinen älteren Bruder, der in dieser Stadt gearbeitet hatte und gestorben war. »Zweifellos hat Gansevoort vor zwei oder drei Jahren, hier in London, etwa um die gleiche Stunde, geschrieben – allein in seiner Kammer, in tiefem Schweigen …«[14] Die Nacht darauf plagte ihn »ein einziger unaufhörlicher Albtraum, bis Tagesanbruch«[15]. Er gab dem starken Kaffee und Tee die Schuld, aber vielleicht zogen auch ungeheuerliche Wale durch seine Träume.

Nachdem Melvilles Plan einer Reise ins Heilige Land gescheitert war, weil er in London nicht mehr Geld für sein Buch herausschlagen konnte, und er daher nur einen kurzen Abstecher auf den Kontinent unternahm, trieb ihn das Heimweh nach New York zurück, wo er einen neuen Roman in Angriff nahm – ein unverhohlen kommerzielles Projekt. Es sollte »ein Abenteuerroman« werden, »der auf gewissen wilden Legenden beruht, wie sie bei den Pottwalfängern der Südsee in Umlauf sind«[16], schrieb er seinem englischen Verleger Richard Bentley. In einem fast verzweifelt wirkenden Schritt zapfte Melville seine Walfangerfahrungen an, um ein neues Wirtschaftsimperium in der Heimat, in dem sich amerikanischer Heldenmut mit amerikanischer Konsumfreudigkeit verband, für seine Zwecke auszunutzen.

New York, wohlhabender und geschäftstüchtiger denn je, rivalisierte mit London um die Weltherrschaft. Die aus den Walen gezogenen Profite flossen auch durch diese Stadt. Import und Export gediehen, das Streben in ferne Länder beherrschte Schiffe und Piers und trieb ihre gleichberechtigten Söhne und Töchter um die Welt. Unweit der Wall Street, wo seine Brüder arbeiteten, lag die Nassau Street mit ihren Verlags- und Zeitungshäusern, Manhattans Gegenstück zu Fleet Street und Strand. In der Nähe befanden sich auch das neue luxuriöse Astor House Hotel und die Shakespeare Tavern, wo schon Schriftsteller wie Washington Irving und Edgar Allan Poe getrunken hatten. Um die Ecke befand sich Barnums American Museum, vor dem später ein riesiges Stoffbanner hängen und für die dort ausgestellten Wale werben sollte.

Soviel *Moby-Dick* Melvilles Abenteuern auf See zu verdanken hatte, das Buch war auch eine Ausgeburt der Stadt, wie in seiner Eingangsszene deutlich wird, die am Kai am Ende der Pearl Street spielt. In einem gewagten Assoziationssprung machte Melville New York selbst zum Weißen Wal, ähnlich wie Joseph Conrad später Brüssel als übertünchtes Grab sah, auf menschlichen Gebeinen errichtet, und wie London für Gansevoort Melville das moderne Babylon gewesen war. Selbst die Insel Manhattan war walförmig, ein bleicher Behemoth, faszinierend und abstoßend zugleich. Auf diesem angeblichen Stück Festland wurde Melville von ambivalenten Wünschen heimgesucht. Wie sein Buch ausführlich darlegt, schwangen Befreiung wie Grauen darin, mächtiges Verlangen wie tiefe Furcht. Und das Symbol all dessen war der Wal: der Leviathan, der aus der Tiefe aufgestiegen war und sich seiner Vorstellungen bemächtigt hatte.

In seinen Jahren auf See hatte Melville Geschichten von tödlichen Zusammenstößen zwischen Mensch und Wal gehört. Jetzt, wo der Walfang der Yankees seinen Höhepunkt erreichte, schienen sich diese Vorfälle auf bedenkliche Art zu häufen. Die Wale schlugen zurück, brachen Knochen und Boote, ertränkten Männer, revanchierten sich mit rachsüchtiger Intelligenz an ihren Angreifern. Am 15. August 1841 zum Beispiel, bald nach dem Auslaufen der *Acushnet*, stieß ein anderes Schiff aus New Bedford, die *Coral*,

100 Meilen südlich der Galapagosinseln auf eine Schule von Pottwalen. Der Kapitän James H. Sherman notierte, dass ein von ihm getroffener Wal auf das Fangboot losging, das ihn verfolgte, »und es in viele Hundert Stücke zerbiss«.

»Ordentlich Blut spritzend, während es die Boote fraß«, machte das Tier sich dann davon, gefolgt von seinen Jägern, doch als diese nahe herankamen und der Maat gerade mit der Lanze zustechen wollte, fiel der Wal ihn an »und fraß auch sein Boot auf«. In dem ganzen Chaos sprang der Kapitän ins Wasser, um einen Ertrinkenden zu retten, und schaffte ihn zurück ins Boot, doch der Wal war mit ihnen noch nicht fertig. In seinem Todeskampf drehte er sich auf die Seite und stieß mit dem Unterkiefer nach dem Kapitän. Erst da hatte Sherman Jagdglück und er »wuchtete ein Eisen in ihn … und kurz darauf rang er mit dem Tode und tat seinen letzten Atemzug«.[17]

Als Melville für seine Geschichte Nachforschungen anstellte, stieß er noch auf andere Berichte über rachsüchtige Wale. Die *Union*, ein Schiff aus Nantucket, wurde 1807 vor den Azoren von einem angreifenden Wal versenkt und »ein ungewöhnlich großer Wal, größer als unser Schiff«,[18] hob ein russisches Schiff überraschend etwa einen Meter aus dem Wasser. Und Pottwale waren keineswegs die einzigen Wale, die ein Schiff demolieren konnten. Wegen ihrer Neigung, sich gegen ihre Jäger zu wenden, wurden Grauwale Teufelsfische genannt und auch von Finnwalen war bekannt, dass sie ein Schiff angreifen und versenken konnten. Selbst kleinere Wale konnten gefährlich werden: Wenigstens ein Matrose wurde in Melvilles Jahren zur See von einem Grindwal getötet.

Doch es war der ansonsten friedliche Pottwal, der am meisten Schaden anrichten konnte. 1834 erzählte ein Seemann Ralph Waldo Emerson auf einer Kutschfahrt von einem weißen Wal namens Old Tom, der zum Angriff überging »und die Boote zu Kleinholz zermalmte … Ein Schiff wurde in New Bedford ausgerüstet, sagte er, um ihn zu kriegen.«[19] Ismael, der solche Geschichten zusammenträgt, spricht von einer ganzen Sippschaft dämonischer Wale, die »weltmeerweiten Ruhm« erlangten, einer regelrechten Champions League: Timor-Jack, »narbig und schartig wie ein Eisberg«[20], ein furchterregender Kämpfer, der erst erwischt wurde, als ein Fass, das an einer ihn an der Schulter treffenden Harpune hing, seine Aufmerksamkeit ablenkte, woraufhin »Mittel und Wege gefunden wurden, ihm eine tödliche Wunde zu verpassen«[21]; Neuseeland-Tom, der vor dem Frühstück neun Boote zerstörte und der »Schrecken aller Walfänger« war, »die ihre Kielwasser nicht fern vom Land der Tätowierten kreuzten«; und Don Miguel, ein weiterer schlachterfahrener Recke, der »wie eine ehrwürdige Schildkröte geheimnisvolle Hieroglyphen auf dem Rücken« trug.[22]

Am spektakulärsten und berüchtigtsten von allen war jedoch der Wal, der die *Essex* versenkte, wohl weil es darüber eine Schilderung aus erster Hand gab, die 1821 von Owen Chase, dem Ersten Offizier des Schiffs, veröffentlicht wurde. Sein Titel fasst den Vorfall wenn nicht knapp, so doch reißerisch zusammen:

BERICHT VOM HÖCHST AUSSERGEWÖHNLICHEN
UND BETRÜBLICHEN SCHIFFBRUCH
DES WALFÄNGERS ESSEX AUS NANTUCKET:
DER IM PAZIFISCHEN OZEAN
VON EINEM GROSSEN POTTWAL ANGEGRIFFEN
UND SCHLIESSLICH ZERSTÖRT WURDE

In seinem Bericht (der in Melvilles Augen »klare Anzeichen dafür, dass er für ihn geschrieben wurde«, enthielt[23]) sieht Chase einen Pottwalbullen, offenbar in Rage gebracht durch Angriffe auf seine Artgenossen, »mit offenbar doppelter Geschwindigkeit« und »mit zehnfacher Wut und Rachsucht in seinem Antlitz« auf die *Essex* zurasen – mit seinem peitschenden Schwanz und seinem halb aus dem Wasser erhobenen Kopf ein wahrhaft grauenerregender Anblick.[24] Der Wal rammte das Schiff mit voller Kraft am Bug, dann drehte er leewärts ab und ward nicht mehr gesehen. Der spätere Wortwechsel zwischen dem im Fangboot zurückkehrenden Kapitän Pollard und seinem Ersten Offizier hätte aus einem britischen Film der 1940er-Jahre stammen können.

»Mein Gott, Mr. Chase, was ist geschehen?«
»Wir wurden von einem Wal gerammt.«[25]

Während die *Essex* sank, wurde ihre Besatzung von den Tieren umkreist, die sie vorher gejagt hatte, wobei die in der Dunkelheit nicht zu sehenden Wale »entsetzlich oft bliesen und spritzten«. Die schiffbrüchigen Männer, die in offenen Booten auf dem Ozean trieben, hörten die riesigen Fluken wütend im Wasser schlagen und, schreibt Chase, »wir malten uns in unserem geschwächten Geist den Furcht einflößenden und hässlichen Anblick der Wale aus«[26]. Aber noch stärker als die Furcht vor den Walen war die vor den Mitmenschen. Die vor Hunger und Durst halb wahnsinnigen Überlebenden wagten nicht, eine der nahe gelegenen Inseln anzusteuern, weil sie sich vor den kannibalischen Bewohnern fürchteten – mit der Konsequenz, dass sie ihre Toten schließlich selbst verspeisten, um am Leben zu bleiben.

Melville gab nicht nur an, Chase' Sohn begegnet zu sein, der ihm ein Exemplar des Buches seines Vaters überreichte. (»Die Lektüre dieser wunderlichen Geschichte auf dem landlosen Meere, & dazu unweit jenes Breitengrades, auf welchem der Schiffbruch vorgefallen, tat eine überraschende Wirkung auf mich.«[27]) Er behauptete auch, er habe Owen Chase selbst auf seinem Schiff, der *William Wirt*, gesehen. Doch zu der Zeit, als Melville auf der *Acushnet* unterwegs war, fuhr Chase schon nicht mehr zur See und lebte allein in Nantucket, wo er in der Dachkammer seines Hauses Lebensmittel hortete, weil die Angst vor dem Verhungern ihn immer noch plagte. Völlig von Sinnen pflegte er die Hand seines Pflegers zu umklammern und zu schluchzen: »O mein Kopf, mein Kopf.«[28] Sein früherer Kapitän lebte unterdessen mit seinen eigenen schrecklichen Erinnerungen ganz in der Nähe. Man hatte ihm kein neues Kommando mehr anvertraut und so irrte Pollard wie zur Buße für seine Sünden als Nachtwächter und Laternenanzünder durch die Straßen von Nantucket. Erst nachdem Melville sein Buch geschrieben hatte, besuchte er die Insel, die er sich bis dahin nur vorgestellt hatte. »Käpt. Pollard ... zu sehen bekommen und einige Worte mit ihm gewechselt«, notierte er. »Für die Inselbewohner war er ein Niemand – für mich der beeindruckendste Mann, wiewohl ganz und gar nicht von sich selbst eingenommen, ja, sogar richtiggehend bescheiden, welchem ich jemals begegnet.«[29]

Zu der Zeit, als Melvilles Fantasie sich an die Geschichte der *Essex* heftete, machten noch andere legendäre Walberichte die Runde. 1839 erschien »Mocha Dick; or, the White Whale of the Pacific« von Jeremiah Reynolds im *Knickerbocker Magazine*. Reynolds, ein Freund Edgar Allan Poes, war ein exzentrischer Schriftsteller und Entdeckungsreisender, der an die Theorie der hohlen Erde glaubte. Reich ausgeschmückt gab er Geschichten von einem weißen Wal wieder, der die Gewässer vor der chilenischen Insel Mocha unsicher machte, »ein alter Walbulle von gewaltiger Größe und Kraft. Als Folge des Alters, oder wahrscheinlich eher aus einer Laune der Natur, wie zum Beispiel im Falle des äthiopischen Albinos, hatte sich eine einmalige Konsequenz ergeben – *er war weiß wie Wolle!*«[30]

Dieses unheimliche Geschöpf war angeblich 30 Meter lang, ganz höckrig von Entenmuscheln und imstande, mit seiner gut 5,50 Meter breiten Schwanzflosse Boote zu zerschmettern oder sie mit seinem mächtigen Maul zu zermalmen. Ihm wurde nachgesagt, 30 Männer getötet, 14 Boote zerstört und 19 Harpunen im

Leib zu haben. Reynolds' Geschichte endet mit dem Sieg der Walfänger: Es »stieg ein dicker Strahl aus schwarzer, klumpiger Masse aus dem Blasloch des sterbenden Wales auf und regnete auf uns herab, sodass wir mit Blut benetzt oder eher von einem Schauer aus Blut durchnässt wurden ... Und das Monster warf, unter dem krampfartigen Einfluss seiner letzten Zuckungen, seine riesige Schwanzflosse hoch ... Dann wälzte er sich langsam und schwerfällig auf die Seite und lag als tote Masse auf dem Meer ...«[31] In Wirklichkeit durchstreifte Mocha Dick – oder wenigstens ein genau gleicher Wal – weiter die Ozeane von den Falklandinseln bis ins Japanische Meer und griff unterschiedslos englische, amerikanische und russische Schiffe an, bevor er im August 1859 von einem schwedischen Walfänger erlegt wurde.

Es war, als ob der gejagte Wal sich seiner Verfolgung bewusst geworden wäre und sich ein Rückzugsgefecht lieferte. »Folgt man den Berichten derer, die in den frühen Entwicklungsstufen des Walfangs dabei waren«, schrieb Owen Chase, »mag es scheinen, dass die Wale, wie die Tiere des Waldes, durch den Vormarsch der Zivilisation in immer fernere und entlegenere Meere getrieben wurden ...«[32] »Pottwale sind heute viel seltener als in früheren Jahren«, bemerkte Charles Nordhoff in den 1850er-Jahren, »was der Zahl der Schiffe geschuldet ist, die jährlich in Amerika und verschiedenen Teilen Europas ausgerüstet werden, um teils oder ganz auf sie Jagd zu machen.«[33]

Vielleicht waren sie damals auch gewaltigere Gegner als heute. Chase gab an, »der rätselhafte und todbringende Angriff«[34], dem die *Essex* zum Opfer gefallen war, sei von einem 26 Meter langen Wal ausgeführt worden; Thomas Beale beobachtete 24 Meter lange Wale; und ein im Oxforder University Museum aufbewahrter Unterkiefer gehörte nach der Erklärungstafel einst einem 27 Meter langen Tier. In *Nimrod of the Sea; or, The American Whaleman*, erschienen 1879, berichtet W. M. Davis von Pottwalen, deren

Länge zuverlässig mit über 27 Metern gemessen worden war; Ismael hatte sogar von 30 Meter langen gehört. Doch kein heutiger Pottwal wird länger als 20 Meter.

Es gibt Spekulationen, wonach die Jagd auf große Wale nach und nach die genetische Wahrscheinlichkeit ihres Auftretens gesenkt hat; vielleicht war der Angreifer der *Essex* der Letzte einer Gigantenrasse. Die größeren einzelgängerischen Bullen waren unweigerlich die Ersten, die daran glauben mussten, und im 20. Jahrhundert beschleunigte sich diese Auslese noch, was zugleich unsere Begriffe von der Lebensdauer der Wale verzerrt. Schätzungen ihres Lebensalters fußen auf Walfangstatistiken aus der zweiten Hälfte des vorigen Jahrhunderts, als die meisten der älteren Tiere, weil größer und profitabler, tot waren.

Als der weltweite Walfang zu Ende ging, waren fast drei Viertel des gesamten Pottwalbestands ausgerottet und ihre Population von über einer Million im Jahre 1712 auf 360 000 gegen Ende des 20. Jahrhunderts gedrückt.[35] Schon in den 1840er-Jahren bemerkten die Walfänger eine deutliche Abnahme und fragten sich, ob ihr Tun wohl zum Aussterben des Tiers führte. In dem Kapitel »Wird der Wal kleiner? – wird er aussterben?« scheint dem bestens unterrichteten Ismael der Vergleich mit dem Büffel »den Schluss zwingend nahezulegen, dass der bejagte Wal seiner baldigen Ausrottung nicht mehr entrinnen kann«, obwohl er der Meinung ist, die »verstreuten Einzelgänger«, als welche Pottwale einst umherzogen, hätten »sich jetzt zu einigen wenigen riesigen Armeen zusammengeschlossen, die aber weit voneinander getrennt marschieren«.[36]

Wurden diese Tiere von ihren Angreifern kollektiv scharfgemacht, sodass sie beschlossen, sich zur Wehr zu setzen, genau wie heute einzelgängerische Elefanten, denen der Mensch den Lebensraum zerstört hat, gezielt auf Menschen losgehen, wie man vermutet? Nach ihren Narben zu urteilen, sind die Pottwalbullen auch untereinander rücksichtslose Kämpfer. Auf jeden Fall waren die Yankeekapitäne der Meinung, dass die Wale aggressiver geworden waren. Zahme Tiere gingen dazu über, ihre natürlichen Waffen – Mäuler, Köpfe, Schwanzflossen – gegen ihre Angreifer einzusetzen. Kapitän Edward Gardner von der *Winslow* aus New Bedford wurde 1816 vor Peru beinahe von einem Pottwal getötet: Der Wal »verwundete mich am Kopf«, berichtete er, und »brach mir den rechten Arm, dazu die linke Hand arg lädiert, Kiefer und fünf Zähne kaputt, meine Wunden bluteten reichlich«.[37]

Es war, als wären die Wale mitverantwortlich für die ihnen zugewiesene Rolle. »In früheren Zeiten, als sie noch nicht ständig gestört und verfolgt wurden, kam man viel leichter an sie heran, obwohl sie oft Widerstand leisteten, wenn man sie angriff«, erklärt Charles Nordhoff. »Heute jedoch ist äußerste Vorsicht vonnöten, um ihnen ›auf die Pelle zu rücken‹.«[38] Oder wie Ismael es ausdrückt: »Eines sag ich euch: Mit dem Pottwal ist nicht zu spaßen.«[39]

Allerdings konnten die Wale im Gegenteil auch mit geradezu kläglicher Untätigkeit reagieren. Obwohl ein Pottwal seinen Verfolgern eigentlich mühelos entkommen konnte, indem er einfach außer Reichweite tauchte, verhielt er sich oft ganz anders, wie Frederick Bennett in einem der vielen Bücher beschreibt, die Melville bei seinen Nachforschungen zurate zog. Wenn ihre Feinde nahten oder einer von ihnen verletzt war, so Bennett, scharten sich die Wale zusammen »und blieben zitternd an Ort und Stelle oder machten nur chaotische und unentschlossene Fluchtversuche«[40].

Paradoxerweise ergab sich ein solches selbstmörderisches Verhalten zum Teil aus der Fähigkeit des Tiers, in der Tiefe zu leben. An der Oberfläche ist der Pottwal langsamer, weniger behände und hat weniger Zeit und Energie als andere Wale – weshalb er schlechter imstande ist, vor einem unnatürlichen Feind wie dem Menschen zu fliehen. Das ist eine unerklärliche und potenziell fatale evolutionäre Schwäche, die den Schriftsteller John Fowles zu der Frage veranlasst hat, warum der Pottwal »gegenüber dem Menschen nie ein effektives Fluchtverhalten erworben [hat], was ihm körperlich nicht schwerfallen würde. Zeitweise steht er beinahe Schlange, um abgeschossen zu werden ... Die armen Viecher haben es einfach nicht gelernt.«[41]

Mensch, Wal, Leben, Tod: Das war die Geschichte, die Melville zu erzählen hatte. Kein Schriftsteller vor oder nach ihm war dermaßen für diesen epischen Stoff geschaffen wie er. Auf der einen Seite das größte Raubtier der Welt, von dem es mehr Legenden als wirkliche Kenntnisse gab; auf der anderen Seite junge amerikanische Helden, Männer, die auf der Jagd nach Walöl alles riskierten. Mit ihrer Entschlossenheit verkörperten sie den Mythos Amerikas, der großen neuen Demokratie, in der jeder sein Glück machen konnte; doch sie kamen dabei auch mit etwas Geheimnisvollerem in Berührung. Moby Dick war ein geisterhaftes Wesen, von dem man glaubte, es sei allgegenwärtig und könne »tatsächlich zur selben Zeit an entgegengesetzten Enden der Erdkugel« sein – und es könne wiederholten blutigen Angriffen entgehen und »viele hundert Seemeilen entfernt ... in vom Blute ungetrübten Wogen« wieder auftauchen.[42] In dieser weltumspannenden Gestalt wurde der Wal zu einer geradezu mystischen Erscheinung und in seiner Riesenhaftigkeit ein eigenes Universum, so numinos wie dunkle Materie.

Anfangs wies Melville solche metaphysischen Betrachtungen von sich. Wie ein Walfangschiff, das von New Bedford aus in See stach, sollte sein Buch Gewinn bringen, einen Gewinn, den er mit seinen Verlegern teilen wollte. »Walspeck bleibt nun einmal Walspeck«, schrieb er einem Bekannten in einem Brief[43], in dem er sein neues Werk als einen zweiten *Redburn* ausgab, den »ich, der Autor, für Müll halte, & nur geschrieben habe, um mir etwas Tabak kaufen zu können«[44]. Doch das sollte sich ändern. In seiner sammelwütigen Fantasie gewannen nennbare und nicht nennbare Schrecken an Kraft und Einfluss wie der tief unter Wasser erblickte unheimliche weiße Wal, »der mit erstaunlicher Schnelligkeit aufstieg, größer und größer wurde«, obwohl »der Schatten seines gewaltigen Rumpfes ... noch mit dem Blau der See«[45] verschmolz. Im Zuge dessen wurde *Moby-Dick* selbst eine Legende, eine Geschichte, der ihre eigene schreckliche Schönheit eingeschrieben war und die ebenso sehr in die Zukunft wie in die Vergangenheit blickte.

Monument Mountain steht abseits der Route 7, in den unteren Lagen von dichtem Wald umgeben. Vor anderthalb Jahrhunderten wuchsen die Bäume hier noch nicht so dicht. An einem Sommermorgen nach zwei Tagen Regen höre ich in den Kiefern immer noch das Tropf-tropf-tropf, während ich den schlüpfrigen Pfad hinaufsteige. Am Hang liegen mächtige Felsen verstreut; gegenüber öffnet sich ein tiefes Tal, durch das ein von Farnen verhangener Bach fließt. Auf dem letzten Stück des Aufstiegs platzt am Himmel eine Regenwolke und ergießt sich über die Felsen, auf denen Nattern sich sonnen; hellrote Eidechsen flitzen in Felsspalten. Den Gipfel bilden steile, leicht überhängende Quarzwände mit verkrüppelten Kiefern. Weit unten liegt das grüne Tal des Housatonic River. Greifen kreisen im Aufwind. Stille liegt über allem.

Hier, im westlichen Massachusetts, wo »die widerwärtige Hitze und der Staub jenes babylonischen Ziegelofens namens New York« weit weg waren[46], lernte Melville im Sommer 1850 einen Mann kennen, der den Gang seines Lebens verändern sollte. Zu Besuch bei seiner Tante im nahen Pittsfield, las er Nathaniel Hawthornes *Mosses from an Old Manse* und war begeistert von der wehmütigen Schilderung des alten Neuengland. Zufällig lebte Hawthorne ganz in der Nähe, weil er sich angezogen fühlte von der erhabenen Schönheit der Berkshires, einer Landschaft, die ein wenig an Englands Lake District erinnert. Es war eine romantische Umgebung im wahrsten Sinne des Wortes, und was folgte, war eine Art Epiphanie.

Mit 46 Jahren war Nathaniel Hawthorne der berühmteste Schriftsteller Amerikas. Auch er stammte aus einer Seefahrerfamilie – als sein Vater, ein Kapitän, in Surinam an Fieber starb, war er erst vier – und war mit seiner Mutter und zwei Schwestern aufgewachsen. So weit die Gemeinsamkeiten zwischen ihm und Melville. Doch während das Meer für Herman Harvard und Yale gewesen war, hatte Nathaniel den grünen Campus des Bowdoin College in Maine besucht, bevor er von dort in ein düsteres Haus in Salem zog, wo er zwölf Jahre weltabgeschieden in seiner Dachkammer verbrachte und nur zu nächtlichen Spazierrunden vor die Tür ging. »Ich habe aus mir einen Gefangenen gemacht und mich in einen Kerker gesteckt«, bekannte er; »und jetzt finde ich den Schlüssel nicht mehr, mit dem ich mir aufschließen könnte.«[47]

Hawthorne – »schöner als Lord Byron«, mit dunklen Augen »wie Bergseen, in denen sich die Gestirne zu spiegeln scheinen«[48] – beschäftigte sich gern mit morbiden Dingen, wobei die Ungeheuer, die er rief, eindeutig menschlicher Art waren. Seine puritanischen Vorfahren – die »alle puritanischen Züge, die guten wie die schlechten«, ihr Eigen nannten[49] – hatten Quäker verfolgt und an den Salemer Hexenprozessen teilgenommen. Von diesem Erbe waren die literarische Welt, die Hawthorne bewohnte, und die reale Welt, die er erfand, durchdrungen. Er war, wie die Dichterin Mary Oliver schrieb, »einer der großen Denker des Bösen«[50].

Trauer erfüllte Hawthorne, wenn er daran dachte, wie die Welt einst gewesen war und wie sie zu seiner Zeit wurde; »hie und da und überall um uns her«, schrieb er in seiner Geschichte »Fire Worship«, »tilgen die Erfindungen der Menschen rasch das Pittoreske, das Poetische und das Schöne aus dem Leben«[51]. Er bemerkte einmal zu seiner Frau Sophia, er fühle sich, als wäre er »schon im Grab, gerade noch so weit lebendig, um mich als kalt und starr zu

empfinden«[52]. Und obwohl er gern nachts in dem Fluss am Rand seines Gartens in Concord schwamm und den Mond auf dem Wasser tanzen sah – wo ich auch schwamm und mir Billy Budd in den schleimigen Schlingen hellgrüner Wasserpflanzen ausmalte –, quälte ihn die Erinnerung an eine junge Frau, die einst in demselben Fluss ertrunken war, das Bild ihrer im Wasser treibenden weißen Glieder.[53]

Hawthorne war, mit seinen eigenen Worten, ein Mann, »der dem menschlichen Leben nicht entfremdet ist, aber doch mitten in ihm umhüllt ist von einem Schleier, der aus vermischten trüben und hellen Farben gewoben ist«[54]. Er schrieb kunstvolle Allegorien, befrachtet mit dem Gewicht der Geschichte, mit Schuld und Rache, was besonders für die Erzählungen galt, die Melville als Hawthornes Meisterwerke ansah und die sein eigenes Werk beeinflussen sollten. In »Young Goodman Brown«, angesiedelt im Salem des 17. Jahrhunderts, wird ein junger Mann bei Nacht in den Wald gerufen, wo er erkennen muss, dass die ganze Stadt vom Teufel beherrscht wird, auch seine junge Frau. In dem futuristischen »Earth's Holocaust« werden auf einem großen Scheiterhaufen in der Prärie sämtliche Zeugnisse menschlicher Maßlosigkeit verbrannt, von Tabak bis zu Werken der Literatur. Nur eines verbrennt nicht in diesem Feuer der Erneuerung: das in jedem Menschenherzen schlummernde Böse. Die Sünde war auch das Thema seines 1850 erschienenen Romans *The Scarlet Letter*, und von seinem Erfolg verschreckt, floh Hawthorne vor dem Getöse des Ruhms nach Lenox in den Berkshires, in die Nähe eines stillen Sees, wo er an seinem nächsten Buch arbeiten wollte, *The House of the Seven Gables*.

Nicht einmal auf dem Lande konnte sich Hawthorne der Gesellschaft entziehen und am 5. August ließ er sich überreden, an einem Picknick teilzunehmen, zu dem David Dudley Field eingeladen hatte, ein New Yorker Anwalt mit guten Verbindungen. Zu den Gästen gehörten herausragende Figuren des literarischen Lebens: Evert Duyckinck, Oliver Wendell Holmes, »mehrere Damen«[55] und Melville. Die Schar machte sich an die Besteigung des Monument Mountain, doch bevor sie den Gipfel erreichte, mussten alle wegen eines plötzlichen Regenschauers eilends Schutz unter einem vorspringenden Felsen suchen, wo sie aus einem silbernen Pokal Champagner tranken.

Als die Sonne wieder herauskam, brachen die Ausflügler zur Spitze des Berges auf. Melville war in übermütiger Stimmung; vielleicht waren ihm der Alkohol und die dünne Luft zu Kopf gestiegen. Er kraxelte auf eine Felsnase, die wie ein Bugspriet vorragte, holte ein imaginäres Segel ein und tat so, als harpunierte er einen walförmigen Teich unten im Tal. Die Albereien des jungen Mannes waren in diesen Hundstagen der reinste Energieausbruch – ein Anklang an die Szene in *Typee*, wo der Erzähler und sein Mitdeserteur Toby einen tropischen Berg besteigen, um der

Tyrannei ihres Schiffs zu entfliehen und die Intensität ihrer neu gewonnenen Freiheit zu spüren. Die berauschende Atmosphäre, die Erhabenheit der Landschaft und vielleicht Melvilles Gesellschaft wirkten ansteckend und stachelten Hawthorne zu ähnlichen Späßen an. Als sie am Nachmittag durch den »schaurigen Schatten«[56] einer düsteren Schlucht namens Icy Glen wanderten, in deren bemoosten Spalten sich das ganze Jahr über das Eis hielt, fing er seinerseits an, mit seiner vollen Stimme »der ganzen Schar Warnungen vor der unvermeidlichen Vernichtung« zuzuschreien. Dann begaben sich alle zum Abendessen zu den Fields, wo sie über die Seeschlange debattierten, die vor der Küste von Massachusetts gesehen worden war.[57]

Es war offensichtlich, dass Hawthorne – der schon *Typee* bewundert hatte – von Melville magnetisch angezogen war: »ich kenne keinen unabhängigeren Menschen«, notierte er später. »Er hat diese Art zu reisen gelernt, als er in der ganzen Südsee umherstreifte, ohne Kleidung oder Ausstattung, nur mit einem roten Flanellhemd und einer Leinenhose.«[58] Vielleicht lauschte er den Abenteuern des Fahrensmannes sogar mit einem gewissen Neid auf die exotischen Erfahrungen, die so ganz anders waren als seine selbstquälerische Introspektion. An jenem Tag auf dem Berg ergab sich eine beinahe alchemistische Mischung: von Feuer (Hawthornes Präriebrand) und Wasser (Melvilles Waljagd). Beide waren Anhänger einer wackeren neuen Republik, beide hätten optimistisch in die Zukunft blicken können. Doch mit der Zeit versank der lebhafte und quecksilbrige Melville in der Düsterkeit, die Hawthorne bewohnte, und tauschte den sonnigen Gipfel gegen die feuchte, tropfende Schlucht ein.

Einen Monat nach der Begegnung mit Hawthorne zog Melville auf eine Farm zwei Meilen südlich von Pittsfield, gekauft mit Unterstützung seines reichen Schwiegervaters und Arrowhead genannt nach den indianischen Pfeilspitzen, die er dort auf den

Feldern fand; in der Ferne erhob sich Mount Greylock, der höchste Berg in Massachusetts. Zwei Stunden am Tag arbeitete Melville als Farmer; er verkaufte sogar Cider am Straßenrand wie zur Erinnerung daran, dass das Haus früher einmal eine Schenke gewesen war. Aber er wohnte auch keine Stunde zu Pferde von Hawthornes Haus in Lenox entfernt. »Neulich lernte ich Melville kennen«, berichtete Hawthorne einem Freund, »und er gefällt mir so gut, dass ich ihn eingeladen habe, ein paar Tage bei mir zu verbringen.«[59]

Melville äußerte sich weitaus emphatischer. Mit einer sich zugleich offenbarenden wie verbergenden Geste schrieb er eine Rezension von *Mosses from an Old Manse* als ein »Virginier, der den Juli in Vermont verbringt«[60], und zwar in einer Sprache, die für heutige Ohren erstaunlich verräterisch klingt: »Doch schon jetzt spüre ich, dass dieser Hawthorne mir sprießende Keime in die Seele gelegt hat. Er breitet sich aus und gräbt sich immer tiefer, je mehr ich über ihn nachsinne; und immer weiter und weiter stößt er seine kräftigen neuenglischen Wurzeln in die heiße Erde meiner Südstaatenseele hinein.«[61]

Gefestigt durch Begegnungen und immer länger werdende Briefe, wuchs die Freundschaft zwischen den beiden Männern. Als dann Sophia Hawthorne einmal mit ihren Töchtern Una und Rose auf Verwandtenbesuch fuhr und Nathaniel mit dem fünfjährigen Julian und seinem zahmen Kaninchen allein zu Hause blieb, nutzte Melville die Gelegenheit und kam vorbei. Er fuhr in einem flotten zweispännigen Landauer vor, mit dabei Evert und George Duyckinck, sein Hund und ein Picknick. Hawthorne steuerte den Champagner bei und gemeinsam beschlossen sie, die Shaker-Siedlung in Hancock zu besuchen. Für Hawthorne, der während seines kurzen Aufenthalts in der Transzendentalistenkommune Brook Farm eine Kostprobe solcher sozialutopischer Experimente bekommen hatte, waren die zölibatären Shaker eine Zumutung. »In jeder Kammer waren zwei besonders schmale Betten, kaum breit genug für einen Schläfer, doch in jedem von diesen schliefen, wie uns der alte Gemeindevorsteher erzählte, zwei Personen.« Das war eine »enge Bindung zwischen Mann und Mann«, die Hawthorne nach eigener Aussage »grässlich und abscheulich« fand.[62] Ismael und Queequeg hätten das vielleicht anders gesehen.

In Lenox setzten sich die beiden Männer in Hawthornes Wohnzimmer, rauchten Zigarren, die normalerweise im Haus verboten waren, und »hatten ein Gespräch über Zeit und Ewigkeit, Dinge von dieser Welt und der nächsten ... und alle möglichen und unmöglichen Angelegenheiten, *das bis tief in die Nacht andauerte*«.[63] (Den letzten Nebensatz, von mir hervorgehoben, strich Sophia, als sie das Tagebuch ihres Mannes zur Veröffentlichung bearbeitete.) Sie waren nicht in allen Punkten einer Meinung, zum Beispiel was die Sklaverei betraf, mit deren Opfern Hawthorne »nicht das geringste Mitgefühl« hatte »oder wenigstens nicht halb so viel wie mit den hart arbeitenden Weißen, die meiner Ansicht nach im Allgemeinen zehnmal schlimmer dran sind«[64]. Was Melville auch für Hawthorne empfand, es schien, als hätte er mehr gewollt, als sein Freund geben konnte.

Moby-Dick – das er Evert Duyckinck gegenüber als »eine romantische, kuriose und lebensechte und höchst vergnügliche Schilderung der Walfischerei« ausgab[65] – war beinahe fertig geschrieben, als Melville in die Berkshires kam. Die Begegnung mit Hawthorne warf alles um. Der jüngere Mann hatte geklagt, er komme nicht dazu, »jene Art von Buch zu schreiben, das ich gerne schreiben würde«[66]. Jetzt war er gezwungen, sich über die Bedeutung seiner Erlebnisse Rechenschaft abzulegen, und wie um sie in einen Kontext zu setzen, fing er an, so besessen wie nie zuvor im Leben zu lesen: aus London mitgebrachte Bücher wie Mary Shelleys *Frankenstein* oder aus der New Yorker Bücherei entliehene wie William Scoresbys *An Account of the Arctic Regions*, Robert Burtons exzentrische und weitschweifige *Anatomy of Melancholy*, Essays von Emerson, in denen Gott in der Natur sichtbar gemacht wurde, und Thomas Carlyles *Sartor Resartus*, in dem es um Träume, Besessenheit von Dämonen und aufopfernde Liebe ging.

Dann fand er eine Gesamtausgabe von Shakespeares Stücken, die für seine schlechten Augen groß genug gedruckt war. »Ich wünschte bei Gott, Shakespeare hätte später gelebt & auf dem Broadway promeniert«[67], schwärmte er. Andererseits füllte er sein eigenes Buch mit kernigen Einschüben und Euphemismen, mit Witzen über Muschelsuppe und Kneipensprüchen, mit denen Ismael trocken die hochtrabenden Worte seines Schöpfers relativiert. So erklärt er an einer Stelle, er sehe die ganze gefahrvolle Fahrt der *Pequod* – und das Leben überhaupt – »als einen einzigen großen Jux«[68] an, und teilt Queequeg mit, er könne »ebenso gut gleich unter Deck gehen und mein Testament aufsetzen«, mit seinem Freund als »Notar, Vollstrecker und Erbe in einem«[69].

Melville wurde durch Amerika befreit, ein Land, wo er über ausnahmslos alles schreiben konnte. Er war sich der Doppeldeutigkeit der Worte wohl bewusst, wenn etwa Starbuck seine Männer anfeuert: »*(Pull, my boys!) Sperm, sperm's the play!*«[70] Sein Werk gewann eine neue Dringlichkeit, die, schien es fast, ihn von seiner eigenen Arbeit distanzierte und seine Worte zeitlich fixierte, wenn er beispielsweise bemerkte, dass »bis zu dieser gesegneten Minute (fünfzehneinviertel Minuten nach ein Uhr nachmittags, an diesem sechzehnten Tage im Dezember, im Jahre des Herrn 1850) immer noch ungeklärt ist, ob diese sprühenden Spauts denn nun wirklich aus Wasser bestehen oder nur aus Dampf«[71]. Es war, als könnte er plötzlich wie in einer außersinnlichen Erfahrung über sich hinaus und hinein in den Wal blicken. Wie Ismael fühlte er sich wiedergeboren. »Bis ich fünfundzwanzig war, hatte ich mich überhaupt nicht entwickelt«, schrieb er an Hawthorne. »Ich datiere mein Leben von meinem fünfundzwanzigsten Jahr an.«[72] All seine Bestrebungen verschmolzen zu einem einzigen tollkühnen Wagnis, so groß wie sein Gegenstand, so groß wie das Handwerk, dem er ein Denkmal setzen wollte. Mit zunehmendem Ehrgeiz und in keiner Weise von Konventionen eingeengt, durchquerte und vermengte Melville ungeheure Entfernungen in Zeit und Raum, und wie sich selbst mit dem Satz beschwörend: »Gewiss ist dies alles nicht ohne Bedeutung«[73], türmte er Schicht um Schicht immer neue Bedeutungen auf. In seinem obsessiven Schreiben und Überarbeiten schlachtete er sich selbst hemmungslos aus und schuf dabei eine Sperrzone, zu der selbst seine Frau Lizzie nur Zutritt erhielt, wenn sie so lange hartnäckig an die Tür klopfte, bis er zu öffnen geruhte.

Er hatte sich in seinem Arbeitszimmer und in seiner Vorstellungswelt die Bedingungen an Bord eines Schiffs nachgeschaffen und im Zuge der Arbeit an *Moby-Dick* wurde aus dem Unterhaltungsroman ein erschreckendes, schicksalsschweres Projekt. In Teilen wirkt das Buch automatisch geschrieben, wie besessen vom Geist des Weißen Wals, dem fleischgewordenen Gott der Shaker. Etwas Verbotenes haftete dem Roman an, der zwar nach einem mythischen Mocha Dick benannt war, aber in dem auch der Name seines Mitdeserteurs anklang, des dunklen und einnehmenden Freundes, den er tot geglaubt, dann aber in Rochester, New York, wiedergetroffen hatte. »Ich habe Toby gesehen, besitze seine

Darguerreotypie [sic] – und eine dieser ebenholzfarbenen Locken.«[74]

Melville wagte fast nicht, sein Buch zu schreiben, wie er auch einer Freundin abriet, es zu lesen. »Kaufen Sie es nur ja nicht – lesen Sie es nur ja nicht, wenn es herauskommt, denn es ist ganz und gar nichts für Sie«, schärfte er ihr ein. »Es ist kein feines weibliches Stück Spitalfields-Seide – sondern aus jenem grauenhaften Gewebe, das aus Schiffstrossen & Tauen gemacht ist. Ein Polarwind pfeift hindurch, & Raubvögel schweben darüber.«[75] Mit Mary Shelleys von Menschenhand gemachtem Monster im Hinterkopf beschwor er Bilder herauf wie das von Ahabs *Pequod*, die auf wilder Fahrt durch die stürmische See »ihren Bug tief vor dem wütenden Winde neigte und wie von Sinnen ihre Elfenbeinhauer in die dunklen Wogen hieb«[76]. Nur halb im Scherz sprach er von seinem Werk, als wäre es ein Verstoß gegen die Naturgesetze und hätte niemals erscheinen dürfen. »Aber ich weiß nicht, ob ein Buch nicht besser im Hirn eines Mannes aufgehoben ist, als in Kalbsleder gebunden«, erklärte er Evert Duyckinck, »– auf alle Fälle ist es dort besser vor der Kritik geschützt.«[77] Statt Kalbsleder könnte die Bindung auch die tätowierte Haut des Heiden Queequeg gewesen sein – oder das Buch Melvilles Gegenbibel, gebunden in die gespenstisch bleiche Haut des Wales selbst. Was als Propaganda für die amerikanische Walfangindustrie begann, endete als Warnung an die gesamte Menschheit vor dem ihr innewohnenden Bösen. Melville hatte Hawthornes Lektionen gelernt.

Nach außen hin war sein Tagesablauf vergnügt, sein Leben ländlich. Er stand gegen acht auf und gab der Kuh und dem Pferd ihr Frühstück, bevor er selber frühstückte, dann zog er sich bis halb drei zur Arbeit zurück. Um die Zeit klopfte Lizzie verabredungsgemäß an seine Tür, und zwar so lange, bis ihr Mann reagierte. Nach einer Ausfahrt am Nachmittag verbrachte er schließlich den Abend »in sozusagen mesmerisiertem Zustand auf meinem Zimmer – zum Lesen bin ich nicht imstande – kann nur gelegentlich ein groß gedrucktes Buch überfliegen«[78]. Von dieser selbst auferlegten Isolation begünstigt, ergriff die immer absonderlicher und eigenwilliger werdende Fahrt, die er beschrieb, mehr und mehr Besitz von ihm.

Jetzt, da der Boden mit Schnee bedeckt ist, kommt es mir auf dem Lande beinahe so vor wie auf See. Wenn ich morgens aufstehe, sehe ich aus meinem Fenster wie aus dem Bullauge eines Schiffs im Atlantik. Mein Zimmer gleicht einer Kajüte; & wenn ich des Nachts einmal aufwache & das Kreischen des Windes vernehme, bilde ich mir ein, das Haus stehe unter zu viel Segel, & ich sollte besser aufs Dach steigen & den Schornstein abtakeln.[79]

Im Schatten des Mount Greylock zu arbeiten, den er in der Ferne sehen konnte, brachte es mit sich, dass seine Gedanken beim Anblick des breiten, mitunter schneebedeckten Gipfels zum Weißen Wal wanderten, »der mächtigsten Masse Leben, welche die Sintflut überlebt hat … einem wahren Ungeheuer, gewaltig wie ein Berg! Diesem himalajanischen Salzmeermastodon, das von solch unheilvoll-unbewusster Kraft umhüllt ist …«[80]

Freunden gegenüber sprach er davon, dass er mit dem Schreiben flott vorankam, doch Lizzie erinnerte sich an eine schreckliche Zeit und an die Vollendung des Buches »unter ungünstigen Umständen – saß den ganzen Tag bis vier oder fünf Uhr am Schreibtisch, ohne etwas zu essen – ritt dann in der Dunkelheit ins Dorf«[81]. Wie Hawthorne – der stets mit gesenktem Kopf durch Concord ging, sodass er die Häuser, an denen er jeden Tag vorbeikam, nicht erkannte, als man ihm Fotos von ihnen zeigte – entzog sich Melville dem Umgang mit den Menschen, um eindringlicher über sie schreiben zu können. Das Ergebnis war ein Buch wie ein Freimaurerritual, im Verborgenen geschrieben und durchgespielt und mit einem geheimen Motto, wie Melville Hawthorne verriet:

Ego non baptizo te in nomine patris, sed in nomine diaboli! [82]

Das heißt: »Ich taufe dich nicht im Namen des Vaters, sondern im Namen des Teufels.«

Das Little Red Inn in Lenox, Massachusetts, 14. November 1851, später Nachmittag, trister Schneefall und Wind. [83]

Stühleschurren auf den Dielen. Sie rückten näher an den Tisch. Dass zwei Männer zusammen zu Abend aßen, war in einem Landgasthof nichts Ungewöhnliches. Melville hatte für seine Feier zum Erscheinen von *Moby-Dick* ein Hinterzimmer gemietet. Er hatte nur einen Gast.

Melville überreichte Hawthorne an jenem Nachmittag ein Exemplar des fertigen Buches. Die wenigen Sekunden, in denen es den Besitzer wechselte, die eine Hand losließ, die andere zugriff, waren gleichsam das Destillat aller Mühe, aller Energie seines Lebens, die Summe seiner Existenz bis dahin.

Hawthorne schlug das Buch auf und sah darin die Worte:

Zum Zeichen
meiner Bewunderung für sein Genie
ist dieses Buch zugeeignet
NATHANIEL HAWTHORNE

Es war ein öffentliches Bekenntnis und eine maßlose Forderung.

Hawthorne reagierte auf *Moby-Dick* in einem der großen verschollenen Briefe der Weltliteratur, aber wir erkennen seine Tendenz an Melvilles Antwort.

MOBY-DICK;

OR,

THE WHALE.

BY

HERMAN MELVILLE,

AUTHOR OF
"TYPEE," "OMOO," "REDBURN," "MARDI," "WHITE-JACKET."

NEW YORK:
HARPER & BROTHERS, PUBLISHERS.
LONDON: RICHARD BENTLEY.
1851.

IN TOKEN

OF MY ADMIRATION FOR HIS GENIUS,

This Book is Inscribed

TO

NATHANIEL HAWTHORNE.

Dass Sie das Buch verstanden haben, gibt mir in diesem Augenblick das Gefühl einer unbeschreiblichen Sicherheit. Ich habe ein böses Buch geschrieben und fühle mich makellos wie das Lamm.[84]

Hawthorne öffnete Melville die Augen für Allegorien und Hintergründe in seinem eigenen Werk, die er vorher nicht gesehen hatte. In einer außergewöhnlichen Mischung von Überheblichkeit, Aggression, Glaube und Liebe macht der jüngere Mann daraufhin seinem Freund und Mentor beinahe einen Vorwurf daraus:

Hawthorne, woher kommen Sie? Mit welchem Recht trinken Sie aus meinem Krug des Lebens? Und setz ich ihn an meine Lippen – siehe, da sind's Ihre, nicht meine. Ich fühl's: die Gottheit ist zerbrochen wie das Brot beim Abendmahl; wir sind die Stücke. Daher dies grenzenlos brüderliche Empfinden ... hier und da, beim Lesen, verstanden Sie den alles durchdringenden Gedanken, der das Buch vorantrieb ... War's nicht so? Sie waren Erzengel genug, den unvollkommenen Leib zu verschmähen und die Seele zu umarmen.[85]

Selbst für die Überschwänglichkeit brieflicher Äußerungen in der damaligen Zeit sind das starke Worte und wir können uns Hawthornes Antwort vielleicht vorstellen. Er mag dankbar gewesen sein, dass er im Begriff war, Lenox zu verlassen. Bei ihm suchte Melville Zuflucht vor der Dunkelheit, vergleichbar Ismael und Queequeg, als sie es sich für ihre zweite gemeinsame Nacht im Gasthaus gemütlich machen.

Herrgott, wann werden wir uns endlich nicht mehr verändern? Ach, der Weg ist lang, und kein Gasthaus in Sicht, und die Nacht sinkt herab, und der Leib ist kalt. Doch mit Ihnen als Mitreisendem bin ich zufrieden und kann glücklich sein.[86]

Da er damit rechnen musste, dass die anständigen Bürger der Berkshires sein unheiliges Buch verurteilen würden, sehnte er sich nach einer Ewigkeit, die seine Werke, und die seines Freundes, bieten mochten.

Ich werde die Welt, das fühle ich, dank der Bekanntschaft mit Ihnen zufriedener verlassen. Sie zu kennen, überzeugt mich mehr als die Bibel von unserer Unsterblichkeit ... Der göttliche Magnet wirkt in Ihnen, und mein Magnet spricht darauf an. Welcher ist der größere? Eine dumme Frage – sie sind *Eins*.[87]

Es war eine Bitte um Verbundenheit, die über Geschlecht und Intellekt hinausging. Sie entsprang derselben unbewussten Kraft, die seine Arbeit antrieb. Doch damit hatte Melville die Grenze des normalen Verhaltens überschritten, und wie seine Beziehung zu Hawthorne nicht näher werden konnte, so bekam er nach *Moby-Dick* auch nie wieder Boden unter die Füße.

Bei seinem Erscheinen verwirrte und verblüffte das Buch die Kritiker. War es gruselige Sensationsmache, eine politische Parabel oder ein religiöser Traktat? Manche waren gepackt von der Jagd und dem letzten Gefecht zwischen Ahab und dem Weißen Wal – »er zieht in die Schlacht wie ein Heer mit Standarten ... Der Kampf wird in blutigen Lettern beschrieben«[88] –, aber viele waren befremdet oder sogar wütend. Melville hätte damit rechnen können. Doch stärker bewegten ihn Zeitungsmeldungen von einem Wal, der ein New Bedforder Schiff versenkt hatte: »... und krach! kommt Moby Dick höchstselbst ... herbei & erinnert mich daran, was ich in den letzten ein oder zwei Jahren getrieben habe«, schrieb er an Evert Duyckinck. »Das ist wirklich & wahrhaftig ein erstaunliches Zusammentreffen – vorsichtig ausgedrückt ... Ihr Götter! Was für ein Kommentator ist dieser Wal der *Ann Alexander*. Was er zu sagen hat, klingt kurz & bündig & punktgenau. Ich frage mich, ob meine böse Kunst dieses Ungeheuer aufgestört hat.«[89]

Trotz seines Erscheinens auf beiden Seiten des Atlantiks (wie der Weiße Wal konnte es an zwei Stellen gleichzeitig sein) war das Buch kein Erfolg. Aus Urheberrechtsgründen wurde es zuerst in London unter dem Titel *The Whale* in drei Bänden veröffentlicht, die mit ihren hellblauen Buchdeckeln und einem schönen goldgeprägten Wal auf jedem der weißen Rücken die Aufmerksamkeit der gehobenen Kundschaft erregen sollten. Aber wie der Wal ein Glattwal und damit der falsche war, so wurde die aufwendige Gestaltung der englischen Ausgabe – die anderthalb Guineen kostete und den Prunk der Londoner Industrieausstellung desselben Jahres widerzuspiegeln schien – von der Entscheidung des Verlegers Bentley konterkariert, den Epilog zu streichen (in dem der Erzähler Ismael dem Leser mitteilt, dass er als Einziger überlebt hat) sowie Abschnitte, die ihm blasphemisch oder unsittlich erschienen; diese Lücken trugen noch zusätzlich zur Verwirrung der Leser bei. Der Schluss wurde in die amerikanische Ausgabe wieder aufgenommen (einbändig und mit 1,50 Dollar sehr viel erschwinglicher, obwohl bei ihr immerhin die Wahlmöglichkeit zwischen Umschlägen in verschiedenen Farben bestand), aber Harper and Brothers konnten ihre 3000 Exemplare trotzdem nicht verkaufen

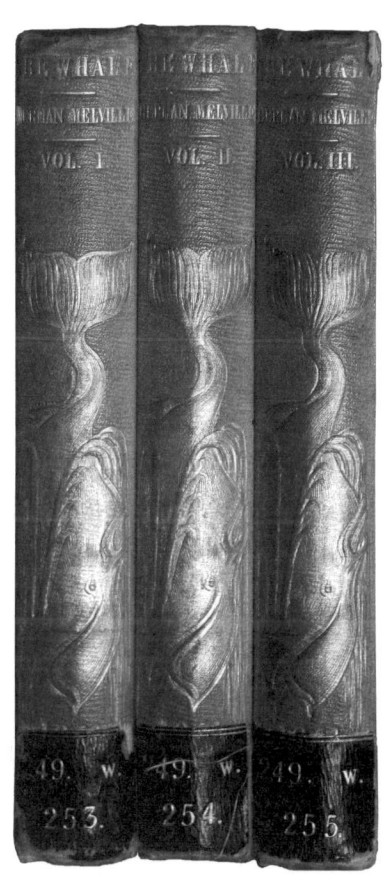

und die Restauflage fiel 1853 einem Brand im Manhattaner Lagerhaus des Verlags zum Opfer. Dieses Schicksal erinnerte an Hawthornes große Verbrennung weltlicher Nichtigkeiten und bestätigte vielleicht das Urteil des Autors über sein böses Buch.

Was Melville erhob, stürzte ihn auch; das war das ewige Paradox seines Lebens. Seine Abenteuer hatten ihm das Material für seine Erzählungen geliefert, aber sie hatten ihn auch zu einem ewig Ruhelosen gemacht und damit für die Literatur verdorben. Als Seefahrer lebte Melville das Leben, aus dem seine Bücher später schöpften, aber seine Eskapaden machten ihn auch unfähig zu einem normalen Schriftstellerdasein. Mit dem übermächtigen verhüllten Phantom des großen Wals im Nacken fühlte er sich verfolgt vom unsichtbaren »Wachtmeister der Parzen, der mich ständig beobachtet und mir heimlich auf den Fersen ist und mich auf eine unbeschreibbare Weise beeinflusst«[90].

Während *Moby-Dick* noch im Druck war, arbeitete Melville bereits an dem vollständig an Land spielenden *Pierre, or The Ambiguities*, einem autobiografischen Roman über einen gefeierten New Yorker Schriftsteller, der sich in einer Szene gegen einen Fotografen zur Wehr setzt, weil dieser ein Bild von ihm machen will, genau wie sein Alter Ego einst vor den »Typees« geflohen war, aus Angst, deren Tätowierer würden ihm das Gesicht rauben. Er lehne »es höflich ab, durch so eine Daguerretypie (was für ein teuflisch unbuchstabierbares Wort!) dem Vergessen überantwortet zu werden«, schrieb Melville an Evert A. Duyckinck.[91] Aber seine immer düsterer werdende Weltsicht war begleitet von bedenklich sinkenden Umsätzen und einer schrumpfenden Leserschaft und darum trat er trotz heftiger rheumatischer Beschwerden im Oktober 1856 eine Reise an, die sein letztes großes Abenteuer werden sollte.

»Mr. Melville braucht diese Erholung von seinen anstrengenden literarischen Arbeiten mehrerer Jahre dringend«, notierte der

Berkshire County Eagle,»und wir zweifeln nicht daran, dass er mit erfrischter Gesundheit und einem neuen Schatz jener Reisebetrachtungen zurückkehren wird, die er so reizvoll verarbeitet.«[92] Mit dabei hatte er sein jüngstes Manuskript, *The Confidence-Man,* das er in London zu verkaufen hoffte. Sein Schiff traf in Glasgow ein, wo Melville die Werften bestaunte und die wie Vieh einhertrottenden Frauen registrierte. Beim Zwischenaufenthalt in Edinburgh ließ er sich die Wäsche waschen:

9 Hemden
1 Nachthemd
7 Taschentücher
2 Paar Strümpfe
Unterhosen und Unterhemden[93]

Dann fuhr er über York und Lancaster nach Liverpool weiter, an das er sich von seiner ersten Seereise erinnerte. Er stieg im White Bear in der Dale Street ab und zog am nächsten Tag bei Regen los, »um Mr. Hawthorne aufzusuchen«, doch die Adresse war veraltet und seine Fahrt vergebens.[94] Am folgenden Morgen sprach er im Konsulat vor und traf den Gesuchten dort an.

Hawthorne hatte die letzten vier Jahre als amerikanischer Konsul in Liverpool verbracht und lebte mit seiner Familie im nahen Southport; er war jetzt über 50 und sein Haar wurde schütter. Auch Melville sah »ein wenig blasser und vielleicht ein wenig trauriger« aus. Die angeschlagene Gesundheit seines Freundes veranlasste Hawthorne zu der Diagnose, dieser habe »zweifellos unter seiner pausenlosen literarischen Arbeit gelitten, die er seit Längerem – ohne rechten Erfolg – geleistet hat«, und lasse »eine morbide Gemütsverfassung« erkennen. »Ich wundere mich nicht, dass er es nötig fand, sich ein wenig den Wind um die Nase wehen zu lassen, nach so vielen Jahren der schriftstellerischen Plackerei und des häuslichen Lebens, die auf eine so wilde und abenteuerliche Jugend folgten.«[95]

Die beiden Männer nahmen den Nachmittagszug nach Southport, einem einst von Louis Napoléon regelmäßig besuchten Badeort, der mittlerweile nur noch ein Schatten seiner früheren Herrlichkeit war. Am nächsten Tag unternahmen sie eine Strandwanderung und setzten sich, als sie vom Wind gründlich durchgepustet waren, in eine Mulde in den Dünen und rauchten eine Zigarre. Melville begann, über die Vorsehung und die Zukunft zu reden »und über alles, was jenseits des menschlichen Wissens liegt«. Er teilte Hawthorne mit, er sei »ziemlich fest entschlossen, vernichtet zu werden«; wie Ismael beim Verlassen Manhattans schien er einen Todeswunsch zu hegen.

»Seltsam, wie beharrlich er fortfährt – und er ist immer so beharrlich gewesen, seit ich ihn kenne, und wahrscheinlich schon lange vorher –, in diesen Wüsteneien umherzustreifen, die so trostlos und eintönig sind wie die Sandhügel, zwischen denen wir hockten«, schrieb Hawthorne in sein Tagebuch. »Weder vermag er zu glauben, noch kann er sich in seinem Unglauben behaglich einrichten ... Wäre er ein frommer Mensch, er wäre wirklich und wahrhaftig einer der frömmsten und ehrfürchtigsten; er besitzt ein edles und hochsinniges Wesen und hat die Unsterblichkeit mehr verdient als die meisten von uns.«[96]

Das war eine hohe Anerkennung von Hawthorne, in gewisser Weise eine Spiegelung des Vertrauens, das Melville seinerzeit in ihn gesetzt hatte – als ob er sich dessen erst jetzt bewusst wurde und sich schämte, dass er es nicht mehr unternommen hatte. Aber wer hätte Melville vor sich selbst retten können? Wenige Tage später lief er von Liverpool zur Fahrt ins Heilige Land aus, wobei er seinen Überseekoffer in Hawthornes Konsulat zurückließ und nur eine Stoffreisetasche mitnahm. Die beiden Männer sollten sich nie wiedersehen.

Arrowhead liegt dicht an der Straße, von Bäumen geschützt. Der Regen wäscht das Licht vom Himmel und tintenschwarz wälzen sich die Wolken über das ockergelbe Haus. Minuten später brennt die Sonne auf die Bretterwände und lässt die gelbroten Taglilien am Lattenzaun grell hervorstechen. Alles grünt und blüht üppig. Im Innern macht das Haus einen unbewohnten Eindruck. Seine Holzdielen riechen warm an diesem Sommernachmittag, aber durch die Zimmer wispern nur gedämpfte Stimmen. Durch das schlierig nasse Fenster des Arbeitszimmers im ersten Stock kann ich den von Bäumen verdeckten grauen Klotz des Mount Greylock am Horizont gerade noch erkennen.

In Gebirgslandschaften ... werdet ihr hier und da von einem Aussichtspunkte zufällig einen kurzen Blick auf die Umrisse von Walen erhaschen, die sich in den welligen Bergrücken abzeichnen. Doch müsst ihr schon gründliche Walkenner sein, damit euch dieser Anblick nicht entgeht ...[97]

Am Kamin hängt eine Harpune –

Und falls du, auch wenn du im Fangboot sitzest, ein Philosoph bist, wirst du im tiefsten Innern deines Herzens keinen Deut mehr erschrecken als abends vor dem heimischen Kamin, mit einem Feuerhaken neben dir anstatt der Walharpune.[98]

– und daneben steht eine abgestoßene Truhe, zurückgelassen »wie der Koffer eines eiligen Reisenden«[99], mit einem handgeschriebenen, zum Teil nicht mehr leserlichen Gepäckanhänger:

H. Melville – East 26th Street ...

Unser Führer meint, Hawthorne sei ein gut aussehender Mann gewesen, »und damit fing der Ärger an«[100]. Und ich muss an die vielen kleinen Szenen denken: zwei Männer, wie sie all ihrem Ruhm zum Trotz ganz normal und alltäglich ihre Zigarren rauchen und ihren Brandy trinken und bis spät in die Nacht Gespräche führen.

Die Worte senkten sich wie Stille im Gebirge –
– Nathaniel war aus Eigenliebe scheu geblieben –[101]

Am Abend werden die Rollläden heruntergelassen. Die Türen werden abgeschlossen und das Haus ist wieder leer. Berge liegen zwischen ihnen – der Berg, auf dem sie sich kennenlernten, und der Berg, der ihre endgültige Trennung markiert –, bis auf halber Höhe von Tannen bedeckt, aber zum Gipfel hin nackter Fels, nach oben zum Himmel ausgreifend und nach unten zurück zur See.

Es war das Weiß des Wals, das mich weit mehr als alles andere in Angst und Schrecken versetzte.[102]

1863 gab Melville den Versuch auf, Arrowhead zu bewirtschaften, und zog zurück nach New York in ein Haus am Gramercy Park. Von dort ging er täglich zur Battery, wo er als Zollinspektor im Außendienst vier Dollar am Tag verdiente, »als wäre sein Beruf nur eine weitere Insel«[103]. Am Abend schrieb er in seinem Arbeitszimmer mit dem Gesicht zur Wand wie Bartleby. Was brachten ihm die Jahre noch anderes als Tragödien? 1867 schoss sich sein 18-jähriger Sohn Malcolm mit einer Pistole, die er unter dem Kopfkissen versteckte, in den Kopf. 20 Jahre später starb Stanwix, sein anderer Sohn, im Alter von 34 Jahren allein in einem Hotel in San Francisco an Tuberkulose. Wenn Melville aus dem Fenster über die Straße schaute, sah er die Reihenhäuser mit ihren steinernen Treppen und Eisengeländern, in ihrem städtischen Einerlei Abbilder seines eigenen, ein Anblick, der sich nie veränderte, ganz anders als die See.

An einem Montagmorgen im September 1891, bevor die Arbeitswoche in Manhattan begann, starb Melville kurz nach Mitternacht im Alter von 72 Jahren an Herzerweiterung. Seit seinem letzten Roman *The Confidence-Man* waren 30 Jahre vergangen und er hatte seitdem nur Gedichte veröffentlicht. Nach seiner Beisetzung auf dem Friedhof Woodlawns in der Bronx räumte Lizzie die Papiere ihres Mannes auf und verstaute das Manuskript von *Billy Budd, Sailor* in einer Schublade. An der Innenwand des Schreibtischs, an dem er das Buch geschrieben hatte, klebte ein kleiner Zettel:

> Bleib den Träumen deiner Jugend treu[104]

Draußen vor der Stadt in einem tristen Vorort – trister noch als gewöhnlich an diesem eisigen Februarnachmittag, an dem die Kälte alle Farbe aus Straßen und Himmel bleicht – dröhnt das Vierundzwanzigstundenrennen der Autos, die auf dem Freeway nach New York hinein- und aus New York hinauswollen. Sie fahren vorbei, ohne zum Friedhof hinaufzublicken, wo ihre Vorfahren liegen, die ihrerseits die Jagd längst aufgegeben haben.

Die gepflegten Wege hier sind gesäumt von schimmernden Gedenksteinen, auf denen die Namen städtischer Honoratioren so tief eingemeißelt stehen wie an dem Tag, als sie an diesen Grabboulevards in den Städten der Toten aufgestellt wurden, im krassen Gegensatz zur Schlichtheit eines Quäkerfriedhofs. Der Schnee der letzten Woche liegt grau und körnig am Boden. Aus der Tasche ziehe ich ein Stück Schiefer, gefunden an einem Strand in Nantucket. Ich beuge mich vor und lege es auf den marmornen Grabstein mit seinem eingemeißelten Efeu, der die an seinem Fuß wachsenden lebenden Ranken nachzuahmen scheint.

> HERMAN MELVILLE
> Geboren am 1. August 1819
> Gestorben am 28. September 1891

Über der Inschrift befindet sich eine auffällig leere Schriftrolle, vom Autor selbst als Grabskulptur bestimmt; ihre Leere wirkt wie ein ironischer Kommentar zu seinen vielen ungeschrieben gebliebenen Büchern. Neben ihm liegt Elizabeth, schweigend wie eh und je, und auf der anderen Seite stehen die kleineren Grabsteine der Söhne, beide vor dem Vater gestorben. Es ist eine traurige Familienversammlung auf einem kahlen Hügel in der Bronx. Mit Tritten gegen einen der kleinen Eisberge aus gefrorenem Schnee bringe ich genug Pulver zusammen, um auf dem toten Gras einen weißen Wal zu formen, mit einer Eichel als Auge und einem Zweig als Maul. Er sieht kindisch aus, ein Cartoontier, das über den gebleichten Gebeinen des Schriftstellers spielt. Ich warte, ob ich etwas empfinde, ob ich Verbindung zu Melvilles Geist aufnehme. Aber nichts tut sich in dieser städtischen Anlage. Stein und Erde sind so tot wie der Asphalt, über den der Verkehr braust, anderswohin unterwegs.

VIII

GANZ WIE EIN WALFISCH

> Wer nur den Wert von Walbein und Waltran
> erkannt hat, kann man von dem behaupten,
> er hätte den rechten Gebrauch des Wals erkannt?
>
> Henry David Thoreau, *The Maine Woods*[1]

Von Oktober 1849 bis Juli 1855 – in der Zeit, als Melville *Moby-Dick* recherchierte, schrieb und publizierte – unternahm Henry David Thoreau seine Wanderungen am Cape Cod, nachdem er erst kurz zuvor aus seiner Abgeschiedenheit am Walden Pond bei Concord zurückgekehrt war, wo er in einem zweijährigen Selbstversuch die Grundsätze des Transzendentalismus auf die Probe gestellt hatte.

Inspiriert von Ralph Waldo Emerson, strebten die Transzendentalisten eine Rückkehr zur Natur an, wo sie Gottes wahre Gegenwart erfahren wollten. Hawthorne sah in ihnen eine Schar »seltsamer, merkwürdig gekleideter, sich exzentrisch aufführender Sterblicher«[2] – viktorianische Hippies, die schon für Woodstock zu proben schienen. Auch Melville zog satirisch über ihre romantischen Grillen her, nicht zuletzt mit der Figur des Ismael. Aber für den 1817 in Concord geborenen Thoreau war Walden die Flucht vor einer persönlichen Tragödie: Sein Bruder John hatte sich beim Rasieren in den Finger geschnitten und war drei Tage später an Wundstarrkrampf gestorben.

Walden war zu dem Zeitpunkt noch Wildnis, auch wenn kurz zuvor Streckenarbeiter, von denen Thoreau die Balken für seine Hütte kaufte, einen Bahndamm gebaut hatten. Sein 25 Hektar großer Teich, dessen sandige Ufer schnell in eiszeitliche schwarze Tiefen abfallen, ist stellenweise tiefer als die Massachusetts Bay. Hawthorne fand das Wasser »erregend kalt ... wie die Erregung eines glücklichen Todes ... Nur Engel sollten dort schwimmen.«[3] Ich sah keine himmlischen Wesen, als ich dort schwamm, aber am anderen Ufer hatten Pilger auf einer Lichtung unter Kiefern und Birken am Standort von Thoreaus Hütte einen Steinhaufen aufgeschüttet.

Hier, in einem an Eichhörnchen und Waschbären untervermieteten Raum, unternahm der Philosoph das Experiment einer autarken Einsamkeit. Er verzeichnete die kleinen Einzelheiten des Naturkreislaufs und seine Bemühungen, mit ihm zu leben. Es war, als hätte er sein zivilisiertes Leben ausgesetzt und sich ganz den Kräften der Natur überlassen. Wie bei Hawthorne, der ihn dort besuchte, befeuerte die Abgeschiedenheit seine Fantasie. Thoreau genoss den Rückzug von der Welt und die von der stillen Wasseroberfläche verlangsamten Stunden.

> Als ob man die Zeit totschlagen könnte,
> ohne der Ewigkeit Abbruch zu tun.[4]

Er war beinahe kindlich fasziniert vom Naturgeschehen, durch das er dem Wesen des Daseins auf die Spur zu kommen hoffte. *Walden*, sein Bericht über die zwei dort verbrachten Jahre, ist eine Gegenschrift zum Industriezeitalter, eine Parallele zu *Moby-Dick*. Axiomatisch, philosophisch, naiv und komplex, spricht das Buch manchmal mit Engelszungen, manchmal mit handfesten wissenschaftlichen Argumenten. Es zu schreiben war der eigentliche Grund, der Thoreau zu seinem Experiment bewog, aber das nimmt ihm nichts von seiner Kraft. In seiner persönlichen Utopie versuchte Thoreau, die Art, wie wir leben könnten, neu zu definieren. »Die meisten Menschen führen ein Leben stiller Verzweiflung. Was man Schicksalsergebenheit nennt, ist eingefleischte Verzweiflung.«[5] Er lehnte die Weisheit des Alters ab – »Das Alter taugt nicht zum Lehrmeister der Jugend, hat es doch mehr eingebüßt als gewonnen«[6] – und verspürte eine gewisse Hybris, wenn er überlegte, was ihn vielleicht unsterblich machte.

Welcher Dämon war eigentlich in mich gefahren,
dass ich mich so gut benahm?[7]

Thoreau redete wie ein Prophet des neuen Zeitalters und wandte sich gegen die Trennungen, die seine Zeitgenossen in ihrer hektischen Betriebsamkeit zogen. In seiner Zeit in Walden protestierte er mit der Weigerung, Steuern zu zahlen, gegen die Sklaverei und den Krieg, ein Akt zivilen Ungehorsams, der ihm eine Nacht im Gefängnis eintrug. Als 32-Jähriger, der nur noch zwölf Jahre zu leben hatte, bis ihn die Tuberkulose hinwegraffte, zog dieser Mann, den Hawthorne als »hässlich wie die Sünde, langnasig, schiefmäulig« beschrieb, doch mit einem Charakter, der ihm »viel besser als Schönheit« stand[8], nach Concord zurück – keine zwei Meilen von Walden entfernt und doch Welten davon getrennt.

Auch nachdem *Walden* veröffentlicht war (sich aber, wie *Moby-Dick*, kaum verkaufte), fühlte Thoreau weiter den Zug der Natur und ging häufig mit seinem jungen Cousin und vertrauten Freund Edward Hoar auf Reisen. Wie Ismael zog es Thoreau zum Meer. Für einen der »*Isolatos*«, die »jeder für sich ... auf ihrem eigenen Kontinent leben«[9], war es eine unwiderstehliche Verlockung, etwas Größeres zu finden und sich damit zu konfrontieren. Auch Zuflucht vor dem eigenen Ich bot das Meer und so ließ sich Thoreau aus dem Wald an den Strand locken, wo sich ihm etwas Neues eröffnete. Doch weder Wald noch Meer war, was es schien, und wie alles heftig Begehrte waren beide gefährlich.

Cape Cod war kaum einladender als bei der Landung der Pilgerväter 200 Jahre zuvor. Charles Nordhoff, der es ungefähr zur selben Zeit besuchte, beklagte die »nicht allzu große Vielfalt der Ansichten«, bestehend aus Dünen, Salzmarschen, Zwergeichen und Krüppelkiefern, was der Landschaft »den wohlklingenden Namen ›die große Wüste von Cape Cod‹« eingetragen habe. Öde war die Landschaft gewiss. »Trübselig aussehende« Kais säumten die Buchtseite und die verkrüppelte Vegetation und das Fehlen von Gras auf der Seeseite »und vor allem und mit allem vermischt das ewige Blecken des Sandes, dies alles zusammen verlieh den Küsten des Cape ein überaus unwirtliches Aussehen«.[10]

Es war so trostlos wie die Wüsteneien, die Melville im Geiste durchstreifte, und auch Thoreau erschien es abweisend, »äußerlich vielleicht wie der Meeresgrund, wenn er vorgestern trockenes Land geworden wäre«[11]. Doch eine solche Öde hatte auch ihre Schönheit: die von den Atlantikwinden aufgewehten hohen Sandrücken, über denen sich die leuchtend blauen Weiten auftaten; eine nicht von Menschen gemachte Wandelwelt. Diese Wildnis – wie Ismael sie auch in der Grenzenlosigkeit des Meeres erblickte, »über alle Maßen eintönig und abstoßend«[12] – gefiel dem Einsiedler von Walden: eine Landschaft, wo »alles von der See erzählte, selbst wenn wir ihre Wüste nicht sahen und ihr Donnern nicht hörten«[13].

Hier zollte das Land dem Meer Tribut, ordnete sich ihm bedingungslos unter. »An Vögeln gab es Möwen und statt Wagen auf den Feldern kieloben an den Häusern lehnende Boote, und manchmal war die Rippe eines Wals in den Zaun an der Straße geflochten.«[14] Und hier wurden Grind- oder Pilotwale, englisch auch *grampus* genannt, ihres Trans wegen geschätzt, und das war schon vor der Ankunft der *Mayflower* so gewesen: Die zweite Begegnung der Pilgerväter mit amerikanischen Eingeborenen fand beim heutigen Wellfleet statt, wo sie die Indianer dabei beobachteten, wie diese die Speckschicht von einem der gestrandeten Wale abzogen, weshalb die Bucht auch den Namen Grampus Bay bekam.

Die an ihren kugelförmigen Köpfen mit der ausgeprägten »Melone« und den schnittigen schwarzen Körpern leicht zu erkennenden Pilotwale (so genannt, weil sie immer einem Leittier folgen) wurden gejagt, wenn sich sonst keine Wale fanden. »Ein ergiebiges Exemplar«, bemerkte Frank Bullen, »wird ein bis zwei Fässer ... von mittlerer Qualität liefern«[15], und ihr Fleisch war eine hoch geschätzte Abwechslung zum ewigen gepökelten Rindfleisch an Bord. Diese geschmeidigen, wie gelackt aussehenden Tiere sind wie die Pottwale (mit denen sie nahe verwandt sind und in deren Nähe sie sich häufig aufhalten) sehr gesellig und ihre Gewohnheit, in großen Scharen aufzutreten, war ein zusätzlicher Grund, sie zu jagen. Die Bewohner der Färöer wenden dabei heute noch eine Technik an, die sie von ihren Wikingervorfahren gelernt haben: Sie treiben ganze Schulen von Pilotwalen in flaches Wasser, wo die in der Falle sitzenden Tiere, von bewaffneten Männern in kleinen Booten umzingelt, wild um sich schlagen, senkrecht aus dem Wasser springen und mit aller Kraft versuchen, den tödlichen Stichen zu entgehen. Fast könnte man diese erschreckend menschlich aussehenden Erscheinungen für Männer in Neoprenanzügen halten, doch bald sind sie nichts weiter mehr als abgezogener Blubber.

Solche Szenen spielten sich auch an den Küsten von Cape Cod ab. In einer Episode seines Cape-Buches, die an das eindrucksvolle erste Kapitel anknüpft – in dem nach einem Schiffbruch die Leichen in rohen Holzkisten abtransportiert werden –, erblickt Thoreau abgeschlachtete Grindwale am Strand und wird von dem Gestank zu einem großen Umweg gezwungen, mit dem Ergebnis, dass er in Great Hollow 30 weitere frisch abgestochene Wale vorfindet, die das Wasser rot färben wie die Gefallenen einer gescheiterten Invasion.

Thoreau staunte über die Gestalt und die kautschukglatte Haut der Tiere; mit ihren stumpfen Schnauzen und steifen Flossen hatten sie beinahe etwas Embryonisches. Das größte war 4,50 Meter lang; andere waren nur 1,50 Meter große Jungtiere mit noch nicht durchgebrochenen Zähnen, fast noch Säuglinge. Ein Fischer tat dem Besucher den Gefallen, einen Schnitt in das Fleisch eines Wals zu machen, um ihm die Dicke des Blubbers zu zeigen, etwa acht Zentimeter. Thoreau strich mit dem Finger über die Wunde, als könnte er es nicht glauben. Er fühlte die Öligkeit. Sie erinnerte ihn an Schweinefleisch; man erzählte ihm, dass kleine Jungen mit Brotscheiben dorthin kamen und sie sich mit dem Zeug belegten. Der Fischer schnitt tiefer ins Fleisch und erklärte Thoreau, dass er es jedem Beefsteak vorziehe.

Während sie dort am Ufer standen, hörte Thoreau einen Schrei: »Noch eine Herde!« In der Ferne sah er die Wale durch die Wellen springen wie Pferde. Die Fischer machten ihre Boote klar und die Jungen beeilten sich, mitzukommen. »Ich hätte auch mitfahren können, wenn ich gewollt hätte«, sagte Thoreau, doch er wollte nicht, gab auch keinen Grund dafür an. Vielleicht verspürte er die gleiche zwiespältige Faszination wie ich, als ich einmal die Fuchsjäger im roten Rock durch das Farngestrüpp des New Forest preschen sah. Während Thoreau zuschaute, nahmen etwa 30 Boote die Wale in die Zange, wozu die Männer laut auf die Seiten schlugen und Hörner bliesen, um sie an den Strand zu treiben. Er musste zugeben, dass es ein packendes Wettrennen war, und während sich die wildbewegte Szene vor seinen Augen abspielte, hörte er einen alten blinden Fischer klagen: »Wo sind sie? Ich kann nicht sehen. Haben sie sie erwischt?«[16]

Einen Moment lang sah es so aus, als könnten die nordwestlich nach Provincetown schwimmenden Wale sich ins offene Meer retten. Die Sorge, die Beute könnte ihnen entgehen, zwang die Jäger, an Ort und Stelle mit kurzstieligen Lanzen auf die springenden Wale einzustechen. Thoreau konnte gerade noch erkennen, wie die Männer aus den Booten ins seichte Wasser sprangen und den Tieren, die zuckend und Blut spritzend am Strand lagen, den Rest gaben. »Es war genau wie auf Bildern vom Walfang, die ich gesehen habe, und ein Fischer erzählte mir, es sei auch fast so gefährlich.«[17]

Diese erlegten Wale ließen Thoreau keine Ruhe. Wieder daheim in Concord versuchte er mehr über sie herauszufinden, doch er stieß auf eine Leerstelle. Storers *Report on the Fishes* führte den Pilotwal nicht auf, »da er kein Fisch ist«; und Emmons' *Report of the Mammalia* unterschlug sämtliche Wale, weil der Verfasser noch nie welche gesehen hatte. »Ich fand es bemerkenswert, dass weder der volkstümliche noch der wissenschaftliche Name in einem Bericht über unsere Säugetiere zu finden war – einem Katalog der Hervorbringungen unseres Landes und Wassers«, sinnierte Thoreau.[18]

Ein befremdliches Versäumnis, zumal wenn man die Rolle bedenkt, die der Wal in der Wirtschaft und Geschichte des Cape spielte: von den bescheidenen Fangzügen der Indianer zu den modernen »Frühaufstehern«[19], die noch Wale im Wert von 1000 Dollar im Sand gestrandet finden konnten. Pilotwale und Delfine stranden dort immer noch und in größeren Scharen als an fast jeder anderen Küste. Von reichlich vorhandenen Kalmaren in die Bucht gelockt, wird diese für sie zur Todesfalle, wo sie, dem Wasser entrissen, daliegen und wehrlos den Angriffen der Möwen ausgesetzt sind, die den hilflosen Tieren in ihrem langsamen Sterben die Augen aushacken.

Als Thoreau nach Provincetown kam, staunte er über die Mischung aus Fischerdorf und Pionierstädtchen mit nur einer Straße und einem Bürgersteig. »Die Zeit muss kommen, da wird diese Küste eine Feriengegend für Neuengländer werden, die wirklich ans Meer wollen«, prophezeite er. »Gegenwärtig ist sie der mondänen Welt gänzlich unbekannt, und richtig gefallen wird sie ihr wahrscheinlich nie.«[20] Und gegen Ende seiner Reise erblickte Thoreau am Strand etwas, das er zunächst für einen ausgebleichten Baumstamm hielt. Es stellte sich als Teil eines Walskeletts heraus und in seiner Vorstellung vermengte er es mit einem in der Nähe liegenden Wrack, dessen »Knochen« noch sichtbar waren: »Vielleicht liegen sie neben den *Spanten* eines Wals.«[21] Die Winterstürme am Cape spülen heute noch Kiele aus dem 18. Jahrhundert an, die dann als graue Holzgerippe am Ufer liegen; doch Thoreau konnte nicht wissen, dass der Sand dort auch einen Walfriedhof bedeckte.

Charles »Stormy« Mayo ist ein Mann in den Sechzigern mit drahtiger Statur, durchdringenden blauen Augen und einer Passion für die Dahlienzucht. Väterlicherseits lebt seine Familie seit fast 400 Jahren am Cape; die ersten Mayos kamen 1650 nach Chatham. Seine Großmutter dagegen stammte von der Azoreninsel Faial. Zur Zeit seiner Vorfahren tummelten sich in diesen Gewässern die Tiere, sagt Stormy und schaut aus seinem Bürofenster über die Bucht hinaus. Ich kann die Szene beinahe in seinen Augen sehen, ein von Walen und Fischen nur so wimmelndes Paradies.

Stormys Großvater war einer der Grindwaljäger – bis er eines Tages eine Mutter erlegte und ihr Kalb unter seinem Boot nach ihr rufen hörte. Danach konnte er nicht mehr auf Walfang gehen. Aber er erzählte seinem Enkel auch von einer Walfangstation am Eastern Harbor am Rand der Stadt, an der schmalsten und heikelsten Stelle des Cape. Wäre die See hier durchgebrochen, wäre Provincetown eine Insel geworden; doch bald nach Thoreaus Reise wurde über das schmale Stück ein Damm gebaut und das Hafenbecken wurde zu einem brackigen Binnensee.

Und eben hier war es, wo Mayo und sein Sohn Josiah auf einem Spaziergang eine Aushöhlung in den Dünen fanden, einen

»Blow-out«[22], in dem bei einem zeitweiligen Tiefstand des Wassers ein vorher verborgenes Ossarium zum Vorschein kam. Kieferknochen und Wirbel ragten bunt durcheinander aus dem Sand. Vielleicht war dies ein Ort, wohin sich Wale, Nordkaper im konkreten Fall, zum Sterben begaben, vergleichbar einem Elefantenfriedhof. Und die Wale waren hier einst so zahlreich gewesen, dass die Pilgerväter glaubten, sie könnten auf ihren Rücken über die Bucht spazieren.

Die Nachfahren dieser Nordkaper schwimmen immer noch in der Cape Cod Bay, wie bedrückt, hat man den Eindruck, von ihrem unseligen englischen Namen *right whale*: der richtige Wal zum Fangen. Mit einem Fettanteil am Körpergewicht von 40 Prozent haben Nordkaper und andere Glattwale einen starken Auftrieb und verbringen die meiste Zeit an der Wasseroberfläche; erleichternd kam noch hinzu, dass sie oben schwammen, wenn sie getötet wurden. Deswegen und wegen ihrer Neigung, sich in küstennahen Gewässern aufzuhalten – daher auch ihr Beiname *urban whale*, »Städtischer Wal« –, hatten die Nordkaper am meisten unter dem jahrhundertelangen Vernichtungsfeldzug gegen sie zu leiden. Sie waren die ersten Wale, die überhaupt gejagt wurden, nämlich von den Basken in der Biskaya – eine zweifelhafte Ehre, die sich in ihrem französischen Namen *Balcine de Biscaye* ausdrückt[23] –, und heute sind im Nordatlantik keine 400 mehr übrig.

Mit seinem barocken, von Schwielen verkrusteten Körper, seinen paddelförmigen Flossen und seinem absonderlichen klaffenden Maul voller Barten ist *Eubalaena glacialis* eine ebenso groteske wie fantastische Erscheinung, beliebter Gegenstand alter Stiche. Er ist der Wal schlechthin, wie uns Ismaels schwindsüchtiger Hilfsschulmeister belehrt, dem zufolge das Wort »Wal« vom schwedischen und dänischen *hval* stammt, womit das Tier »nach Rundheit oder Rollen benannt« wäre, denn *hvalt* heiße »gebogen oder gewölbt«.[24]

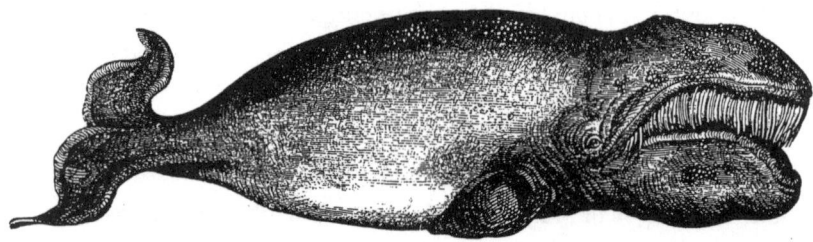

Wie dem Pottwal wurde dem Glattwal seine eigentümliche physische Beschaffenheit zum Verhängnis. Er besaß nicht nur eine außerordentlich dicke Speckschicht, sondern seine besonders langen Barten ließen sich zudem erhitzt zu Schirmgestellen, Korsettstangen, Jalousiestäben formen oder als Borsten für Bürsten verwenden. Wenn Walöl der Brennstoff der Zeit war, dann war Walbein ihr Kunststoff. Zu übermannshohen Bündeln geschnürt, wurden die biegsamen Hornplatten früher in Massen am Hafen aufgestellt wie Zuckerrohrgarben in jamaikanischen Plantagen.

Was einst die absichtliche Tötung dieser Wale erleichterte, begünstigt heute ihre unabsichtliche. Es ist kaum zu glauben, dass eines der seltensten Tiere der Welt an ihren belebtesten Küsten und verkehrsreichsten Schifffahrtsrouten anzutreffen ist. Hier fallen die Wale der Taktik zum Opfer, die sie gegenüber ihren natürlichen Feinden anwenden, nämlich ruhig und still an der Oberfläche zu verharren. Ein Schwertwal kann darauf hereinfallen und meinen, der Glattwal wäre ein unbelebtes Objekt; ein Frachter dreht deswegen nicht ab. Obwohl Nord- und Südkaper die ersten Wale waren, für die 1935 ein Fangverbot erlassen wurde, sind ihre Zahlen im Nordatlantik konstant niedrig geblieben, woran auch die Verlegung der Schifffahrtsstraße nach Norden so wenig geändert hat wie das strikte Verbot für die Schiffe, sich den Walen auf 500 Meter zu nähern. Die Folge dessen ist, dass sich wenig Glattwale fortpflanzen und ihr Genpool so begrenzt ist, dass sie das Jahrhundert schwerlich überleben werden.

Kurios daran ist, dass Glattwale unter normalen Bedingungen außerordentlich fruchtbare Tiere sind. Mit fast einer Tonne Gewicht sind die Hoden des Männchens die größten im ganzen Tierreich. Mit ihrem 2,50 Meter langen Penis suchen sie die Überlegenheit ihrer Spermien durch Mehrfachpaarungen zu beweisen und nicht durch Kämpfe um die Gunst der Weibchen (auch wenn es vorkommt, dass sie ihre Schwielen als Waffen einsetzen). Weibchen lassen sich direkt hintereinander von mehreren Partnern befruchten, wobei stets ein ausgiebiges Vorspiel vorausgegangen ist, in dem die paarungswilligen Tiere sich gegenseitig höchst zärtlich mit ihren Flossen streicheln; wie bei allen Walen ist ihre Haut unglaublich empfindlich, sodass der Druck eines menschlichen Fingers sie am ganzen Körper erschauern lassen kann. Trotz dieser lebhaften sexuellen Aktivität gibt es beim Nordkaper nur acht matrilineare Abstammungslinien – das sichtbare Zeugnis des jahrhundertelangen Walfangs.

Stormy sah seinen ersten Nordkaper mit 16 Jahren, als er mit seinem Vater an der Stellwagen Bank fischte; es waren damals beinahe legendäre, schon massiv vom Aussterben bedrohte Tiere. »Man wusste, dass noch einige übrig waren«, erinnert er sich, »aber niemand wusste, wo die meisten sich aufhielten.«[25] Sein jugendliches Interesse wuchs sich beim Erwachsenen zur Passion aus, und nachdem er 1976 das Center for Coastal Studies in Provincetown mitgegründet hatte, fing Mayo an, Daten über Nordkaper zu sammeln. Er bekam auch als Erster die staatliche Zulassung, Wale zu retten, die sich verfangen hatten; mehr als 60 Prozent der Nordkaper verfangen sich irgendwann einmal in Langleinen. Auch durch Kollisionen mit Schiffen sterben mehr als bisher angenommen, viele davon Weibchen im fortpflanzungsfähigen Alter. In diesem Stadium ihrer Geschichte könnte ein einziges gerettetes fruchtbares Weibchen über Aussterben oder Überleben der Art entscheiden. So kommen einem Stormy und seine Kollegen wie neue Helden des Antiwalfangs vor, wenn sie zu Blitzeinsätzen geflogen werden, die etliche Tausend Dollar kosten.

Tatsächlich werden dieselben Techniken, mit denen die Wale einst gejagt wurden, heute zu ihrer Rettung angewendet. Alarmiert, eilt das Rettungsboot *Ibis* so schnell wie möglich zum Ort des Geschehens; ein verhedderter Wal kann verhungern oder sich tödlich infizieren, aber vordringlich muss verhindert werden, dass er ertrinkt. Die Retter nähern sich dem Tier in einem Festrumpfschlauchboot und bringen an ihm Treibanker an, die sein Vorankommen behindern, ähnlich wie Walfänger früher Holzfässer zum selben Zweck benutzten und Indianer harpunierten Walen aufgeblasene Robbenfelle anhängten. Stormy, der einen Eishockeyhelm mit Visier trägt (mit einer Videokamera daran, die das Geschehen filmt), versucht, das verfangene Tier freizuschneiden. Seine Ausrüstung mag aus dem 21. Jahrhundert stammen, aber seine Silhouette erinnert an einen alten Harpunier, nur dass er statt eines

Speers mit Widerhaken einen langstieligen Haken führt, mit dem er das Leinengewirr durchtrennt.

Wie Stormy lebhaft bezeugen kann, ist ein zorniger Nordkaper gefährlich. Dies sind keine friedlichen Rinder in Walgestalt, die grüne ozeanische Weiden abgrasen (obwohl sie mit den Wiederkäuern eng verwandt sind und auch mehrere Magenkammern zur Verdauung haben). Es sind vielmehr überraschend gelenkige Tiere, viel gelenkiger als andere Bartenwale, obwohl sie doppelt so schwer sind wie Buckelwale und im Vergleich zu den stromlinienförmigen, aber recht inflexiblen Finnwalen die reinsten Fässer. Sie können mit der Schnauze die Fluke berühren und führen diese akrobatische Nummer auch öfter auf, wenn sie sich bei der Verfolgung ihrer winzigen, hierhin und dorthin treibenden Beute entsprechend krümmen und drehen müssen.

An seinem Computer spielt Stormy Szenen mit verfangenen Walen ab. Die gewaltige Muskelkraft des Tiers fällt sofort ins Auge. Wenn es sich dreht und windet wie ein gigantischer Lachs und wie wild mit dem Schwanz drischt, treten einem Jagdszenen aus dem 19. Jahrhundert vor Augen. Mit einem kurzen Schlag konnte dieses unberechenbare Wesen ein Boot hoch in die Luft schleudern, so »dass seine Anfälle panischen Schreckens mehr zu fürchten sind als seine furchtlosesten und arglistigsten Angriffe«[26], wie Ismael bemerkt.

Stormys Beziehung zu den Nordkapern ist dank solcher nahen Begegnungen sehr eng. Er spricht von dem prähistorischen Anblick, den sie bieten, wenn die Sonne durch ihre Barten blitzt. Und wenn er auch das Wort »intelligent« in Verbindung mit Tieren wenig brauchbar findet, zögert er nicht, sie als »gemeine Viecher« zu bezeichnen, die um ihre Kraft sehr wohl wissen.[27] Die Walfänger wussten auch darum. Wie der Pottwal konnte der Nordkaper weder gerade vor sich noch hinter sich schauen, doch mit seinem Schwanz beziehungsweise seiner Fluke konnte er »von einem

Auge zum anderen fegen, was jede seitliche Annäherung unmöglich oder extrem gefährlich«[28] machte.

Nach einer Rettungsaktion kann Stormy sich oft nicht mehr erinnern, was er getan hat, vermutlich deswegen, meint er, weil das Kurzzeitgedächtnis nur die bewussten Entscheidungen speichert; erst wenn er sich hinterher das Video anschaut, durchlebt er das Geschehen bewusst. Einmal verfing sich ein Angelhaken an der Langleine in Stormys Rettungsweste, als das Tier gerade tauchte, und drohte ihn mit in die Tiefe zu reißen wie Moby Dick im Film den an ihn gefesselten Ahab. Mayo blieben nur Sekundenbruchteile, um sich loszuschneiden; im Wasser hätte er keine Chance mehr gehabt, weil er wegen der gewaltigen Schubkraft seinen Arm nicht mehr nach vorn bekommen hätte, um sein Messer zu ziehen.

> ... liefe der Wal dann die Leine in kaum mehr als einer einzigen brenzligen Minute bis zum Ende aus, was bisweilen vorkommt, so würde er sich damit nicht begnügen, sondern das todgeweihte Boot unweigerlich hinter sich in die Tiefen des Meeres hinabreißen.[29]

An seinem Computer zeigt mir Stormys Kollege Scott Landry andere Schreckensbilder: Tiere, denen die Nylonleine so tief ins Fleisch schneidet, dass das nässende, blutende Fleisch begonnen hat, sie zu überwuchern; Walläuse *(Cyamidae)* befallen diese geschwächten Stellen und zeigen an, dass das Tier krank ist. Es ist bestürzend, mit anzusehen, wie diese prallen Körper gespenstisch grau werden, gebunden von Schnüren, die sie aller Kraft berauben. Erst Ziel der globalen Jagd, jetzt ihr Kollateralschaden: Die Wale müssen schwer gesündigt haben, um vom Schicksal so hart bestraft zu werden. Ein letztes Bild zeigt einen toten Wal am Strand, rötlich blass, kaum noch als das zu erkennen, was er einmal war, auch wenn sein starr blickendes Auge immer noch tränt.

Wir brauchen eine andere Einstellung zu den Tieren, verständiger, vielleicht mystischer ... Wir sehen wegen ihrer Unvollkommenheit auf sie herab, wegen ihres tragischen Loses, so weit unter uns Gestalt angenommen zu haben. Und darin irren wir, und zwar gewaltig. Denn die Tiere dürfen nicht am Menschen gemessen werden. In einer Welt, die älter und vollkommener ist als unsere, bewegen sie sich vollendet und vollkommen, ausgestattet mit Sinnesverstärkungen, die wir verloren oder niemals besessen haben, mit Stimmen kommunizierend, die wir niemals hören werden. Sie sind nicht unsere Brüder, sie sind nicht unsere Untergebenen, sie gehören anderen Völkern an, verstrickt wie wir ins Netz des Lebens und der Zeit, mitgefangen in der Pracht und Mühsal der Erde.[30]

Zu Winterende und Frühlingsanfang fährt die *Shearwater*, das Forschungsboot des Center, in die Bucht hinaus, um dort die Zooplanktonwerte zu messen. Der Theorie nach geben diese Werte exakt darüber Auskunft, ob der Lebensraum die Wale tragen kann. Wenn das Messergebnis über 3750 Organismen pro Quadratmeter liegt[31], dann sind zum Erhalt der Population genug fetthaltige Ruderfußkrebse und andere farblose Kleintiere vorhanden (die alle aussehen wie außerirdische Wasserwesen, wenn sie unter dem Mikroskop in exzentrischen Kreisen paddeln). Liegt das Ergebnis darunter, werden Wale, die diesen historischen Weidegrund aufsuchen, ihn zu dürftig finden und weiterziehen. Nach solchen minutiösen Messwerten richten sich Leviathane.

Wie ein Astronaut in einen gepolsterten Überlebensanzug reiß- und klettverschlossen, um nicht an Unterkühlung zu sterben, falls ich über Bord stürzen sollte, verzichte ich schriftlich auf etwaige Haftungsansprüche, und mit offizieller Genehmigung der amerikanischen Regierung klettere ich daraufhin die Metallleiter zum Oberdeck der *Shearwater* hinauf, in die helle Sonne und den kalten Wind. Obwohl ich angewiesen wurde, knapp unter den Horizont zu blicken und das periphere Sehen zu üben, lullen mich die gleichbleibende Wasseroberfläche und die Bewegung des Meeres ein. »Da stehst du nun, verloren in den unendlichen Wogenreihen der See, und nichts regt sich außer den kräuselnden Wellen«, sagt Ismael, während er im Masttopp nach Walen Ausschau hält; »... alles lässt wohlig dich erschlaffen.«[32]

Nichts durchbricht die Monotonie, nicht einmal ein Vogel. Es ist, als wäre die ganze Welt eingefroren. Nach sechs Stunden Suchen schmerzen mir die Augen. Alles ist langweilig, geradezu einschläfernd an der eisigen Winterluft. Dass die langen, windsackartigen Netze zur Probenentnahme, die das Boot hinter sich herzieht, leer bleiben, ist ein negatives Ergebnis: Es gibt hier nicht genug Nahrung für Wale.

Das ist kein gutes Zeichen. Kaltes Wasser ist sauerstoff- und damit nährstoffreicher als südliche Meere, doch die steigenden Temperaturen haben das Plankton um zehn Breitengrade nach Norden getrieben, und da die sich erwärmenden Ozeane mehr CO_2 absorbieren, wird die Umwelt der Wale übersäuert. Das über uns kreisende Erkundungsflugzeug sieht nicht einmal einen Spaut und vor lauter Ausschauhalten verbrennen mir Sonne und Wind das Gesicht. Vielleicht hatten wir es an diesem Tag einfach nicht verdient.

Drei Monate später fuhr ich abermals mit der *Shearwater*. Es war Anfang Mai und die Nordkaper waren nicht in nennenswerter Zahl erschienen; die Planktonwerte blieben enttäuschend niedrig. Doch da meldete Stormy eine Veränderung.

Vom Hafen in Provincetown aus fuhr das Boot quer über die Bucht nach Westen, zwölf, fünfzehn Kilometer Richtung Plymouth. Wir saßen am Oberdeck und beobachteten, wie Schweinswale flink und scheu durchs Wasser glitten. An der Art, wie sie prusteten und sich durch die Wellen wühlten, sah man sofort, woher sie ihren Namen haben und warum Seeleute sie auch »Meerschweine« nennen. Da erblickten wir plötzlich etwas anderes: eine an der Oberfläche dahinziehende tief liegende dunkle Gestalt. Zuerst dachten wir uns nichts dabei, doch als wir näher kamen, erkannte ich, dass es ein Nordkaper war. Langsam, aber sicher schob sich das Tier wie ein Rasenmäher voran und weidete zielstrebig das nunmehr planktonreiche Wasser ab, als hätte ein kollektives Gedächtnis es an diesen Ort geführt, vielleicht aber auch einfach angelockt vom Geruch oder Geräusch seiner Nahrung. Als die *Shearwater* die Entfernung weit genug verringert hatte, legte ich meinen Feldstecher beiseite und schaute staunend zu.

Ein, zwei, drei, vier, fünf Wale erschienen jetzt um uns herum und ließen ihre Barten in der Sonne glänzen wie kolossale Saiteninstrumente. Mit einem Mal trat ihre bizarre Schönheit zutage, die eigentümliche »Haube«, die sie oben am Kopf haben, von hellem Auswuchs bedeckt wie ein Baum mit Flechten. Während sie so dahinschwammen, von ihren Speckmassen getragen, wirkten sie mehr wie Pflanzen als wie Tiere oder vielleicht wie vom Wasser überspülte schimmernde Felsen. Nur hinten und unten machte sich ihre Kraft an den breiten Fluken bemerkbar, die kaum die Oberfläche durchbrachen und ihre Leiber mühelos manövrierten.

… so schwammen diese Ungeheuer mit einem seltsam grasigen und sensenden Geräusch ihres Weges und zogen ihre endlos blauen Bahnen durch die gelbe See … [33]

Es waren riesige lebende Puzzles: Auch wenn ich noch so angestrengt schaute, ich bekam sie nie vollständig in den Blick, erfasste nie ihren ganzen Körperbau, alle Teile, aus denen sie bestanden. Es war wie ein ständiger Wechsel zwischen Schärfe und Unschärfe. Als wir von hinten an ein Tier heranfuhren, sah ich, wie breit sein Rücken war, abgeplattet wie ein riesiger Tisch, und ich konnte mir vorstellen, warum Brendan der Reisende und seine Mönche auf einem Wal landeten, den sie für eine Insel hielten, ein Feuer auf ihm entzündeten und zum Dank für ihre Rettung das Messopfer feierten.[34]

Plötzlich schwamm ein Tier so dicht an das Boot heran, dass Stormy, der über den Wellen auf dem Bugspriet stand, die Hand hätte ausstrecken und ihm den Kopf tätscheln können wie einem Hund. Stattdessen richtete er seine Kamera darauf und filmte das Muster der Schwielen, die an denselben Stellen auftreten, wo bei einem Menschenmann Gesichtshaare wachsen – Augenbrauen, Kinn, Oberlippe –, und jedes Tier einzigartig machen. Leicht ekelhaft ist allerdings, dass diese physiognomischen Merkmale von hellen Walläusen befallen sind, den winzigen Flohkrebsen, die auf dem Kopf ihres Wirts herumkrabbeln und dort die abgestorbene Haut fressen. Wie Eric Joranson von einem der Walbeobachtungsboote mir erzählte, lassen sich die Läuse auch gern auf Menschen nieder, wenn sich nur die kleinste Gelegenheit bietet, und sind dann schwer wieder loszuwerden. Wenn ein Wal sterbend am Strand liegt, verlassen sie ihn wie Ratten ein sinkendes Schiff. Dennoch können diese Parasiten dem Wal auch von Nutzen sein: Da sie wie er Ruderfußkrebse fressen, können sie ihn gewissermaßen als Minisensoren zu seiner Nahrung leiten.

Als der Wal an uns vorbeischwamm, war es, als nickte er Stormy, seinem Retter, huldvoll zu. Dann bog er seitlich am Boot ab und kam zu mir. Ich blickte ins Wasser und sah, wie sein weißes Maul aufklappte wie ein Tor in den Angeln – das größte Maul im ganzen Tierreich, so groß, dass man ein Auto darin abstellen könnte.

Und jetzt sah ich auch das Tier in seiner Gesamtheit unter mir, einen in seinem Element treibenden Eisberg. Es schwamm überraschend schnell, sodass es mit seinen 50 Tonnen eine Bugwelle vor der Schnauze aufschob. Stumm staunend beim Anblick dieses uns wahrnehmenden und doch nicht wahrnehmenden Wesens hatte ich das Gefühl, einen Dinosaurier zu beobachten, ein Tier, dessen Todgeweihtheit so gar nicht zu seiner physischen Präsenz passte. Ein widerlicher dumpfer Geruch, etwas zwischen Kuhfurz und Fischgestank am Hafen, ging von ihm aus und erinnerte einen unangenehm daran, dass es in gewisser Hinsicht eine Verarbeitungsanlage für Plankton war.

Dann schwamm es davon und gesellte sich wieder zu den anderen, die trotz ihrer Größe alle etwas von Traumgestalten hatten. Beim Anblick dieser mächtigen Wesen konnte man sich kaum vorstellen, dass es sie irgendwann einmal nicht mehr geben könnte. Anderthalb Kilometer entfernt fuhren die Schiffe zum Cape Cod Canal hinein und hinaus und unter dem markanten Bogen der Sagamore Bridge hindurch. Es war eine Lektion in Überlebenskunde. Mit kaum etwas anderem beschäftigt als mit ihrem Futter und sich selbst, hätten sie kein auf sie zuhaltendes Tank- oder Containerschiff wahrgenommen. Später am Tag wies die *Shearwater* den Schiffsverkehr auf ihre Anwesenheit in der Bucht hin. Was für mich ein Tagesausflug war, bedeutete für einen Wal vielleicht die Lebensrettung.

Als wir zur Heimfahrt abdrehten, durchbrach eine schwarze Gestalt den Horizont. Ein Wal stieg geradezu behäbig in die Höhe und landete mit einem fernen Knall. Dann klatschte er mehrmals mit dem Schwanz aufs Wasser, dass es sich bei uns auf dem Boot anhörte, als würden Kanonen abgefeuert. Zuletzt streckte er wie symbolisch die Fluke zum Himmel empor, erfüllt von Leben und Kraft, und wir kehrten den Walen den Rücken und ließen sie in Ruhe weiterspeisen.

HAMLET: Sehn Sie dort die Wolke, die fast die Form
eines Kamels hat?
POLONIUS: Beim Herrgott ja aber auch –
wirklich wie ein Kamel.
HAMLET: Mir kommt sie vor wie ein Wiesel.
POLONIUS: Sie hat einen Rücken wie ein Wiesel.
HAMLET: Oder wie ein Walfisch.
POLONIUS: Ganz wie ein Walfisch.[35]

Hamlet hat recht, auch wenn er Polonius foppt. Wale sind wie Wolken. Auf ihrem Weg durch die Weltmeere und über ihre versunkenen Berge und Täler ist es, als wandelten sie fortwährend die Gestalt, genau wie die Wolken, die über den verschneiten Gipfel vor Melvilles Fenster im hintersten Massachusetts zogen. In Walbeinschnitzereien stellen die Inuit den Atem des Wals als Feder dar. In Karikaturen blasen Wale ihr persönliches Wetter an den Himmel, ihre eigene Energiewolke. Seiner Beute erscheint auch der weiße Bauch eines Buckelwals als Wolke, allerdings eine, die sie verspeisen kann.

Und wie Wolken Landkarten in der Luft gestalten, so sind Wale Länder für sich, planetarische Gemeinschaften aus Seepocken und Seeläusen, unterwegs auf ihrer eigenen Kontinentaldrift. Als internationale Gesandte der unterschiedslosen Naturgewalt sind sie staatenlose Nationen, die mehr repräsentieren als ihre bloße Existenz. »Denn durch Kunstfertigkeit wird jener große Leviathan, Gemeinwesen oder Staat genannt (lateinisch civitas), erschaffen«, schrieb Hobbes.[36] Als geplünderte Kolonien bleiben sie weiter unter Beschuss, unbesiegbar und doch verletzlich, trotz ihrer Größe wehrlos. Es ist das Los des Wals, ein und dieselbe Luft wie der Mensch atmen und dafür sein Leben riskieren zu müssen, zwiegespalten wie ein Philosoph, dem das Wesen des Menschen Rätsel aufgibt.

Der Wal lebt zwischen den Welten: Das ist sein Wunder und seine Torheit. Womit hat er ein solches Schicksal verdient? Von Noah verschmäht (er hätte schwerlich in die Arche gepasst) und vom Land ins Meer geflohen, bezahlt er den Preis für seine selbst gewählte Verbannung.

> Wenn ich so zwischen diesen mächtigen Skeletten ... des Leviathan stehe ... dann werde ich von einer Flutwelle in jene wundersame Zeit zurückgetragen, als die Zeit eigentlich noch gar nicht begonnen hatte – denn Zeit begann erst mit dem Menschen.[37]

Das Auftreten der ersten walartigen Lebewesen lässt sich 50 Millionen Jahre zurückverfolgen ins Eozän und in die Tethys, einen Urozean, dessen Nachfolger heute das Mittelmeer und das Kaspische Meer bilden. Damals lebte etwa *Pakicetus*, ein fuchsähnlicher Vierbeiner, der wiederum von *Ambulocetus natans* abgelöst wurde, einer Art Riesenotter, und anderen sogenannten »laufenden Walen« wie etwa *Kutchicetus* und *Rodhocetus*. Neuere Entdeckungen weisen auf ein weiteres Verbindungsglied zwischen Walen und Landbewohnern hin: *Indohyus*, ein Huftier, das einen ähnlich verdickten Ohrknochen besaß wie die Waltiere; als Pflanzenfresser zog es sich halb ins Wasser zurück, um sich vor seinen Feinden in Sicherheit zu bringen. Aus den *Mesonychia*, die es ebenfalls zum Wasser zog, gingen die Pferde hervor, die Wisente, die Kamele, die Schafe – und die Wale.

Die Urwale, die *Archaeoceti*, waren genauso weltweit verbreitet wie ihre Nachfahren – wobei die Schlangenähnlichkeit von *Basilosaurus cetoides* viktorianische Paläontologen zu der Annahme verleitete, es handele sich um ein Meeresreptil, als sein fossiliertes Skelett 1832 in Alabama gefunden wurde. Ismael erklärt: »Die Sklaven aus der Gegend hielten es in ihrer abergläubischen Ehrfurcht für die Gebeine eines gefallenen Engels.«[38] Erst Sir Richard

Owen, der den Begriff »Dinosaurier« prägte, erkannte in diesem »ausgelöschten Leviathan aus grauer Vorzeit«[39] einen »präadamitischen« Wal[40], den er in *Zeuglodon* umbenannte, »eines der ungewöhnlichsten Lebewesen, das je den Veränderungen auf der Erde zum Opfer gefallen«[41] ist.

Vor ungefähr 35 Millionen Jahren starben die *Archaeoceti* aus und die Ordnung der Wale spaltete sich in *Mysticeti* und *Odontoceti* auf; manche Wissenschaftler sind allerdings der Ansicht, dass die Pottwale den Bartenwalen genetisch näherstehen als den anderen Zahnwalen. Ähnlich deuten neuere Fossilienfunde von Vorfahren der Bartenwale auf Tiere mit großen Raubtieraugen und gefährlichen Reißzähnen hin, die wenig Ähnlichkeit mit ihren heutigen friedlichen Formen haben.[42]

Da riesige Lücken zwischen den Fossilienfunden klaffen und wir über große Zeiträume hinweg im Dunkeln tappen, bleibt die genaue Entwicklung der Wale ein Rätsel. Ihre festländische Herkunft hat ihre Spuren in den verkümmerten Hinterbeinen von Walembryonen hinterlassen, die wie ein prähistorisches Relikt erscheinen – andererseits jedoch sind wir im Mutterleib alle Wale, die im Meer des Fruchtwassers schwimmen. Hin und wieder wird ein Pottwal mit einem atavistischen Flossenpaar geboren und es gab den Fall eines Buckelwals mit ein Meter langen missgebildeten Hinterbeinen[43], eine absonderliche Erscheinung, fast ein Mischwesen wie Barnums aus Fisch und Affe gekreuzte Nixe.

Die Wale machten sich ihre Befreiung vom Leben an Land zunutze. Allein dank der Tragkraft des Meeres konnten sie sich zu derartig gewaltigen Tieren entwickeln: Wenn sie noch Beine hätten, könnten sie mit ihrem Gewicht niemals darauf stehen. Eine solche Entwicklungsgeschichte widerlegt und bestärkt zugleich den Glauben an die Hand des Allmächtigen. Ein Werbezettel von 1834 für die Ausstellung eines Walskeletts erklärt:

> Wer kann dieses mächtige Gerippe betrachten, ohne den Geist zu verehren, der es schuf? Wo können wir ein Gefühl der Andacht besser kultivieren als im Angesicht eines Werks, das so eindrücklich von den verschiedenen Eigenschaften des mannigfaltigen Gottes spricht?[44]

Für eine Epoche, deren Überzeugungen bedroht waren, war der Wal so etwas wie eine Veranschaulichung des Ursprungs der Erde und der neu entdeckten prähistorischen Tiere; wenn diese Meeresriesen die Sintflut überlebt hatten, warum dann nicht auch andere Ungeheuer? »Leviathan ist nicht der größte Fisch«, schrieb Melville an Hawthorne, »es soll auch Kraken geben.«[45]

In der ersten Hälfte des 19. Jahrhunderts wurden mit bemerkenswerter Häufigkeit Seeschlangen vor der Küste von Massachusetts gesichtet. Augenzeugen wollten riesige Tiere mit Schlangenkörpern gesehen haben, den Kopf hoch aus dem Wasser gereckt. Doch anders als bei vielen solcher Fantasiemonster der Fall, wurden sie über Stunden hinweg von etlichen Hundert Personen beobachtet und eine angesehene Institution wie die Bostoner Linnaean

Society veröffentlichte ihre Erkenntnisse zu dem Thema in einer Broschüre, von der sich ein Exemplar in der British Library befindet, eingestempelt der Name des ursprünglichen Besitzers, des Naturforschers Joseph Banks.

»Im Monat August 1817 wurde verschiedenen Kapazitäten allgemein gemeldet, dass ein Tier von sehr einzigartigem Aussehen in jüngster Zeit wiederholt im Hafen von Gloucester, Cape Ann, etwa 30 Meilen von Boston entfernt, gesichtet worden sei«, schrieb die Gesellschaft, deren Mitglieder alle Harvard-Absolventen waren, darunter der namhafte Naturwissenschaftler Jacob Bigelow, der das Wort »technology« in seiner heutigen Bedeutung prägte.

»Es wurde angegeben, das Tier ähnele in Gestalt und Bewegung weitgehend einer Schlange, sei von ungeheurer Größe und bewege sich mit unglaublicher Schnelligkeit fort, es lasse sich nur bei ruhigem und freundlichem Wetter an der Wasseroberfläche blicken und es mache einen gegliederten Eindruck, etwa wie eine Vielzahl aneinandergereihter Bojen oder Fässer.« Darauf setzte die Gesellschaft einen Ausschuss ein, der »Beweise hinsichtlich der Existenz und des Auftretens eines solchen Tiers« sammeln sollte.[46] Damit sollte gewissermaßen ein Gericht über die Existenz von Seeungeheuern befinden.

Amos Story aus Gloucester, Seemann, sagte, der Kopf des Tiers sei wie der einer Seeschildkröte geformt gewesen, »seine Farbe schien Dunkelbraun zu sein, und als die Sonne darauf schien, war die Spiegelung sehr hell. Mir schien sein Körper ungefähr mannsgroß zu sein.«[47]

Solomon Allen aus Gloucester, Kapitän, sah es drei Tage hintereinander, »fast den ganzen Tag vom Ufer aus ... Ich war am Strand, fast auf einer Höhe mit ihm ... Es wendete abrupt und schnell und der erste Teil der Krümmung, die es beim Wenden machte, ähnelte einem Kettenglied.«[48]

Epes Ellery aus Gloucester, Kapitän, erblickte »den oberen Teil

A Monstrous Sea Serpent,
The largest ever seen in America,
Has just made its appearance in Gloucester Harbour,
Cape Ann, and has been seen by hundreds of
Respectable Citizens.

seines Kopfes und, würde ich sagen, ungefähr zwölf Meter von dem Tier ... Ich betrachtete es mit einem Fernglas, als ich es das Maul öffnen sah, und sein Maul sah aus wie das einer Schlange, sein Kopf sah oben flach aus ... Es schien sich zu vergnügen, obwohl mehrere Boote nicht weit entfernt waren.«[49]

In seinen Beratungen konsultierte der Ausschuss historische Berichte wie die 1755 ins Englische übersetzte *Naturgeschichte Norwegens* des Bischofs Pontoppidan. Der Bischof schrieb, erfahrene Seeleute fänden es seltsam, gefragt zu werden, ob solche Geschöpfe existierten; genauso gut hätte man sie fragen können, ob es Kabeljaue oder Aale gebe. In Anbetracht solcher Aussagen erschienen der Linnaean Society »die vorstehenden Zeugnisse hinlänglich, um die Existenz des Tiers zweifelsfrei festzustellen«[50].

Das war ein bemerkenswertes Ergebnis und wie zur Bestätigung wurde im Oktober des Jahres eine zweite Seeschlange im

Long Island Sound gesichtet, »vielleicht nicht mehr als eine halbe Meile vom Ufer, ein langer, rau und dunkel aussehender Körper, der sich zügig durch den Sund bewegte (Richtung New York)«. Ein Zeuge beobachtete durch sein Teleskop, wie sich ihr Rücken, von dem zwölf oder fünfzehn Meter zu sehen waren, über die Oberfläche erhob, »unregelmäßig, höckrig und tief eingekerbt«.[51] Es war ein leicht gruseliger Anblick, wie das Ungeheuer auf Manhattan zuhielt, und er wiederholte sich etwas später, als ein anderes 130 Kilometer flussaufwärts im Hudson River gesehen wurde. Ein weiteres Erscheinen vor der Insel Nahant bei Boston wurde von mindestens 200 Personen bezeugt.

Im Lauf der folgenden Jahre tauchten die Tiere immer wieder in diesen Gewässern auf, wie herbeigelockt von derselben Nahrungsschwemme, die die Wale in den Golf von Maine führte. Im Mai 1833 zum Beispiel wurden fünf Offiziere der britischen Garnison, die in der Mahone Bay vor Halifax fischen waren, von einer Schule Pilotwale »in einem ungewöhnlichen Erregungszustand« überrascht, »die mit ihren Sprüngen so nahe an unser kleines Boot herankamen, dass ein paar aus unserer Gruppe sich einen Spaß daraus machten, mit dem Gewehr auf sie zu schießen«.

Erst da erkannten die Offiziere, dass die Wale vor »einem Bewohner der Tiefe« 200 Meter hinter ihnen flohen. Seine Bewegungen waren »genau wie die einer gewöhnlichen Schlange beim Schwimmen, den Kopf so weit erhoben und durch die Krümmung des Halses vorgestreckt, dass wir das Wasser darunter und dahinter sehen konnten«. Ihrer Schätzung nach war das Geschöpf 30 Meter lang.[52]

Im August desselben Jahres beobachtete der britische Konsul ein ähnliches Tier von einer Hotelterrasse in Boston aus: »Über 100 Personen sahen es zur selben Zeit.«[53] Eines wurde sogar in Herring Cove bei Provincetown gesehen, anscheinend angelockt von den Fischen dort und dem wärmeren Wasser. Kein Geringerer als Senator Daniel Webster sah ein Monster vor Plymouth, was Thoreau in *Cape Cod* vermerkte, dazu die dringende Bitte des Politikers an seine Anglerfreunde, ja nie ein Wort über den Vorfall zu verlieren, damit er nicht sein Leben lang Fragen danach beantworten müsse.[54] Kein Wunder, dass die Seeschlange ein Gesprächsthema beim Picknick auf dem Monument Mountain war, wo Melville und Hawthorne sich kennenlernten, oder dass weiter südlich in Carolina ein anderes Ungeheuer Furore machte, als es den Broad River hinauf in einen der Nebenflüsse schwamm, der kaum 100 Meter breit war, die ganze Zeit von einem Trupp Männer verfolgt, die Gewehrschüsse darauf abfeuerten.[55]

Im ganzen 19. Jahrhundert wurden überall auf der Welt Seeschlangen gesichtet. Konnten die Skeptiker das noch als eine Verschwörung von Spinnern abtun? Die Augenzeugen beschworen durchweg dieselben Merkmale: ein riesenhaftes Tier mit langem Hals, das schneller schwimmen konnte als der schnellste Wal. Genaue Ortsangaben wurden gemacht, mit Längen- und Breitengrad, und genaue Zeitpunkte für diese Erscheinungen festgehalten, die so in Logbücher eingetragen und in Zeitungsartikeln gemeldet wurden. So überzeugend waren die für die Seeschlange beigebrachten Beweise, dass Henry Dewhurst sie 1834 in seiner *Natural History of the Cetacea* als Tatsache aufführte: »eines dieser unbekannten Tiere, die, wenn sie auftauchen, die Zoologen gelegentlich vor Rätsel stellen«.[56]

Wenn man die vergilbten Zeitungsseiten überfliegt, ist es bemerkenswert, wie oft solche mythischen Tiere den Kopf aus den Wellen hoben und was für eine Debatte um die Möglichkeit ihrer Existenz entbrannt war. Die berühmteste Begegnung fand am 6. August 1848 statt, als die Besatzung der Fregatte *Daedalus*, die vom Kap der Guten Hoffnung nach St. Helena unterwegs war, »eine ungeheure Schlange« beobachtete, »die Kopf und Schultern ungefähr vier Fuß hoch konstant über Wasser hielt«. 18 Meter des

Tiers waren *à fleur d'eau* sichtbar, wie Kapitän M'Quhae, von der Erscheinung zu poetischem Französisch angeregt, es ausdrückte. Das Geschöpf (das mir eher wie eine riesige Blindschleiche aussieht) schwamm so dicht vorbei, dass, wäre es »jemand aus meiner Bekanntschaft« gewesen, wie der Kapitän hinzufügte, »ich seine Züge ohne Weiteres mit dem bloßen Auge erkannt hätte«. Leser der *Illustrated London News* kamen in den Genuss einer Doppelseite zu dem Thema, unter anderem mit der Aussage eines Offiziers der Royal Navy.[57]

Von allen diesen Berichten aber sind es solche über Zusammenstöße von Seeschlangen mit Walen, die einen am meisten erschrecken und faszinieren, nicht zuletzt deswegen, weil ihr gleichzeitiges Auftreten die Behauptungen von Experten zu widerlegen scheint, die erfahrenen Seeleute hätten in Wirklichkeit Wale, Haie, Tümmler oder sogar See-Elefanten gesehen. Im Juni 1818 beobachteten 18 Passagiere und der Kapitän des Postschiffs *Delia* auf der Fahrt vor Cape Ann eine Seeschlange, die mit einem Buckelwal kämpfte, wobei sie Kopf und Schwanz sieben, acht Meter hoch aus dem Wasser hielt.[58] Im Juli 1887 wurde vor der Küste von Maine ein

Ungeheuer im Kampf vermutlich mit einem Wal gesehen; am folgenden Morgen wurde in der Nähe ein sterbender Wal am Strand gefunden, »mit Rissen und klaffenden Wunden im Fleisch«.[59] Die außerordentlichste Meldung jedoch kam 1875 aus dem Südatlantik.

Am 8. Januar fuhr das Segelschiff *Pauline* bei mäßigem Wind und gutem Wetter am Cabo de São Roque an der Nordostspitze Brasiliens entlang, einer beliebten Station wandernder Wale, als die Mannschaft plötzlich schwarze Flecken auf dem Wasser und hoch darüber eine weißliche Säule erblickte. Beim Näherkommen wurde deutlich, dass die Säule etwa zehn Meter hoch war und dass eine zweite aufstieg, wenn die erste sich platschend fallen ließ. George Drevar, der Kapitän, griff sich sein Fernglas und traute seinen Augen nicht, als er eine zweimal um einen Pottwal gewickelte Seeschlange sah.

An diesem Punkt in der Erzählung kann ich kaum noch weiterlesen vor Furcht, das schlafende Monster zu wecken, und frage mich, ob ich mich je wieder trauen werde, weit ins Meer hinauszuschwimmen.

Mit Kopf- und Schwanzende als Hebel drehte die Schlange sich und den Wal »mit hoher Geschwindigkeit« herum. Alle paar Minuten sanken die beiden unter die Wellen, und wenn sie dann wieder auftauchten, waren sie immer noch dabei, um Leben und Tod zu kämpfen. Die Gegenwehr des Wals sowie das Schlagen zweier anderer Wale in der Nähe, die »außer sich vor Erregung« waren, verwandelten das Meer ringsherum unter lautem Getöse in einen brodelnden Kessel. Nach den Windungen der Schlange schätzte Drevar deren Länge auf 50 Meter. Das Maul, schrieb er, war die ganze Zeit offen, was die Szene irgendwie noch grausiger macht. Vor den Augen der Schiffsbesatzung dauerte der Kampf der Leviathane eine Viertelstunde und endete erst, als der Wal, im Todeskampf mit der Fluke hin und her peitschend, unter Wasser sank, wo er, wie Drevar sicher war, »von der Schlange in aller Ruhe verschlungen« wurde: »dieses ungeheuerlichste aller Ungeheuer wird bei der Verdauung des gewaltigen Brockens viele Monate im Koma zugebracht haben«.

Nach diesem letzten Akt schwammen die beiden Pottwale, die zugeschaut hatten, langsam zum Schiff, »die Körper weiter als gewöhnlich aus dem Wasser erhoben«, als suchten sie Schutz vor dem Monster. Sie »bliesen nicht und machten auch sonst nicht das geringste Geräusch, sondern schienen vor Furcht völlig paralysiert zu sein«. Der nach Drevars Zeichnung angefertigte Stich unterstreicht noch die Ohnmacht des sich wehrenden Wals, den die grausame Seeschlange fest umklammert herumdreht und dabei mit ihm spielt wie eine Katze mit einem Vogel.[60]

Es könnte sein, dass Drevar in Wirklichkeit Zeuge des Titanenkampfs zwischen einem Riesenkalmar und einem Wal wurde. Ich muss gestehen, dass ich Wale gesehen habe, die wie Seeungeheuer aussahen, als sie sich in den Wellen wälzten. Mein kindlicher Wunsch, an eine versunkene Welt zu glauben (wie Arthur Conan Doyle, der behauptete, auf der Hochzeitsreise in Griechenland im Meer einen jungen Ichthyosaurus gesehen zu haben), möchte aus dem augenscheinlich Unglaublichen etwas Greifbares ziehen, aus den Gewissheiten der Wissenschaft einen Albtraum der Tiefsee herauslesen. Doch Fischer, Geistliche und Männer von Erfahrung und gesellschaftlichem Rang setzten sich Hohn und Spott aus, wenn sie beschworen, was sie gesehen hatten. Kann es wirklich sein, dass sie von ziehenden Schweinswalen oder sonnenbadenden Haien getäuscht wurden? Die Seeschlange musste auf Zweifel stoßen, solange sie nicht gefangen und öffentlich ausgestellt war. Und tatsächlich, 1852, ein Jahr nach dem Erscheinen von *Moby-Dick*, meldete ein Walfänger aus New Bedford, ihm sei der Fang geglückt. Auf der Fahrt im Südpazifik habe die *Monongahela* eine Seeschlange nicht nur gesichtet, sondern auch wie einen Wal verfolgt und mit Harpunen erlegt. Das über 31 Meter lange Tier wurde an Deck gebracht, getrocknet und aufbewahrt. Es hatte einen langen, flachen, gratigen Kopf und 94 Zähne, »sehr scharf, alle nach hinten gerichtet und so lang wie ein Daumen«[61]. Dieser bemerkenswerte Fang, der die Existenz des Scheusals zu beweisen schien, wurde im britischen Fachblatt *Zoology* mitgeteilt, nachdem der Walfänger auf See eine Brigg getroffen und der Kapitän diesem Schiff Briefe mit einer Beschreibung des Monsters mitgegeben hatte. Doch die *Monongahela* sollte ihren Heimathafen niemals erreichen. Ein Jahr später ging sie mit der kompletten Besatzung und ihrer unglaublichen Fracht unter. Wie stolz wäre das Museum von New Bedford gewesen und was hätte Ismael Augen gemacht, wenn die große Seeschlange dort ausgestellt gewesen wäre.

In einer seiner mysteriösen Abschweifungen, »Eine Laube auf den Arsakiden«, erzählt Ismael von einer exotischen Insel vor der Küste Chiles, wo ein Walgerippe ein Gegenstand der Anbetung geworden war. Seine Rippen waren mit Trophäen behängt, in die Wirbel waren die Annalen geschnitzt und ein ewiges Feuer brannte in seinem Schädel, »so dass das mystische Haupt wiederum seinen dunstigen Spautschleier spie ... Der Hain war grün wie die Moose im Icy Glen ...«[62] In diesem Tempel des Wachsens und Vergehens wurden die berankten Gebeine zu einer grünen Laube – »Leben umhüllte den Tod, Tod war des Lebens Gerüst«[63] –, und unser Erzähler nutzt die Gelegenheit, sich die Maße dieses arsakidischen Wals auf den Arm tätowieren zu lassen, »weil das damals während meiner wilden Wanderungen der einzige sichere Weg war, solche wertvollen Statistiken zu erhalten«[64].

Für Ismael ist der Wal mindestens so geheimnisvoll wie eine Seeschlange: ein gewaltiges Tier, das man fürchtet und sogar anbetet. Und wie diese schauerliche Episode mit ihrer Anspielung auf die düstere Schlucht, wo Melville und Hawthorne sich kennenlernten, Ismaels Sinn heimwärts wendet, so ruft auch mich seine Schilderung in die Heimat, wo ich herausfinden will, was dort aus dem Wal geworden ist. Denn von England aus wurde seinerzeit die Kunde vom wahren Wesen des Leviathans in die Welt getragen und von englischen Walfanghäfen stachen hervorragende Männer in See, um die noch recht hypothetische Wirklichkeit des Wals zu ergründen, zu kategorisieren und vielleicht sogar für die Nachwelt dingfest zu machen.

IX

DER RECHTE GEBRAUCH DES WALS

So soll es in England ein leviathanisches Museum geben, und zwar in Hull, einem der Walfanghäfen jenes Landes, wo sie einige schöne Exemplare von Finnwalen und andern Arten haben ... Und schließlich besitzt im englischen Yorkshire, in einem Weiler namens Burton Constable, ein gewisser Sir Clifford Constable ein Pottwalgerippe ... allerorten mit Scharnieren versehen, wie bei einer mächtigen Kommode mit vielen Schubladen; so könnt ihr all seine beinernen Hohlräume öffnen und schließen, seine Rippen wie einen riesigen Fächer entfalten und den lieben langen Tag an seinem Unterkiefer schaukeln.

Moby Dick[1]

Selbst sein Name ist klanglos, vor allem im Dialekt der flachen Ostküste von Yorkshire, wo er kaum noch ein Wort ist: 'ull. Doch von der Hängebrücke aus gesehen, die sich über den Humber schwingt, bevor er die grauen Gewässer der Nordsee erreicht, verlangt die Stadt nach ihrem vollen Namen: Kingston upon Hull, und der Stolz darauf zeigt sich auch in ihrem Fernsprechsystem – dem einzigen unabhängigen in Großbritannien – mit den sahneweißen Telefonzellen.

Wenn man zur Flussmündung hinuntergeht, tut sich vor einem die Industriewüste auf. Fabriken konkurrieren mit Shoppingcentern um die Verschandelung der Landschaft. Sie können das Bild nicht völlig zerstören, das die früheren Stadtväter so sorgfältig geschaffen haben, den Eindruck einer Zeit des Handels und des Selbstbewusstseins, eines in stolzen Sandsteinbauten dokumentierten Wohlstands. Im Stadtzentrum, am Ende einer schmalen Straße, steht das Giebelhaus von Hulls liebstem Sohn: William Wilberforce, Befreier der Sklaven und Gründer der Gesellschaft zur Bekämpfung des Lasters. Daneben steht eine riesige Säule mit der Statue eines Mannes obendrauf und verkündet dessen Leistung in Großbuchstaben:

NEGRO SLAVERY
ABOLISHED
1 August
MDCCCXXXIV

Dabei blickt die Statue auf ein anderes Gebäude, das den freiheitlichen Anspruch der Stadt Lügen straft.

Nachdem ich durch die Flügeltür mit ihren blanken Messinggriffen getreten bin, folge ich einem düsteren Flur, über dem wegweisend ein Skelett hängt, und gleichzeitig werde ich von einem merkwürdigen anschwellenden Geräusch angelockt, das sich mal wie ein Chorknabe, mal wie ein winselnder Hund anhört, eigentlich wie alle Töne, die ich je gehört habe, zu einem Kontinuum verdichtet. Der Raum, in den ich komme, ist nur geringfügig heller. Eine Bank steht darin, allerdings nicht für Besucher. Sie ist aus den Knochen eines Wals gebaut: Schulterblatt als Sitzfläche, Rippen als Rücken- und Armlehnen. Daneben ein Hutständer aus einem Narwalstoßzahn, an eine Holzplatte genagelt.

An der hinteren Wand dieses makaberen Salons hängen zwei Porträts, verwirrenderweise beide mit »William Scoresby« beschildert. Auf dem ersten deutet ein rundlicher Mann über ein kleines

Landhaus hinweg auf ein Schiff in der Ferne; mit seinem Bauch unter der weißen Weste und seinen roten Backen sieht er eher wie ein biederer Landmann aus als wie ein Schnitter des Meeres. Das zweite Bild zeigt seinen Sohn mit steifem Kragen und Halsbinde; er hat die kultivierten Züge eines Mannes der Aufklärung. Diese beiden Scoresbys – der eine lebenslang Handelsschiffer, der andere in späteren Jahren Mitglied der Royal Society – wachen über eine Sammlung, für die mit den Jahren die Begeisterung nachgelassen hat, vergleichbar dem Briefmarkenalbum, das auf dem Dachboden verschwunden ist, auch weil einem die eigene zwanghafte jugendliche Sammelwut zuletzt doch ein wenig peinlich wurde.

Die Exponate sind so angebracht, dass das Ganze einem Schiffsdeck gleicht. Die Atmosphäre ist funzelig. In das Schanzkleid sind gerahmte Fotos eingefügt, die durch Hintergrundbeleuchtung lebendig wirken sollen, obwohl man fast wünschte, sie wären es nicht. Auf sepiabraunen Geisterbildern leisten die wackeren Söhne Yorkshires in der Arktis industrielle Fabrikarbeit. Hochmastige Schiffe stehen prächtig getakelt im Sonnenschein früherer Zeiten, dazu die im Moment gefangenen Gesichter ihrer stumpf starrenden Arbeiter.

Über den Männern hängen eigenartige Souvenirs im Tauwerk. Ein Bild zeigt, am Hauptmast hochgezogen, einen toten Narwal, dessen Leopardenflecken langsam ihren Glanz verlieren und dessen Stoßzahn nach unten zeigt, als wollte er sich gleich ins Deck bohren. Ein Matrose schlendert an dieser Lynchszene vorbei und richtet seine Mütze für den Fotografen.

Auf dem nächsten Bild eine andere Trophäe: ein Eisbär, Kette um den Bauch, aufgehängt wie ein nasser Bettvorleger. Die Schnauze hängt schwer herab und die Krallen sind ausgefahren, als hätte man ihn eben erst vom Eis losgerissen, wo er mit der Pranke nach Fischen im Wasser schlug. Dahinter flattert die Schiffswäsche in der Brise. Ein drittes, fast unerträglich trauriges Foto zeigt einen jungen Eisbären, der sich immer noch an die tote Mutter schmiegt. Bärenjunge, auf die ein Leben als Zootier wartete, wurden in oben vergitterten Fässern transportiert; erwachsene Tiere wurden wie Hunde an den Mast gekettet. Die Seeleute fürchteten sie mehr als Wale: Horatio Nelson, der 1773 auf einem Schiff mit dem nichts Gutes verheißenden Namen *Carcass* (auch »Kadaver«) in die Arktis fuhr, hätte es fast mit dem Leben bezahlt, als er einen Eisbären als Trophäe für seinen Vater töten wollte.

Ein Stück weiter stellt ein Ölgemälde genau eine solche Szene dramatisch dar. Das Bild, gemalt 1829 von William John Huggins, später Marinemaler für den »Sailor King« Wilhelm IV., trägt den Titel *Harmony* nach dem Schiff im Vordergrund, doch ansonsten ist darauf von Harmonie nichts zu sehen. Mit einem untrüglichen Auge fürs Detail war Huggins bestrebt, sämtliche Tätigkeiten der Walfangflotte im Norden im Bild festzuhalten. Vor einem fernen Eisberg, der wie eine gefrorene Flamme aus dem Meer aufschießt, zeigt das Gemälde ein Eden des Nordens im Augenblick seiner Zerstörung. In einer Ecke schwimmt ein Walross und blickt den Betrachter mit Kinderaugen flehend an, während drei Narwale mit erhobenen Stoßzähnen fliehen. Vor einer Robbe, die stumm bellend an den Rand der Eisscholle zurückweicht, steht ein Matrose und schwingt die Keule. In mittlerer Entfernung erhebt ein Grönlandwal seine breite schwarze Schwanzflosse. In seinem Rücken stecken zwei Harpunen und es ist »Feuer im Schornstein«. Vögel stieben davon.

Mitten in diesem Blutrausch liegt die Unheilbringerin, die *Harmony*, ein Dreimaster von fast 300 Tonnen. Unten an den Masten sind zwei Paar Walkieferknochen befestigt, die als Triumphbögen vom Erfolg der Fahrt künden. Hoch oben weht ein Kranz, umwunden mit Bändern der Frauen und Liebsten und am 1. Mai vom jüngsten verheirateten Mann an den Masttopp gebunden. Als Zeugnis eines mittelalterlichen Ritus – begangen mit »grotesken Tänzen und anderen Vergnügungen« von Männern in seltsamer Tracht[2] – blieb er dort hängen, bis das Schiff in die Heimat zurückkehrte, wo dann junge Kadetten um die Wette die Wanten hinaufflitzten, um sich das inzwischen zerfledderte Gewinde unter den Nagel zu reißen.

Unter diesem Brueghel'schen Spektakel mit seinen fliehenden Tieren und den schwer mit Blubber und Walbein beladenen Schiffen werden die Übeltäter namentlich genannt: die *Harmony* aus Hull, die *Margaret* aus London, die *Eliza Swan* aus Hull, die *Industry* aus London, Arbeitsschiffe, die ihrem Geschäft nachgingen. Wir mögen solche Szenen mit Grauen betrachten, aber ein Huller des 19. Jahrhunderts hätte darin nur die vielen Fässer mit reicher Ladung gesehen, besiegelt mit dem Stempel eines Walschwanzes im Logbuch des Kapitäns. Solche Bluttaten – erst die abtauchende Schwanzflosse, das Sprühwasser im Gesicht des Seemanns, dann die an Deck verstreuten Eingeweide – bedeuteten Sicherheit vor der immer drohenden Bettelarmut.

1822 war Hull Englands erfolgreichster Walfanghafen. Ein Drittel der britischen Walfangflotte brach von hier auf – 1830 waren es 33 Schiffe. Firmenverzeichnisse aus der Zeit führen mehr Ölhändler als Speisegaststätten im Hafen auf und Stadtpläne weisen am Flussufer »Grönland-Werke«[3] aus, in denen Waltran weiterverarbeitet wurde, wie auch Fabriken, wo aus Walbein »SEIHER und SIEBE jeglicher Art« hergestellt wurden, »HÜRDEN ... zum Einpferchen von Schafen« und »POLSTERUNG für Sessel und Sofas«[4]. Sie sind schon lange verschwunden, aber andere Erinnerungsstücke aus den Tagen des Walfangs sind im Museum der Stadt zu besichtigen. Der verformte Unterkiefer eines Pottwals hängt an der Wand; ein riesiger Wirbel, der einmal als Schlachttisch genutzt wurde, steht am Boden; wie Billardstöcke sind in einem Gestell elfenbeinerne Stoßzähne aufgereiht, die einst das Himmelbett eines nordischen Herrschers trugen –

> Wie uns überliefert ist, wurden zu Zeiten der alten Wikinger die Throne der seeliebenden dänischen Könige aus den Stoßzähnen des Narwals gefertigt.[5]

– und in der Mitte des Raums ist in einer schwach beleuchteten kioskähnlichen Vitrine eine Reihe von Flaschen mit Glasverschlüssen ausgestellt.

Walfleischextrakt; eine eiweißreiche ölige Substanz, die in der Margarineherstellung u. a. verwendet wird.
Walmehl aus zermahlenem Walfleisch. Als Tierfutter verwendet.
Wallebertran; reich an Vitamin A.
Walrat; halb verfestigt. Raffiniert, wird es als Schmierstoff in der Leichtindustrie verwendet.

Arthur Credland, der sachkundige Kurator – Zoologe und jemand, der Wal- und Robbenfleisch selbst gegessen hat –, öffnet die Vitrine und reicht mir ein Fläschchen. Das Glas fühlt sich immer noch fettig an und die bernsteingelbe Flüssigkeit riecht schwach parfümiert, als ich sie in verschiedene Richtungen neige. Ein Wal in der Flasche, rein und durchsichtig, das kommt beim Verarbeiten letztlich heraus. Jetzt erkenne ich auch das Geräusch, das durch den Raum tönt: der Gesang eines Wals, der seine vor Langem verstorbenen Verwandten zu beklagen scheint.

Wenn man das Stadtgebiet von Hull verlässt, kommt man in das Flachland der Holderness Plain. Die Küste dieser ebenen Schwemmlandschaft mag aussehen, als trotzte sie den Stürmen, aber in dieser Gegend rutschen jedes Jahr mehrere Meter England ins Meer.

Von einer der Landstraßen, die ins Landesinnere führen, aber scheinbar ins Nirgendwo, biegt man auf eine schnurgerade Zufahrt ab und gelangt direkt zum Eingang der Burton Constable Hall. Das elegante Herrenhaus mit seinen Türmen und Zinnen aus rotem Backstein ist seit dem 16. Jahrhundert im Besitz der Constables, und während das Meer ihr Land abnagte, bewahrten sie sich in ihrer Privatkapelle weiter ihren hergebrachten katholischen Glauben. So weit von London entfernt interessierte es niemanden groß, dass sich im hintersten Yorkshire die Papisten hielten.

Außerhalb der Saison ist der Kassenraum, der auch als Teestube fungiert, leer. Die Frau hinter dem Schalter blickt erleichtert. »Ich dachte schon, sie wollten sich das Haus anschauen.«

Ich mache mich im schwindenden Licht auf den Weg, nur um von einem vorbeikommenden Gärtner zu erfahren, dass die Knochen, nach denen ich suche, vor Jahren entfernt wurden. Zögernd bietet er mir an: »Ich kann Ihnen ein paar Wirbel zeigen.«

Aus einem Schuppen voll landwirtschaftlicher Maschinen tritt sein Kollege, einen Lumpen in der Hand. »Er will was über den Wal wissen, Dave«, sagt mein widerwilliger Führer.

Dave zieht einen Bleistiftstummel aus der Tasche und zeichnet auf den Löffel seines Gartenbaggers einen Umriss, der nach einer riesigen Fischgräte aussieht. Er erzählt, dass das Skelett früher auf dem Feld weiter hinten stand, an ein Gestell geschraubt, von Eisenstreben gehalten und komplett zusammengesetzt wie im wirklichen Leben. Die Stützen wurden schon vor langer Zeit vom Rost gefressen; auf dem Gelände zeltende Boyscouts wollten einmal sogar mit den Knochenresten ein Feuer machen.

Aber die Gebeine wurden gerettet. In dem schummerigen Schuppen zieht Dave mit der dramatischen Geste eines Pathologen, der ein Leichentuch zurückschlägt, ein Stück Sackleinen fort. Darunter liegt ein großer grauer Knochen, verwittert vom jahrzehntelangen Stehen im Freien; er gleicht eher einem gigantischen Korallenstück als dem Schädel eines Wals.

»Das ist der einzige Wal aus *Moby-Dick*, den es wirklich gegeben hat«, erklärt er. Die Wirklichkeit passt wenig zu dieser Behauptung, zumal sie neben einem ausrangierten Wohnwagen liegt. Dieser bröselnde Kalziumklumpen enthielt einmal das Gehirn, das die Muskeln und Flossen des Tiers kontrollierte, durch die Sinne die Meereswelt wahrnahm und aus dem kolossalen Kopf mysteriöse Klicklaute aussandte.

In anderen Nebengebäuden liegt der Rest des Tiers, Reliquien in Erwartung der Auferstehung. An seinen versprengten Einzelteilen ist die Größe dieses Märtyrers zu ermessen, der jederzeit neu zusammengesetzt werden kann, falls seine modernen Pilger Bedarf anmelden: abgescheuerte Wirbelknochen von Traktorradgröße, löcherige Rippen wie Mammutstoßzähne, die in sibirischen Permafrostböden ausgegraben wurden, massige Klötze von verfallendem Kalzium wie entrindete Bäume.

Ich gehe zum Ende einer Eichenallee, wo eine Graburne auf einem bröckelnden Sockel steht. Zwischen den Grasbüscheln auf der einen Seite bleckt eine kahle Stelle. Ziegelbrocken liegen herum, Überreste der Fundamente, die einst den Wal auf eisernen Wellen trugen. Und zum Krächzen der Dohlen am Abendhimmel stelle ich mir die im Dämmerlicht schimmernden Knochen des Leviathans vor. Könnte dies wirklich der Wal gewesen sein, von dem Ismael sprach, gestrandet auf einem Acker in Yorkshire?

Im April 1825 wurde vor Holderness ein toter Wal gesichtet, unweit von Burton Constable. Daran war nichts ungewöhnlich; solche Tiere werden häufig hier angespült, an einer der einsamsten Küsten Englands, wo die am Geschiebelehm nagende Nordsee ganze Dörfer in die Wellen stürzt und unter der Brandung fossile Wälder liegen. Dies aber war ein kolossales Exemplar, und als er noch draußen auf See trieb, hielten sich die Fischer von dem Wal fern, weil sie befürchteten, er könnte ihre Boote beschädigen. Schon bald tat die Flut ihre Arbeit und am Nachmittag des 28. April, einem Donnerstag, wurde der Kadaver bei Tunstall an den Strand geworfen. Dort, unter den niedrigen, weichen, schokoladenbraunen Steilfelsen, die dem Wasser eine rötlich braune Farbe geben, strandete er wie eine gewaltige Flunder.

Am nächsten Tag erschien Reverend Christopher Sykes, ein begeisterter Amateurforscher, um die wesentlichen Daten des Tiers aufzunehmen. Am Sonntag zog es eine tausendköpfige Menschenmenge zum Spektakel dieses sagenhaften Tiers. Wie ihre holländischen Verwandten auf der anderen Seite des Meeres 200 Jahre zuvor staunten sie über das, was sie sahen: einen knapp 18 Meter langen Pottwalbullen. Und doch war dies nicht das schwarz glänzende Monster, das sie vielleicht erwartet hatten. Seinem Element entrissen, war sein stolzer Unterkiefer ausgerenkt und die papierdünne Haut größtenteils abgeschält, wodurch eine eigenartige Schicht »Fell« zwischen ihr und dem Blubber zutage trat – als ob der Wal sich die ganze Zeit getarnt hätte. Zudem hatte bei dem wachsgrauen Kadaver dort auf den Steinen bereits die Verwesung eingesetzt, beschleunigt von Schaulustigen, die auf das Fleisch einhackten, die langen, dicken Sehnen herauszogen und mit Pferden und Seilen den Kiefer abrissen.

Ganz Holderness war über diesen Abgesandten der Tiefsee im Bilde, wie die 26-jährige Sarah Stickney berichtet. »Ihr habt bestimmt von dem Ungeheuer gehört, das hier am Ufer angespült wurde – die Aufregung, die es in der Gegend ausgelöst hat, war fantastisch.« Das Dorf benahm sich »eher ausgelassen als artig«, bekannte sie,»und der Wal verweste mit jedem Tag mehr – es war gelinde gesagt abscheulich. Den Anblick einer unbelebten Fleischmasse, einerlei welcher Gestalt, konnte ich noch nie ertragen.«[6] Der Wal war bald nicht mehr wiederzuerkennen. Männer stachen ihm in den Kopf; die hervorquellende Flüssigkeit sah wie Olivenöl aus, wurde aber schnell fest. Mit 27 Grad war sie etwa 17 Grad wärmer als die Luft, allerdings konnten die Amateurforscher nicht angeben, ob das die natürliche tierische Wärme war oder ein Ergebnis der »Fäulnisgärung«.[7] Im Zuge seiner fortschreitenden Zerlegung wurden die Wunder des Tiers untersucht. Ausgekocht, brachte seine Speckschicht 500 Pfund ein, der Pott lieferte 18 Gallonen (82 Liter) Walrat und an dem Fleisch hätten mehrere Familien über Wochen zu essen gehabt (einem Huller Rezept zufolge gab die Haut des Tiers ein schmackhaftes Gericht mit einer Pilznote[8]). Allerdings war der wissenschaftliche Wert dieses Fundes größer als sein kommerzieller oder kulinarischer und demzufolge wurde Dr. James Alderson bestimmt, eine Obduktion vorzunehmen.

Alderson, der Sohn eines bekannten Yorkshirer Arztes, war Fellow am Pembroke College in Cambridge und Mitglied der Cambridge Philosophical Society. Der Wal war für ihn die Gelegenheit, nicht nur die widersprüchlichen Angaben über diese Tiere richtigzustellen, sondern auch seinen akademischen Status zu verbessern. »Nichts könnte unterschiedlicher sein als der Eindruck des unversehrten Tiers und sein Skelett«, berichtete Alderson seinen akademischen Kollegen, nachdem er die erhaltenen Teile in sein Laboratorium in Hull hatte schaffen lassen. »Die aberwitzig großen Weichteile der Backen und der Wamme stehen in keinem Verhältnis zu denen irgendeines anderen Tiers, wenn man sie mit den Schädelknochen vergleicht.«[9]

Der rein logistische Aufwand, diesen Speckberg zu untersuchen, stellte die größte Herausforderung für Alderson dar – und sie wurde immer größer, je mehr Teile eintrafen. Die Augen des Wals waren bereits entfernt worden; sie waren klein und merkwürdig geformt, »wie ein stumpfer Kegel«[10], hatten jedoch eine eigene erlesene Schönheit. Alderson beschrieb die Iris als »bläulich braun; sehr dunkel; die Pupille ... quer, wie bei den Wiederkäuern«; das Tapetum hinter der Netzhaut hingegen »bot einen sehr schönen Anblick; seine Farbe war ein aus Beigaben von Blau und Gelb gebildetes Grün, mit leichter Vorherrschaft des Blau ... durchgängig mit helleren Punkten gefleckt«.[11] Dass der gelehrte Herr in dieser Masse verfaulenden Fleischs so viel Ansehnliches entdecken konnte, sprach für den Reiz, den das Tier ausübte. Seine Einzelteile präsentierten sich, als wollten sie sagen: Seht mal, wie schön ich war, als ich noch lebte, als ich in unermesslichen Tiefen Kalmare jagte, als ich selbst anderen den Tod brachte.

In seinem lanzenartigen Unterkiefer steckten 47 Zähne, ganz zerkratzt von den Abenteuern des Tiers in der Tiefsee. Der Penis, bemerkte Alderson, »stand etwa anderthalb Fuß vom Körper ab und war umgeben von einem zottigen Auswuchs der Kutikula. Die Urethra ließ die Fingerspitze ein.«[12] Den Walpenis befingerten sie alle. Das knapp einen Meter lange Herz wurde in Formaldehyd konserviert und später der Yorkshire Philosophical Society zu weiteren Betrachtungen zum Geschenk gemacht.

Alderson war über die Behandlung seines Exemplars erbost: »ja die Eingeweide wurden so rasch entfernt, weil man die Knochen des Tiers freilegen wollte, dass es ausgeschlossen war, jedes Organ zu untersuchen«.[13] All seiner Wühlerei zum Trotz konnte der Doktor keine Todesursache feststellen, wenn er auch tief im Rücken ein 13 Zentimeter langes Stück eines Schwertfischspeers fand, »umhüllt von Fettzellgewebe«, wie auch eine weitere »fistelartige Öffnung in der Kutis«, anscheinend von einer Harpune verursacht.[14] Pottwale waren dafür bekannt, dass sie Fremdkörper im Fleisch mit sich herumtrugen, etwa wie kriegsverletzte Soldaten

Schrapnellsplitter, und Thomas Beale schrieb von Schwertfischangriffen auf Wale. Ein Tier wurde mit einem verhärteten Grat am Rücken entdeckt, die Folge eines heftigen Zusammenstoßes mit einem Schwertfisch, bei dem dessen Rostrum glatt in den Wal hineinfuhr und an der Basis abbrach; als die Wunde heilte, blieb es im Blubber eingeschlossen wie ein Excalibur des Meeres.[15] Ähnlich erzählt Ismael von einer Harpune, die einem Wal »nahe dem Schwanze eingedrungen, dann, wie eine ruhelose Nadel im Körper eines Menschen, volle vierzig Fuß gewandert und schließlich im Buckel eingebettet gefunden worden« war.[16]

So trugen die durchbohrten Wale nicht nur Narben davon, sondern die Instrumente, die sie verursacht hatten, gleich mit. Doch selbst wenn so ein unglückliches, kriegsmüdes Geschöpf hier an Land gespült wurde, war sein Schicksal besiegelt, denn wie Ismael bemerkt, ging der Wal im selben Moment in den Besitz des obersten Lehnsherrn von Holderness über, des Junkers von Burton Constable Hall.

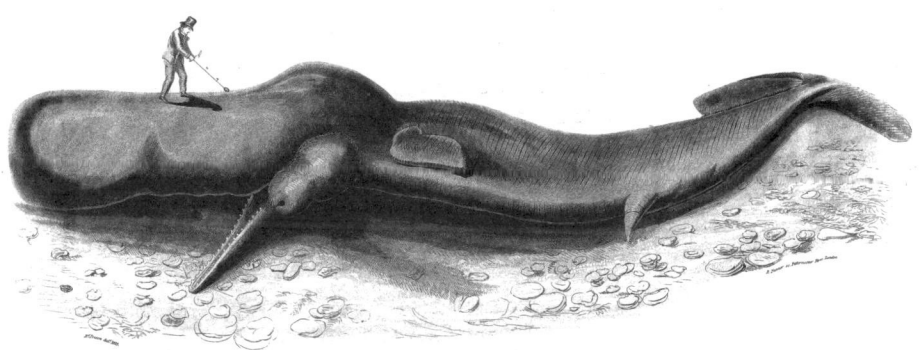

Fast überall sonst an der englischen Küste hätte der Tunstall-Wal als königlicher Fisch der Krone gehört; doch in dem Gebiet von den Steilfelsen von Flamborough Head bis zum schmalen Finger von Spurn Point, das im Prinzip der Lehnshoheit des Landesherrn unterstand, übte dieser das Recht aus. Einer der Ersten am Schau-

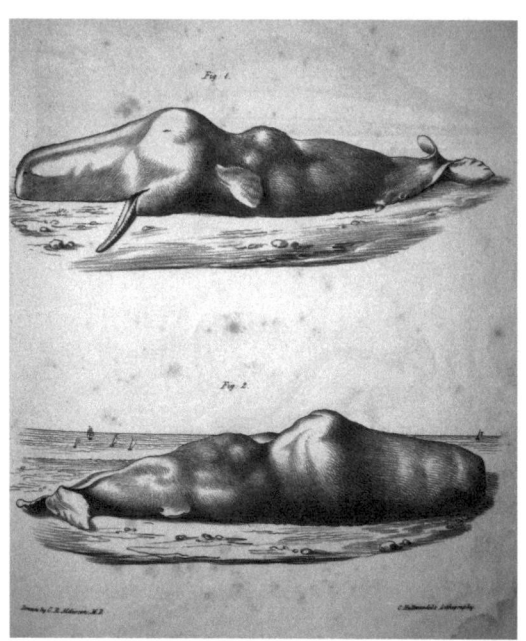 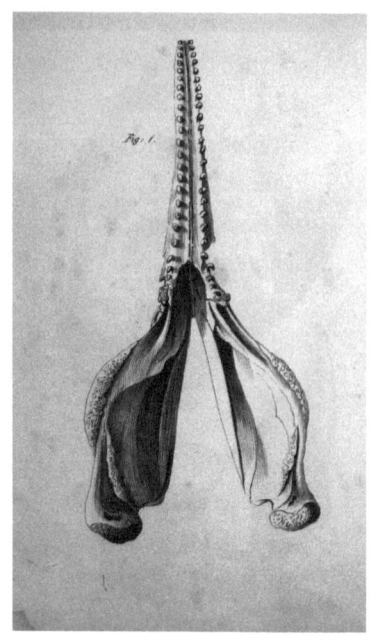

platz war Richard Iveson gewesen, der Haushofmeister der Constables, um sofort Anspruch auf diese geruchsintensive Seebeute zu erheben. Iveson maß und zeichnete den am Strand liegenden Leichnam, wie um das Recht seines Herrn zu bekräftigen. Von der Genauigkeit seiner Zeichnung, nach der später ein Stich angefertigt wurde, hätte Ismael nicht viel gehalten, gleicht das abgebildete Tier doch eher einer riesigen Kaulquappe, der ein nicht maßstabgerechter Vermesser – Iveson selbst – über den Kopf spaziert.

Genauer waren die Abbildungen, die Christopher Alderson anfertigte und sein Bruder James seinem Aufsatz »An Account of a Whale of the Spermaceti Tribe« beigab, von dem in der Folge ein Exemplar, ansprechend in roten Saffian gebunden und mit Goldprägung verziert, dem Oberlehnsherrn zum Geschenk gemacht wurde. Diese Porträts des Wals sind ausgesprochen romantisch, jede Kurve und Rundung ist liebevoll schattiert wie die *Venus vor*

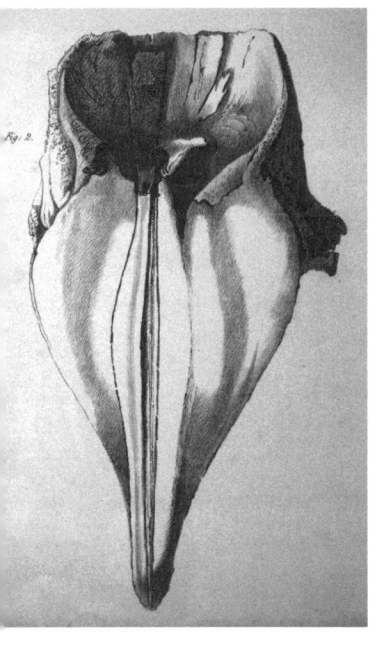 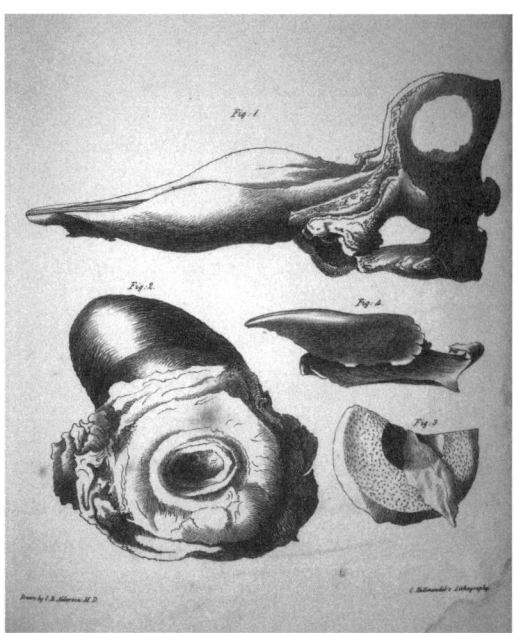

dem Spiegel von Velázquez – ein Eindruck, der verstärkt wird durch die seltsam taillierte Form und die weiblichen Hüften des Tiers, ungeachtet des entblößten Glieds am lustlos daliegenden Schwanz. Es ist in seiner verführerischen Pose von vorn und hinten zu sehen, wobei in der Ferne segelnde Jachten dem Ganzen eine lyrische Stimmung verleihen. Die zweite und dritte Tafel mit eher anatomischen Zeichnungen zeigen Unterkiefer und Schädel im Detail, die dritte zudem eine Studie des Auges, aufgeschnitten zur Demonstration seiner Schönheit; daneben ist der Schnabel eines Kalmars zu sehen, einer von vielen, die sich im Magen des Tiers fanden.

Obwohl ein gestrandeter Wal für die Constables eigentlich eine wertvolle Einnahmequelle bedeuten konnte – ein 1790 in Little Humber gefundener Wal ergab 85 Gallonen Öl zu neun Pence die Gallone –, zeigen die Berichte früherer Haushofmeister, dass die Unkosten häufig die Gewinne überstiegen.

AUFSTELLUNG VON HEIMFÄLLEN, DEODANDEN,
KÖNIGLICHEN FISCHEN, WRACKS ETC.

John Raines, Haushofmeister von William Constable

30. Jan. 1749. Ein Pottwal wurde am Spurn Point ans Ufer gespült – Mr Constable verkaufte ihn für 90 Pfund an Mr David Bridges aus Hull.

13. Sept. 1750. Ein 30 Meter langer Wal wurde auf dem Spurn Point ans Ufer gespült. Mr George Thompson zerlegte ihn für Mr Constable – Mr Thompsons Unkosten fürs Zerlegen betrugen 7 Pfund mehr, als der verkaufte Wal einbrachte.

7. Nov. 1758. Ein Grindwal kam in Marfleet ans Ufer – Mr Constable verkaufte ihn für 5 Pfund, 10 Shilling an Mr Hamilton, Kaufmann aus Hull.

9. Nov. 1782. Ein 15 ½ Meter langer Wal kam in East Newton ans Ufer – Er wurde für anderthalb Guineen verkauft, arg beschädigt und im Zustand der Verwesung.

14. Juli 1788. Ein elf Meter langer Wal kam am Spurn Point ans Ufer, gegenüber dem Leuchtturm auf der Humberseite. Mr Pattinson, der Gutsverwalter, verkaufte ihn Mr De Poyster aus Hull für 7 Pfund, 7 Shilling – doch er erwies sich als zu nichts nutze, da er an Auszehrung gestorben war ...[17]

Dem Tunstall-Wal jedoch war ein anderes Los beschieden, bei dem finanzielle Erwägungen keine Rolle spielten. 60 Jahre zuvor hatte der Bischof von Durham Anspruch auf ein anderes Exemplar »vom Spermazeti-Stamm« erhoben, das an der Nordostküste angespült worden war: ein 15 Meter langes »Seeungeheuer«[18], das noch lebte, als es 1766 bei Seaton strandete, wo »seine Leidensrufe beim Aufkommen an Land mehrere Meilen weit zu hören« waren[19], und dessen Gerippe später in der Krypta der Kathedrale ausgestellt wurde. Diese Vorstellung erinnert mich an den Taucher William Walker, der Anfang des 20. Jahrhunderts in tiefe Grundwassergruben um die Winchester Cathedral getaucht war, um ihre mittelalterlichen Fundamente abzustützen. Auch der Yorkshirer Wal sollte für die Ewigkeit erhalten werden. Zu dem Zweck wurden seine sterblichen Überreste in mehreren Gruben vergraben, um dort zu verfaulen.

Der neue Besitzer von Burton Constable Hall, Sir Thomas Aston Clifford Constable, zweiter Baronet, war 1825 gerade einmal 18 Jahre alt und hatte mit Walen wenig im Sinn. Er war mehr damit beschäftigt, sein beträchtliches Hab und Gut durchzubringen, das er frisch geerbt hatte. Zwei Jahre später heiratete Sir Thomas Marianne, die jüngste Tochter von Charles Chichester, und das Anwesen in Yorkshire blieb leer stehen, da sein Besitzer in Staffordshire lebte, näher an London und seinen Vergnügungen.

Trockene Knochen konnten sich mit solchen Zerstreuungen nicht vergleichen. Während sein Besitzer die Früchte seines Reichtums genoss, befand sich das mittlerweile entfleischte und ausgegrabene Walskelett »in einem sehr vernachlässigten Zustand, denn es lag irgendwo mitten im Feld kreuz und quer auf einem Haufen«, wie der Naturforscher Thomas Thompson 1829 entrüstet notierte. »Ob es seitdem zusammengesetzt und pfleglich behandelt wurde, ist mir nicht bekannt.«[20] Sieben Jahre später hatte es in der Angelegenheit wenig Fortschritte gegeben. Der Geologe John Phillips fand die Gebeine in einer Scheune, nur die Schwanzknochen hingen unerklärlicherweise an einem Baum. 1836 dann, als Sir Thomas schließlich an seinen Stammsitz zu ziehen geruhte, wurde Edward Wallis, Arzt, Anatom und Astronom, damit beauftragt, den Wal zusammenzubauen und ihm gewissermaßen nach dem Tode neues Leben zu verleihen.

Im zweiten Viertel des 19. Jahrhunderts kamen Wale plötzlich in Mode. Das allgemeine Interesse an Wissenschaft und Naturkunde verband sich mit Sensationslust und Effekthascherei und in ganz Europa und Amerika wurden Wale ausgestellt, konserviert oder als Gerippe. Im März 1809 wurde die Neugierde der Schaulustigen von einem 23 Meter langen »gewaltigen Ungeheuer der Tiefe« befriedigt, das auf einem zwischen Blackfriars und London Bridge an der Themse liegenden Kahn ausgestellt war. Der Wal war angeblich ein Jahr alt und wurde »von Sachverständigen für einen *Balaena Boops* oder Pikehead erklärt« – eine Kombination des früheren lateinischen Namens für den Buckelwal mit einem gebräuchlichen englischen Namen für den Zwergwal, von denen keiner eine solche Länge erreicht. »Aber wie sinnvoll es sein mag, ein Ungeheuer von solchem Umfang *im Zustand der Verwesung* allein zum Vergnügen der Schaulustigen in das Zentrum einer belebten Großstadt zu schaffen, ist eine andere Frage«, beschied die *Times*. »Auf jeden Fall tun diejenigen, die den Wal besuchen, gut daran, zu ihrem eigenen Wohlergehen vor Mund und Nase gut mit Essig befeuchtete Taschentücher zu halten, um nicht die fauligen Dünste einzuatmen, die er ausströmt, da kaum etwas schädlicher für die Gesundheit, ja für das Leben sein könnte.«[21]

Andere Aussteller waren klug genug, ihre Exponate einem kultivierteren Publikum ansehnlich zu präsentieren. 1827 wurde das Gerippe eines vor Ostende erlegten Blauwals von Gent aus nach Brüssel, Rotterdam und Berlin auf Tour geschickt, bevor es vier Jahre später in London eintraf und dort in Charing Cross, unweit der Straße, wo Melville später wohnen sollte, eigens einen Holzpavillon gebaut bekam – »eine unglaublich lange Schaubude«.[22] Marktschreierisch verkündete die *Times*, mit seinen 29 Metern sei der Wal »von größeren Ausmaßen als alle, die je zuvor in die Hand des Menschen gefallen sind«.[23] Besucher bezahlten einen Shilling Eintritt und konnten dafür im Brustkorb des Wals sitzen, einem »ungewohnten Salon«[24], bestückt mit Bänden von Lacépèdes *Naturgeschichte der Wale*, und Wein trinken. Ihnen blieb allerdings das 24-köpfige Orchester vorenthalten, das während der Tournee auf dem Festland im Wal spielte.

Wale waren die Sensation jener Zeit. Als Mensch, der mit der Zeit und der Mode ging, hielt Sir Thomas es nunmehr für angebracht, seinen Wal ebenfalls auszustellen. Das Rückgrat wurde mit einer Eisenstange verstärkt, die Rippen an steigbügelartige Scharniere gehängt und durch den Schädel wurden lange Bolzen getrieben. Nun durfte das künstlich rekonstruierte Skelett in einer Allee schwimmen, die daraufhin den Namen Whale Belt, »Walgürtel«, bekam. Hier machte ihm dann auch Thomas Beale, die renommierte Koryphäe für Pottwale, seine Aufwartung. Von Mr Pearsall, dem Kurator des Museums der Hull Literary and Philosophical Society, von dem Exemplar in Yorkshire benachrichtigt, meldete Beale sich zum Besuch an; mit seiner Ankunft in East Riding wurde der Wal unsterblich.

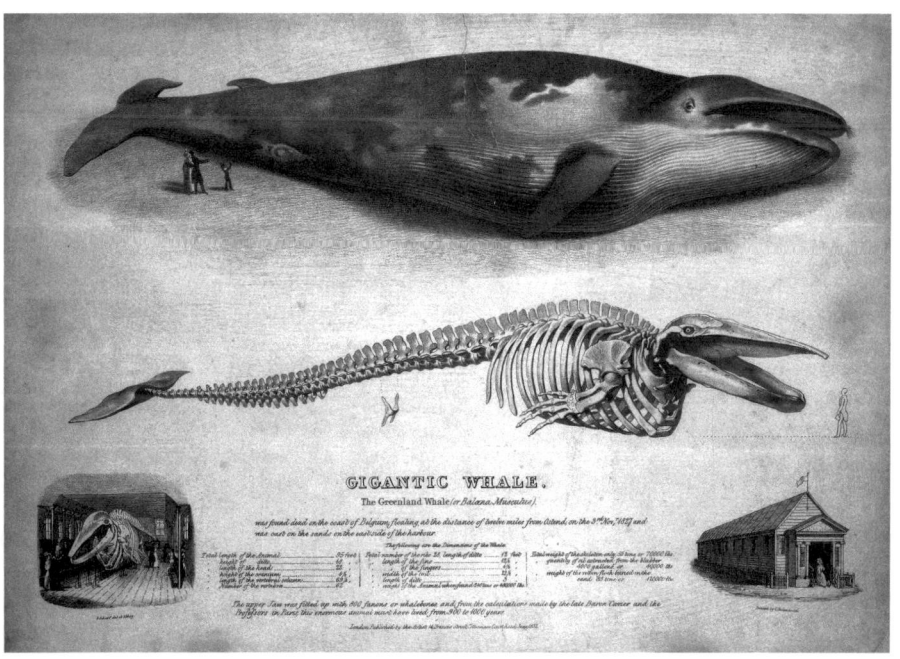

Im Unterschied zu vielen Wissenschaftlern, die sich zu dem Thema äußerten, hatte Beale tatsächlich schon lebende Pottwale gesehen. Als junger Mann hatte er von 1827 bis 1829 in Aldersgate Medizin studiert, dann dort erst als Assistent im Sezierraum und später als Kurator gearbeitet, bevor er ans London Hospital in der Commercial Street ging. Doch 1830 verließ Beale mit 22 Jahren die schmutzigen Straßen des Londoner East End, um unter Kapitän William Lawton auf der *Kent* zu fahren, einem Walfänger im Besitz von Thomas Sturge.

Beales Reise führte ihn die Küste Südamerikas hinunter bis Kap Hoorn, dann über den Pazifik nach Hawaii und von dort zur Halbinsel Kamtschatka, fast so weit von England entfernt, wie man nur sein konnte. Auf seinen Fahrten beobachtete er, wie Wale gejagt wurden, und machte ausführliche Aufzeichnungen über ihr Verhalten und ihren Körperbau, ein ähnliches Sammeln wissenschaftlicher Erkenntnisse, wie es Charles Darwin betrieb, der zu dem Zeitpunkt, als Beale die Südsee erreichte, seinerseits auf der *Beagle* unterwegs war.

Sosehr ihn das Leben außerhalb des Schiffs faszinierte, so sehr war Beale über die Unterdrückung an Bord entsetzt. »Als ich miterleben musste, wie 32 anständige, fleißige und harmlose, wenn auch durchaus wackere Männer von einem gemeinen und verächtlichen Tyrannen in einem überaus schändlichen Ausmaß beschimpft und schikaniert wurden ... wandte ich mich mit Grausen ab und gab deutlich zu verstehen, dass ich den Anblick nicht länger ertragen könne.«[25] Am 1. Juni 1832 wechselte Beale um Mitternacht auf den Bonininseln das Schiff und begab sich auf die *Sarah and Elizabeth*, einen anderen Walfänger in Sturges Besitz. Das weitaus weniger drakonische Kommando dort hatte der tapfere William Swain, später Kapitän der *Christopher Mitchell*, der durch einen Wal das Leben verlieren sollte. Unter ihm fuhr Beale nach Hause und hatte am Ende 50 000 Meilen zurückgelegt.

Nach seinen Erfahrungen mit Walen ging es Beale wie Thoreau: Er staunte, wie wenig über sie bekannt war. »Es gibt Anlass zu großer Verwunderung, dass die Beschäftigung mit den Gewohnheiten eines so interessanten und in kommerzieller Hinsicht so wichtigen Tiers bis dato so gänzlich unterblieben ist«, schrieb er. »Ja, bis zum Erscheinen von Mr Huggins' bewundernswertem Druck hatten nur wenige … überhaupt auch nur eine ungefähre Vorstellung von der äußeren Gestalt dieses Tiers, und von seinen Sitten und Gewohnheiten scheint man im Allgemeinen so wenig zu wissen, als ob sein Fang weder dem britischen Kapital je ein Betätigungsfeld noch dem Wagemut unserer kühnen Seeleute je Ansporn gegeben hätte.«[26] Beale bezog sich dabei auf William John Huggins' *South Sea Whale Fishery*, ein Bild von so anhaltender Wirkung, dass es noch im ersten Jahrzehnt des 21. Jahrhunderts die Vorlage für eine Karikatur im *New Yorker* abgab.[27]

Heimgekehrt an den Bedford Square, machte Beale sich daran, die cetologische Lücke zu schließen. Ein Jahr später trug er seine Abhandlung über *Physeter macrocephalus* vor der Eclectic Society of London vor, die ihm für seine Leistung die Silbermedaille verlieh. Nachdem er seinen Text zunächst 1835 als elegantes illustriertes Bändchen veröffentlicht hatte, arbeitete er die nächsten vier Jahre an einer erweiterten Ausgabe. *The Natural History of the Sperm Whale*, erschienen 1839, war ein weit gespanntes, eklektisches Werk, halb wissenschaftliche Studie, halb Abenteuergeschichte. Das Frontispiz des Buches (und dieses Kapitels) zeigt in einer hochturbulenten Szene Pottwale, die, wild um sich schlagend, das Meer aufwühlen und Boote hochschleudern, sodass Menschen und Harpunen in die Luft fliegen.

Genauso dramatisch sind Beales Kapitelüberschriften, die seine Erfahrungen auf den fernen Weltmeeren und unter exotischen Völkern prägnant zusammenfassen:

Der Verfasser wird ausgeraubt – Seelöwenkampf – Musik der Vögel – Erschütternde Krankheiten – Fälle religiöser Tyrannei – Ein Kadett ertrinkt – Knapp entronnen – Große Hitze – Wir erlegen einen weiblichen Wal – Ein geschniegelter Wilder – Ein Nekromant – Tyrannei unseres Kapitäns – Sechs Männer ausgepeitscht – Ich verlasse die »Kent« um Mitternacht – Sehe eine unermessliche Zahl großer Wale – Ein junger Mann wird zur Ader gelassen – Die Augen eines Bolabola-Mädchens – Wir werden von dreißig Frauen bestürmt – Drei Männer vom Klüverbaum gespült – Zum sechsten Mal den Äquator überquert – Gedanken beim Wiedersehen der Heimat – Eine schlimme Krankheit hat in unserer Abwesenheit gewütet – Stockenden Schritts nach Hause – Das alte Haus – Mein Gefühl und mein Schicksal feilschen miteinander[28]

Mit seinen Mythen, deren Neuerzählung James Frazers ethnoreligiöses Werk *The Golden Bough* vorwegnahm, und seinen Heldengeschichten nach Art eines Schelmenromans schuf Beales Buch ein äußeres Gerüst für Melville und dessen Wal. Wenn *Moby-Dick* seine Metaphysik Nathaniel Hawthorne verdankte, dann verdankte es seine Fakten Thomas Beale. Ganze Passagen in Melvilles Buch sind direkt – man könnte fast sagen, schamlos – von Beale geklaut. *The Natural History of the Sperm Whale* war das Vorbild für *Moby-Dick*, nicht nur in ihren cetologischen Einzelheiten, sondern auch in anderer Hinsicht. Die Rolle des Wals in der menschlichen Verwertungskette beschäftigte Beale außerordentlich. Es war, als betrachtete er den Wal im Geiste der Sklavenbefreiung als ein versklavtes Wesen, was durch die Widmung seines Buches an »Thomas Sturge, Esq., aus Newington Butts« noch einmal unterstrichen wird.

Als treuer Freund MACAULAYS kämpften Sie für den Neger ... und erst als die Feinde der dunklen Menschenrasse Hals über Kopf den Rückzug antraten, sammelten sich die schwankenden Freunde der Sache um das Banner, das Sie mit aufgerichtet hatten ... Und jetzt, da der Neger frei ist ... habe ich keinen Zweifel ... dass Sie Ihren höchsten Lohn in Ihren inneren Empfindungen empfangen, unabhängig vom Lob der Welt.[29]

Thomas Sturge war der Spross einer alten Quäkerfamilie und verwandt mit dem noch berühmteren Abolitionisten Joseph Sturge. Ihm gehörten die zwei Schiffe, auf denen Beale gefahren war, und wie sein Freund Elhanan Bicknell[30] führte er sein Walfangunternehmen von der New Kent Road aus, nahe Elephant and Castle in Südlondon, einer ausgesprochen unozeanischen Adresse. (Er profitierte auch von Walstrandungen. Als der auf Seite 174 erwähnte Pottwal im Winter 1829 unter schrecklichem Brüllen und Stöhnen in Whitstable strandete – worauf ihm ein Mann mit einer Axt zu Leibe rückte –, zahlte Sturge für den Blubber 60 Shilling.³¹)

Es herrschte eine gewisse Distanz zwischen diesen vornehmen Herren und ihrem abstoßenden Gewerbe. Bicknell, der das Monopol auf die britische Pottwalfischerei im Pazifik innehatte, war ein bekannter Mäzen, der Huggins beauftragte, seine Walfangschiffe zu malen, und dessen Werke inspirierten wiederum J. M. W. Turner, der ebenfalls in den Genuss von Bicknells Förderung kam. In diesem komplexen Beziehungsnetz verbanden die Wale Schriftsteller, Künstler, Wissenschaftler und Unternehmer auf eine Weise, in der sich die Größe des britischen Empire ebenso widerspiegelte wie die Größe der Tiere selbst. Wale verliehen ihrem grausigen Geschäft etwas Romantisches. Und Turner, der größte Maler seiner Zeit, setzte diese Aura in Farbe um, genau wie Melville es mit Worten unternahm.

1845 und 1846 stellte Turner in der Royal Academy vier Walfangszenen aus, wozu sich im Katalog der Verweis findet: »*Walfänger. Siehe Beales Reise S. 175*«.³² Sie geben die heroische Jagd auf

den Wal in leuchtenden, nahezu abstrakten Formen wieder; die Wale selbst werden nur schemenhaft angedeutet. Wahrscheinlich hatte Melville bei seinem Besuch in London von diesen berühmten Gemälden gehört. Auf jeden Fall notierte er, als er wieder in New York war, auf der Titelseite von Beales Werk (das er für 3,38 Dollar erstanden hatte): »Turners Bilder von Walfängern wurden von diesem Buch angeregt.«[33] Melvilles Begeisterung für Turner konnte fast mit der von John Ruskin mithalten, dem Propagandisten des Künstlers. (Selbst Kritiker zogen den Vergleich. Ein Rezensent von *White-Jacket* erklärte: »Mr Melville sticht so deutlich von allen früheren und heutigen Seestückemalern mit Feder und Tinte ab wie Turner von dem prachtvollen Künstler, den Mr Ruskin um seinetwillen verunglimpfte: van de Velde.«[34]) Melville fühlte sich in seinem romantischen Empfinden von Turner tief angesprochen. In dem Buch *Modern Painters*, das Melville vor seiner Englandreise las, schildert Ruskin, wie Turner sich an den Mast eines Schiffes band, um sein Bild *Schneesturm auf See* zu malen. Vielleicht hatte der Maler mehr als nur ein bisschen von Ahab in sich.

Der Einfluss von Turners erhabenen Szenen mit ihren numinosen Unwettern und Schatten zeigt sich in *Moby-Dick* von Anfang an. Als Ismael eingangs das Gasthaus betritt, sieht er »eine lange, formlose, unheilschwangere schwarze Masse, die ... in einer unbeschreiblichen, schaumigen Brühe trieb«. Im Halbdunkel erkennt er schließlich einen Wal, der ein Schiff im wütenden Sturm zu überspringen und sich auf dessen Masten aufzuspießen scheint. »Wahrlich ein sumpfig-dumpfig-klitschiges Bild, das geeignet war, einen erregbaren Menschen gründlich zu verwirren«, meinte Ismael, und zudem hatte es »eine unbestimmte, unvollendete und unvorstellbare Erhabenheit, die einen wie versteinert darauf starren ließ, bis man sich unwillkürlich schwor, dem Sinn dieses wundersamen Gemäldes auf die Schliche zu kommen«.[35] Es war eine

Traumversion von Huggins' drastischen Szenen, ein fantastischer Turner, gesehen durch Ismaels scheinbar dilettantische Augen. Diese schillernden Wissenschaftler und exzentrischen Künstler, ebenso wie sein eigener Besuch in Liverpool und London, lieferten Melvilles Unterfangen einen englischen Anker. Ihre Gestalten und ihr Handeln gingen wesentlich in das kunstvolle Gespinst von Querverweisen und Abschweifungen ein, aus dem *Moby-Dick* besteht. Vor allem war es Beale, der Ismaels Cetologie dadurch fundierte, dass er die irrigen Bilder von Walen mit der Anwendung von echter Wissenschaft und eigener Erfahrung auf die Naturkunde des Pottwals zu korrigieren gedachte. Er kritisierte zum Beispiel den angesehenen französischen Naturforscher Baron Cuvier für seine Behauptung, der Wal jage allen Bewohnern des Meeres Furcht ein, »selbst denen, die andern am gefährlichsten sind, wie etwa die *Phocae*, die *Balaenopterae*, die Delfine und die Haie. All diese Tiere erschrecken dermaßen beim Anblick des Pottwals, dass sie sich eilends vor ihm im Sand oder Schlamm verstecken und in der Überstürzung ihrer Flucht häufig mit solcher Gewalt gegen die Felsen prallen, dass sie auf der Stelle versterben«.[36]

Für Beale – wie für jeden, der einmal Pottwale in der freien Natur gesehen hatte – war das der reine Blödsinn. »Denn nicht allein ist der Pottwal in Wirklichkeit das scheueste und friedfertigste Tier überhaupt ... das vor der geringsten Kleinigkeit, die ihm ungewöhnlich erscheint, sofort die Flucht ergreift, sondern er ist auch gänzlich außerstande, sich solcher Taten schuldig zu machen, wie sie ihm so nachdrücklich zur Last gelegt werden.«[37]

Beale behandelte erschöpfend sämtliche Aspekte des Wals, Punkt für Punkt, Flosse für Flosse. Doch einerlei, wie viele Fakten und Zahlen, wie viele Beobachtungen er zusammentrug, einerlei zu welchem physischen Detail – von der Funktionsweise der Verdauung bis zur geschätzten Speckmenge, die das tote Tier abwarf, von seinen »bevorzugten Aufenthaltsorten«[38] bis zum »Aufstieg und Fortschritt der Pottwalfischerei«[39] –, sein Gesamtbild blieb vage. Nur indem er wirklich die Gebeine des Tiers in die Hand nahm, konnte der Arzt seine endgültige Diagnose stellen, und selbst dann konnte es ihm passieren, dass ihm das Tier, das er verfolgte, ein Rätsel blieb.

Der Pottwal hatte Beale um die halbe Welt gelockt. Jetzt rief er ihn ins östliche Yorkshire, keineswegs eine Lustpartie. Glücklich in Holderness angelangt, wurden ihm seine Mühen mit einem spektakulären Anblick gelohnt: einem Schlüssel zu den innersten Geheimnissen des *Physeter*. Er hatte das Tier wohl lebendig gesehen, aber erst im Tod wurde seine wahre Erscheinung offenbar, und was er sah, schlug ihn in Bann. »Das Pottwalskelett in Burton-Constable, das ich im Folgenden beschreiben werde, interessiert mich ungemein, hauptsächlich deswegen, weil es das einzige seiner Art in Europa oder vielleicht auf der ganzen Welt ist.«[40]

Beale konnte es kaum erwarten, zu dem Gerippe zu gelangen, und machte sich sofort Notizen über »dieses gewaltige und prachtvolle Knochengerüst«. Sein Bericht erstreckt sich über viele Seiten: »Äußerste Länge des Skeletts 49 Fuß und 7 Zoll« (das sind 15,10 Meter, wobei der Schwund gegenüber 17,70 Metern der knochenlosen Schwanzflosse und Speckschicht zuzuschreiben ist), »äußerste Breite der Brust 8 Fuß und 8 ½ Zoll ... Der gigantische Schädel ... bildet mehr als ein Drittel der Gesamtlänge des Skeletts ... Der Unterkiefer ist 16 Fuß und zehn Zoll lang ... Das Rückgrat besteht aus 44 Wirbeln ... Im Unterkiefer ... waren 48 Zähne ...«[41]

Mit seiner Vermessung verlieh Beale dem Tunstall-Wal ewiges Leben. Er lieferte die erste exakte Beschreibung eines Pottwalskeletts und dieses wurde dadurch zum Urwal, dem Wal, an dem von da an alle anderen gemessen wurden. Durch Melvilles literarische Brille betrachtet, gewannen diese Knochen eine Art dichterischer Freiheit. In *Moby-Dick* sind sie allgegenwärtig. Dave hatte recht: Die in einem Yorkshirer Schuppen herumliegenden

Rippen und Wirbel, die er mir zeigte, waren in der Tat das Einzige, was an handfesten Quellen von Melvilles Buch übrig geblieben war, und durch Beales bahnbrechendes Buch erlangten sie ihre eigene bescheidene Unsterblichkeit. Als Melvilles Exemplar von *The Natural History of the Sperm Whale* 100 Jahre später gefunden wurde, waren seine Randbemerkungen von einem Besitzer ausradiert worden, der sich nicht hatte vorstellen können, dass sie mehr wert waren als das Buch selbst. Doch an dem, was noch zu erkennen war, wurde deutlich, dass das Buch das Gerüst für den Bau von *Moby-Dick* bildete und dass Melville speziell Beales Aufzeichnungen über den Tunstall-Wal für eine literarische Fiktion benutzt hatte, in der er seinen eigenen Besuch in der St. Paul's Cathedral mit den Wanderausstellungen von toten Walen und Walskeletten verschmolz, die damals gerade in Mode waren. Die dabei entstandene Beschreibung ist eine sarkastische Metapher für den menschlichen Umgang mit dem Wal.

> Sir Cliffords Gerippe ist allerorten mit Scharnieren versehen, wie bei einer mächtigen Kommode mit vielen Schubladen ... In Zukunft sollen einige Falltüren und Fensterläden mit Schloss und Riegel gesichert werden, und ein Diener mit einem Schlüsselbund am Gürtel wird die Besucher herumführen. Sir Clifford denkt daran, für einen Blick auf die Flüstergalerie im Spinalkanal zwei Pence zu verlangen, drei Pence für das Echo im Hohlraum seines Cerebellums sowie sechs Pence für den einzigartigen Ausblick von seiner Stirne.[42]

Dabei konnte Melville, als er solche satirischen Betrachtungen anstellte, nicht wissen, dass nur Monate vor seinem Londonbesuch der Verfasser seiner wichtigen Quelle im Alter von nur 42 Jahren dortselbst gestorben war. Zehn Jahre lang hatte Beale als medizinischer Assistent bei der Royal Humane Society gearbeitet; er trat auch dem Institut d'Afrique bei, einer Pariser Organisation, die sich für das Wohl der Sklaven einsetzte, und verbrachte den Rest seines Lebens als schlecht bezahlter Mitarbeiter am Stepney Poor House im East End. Bei der Pflege von Cholerakranken während der Epidemie von 1848/1849, die 60 000 Todesopfer forderte, zog sich Beale dort dieselbe »schlimme Krankheit« zu. 27 Stunden später war dieser große Menschenfreund tot.[43]

Der schmale Korridor mit den Steinplatten und der dunklen Holztäfelung führt zu eleganten georgianischen Räumen, die schon winterfertig gemacht sind. Auf knarrenden Stufen geht es eine freitragende Wendeltreppe hinauf. Es ist früh am Morgen; das Haus ist leer. Ich öffne eine Tür nach der anderen, blicke in Schlafzimmer voll exquisiter Intarsienschränke, eleganter Chaiselongues und Betten mit bestickten Samtüberdecken. Auf einer Truhe liegt ein Soldatenrock, hingeworfen, als ob sein Besitzer nur kurz aus dem Zimmer getreten wäre. Am anderen Ende des Etagenabsatzes gelange ich zu einer verspiegelten Flügeltür und dahinter in die Long Gallery.

Dieser Saal wurde früher für sportliche Betätigungen im Haus benutzt, zum Fechten oder Herumwandeln bei schlechtem Wetter. Jetzt zieren Bücherschränke die Wände und ein Gipsfries im Stil des 17. Jahrhunderts. Er stellt eine ganze Menagerie chimärischer und mischgeschlechtlicher Fabelwesen dar. Eines hat den Oberkörper und die Brüste einer Frau, aber den Körper eines Hengstes samt Penis. Ein anderes ist ein schuppiger Wal, der aussieht, als wollte er mit gefletschten Zähnen und erhobener Fluke aus der Wand ausbrechen, den Kopf seinem ewigen Gegner zugewandt, einem die Tür überspannenden Riesenkalmar, flankiert von einer lockigen Nixe.

Diese antike Bildfolge zieht sich um den ganzen stillen Raum, überwacht von seinem Auftraggeber William Constable, dessen Porträt darunterhängt. Er trägt nach Rousseau'scher Art einen langen Rock und eine turbanartige Kopfbedeckung, ein Mann der Aufklärung, wie auch am Inhalt seines Kuriositätenkabinetts deutlich wird, das heute in einem Vorzimmer am Ende der Galerie untergebracht ist. Wie die Quäker war Constable durch seinen Glauben von hohen Ämtern ausgeschlossen und genau wie sie ihre freien Energien unternehmerisch nutzten – ihr Unternehmen war das Töten von Walen –, so blieb dem Junker von Burton Constable der politische Dienst erspart und er konnte sein ansehnliches Vermögen anderweitig verwenden.

Chemie, Astronomie, Botanik, Zoologie und Alte Geschichte, sie alle beanspruchten Constables Aufmerksamkeit: von Ziermuscheln und Eisbärschädeln bis zu Abdrücken römischer und griechischer Münzen, aufbewahrt in eigens angefertigten Vitrinen. Ein Schrank enthält ein frühes elektrisches Gerät, ein Konstrukt aus Holzrädern, Messingwalzen und Gummiriemen zur Erzeugung elektrischer Ladung, die man in Leidener Flaschen sammelte und nunmehr zu einem Frankenstein'schen Experiment nutzen konnte. Auf einem anderen Bord liegen Relikte eines echten Monsters: die Zähne des Tunstall-Wals in Reih und Glied, wie frisch einem Drachen gezogen.

John Raleigh Chichester-Constable, der gegenwärtige Inhaber von Burton Constable Hall, ist ein adretter Mann in Tweed, mit Halstuch und Eau de Cologne von Geo F Trumper. Er kann sich erinnern, wie er vor über 70 Jahren als Junge das Walskelett, das damals noch auf dem Gelände stand, als Klettergerüst benutzte. Als Feudalerbe wird Mr Chichester-Constable noch immer benachrichtigt, wenn ein Wal an seiner Küste strandet, und kann damit nach Gutdünken verfahren. Er brachte einmal einen toten Schweinswal nach Hull, um aus dem Leder ein Paar modische Halbstiefel für seine Frau machen zu lassen, woraufhin ihn der Schuster – der sich als Verwandter der Fliegerin Amy Johnson ausgab – aufforderte, den Kadaver aus seinem Laden zu schaffen, bevor der Geruch ihm die Kunden vertrieb.[44]

Als junger Mann war Mr Chichester-Constable ebenfalls Amateurpilot und landete mit seiner Privatmaschine auf dem langen, schmalen Feld neben dem Whale Belt, im Angesicht des immer mehr verfallenden Wales. Regen, Frost und praller Sonne ausgesetzt, überdauerte er die Jahrzehnte, vernachlässigt inmitten von Brennnesseln und hohem Gras, und wartete geduldig auf den Tag seiner Wiederbelebung. An einem Spätsommertag des Jahres 1996 wurden die Knochen schließlich von dem Zoologen und Historiker Michael Boyd exhumiert. Wie Melville vor ihm ließ Boyd sich bei seiner Arbeit von Beales Beschreibung in *The Natural History of the Sperm Whale* leiten und mit Konsultation seines Vorgängers konnte er den größten Teil des Skeletts bergen.

Es war ein heißer Nachmittag, und erschöpft von der Arbeit in Hemdsärmeln und Weste, fluchte Boyd, wie Ahab vor ihm: »du verdammter Wal!«[45] Obwohl die viktorianischen Scharniere verrostet waren, musste er dennoch dicke Eisenstangen durchsägen, bevor die Rippen und Wirbel erschienen, bemerkenswert gut erhalten und nicht unähnlich den Ichthyosauriern, die er in den Erdschichten nahe der Robin Hood's Bay ausgegraben hatte. Stück für Stück, Knochen für Knochen kam der Wal langsam zum Vorschein. Der Schädel war immer noch von rostigen Bolzen durchbohrt, als hätte er eine primitive Schädeloperation durchgemacht. Und als der Kiefer gefunden wurde – entzweigespalten wie ein riesiges Gabelbein –, wurde darin ein noch nicht durchgebrochener Zahn gefunden, als ob der Wal in seiner Zeit in der Erde in die Kindheit zurückgefallen wäre.

Jetzt hat man das Ergebnis in den großen Saal geschafft, wo es unter Porträts der Vorfahren und Narwalstoßzähnen den Boden schmückt wie ein geschossener und zum Ergötzen seines Jägers ausgelegter Tiger. In einem Haus voll seltsamer Tiere – an den

Wänden hängen Impalas mit toten Augen, und chinesische Drachen aus Vermeil klettern an den Fensterrahmen empor – ist der Wal eine denkbar ausgefallene Begrüßung heutiger Besucher. Doch seine Gebeine geben nur eine verkleinerte Vorstellung von ihm. Lebendig hätte er gar nicht in diesen riesengroßen Raum gepasst. Mit der Stirn hätte er die Tür eingedrückt und mit der Schwanzflosse die an der hinteren Wand hängenden Landschaften zerquetscht – wie ein Lachs im Goldfischglas.

X

DAS WEISS DES WALS

> Tödlich-trostlose Reiche sind es; öd und wild der
> Ozean, der an den Sockel dieser Barriere schlägt,
> schwankend zwischen Vereisen und Schäumen;
> mit Eisbergflotten befrachtet ... Die Eisbären
> heulen auf, werden sie von ihren Jungen abgetrieben;
> und die malmenden Eilande zerschmettern die
> Schädel der vorwitzigen Robben.
>
> Herman Melville, *Mardi*[1]

Als ich von Burton Constable auf der Küstenstraße nach Norden weiterfahre, fallen mit den bekannten Namen Bridlington, Filey und Scarborough die Jahre von mir ab und Kindheitserinnerungen tauchen auf: an Spielhallen und Fish and Chips, an den verbrannten Geruch von Zuckerwatte und das abendliche Zischen hellgrüner Glühstrumpflampen, empfindlich wie die Nachtfalter, die sie umflatterten, während meine Mutter in unserem Wohnwagen Tee kochte.

Ist die Vergangenheit ein Konzentrat dessen, was uns im Leben widerfahren ist, so gibt es die Zukunft als solche nur in unserer Vorstellung. Die Seebäder sinken in das Gedächtnis zurück und die ordentlichen Felder werden abgelöst von wildem Heidemoor, großen leeren Weiten im Wechsel mit undurchdringlichen schwarzen Nadelwäldern. Die Musik aus dem Autoradio geht im

Rauschen unter, während wir an den riesigen weißen Golfbällen der Abhörstation Fylingdales vorbeifahren. Dann fällt die Straße ab nach Whitby, einem weiteren halb verborgenen Städtchen, mit seinen alten roten Dächern und seinen steilen Straßen und »Snickelways«, die zum hufeisenförmigen Hafen hinunterführen. Hier in diesen schmalen Gassen lebte mein Urgroßvater Patrick James Moore, auch er Katholik, wenngleich in deutlich weniger wohlhabende Verhältnisse hineingeboren als die Bewohner von Burton Constable.[2] Als Sohn eines Dubliner Schmiedes schloss er sich der allgemeinen Auswanderung aus Irland an und kam dabei durch dieselben Liverpooler Docks, die Melville durchstreift hatte; einer von dessen Schiffskameraden auf der *St. Lawrence* war ein Ire namens Thomas Moore. 1882 war Patrick Moore in Whitby eingetroffen, zusammen mit seiner Frau Sarah, einem Dienstmädchen aus Faversham, das sechs Monate nach ihrer Eheschließung ihr erstes Kind zur Welt brachte, Rose Margaret. Sie wohnten in einem armen Stadtteil in der Grove Street, nahe der Scoresby Terrace; allerdings lag am Ende der Straße am Fluss das Werk, wo James Cooks Schiff, die *Endeavour*, gebaut wurde.

In Whitby wurde auch 1885 mein Großvater Dennis geboren. Er wurde später Schneider und fertigte Anzüge für J. B. Priestley und einen Mantel für Winston Churchill an, doch als ich ihn kennenlernte, am Ende seines Lebens, hatte er sich in Morecambe – bekannt als Bradford-by-the-Sea – zur Ruhe gesetzt, wo er in einem Haus mit Blick auf die Bucht starb. Ich habe nur vage Erinnerungen an seine Besuche bei uns: ein weißhaariger alter Mann in eleganten dunklen Anzügen. Er trug stets eine Taschenuhr und war, wie mir meine Eltern erzählten, ein so leidenschaftlicher Leser, dass er oft nicht an seiner Bushaltestelle ausstieg, weil er dermaßen in sein Buch vertieft war. Ich war ein kleiner Junge und ahnte nicht, dass mein Großvater in einer Stadt geboren worden war, die mit der Erinnerung an Wale lebte.

Noch weniger wusste ich, dass ungefähr zur selben Zeit, in der mein Großvater als Junge dort auf den Straßen spielte, Bram Stoker in Whitby Urlaub machte und bei diesem Aufenthalt zu seinem berühmtesten Werk inspiriert wurde, dem Sensationsroman *Dracula*. Darin steigt Stokers Heldin Mina die Treppe zu dem über der Stadt gelegenen Friedhof empor, wo sie einem alten Mann begegnet, der vor Grönland fischte, »als die Schlacht bei Waterloo geschlagen wurde«, und er erzählt ihr »von der Walfischfängerei aus vergangenen Tagen«.[3] Dieser alte Seemann, an die 100 Jahre alt, ist ein Relikt der Vergangenheit Whitbys und eines Gewerbes, das nicht in der sonnigen Südsee, sondern in der Arktis betrieben wurde, der Eiswüste am nördlichen Rand der Welt.

In Edgar Allan Poes einzigem Roman, *The Narrative of Arthur Gordon Pym of Nantucket*, erschienen 1838, fährt ein 16-jähriger Junge als blinder Passagier von New Bedford aus mit einem Walfänger, auf dem eine Meuterei ausbricht. Nach Mord und Schiffbruch werden Pym und seine Gefährten in ihrer Not »zum Äußersten getrieben«, nämlich ihren jungen Schiffskameraden Richard Parker zu essen.[4] Poes Geschichte – die Melville gelesen haben muss – war inspiriert vom Schicksal der *Essex* und ein ähnlicher Vorfall ereignete sich 40 Jahre später, als die Überlebenden einer schiffbrüchigen Jacht, die von Southampton nach Australien unterwegs gewesen war, ihren Schiffsjungen aufaßen. Der Zufall wollte es, dass dieser ebenfalls Richard Parker hieß[5], und sein Gedenkstein auf dem heimischen Friedhof unweit meines Elternhauses beschäftigte mich sehr wegen seiner makaberen biblischen Inschrift: *Er mag mich töten, ich harre auf ihn.*

Aber in Poes Geschichte schwingen auch andere Bezüge zu den Ländern und Lebewesen mit, denen der junge Pym auf seinen späteren Abenteuern in der Antarktis begegnet, wo er Eisbären mit blutroten Augen und mörderische Indianer mit schwarzen Zähnen sieht. Gestützt auf Aufzeichnungen seines Freundes Jeremiah Reynolds, der 1829 seine unglücklich endende Antarktisexpedition unternommen hatte (Reynolds' Besatzung meuterte auf dem Rückweg und setzte ihn in Chile aus, was ihm den Schauplatz für seine Geschichte von Mocha Dick lieferte), stellte Poe sein Buch als Tatsachenbericht dar. Bekannten gegenüber gab er sogar an, er wäre selbst Walfänger gewesen. Zeitungen druckten Auszüge als Schilderungen wirklicher Begebenheiten ab und überzeugten die Leser von der Existenz eines neuen und unbekannten Landes, wo das Wasser wärmer wurde, nicht kälter, je näher man dem Pol kam, und wo abergläubische Eingeborene alles Weiße als tabu ansahen und »den toten Körper des *weißen*, aus dem Meer gefischten Tieres« ebenso fürchteten wie den »Schrei der schnell dahinfliegenden, *weißen* und gigantischen Vögel, die hinter dem nebligen *weißen* Vorhang des Südens hervorkamen«[6].

Auf ihrer Fahrt ins Unbekannte erhebt sich vor den Abenteurern »eine verhüllte menschliche Gestalt, in ihren Ausmaßen viel viel größer als irgendjemand, der unter den Menschen wohnt«, und ihre Haut hatte »die vollkommene Weiße des Schnees«[7]. Diese unheimliche andere Welt, deren Schilderung zwischen Reisebericht und Science-Fiction schwankt, war die Geburtsstätte von Melvilles Ungeheuern. Hierher stammt das Weiß, vor dem Ismael graut und wofür er so weitschweifig wie unsystematisch Beispiele anführt wie eine Suchmaschine des 19. Jahrhunderts: seien es menschliche Albinos, »befremdlicher und scheußlicher als die hässlichste Missgeburt«[8], oder »der große bleiche Mann‹ aus den Wäldern des Harzes, der immer bleich und lautlos durch das Grün des Waldes gleitet«[9]. Weiß ist für Ismael ebenso sehr die Farbe des Bösen wie des Guten; sie ist die schauerliche Farbe der Farblosigkeit. »Nehmt zum Beweise den weißen Eisbär der Pole und den weißen Hai der Tropen: Was, wenn nicht ihr glattes, flockiges Weiß, macht sie so maßlos grauenvoll?«[10]

Aber das Weiß war auch eine Einladung. Bevor die letzten

Wildnisgebiete vermessen wurden, war es den Geschichtenerzählern überlassen, die weißen Flecken auf der Landkarte zu füllen, Männern wie Poe, der nie weiter gereist war als bis Neuengland, oder dem mulattischen Bootssteurer Harry Hinton aus *Nimrod of the Sea*, der sich eine schimmernde Wand aus Eis vorstellte, hinter der ein offenes Meer lag, bevölkert von Nixen und Kraken mit goldenen Antennen. An diesem Zufluchtsort »finden die geplagten Wale Frieden und legen auf den roten Teppichen der Medusen an Speck zu«, sicher vor Jägern, »die harpunieren und stechen, die zerfleischen, zerreißen und kochen«.[11]

THE SEA BEYOND THE SHINING WALL.

Solche Fantasien schlichen sich auch in angebliche Beschreibungen der Wirklichkeit ein. In einem bemerkenswerten Frontispiz zu Oliver Goldsmiths enzyklopädischer *History of the Earth and Animated Nature* (»mit zahlreichen Auszügen aus den Werken der hervorragendsten britischen und ausländischen Naturkundler«[12]), erstmals 1774 erschienen, aber »zum Nutzen und Frommen der zartbeseelten Jugend« immer wieder neu aufgelegt, wie Ismael bemerkt[13], versammelte der Künstler die bekannten Bewohner des ewigen Eises, wobei er sich derart großzügig bei William Scoresbys *An Account of the Arctic Regions* bediente, dass er sogar den pittoresk gestrandeten Narwal und den seine Angreifer in die Luft schleudernden Wal direkt von Scoresbys Bildern abmalte.

Doch unter diesen Seehunden und Seelöwen – ihrerseits angefallen von einem mörderischen Eisbären –, diesen Seeadlern, Alken und Walrossen schwimmt auch eine Seeschlange munter durchs Bild. Sie ist zwischen den Fontänen und Eisbergen fraglos zu Hause und wird von einem zweiten Narwal beobachtet, als ob an ihrem Erscheinen überhaupt nichts ungewöhnlich wäre. Aufgrund der vielen Berichte über ihr Treiben in anderen Meeren gilt ihre Existenz offenbar als gesicherte biologische Tatsache und so wird sie inmitten der übrigen Fauna des Polarmeers dargestellt – wobei sich bei näherer Betrachtung ergibt, dass auch sie abgekupfert wurde und ihr Vorbild in dem zotteligen Monster in Pontoppidans *Naturgeschichte Norwegens* hat.[14]

Die mythische und romantische Aura der Arktis kam in ihren anderen Namen zum Ausdruck: *Barren Grounds*, Ultima Thule, Nordpol. So weiß sie war, war sie doch eine der dunklen Weltgegenden, wo sechs Monate lang ununterbrochen Nacht herrschte, und unwirtlich wie ein Landstrich auf einem anderen Planeten. Ihre polare Leere, der ihre Unbekanntheit entsprach, machte sie zu einem Ort erhabener Extreme. Ihr jungfräuliches Weiß bedeutete für jedes Lebewesen, das nicht daran gewöhnt war, den Tod; und doch ließen ihre Temperaturen die nahrungsreichsten Meere der Erde entstehen. Zarte Schneekristalle konnten das Blut eines Menschen gefrieren lassen, doch sie erhielten auch ein eisiges Paradies, beherrscht von den größten Landraubtieren, deren Fell weiß aussah, aber tatsächlich durchsichtig war über der pechschwarzen Haut. Und in seinen klaren Gewässern schwammen Geschöpfe, die alle Erfindungen Poes an Seltsamkeit übertrafen.

Und für all dies war der Albinowal das Symbol.
Wundert euch nun noch die feurige Jagd?[15]

Die arktischen Wale – Grönland-, Weiß- und Narwal – sind die faszinierendsten überhaupt. Je nach der jahreszeitlich bedingten Ausbreitung des Eises gehorchen sie dem zyklischen Wandel ihres begrenzten Meeres. Es sind philopatrische, das heißt brutortstreue Tiere und die einzigen Wale, die das ganze Jahr über in der Arktis leben. 100 000 Weißwale schwimmen in arktischen Gewässern; die weniger zahlreichen Grönlandwale und ihre Vorreiter, die Narwale, werden wegen ihrer Zurückgezogenheit selten gesichtet.

Weißwal und Narwal bilden eine eigene Familie, die Gründelwale *(Monodontidae)*. Die Weißwale *(Delphinapterus leuca)* verdanken ihren anderen Namen, Beluga, dem russischen Wort für »weiß«, *bely*. Ihr Weiß ist nicht das eines Albinos, wie Moby Dick angeblich einer war, ein Tier, das durch seine Farblosigkeit Grauen erregte; sie kommen vielmehr grau zur Welt und werden erst als ausgewachsene Tiere reinweiß, als erlangten sie mit dem Alter die Sündlosigkeit. Ihre verformbare Melone (die sich laut einem Beobachter wie warmes Schmalz anfühlt) und ihr abgesetzter Hals erlauben es den Weißwalen, die Form des Kopfes zu verändern und diesen seitlich abzuwinkeln, was ihnen einen fragenden, menschlichen Ausdruck verleiht. Wegen ihrer Gesänge bezeichneten Seeleute sie als Kanarienvögel des Meeres, aber für mich sehen sie wie Labradore aus, weiße Welpen auf der Suche nach einem Herrchen.

Der Narwal besitzt die gleiche traurige Schönheit wie der Beluga, eine Bedrohtheit, wie sie schon in seinem Namen anklingt, der von altnordisch *nar*, »Leiche«, kommt, vielleicht weil seine Flecken an die verfärbte Haut eines Toten erinnern. (Er ist nicht der einzige Wal mit so morbiden Assoziationen: Der lateinische Name des ebenfalls in der Arktis heimischen Schwertwals *Orcinus orca* geht zurück auf *orcus* und heißt »zum Totenreich gehörig«, worin sich sein Ruf als einziger nichtmenschlicher Feind der großen Wale ausdrückt.) Jedoch das eigentliche Emblem der Melancholie besitzt der Narwal in seinem auffälligsten Merkmal, auf das bereits sein Doppelname verweist: *Monodon monoceros*, »Einzahn-Einhorn«.

Das »Horn« des Narwals ist in Wirklichkeit ein übergroßer lebendiger Eckzahn, der linksseitig die Oberlippe durchstößt und sich zu einer Länge von fast drei Metern schrauben kann, jahrhundertelang aber als das zauberkräftige Horn eines Einhorns galt. Im Mittelalter entstand eine Art Verschwörung zwischen seinen arktischen Jägern und den Apothekern, die dieses Naturwunder als wahrhaft magisches Objekt ausgaben. Die Stoßzähne, 20-mal ihr Gewicht in Gold wert, waren damals heiß begehrte Trophäen, die von Kreuzfahrern gestohlen und in ganz Europa als staatliche Statussymbole gehandelt wurden. Um die Mitte des 16. Jahrhunderts wusste man nur von 50 ihrer Art, und nach seiner Rückkehr von einer Expedition zur Entdeckung der sagenumwobenen Nordwestpassage schenkte Sir Martin Frobisher 1577 Elizabeth I. »das Horn eines Meereseinhorns«, dessen Wert mit 10 000 Pfund veranschlagt wurde, mehr, als ein neues Schloss kostete. Offenbar erkannte die jungfräuliche Königin die herrscherliche Potenz in dem Tribut, denn sie benutzte es fürderhin als Szepter.[16]

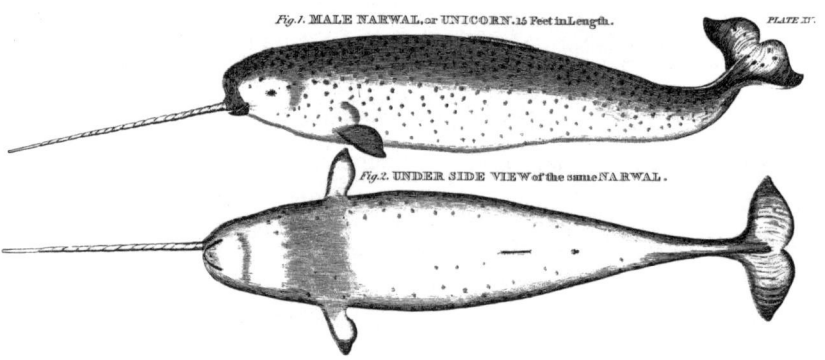

Der Stoßzahn wurde auch, zu Pulver zermahlen, als Mittel gegen Gifte und gegen die Melancholie geschätzt, »die englische Krankheit«[17], deren Anatomie Melville genauso studiert hatte wie vor ihm der kauzige Geistliche Robert Burton. Viola Sachs zufolge bietet Albrecht Dürers enigmatische *Melencolia* von 1514 mit ihrem brütenden Engel und dem im Hintergrund über das Meer stürzenden Kometen einen geheimen Schlüssel für *Moby-Dick*, eine verborgene Struktur, die auf dem magischen Quadrat beruht. Durch diese Chiffre, so Sachs, verbinde Melville sein Melancholiemotiv mit der biblischen Geschichte vom verstoßenen Ismael und bringe damit »seine Vision vom irdischen Ursprung der Schöpfung« zum Ausdruck.[18]

Mit solchen Symbolen und Verschwörungen befrachtet, wurde der Narwal ein Fabelwesen mit einer ganz eigenen Melancholie, wie niedergedrückt von seinem beschwerlichen Auswuchs. Um einen Narwalstoßzahn zu halten, braucht man beide Hände und der große elfenbeinerne Dorn fühlt sich wie gemeißelter Stein an, wie ein gewichtiges Zierstück aus der Figurenwerkstatt eines Dombildhauers. Kein Wunder, dass Märcheneinhörner mit einem Narwalhorn dargestellt wurden und immer noch werden.[19]

Erst als Francis Willughby den Narwal 1685 in seiner *Icthyographia* beschrieb, wurde der Schwindel aufgedeckt. Zusätzliche Beweiskraft hatte das Auftauchen der Tiere selbst, das uns mit der Realität konfrontierte. In den 1880er-Jahren schwamm ein Narwal den Humber und den Ouse hinauf bis York, eine mittelalterliche Erscheinung im Schatten des Münsters; einige Jahre später wurde im selben Fluss ein Weißwal erschossen, der den Rückweg nach Norden suchte. 1949 erschienen zwei weibliche Narwale sogar weit im Süden in Rainham, Essex, und im Medway in Kent.[20]

Heute haben mikroskopische Untersuchungen die wahre Magie des Narwalstoßzahns zutage gebracht. Im Unterschied zu anderen Zähnen ist er bis zur Oberfläche mit Nervensträngen durchsetzt, sodass er mit zehn Millionen Nervenenden praktisch ein riesiges Sinnesorgan ist, mit dem das Tier feinste Temperatur- und Druckveränderungen wahrnehmen kann. Dies könnte erklären, warum Narwale ihre Stoßzähne aus dem Wasser heben, als wollten sie die Luft schnuppern. Andere Forschungen deuten darauf hin, dass der Stoßzahn nicht nur eine Witterungssonde ist, sondern auch ein Sender und Empfänger von Schallwellen sein könnte, ja selbst von Elektrizität. Solche Entdeckungen übertreffen die mythischen Kräfte des Narwals. Sein legendärer Dorn ist kein toter Knochen, sondern ein »Nervenbündel« mit »taktilen Wahrnehmungen«, die »als lustvoll aufgefasst werden« können.[21] Wenn Männchen ihre Stoßzähne aneinanderreiben, nahm man früher an, sie duellierten sich um die Weibchen; offensichtlich hat dieses Verhalten aber noch andere Gründe. Diese Fortsätze sind hochempfindlich, denn wenn sie abbrechen, leidet das Tier so starke Schmerzen, dass ein Artgenosse mit einer rührenden Geste der Nächstenliebe die Spitze seines eigenen Stoßzahns in die quälende offene Stelle steckt und das Ende abbricht, um sie zu verstopfen.

Wer könnte angesichts solcher Verhaltensweisen einem Narwal widerstehen, dessen schwarze, weiße, graue und braune Flecken auf der bräunlichen Grundfarbe wie Kleckse auf der Palette eines Malers wirken? Verdrehterweise finde ich das hintere Ende des Tiers am schönsten: die wunderschöne Fluke, die von der Mittelkerbe aus in ausladendem Schwung zu den Spitzen und in einer S-Kurve wieder zurück zum Schwanzstiel fließt. Sie mag seitenverkehrt wirken, aber erfüllt genauso ihren Zweck wie ein Spoiler an einem Sportwagen.

Der Leser errät vielleicht, dass ich eine große Schwäche für holarktische Wale habe. Wie Belugas ändern auch Narwale mit dem Alter die Farbe. Die Abfolge ist faszinierend. Sie werden hellgrau geboren, eine Kleinkindfarbe, die ihre Mütter für sie einnimmt, und mit zunehmender Reife geht diese nach und nach in ein rötliches Schwarz über. Dieses bricht dann in schwarze oder dunkelbraune Flecken auf, sodass die frisch ausgewachsenen Tiere etwas von Leoparden oder Drosseln haben. Im Alter tritt diese Zeichnung wieder zurück und das Weiß kommt darunter zum Vorschein, so wie die feinen Haare einer alten Frau silbergrau werden, wodurch die Tiere nicht nur alt, sondern auch weise wirken.

Dieser Wandlungsprozess wird häufig von Fischnetzen oder Inuitharpunen abgebrochen. Narwalspeck ist eine besondere Delikatesse, und wenn ein harpuniertes Tier aus dem Meer gezogen wird, werden Stücke aus der Haut geschnitten, *Maktaq* genannt, und warm gegessen – ein vitaminreiches Fast Food zur Vorbeugung gegen Skorbut. Die Inuit schnitzen aus den Stoßzähnen Kunstgegenstände, was einem bei deren natürlicher Schönheit ein wenig überflüssig vorkommt. Für sie jedoch ist der Narwal ein reines Nutztier: Aus seiner Lanze werden Angelruten und aus seinen Gedärmen die Leinen dazu gemacht; das feine Öl wird in Mooslampen verbrannt. Früher wurde das weiche Leder von Narwal und Weißwal auch zu Handschuhen verarbeitet, hellgrau, weiß oder gefleckt, je nach dem Geschmack des Dandys. Eine Firma aus Hull stellte Schnürsenkel aus Belugaleder her, mit der etwas geschäftsschädigenden Warnung auf der Packung, sie »sollten nicht heftig gezogen oder gerissen werden«[22].

Mitte des 20. Jahrhunderts führte Kanada Beschränkungen für die Weißwaljagd ein, doch eingeborene Völker und die königlich kanadische berittene Polizei durften sie weiterhin »für den eigenen häuslichen Bedarf und zum Füttern der Hunde«[23] töten. Tausende von Narwalen und Weißwalen werden immer noch Jahr für Jahr aus kleinen Booten erlegt oder vom Eis aus erschossen, eine Ausbeute, bei der die Natur selbst mithilft. Im Winter können die Meeresarme, in die die Tiere hineinschwimmen, auf einer so langen Strecke zufrieren, dass die Tiere sie nicht mit einem Atemzug überwinden können. Die Wale sind dann in einer blaugrünen Welt eingeschlossen, die ihr kollektives Grab zu werden droht.

Die Vorstellung zerreißt einem das Herz. In Point Barrow, Alaska, mussten 900 Weißwale gemeinsam ein Eisloch benutzen, *Savssat* genannt, das 150 Meter lang und 50 Meter breit war. Da sie kein offenes Wasser finden konnten, kamen die Tiere alle 12 bis 18 Minuten nach oben, nahmen 10 bis 15 Atemzüge und tauch-

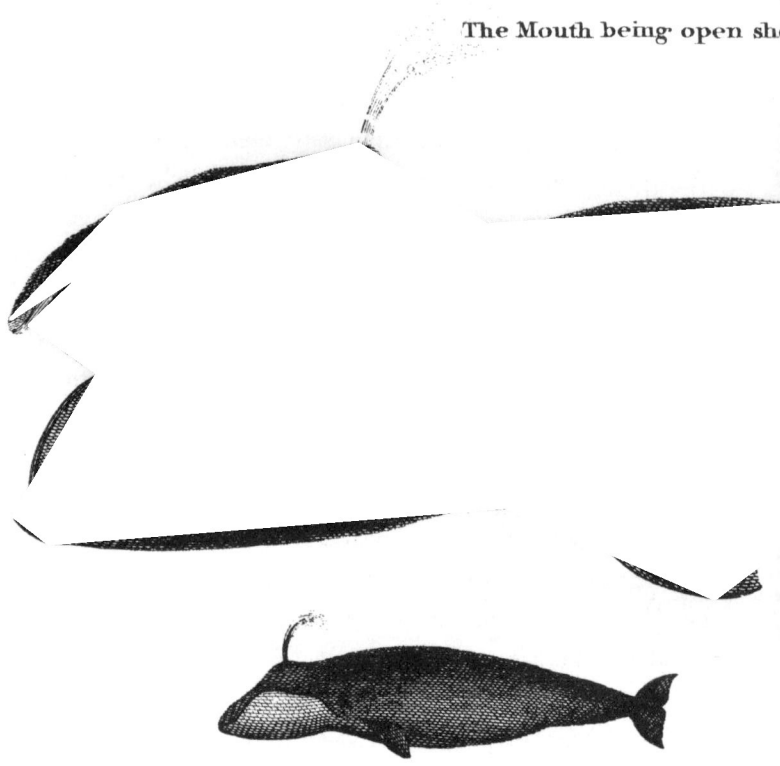

Fig.1. BALÆNA MYSTI(

The Mouth being open sh(

Fig.2. CUB of the COMMON WHALE 17 Feet long.

ten dann unter »Notgesängen« wieder ab. Ihr natürliches Gemeinschaftsgefühl verschlimmerte die Situation noch, da sie alle gleichzeitig zum Atmen aufstiegen, was dazu führte, dass einige Tiere regelrecht aus dem Eisloch hinaus und in die Arme der wartenden Inuit gequetscht wurden. An einem Tag erlegten sie 300 Wale.[24]

Von allen arktischen Walen jedoch ist der Grönlandwal *(Balaena mysticetus)* der geheimnisvollste. Er ist vielleicht mein Lieblingswal, obwohl ich noch nie einen gesehen habe und wahrscheinlich auch nie einen sehen werde. Vom Nordkaper, mit dem er eng

Fig. 3. NARWAL, Length exclusive of the Tusk 14 Feet.

verwandt ist, unterscheidet er sich hauptsächlich durch das Fehlen von Schwielen und mit seinem ungemein wuchtigen Kopf kann er auch durch die Eisdecke brechen und damit dem traurigen Schicksal seiner kleineren Verwandten entgehen. Er hat zudem von allen Walen die längsten Barten: bis zu 4,50 Meter können sie lang werden. Wenn dieser schwarzgraue Koloss mit seinem riesigen weißen Maul, das ein »Halsband« aus schwarzen Punkten schmückt, im kristallklaren Wasser hängt, dann scheint er den schweigenden, unheimlichen Geist der Arktis zu verkörpern – obwohl auch er, wie der Buckelwal, mit tiefer, weitreichender Stimme singt. Am nördlichen Ende der Welt zu Hause, steht er auch unter den Walen obenan und flößte seinerzeit selbst hartgesottenen Walfängern eine gewisse Ehrfurcht ein. 1823 sah die Besatzung der *Cumbrian* aus Hull fassungslos staunend mit an, wie ein über 17 Meter langer weiblicher Grönlandwal um ihr Schiff herumschwamm und es dann in aller Ruhe mit der Schnauze zurückschob, als wollte er sich ihr Eindringen verbitten.[25] Jahrhundertelang lebte der Grönlandwal in eisiger Abgeschiedenheit; das war sein Glück. Von der Rauheit seines Lebensraums geschützt, zieht sich dieses ungeheure Geschöpf mit dem Eintreffen des polaren Winters einfach in die Verborgenheit zurück, als verschwände es von einem Radarschirm. Es hebt noch einmal die glänzende Fluke und gleitet mit seinen Geheimnissen zurück in die Tiefe. Es hat allen Grund dazu, derart Zuflucht zu suchen: Das speck- und bartenschwere Tier hat am eigenen Leib erfahren müssen, dass der Mensch selbst das entlegenste Versteck ausfindig machen kann.

Das imperiale Großbritannien bereicherte sich an der Arktis und beutete sie rücksichtslos aus und selbst ihre Bewohner waren ihm Freiwild. 1847 wurden Memidadluk und Uckaluk, »die zwei Esquimaux oder Yacks«, mit ihren Artefakten vor faszinierten Besucherscharen in Hull, York und Manchester ausgestellt.[26] Fisch, Fleisch, Menschen, Blubber, Barten, Tran: Die Arktis bot einen prekären Reichtum, von dem man sich nur bedienen musste, und die Bewohner der nordenglischen Hafenstädte Hull und Whitby fühlten sich durch ein unsichtbares Band mit den fernen Eismeeren verbunden.

Die Briten fingen recht spät mit dem Walfang an. Am Ende des 16. und Anfang des 17. Jahrhunderts hatten ihre Schiffe versucht, mit den Holländern um die reichen, nicht ausgebeuteten arktischen Fanggründe zu konkurrieren. »Zu der Zeit, muss man wissen«, bemerkte ein späterer Chronist, »war der Walfang die reinste

Goldmine. Ungenutzt lagen die Reichtümer da: Die Säugetiere hatten noch keine Angst und der Ertrag war ungeheuer.«[27] Während die Holländer ihre Walfangstation in Smeerenburg (»Transtadt«) auf Spitzbergen gründeten, stachen die britischen Walfänger von Hull oder sogar von Exeter aus in See. Doch je mehr Erfolg die Holländer hatten, umso weniger hatten die Engländer; 1671 schickten die Niederlande 155 Walfangschiffe nach Grönland und ihr jährlicher Fang betrug manchmal bis zu 2000 Wale. 1693 gab es einen Antrag, den britischen Walfang wieder anzukurbeln, der »früher … diesem Königreich sehr förderlich« gewesen war, wie der Londoner Finanzier und Kaufmann Sir William Scawen dem Parlament vortrug, »nicht nur wegen der großen Mengen an Fischbein und Tran, die von dort kamen, sondern auch als Schule der Seeleute und wegen der geringen Aufwendungen für die Verproviantierung der Schiffe«. Scawen beklagte, seit 1683 sei »kein einziges Schiff mehr von *England* nach *Grönland* geschickt worden, sodass Fischbein, das einst … zu 60 Pfund pro Tonne verkauft wurde, jetzt für 400 Pfund die Tonne verkauft wird, wodurch Holland und Hamburg dieses Königreich um über 100 000 Pfund für Fischbein und Tran bringen«.[28]

Schon bald wandte sich die Wirtschaft wieder dem Wal zu. In den 1720er-Jahren investierte die South Sea Company im Zuge ihrer Erholung von der »Südseeblase«, einem berüchtigten Börsenskandal der Zeit, auf Anraten von Henry Elking, der Großbritanniens Untätigkeit als »sehr großen Fehler« beklagt hatte[29], in den Walfang. Die Gesellschaft rüstete ein Dutzend Schiffe auf der Themse aus und schickte die Flotte nach Norden, begünstigt von der Steuerfreiheit für alle Walprodukte, die der Staat erklärte. Die Ergebnisse waren enttäuschend – das Geschwader kehrte mit nur 25 Walen zurück, was kaum die Kosten der Expedition deckte – und erst Mitte des 18. Jahrhunderts engagierte sich das Land wieder ernsthaft im Walfang. Von da an jedoch war Großbritannien

Weltspitze und ging dabei mit der gleichen Effizienz vor wie beim Sklavenhandel (woran auch einer der Vorfahren meiner Mutter, in Bristol lebend, beteiligt war). Beide, der Menschenhandel um Zucker und der Walhandel um Öl, waren die wirtschaftlichen Säulen des Empire. Infolgedessen wurde London die bestbeleuchtete Stadt der Welt. In den 1740er-Jahren vertrieben 5000 Walöl verbrennende Straßenlaternen die frühere Dunkelheit.[30] Die Hauptstadt war selbst ein Walfanghafen. Ganze englische Flotten gehörten einzelnen Kaufleuten wie Samuel Enderby, Thomas Sturge oder Elhanan Bicknell, keinem Syndikat wie in Nordamerika. Ihre Schiffe brachen vom Howland Great Wet Dock in Deptford auf, dem größten Handelshafen der Welt, einer riesigen Kerbe, die ins Südufer des Flusses geschnitten worden war als ein Auftakt zu späteren Zeiten, in denen die Flussufer Londons infolge der regen Handelstätigkeit durch viele solche Ufereinschnitte verschandelt wurden. Zu Ehren seiner arktischen und grönländischen Ausrichtung wurde es in Greenland Dock umbenannt und konnte 120 Schiffe fassen; die Poller am Kai waren aus Walknochen. Auch Tranfabriken wurden hier gebaut, wo Wale außerhalb der Innenstadt verarbeitet wurden, damit die Bewohner nicht von dem Gestank belästigt wurden.[31] Am späteren Standort des Millennium Dome, der großen Flussschleife, wo die kaffeebraune Themse sich langsam zum Meer hin verbreitert und heute die teuren Wohnanlagen der Docklands das Bild bestimmen, wurde ebenfalls fleißig Tran ausgekocht.

Hauptsächlich jedoch wurde der britische Walfang von der Ostküste aus betrieben, vor allem von den nördlich gelegenen Hafenstädten Hull und Whitby. Sie konnten auf eine lange Tradition zurückblicken, die bis zu den Anfängen des Walfangs reichte. 1000 Jahre zuvor hatten die Wikinger vor Norwegen Wale gejagt – in dem Heldengedicht von Beowulf wird das Meer selbst »Walstraße« genannt – und im 9. Jahrhundert brachten sie Walfleisch nach England. 1753, 800 Jahre später, begann Whitby mit dem Walfang. Nur drei Tiere wurden in der Saison erlegt, aber im Lauf der nächsten 80 Jahre brachen 58 Schiffe von dem Yorkshirer Hafen zu 577 Fahrten auf und erlegten insgesamt 2761 Wale, 25 000 Robben und 55 Eisbären.

Für die Jäger war das alles andere als eine sichere Beschäftigung. In seinen aktivsten Jahren büßte Whitby 17 Schiffe ein – eine schrecklich hohe Zahl, vergrößert noch durch individuelle Tragödien wie den Tod von vier Männern 1810, als ein Boot der unglücklich benannten *Aimwell* (»Zielgut«) von einem Wal zerschmettert wurde. Dennoch war der Walfang mittlerweile für Großbritannien ein lukratives Geschäft und 1788 meldete die *Times* reiche Fänge für die nordenglischen Häfen. Allein in einer Woche brachte die *Albion* »500 Fässer Tran und zwei Tonnen Flossen, die Ausbeute von siebeneinhalb Walen«, nach Hull, die *Samuel* lieferte »60 Fässer Blubber und eine Tonne Flossen, die Ausbeute von drei Walen«, im selben Hafen an, und die *Spencer* brachte »270 Fässer Blubber und fünfeinhalb Tonnen Flossen, die Ausbeute von sieben Walen«, nach Newcastle – nicht eingerechnet weitere vier Schiffe, die mit der Ausbeute von sechzehneinhalb Walen und 2000 Robben einliefen.[32] Das »große Massaker am Grönlandwal«[33] war in vollem Gange, damit dank verbesserter Fangtechniken Großbritanniens Bedarf gedeckt werden konnte: an Öl, das seinen Untertanen die Straßen erhellte, und an Barten, mit denen sich sein Prinzregent in eine »Bastille aus Fischbein«[34] einschnürte.

Wie die Yankees jagten auch die Briten die Wale in kleineren Booten, die in ihrem Fall den frühen Wikingerbooten nachempfunden waren. Wale wurden auch häufig vom Eis aus getötet und dann daraufgezogen und geschlachtet; im Unterschied zu den Amerikanern ließen die britischen Walfänger den Blubber nicht an Bord aus, sondern transportierten ihn in Stücken nach Hause.

Bei solchen Einsätzen fuhren bis zu 100 Schiffe am Eisrand auf, ein regelrechter Sperrgürtel, der jedem Wal die Flucht so gut wie unmöglich machte. Für die Walfänger war das Risiko fast genauso hoch: Von zehn Schiffen kehrte eins nicht zurück.

Als der Krieg mit Amerika Großbritannien zwang, neue Walratquellen aufzutun, bot der Staat Reedern wie Enderby and Sons Prämien von bis zu 500 Pfund pro Schiff. Samuel Enderby war 1775 aus Boston, Massachusetts, nach London gekommen.[35] Er war ein britischer Loyalist – seine Schiffe hatten die berühmte Teeladung in den Boston Harbor befördert. 1776 bemannte Enderby zusammen mit Alexander Champion und John St. Barbe zwölf Walfangschiffe mit amerikanischen Kapitänen und Harpunieren. Sie kehrten mit 439 Tonnen Öl zurück.[36]

Aufgrund der Erkenntnisse von James Cook, der auf seiner Fahrt nach Australien Pottwale gesehen hatte, schickte Enderby 1788 die *Amelia*, das erste speziell für die Pottwaljagd gebaute britische Schiff, in den Pazifik, womit er den Yankees zuvorkam, deren erstes Schiff, die *Beaver*, erst 1791 von Nantucket aus in den Pazifik aufbrach. Da man mit Tranöfen an Bord weit von zu Hause auf Jagd gehen konnte, war dies »bei Weitem die längste aller Fahrten, die bisher jemals von Menschen unternommen wurden«, wie Ismael sagt.[37] Auf diesen Raumfahrten ihrer Zeit verfolgten die Schiffe wagemutig Tiere, deren Vorfahren vor Jahrmillionen ferne Meere kolonisiert hatten. Jetzt kolonisierten die Menschen diese Ozeane auf ihren eigenen neuen Routen.

Auf den Weltmeeren brach eine neue Rivalität aus. Durch den Walfang dehnte das britische Empire seinen Einfluss in die südliche Hemisphäre aus, praktisch als »Wiedergutmachung« für den Verlust der amerikanischen Kolonien. In seiner Versorgung mit Walöl wollte Großbritannien unabhängig sein. »Es erstaunt uns«, erklärte John Adams, der erste Botschafter der neuen Republik, 1785 dem britischen Premierminister William Pitt sarkastisch, »dass

Ihnen die Dunkelheit und daraus folgend Überfälle, Einbrüche und Morde auf Ihren Straßen lieber sind, als dem mit unserem Walrat entgegenzuwirken.«[38] Adams, später Präsident der USA, sprach mit dem Selbstbewusstsein eines früheren Untergebenen, der inzwischen seinem Herrn überlegen war, »wo doch die Yankees an einem Tage zusammen mehr Wale erlegen als alle englischen Waljäger in zehn Jahren«, wie Ismael prahlt.[39] Der Walfang nahm gewissermaßen die neue Weltordnung vorweg.

Die Walfänger bereiteten das Wirken der Missionare in der Südsee vor, indem sie der Welt außer dem Licht auch noch ihren Gott brachten. Wie Hal Whitehead bemerkt: »Sie hinterließen Krankheiten, fremde Tiere (vor allem Ratten), technische Neuerungen und ihre Gene.«[40] Ausfahrende britische Walfangschiffe, die sonst leer gesegelt wären, versorgten die Sträflingssiedlungen Australiens. »Der *Augenschein* legt die Ansicht nahe, dass es diese Kolonien nie gegeben hätte, wenn keine Walfangschiffe ihre Küsten angelaufen hätten«, schrieb Thomas Beale. »Es ist eine Tatsache, dass die ersten Siedler in der Botany Bay durch das rechtzeitige Eintreffen von Walfangschiffen mehr als einmal vor dem *Hungertod* gerettet wurden.«[41] 1791 eröffnete der unternehmungslustige Samuel Enderby eine Niederlassung in Port Jackson, dem Hafen von Sydney, und ließ von seinen Schiffen Sträflinge dorthin befördern, womit er praktisch Neusüdwales mit neuen Sklaven belieferte. Die Gründung dieser Kolonien verschaffte Großbritannien einen großen Vorsprung in der Südsee-Walfischerei; bald schon wurden diese Kolonien zu selbstständigen Walratlieferanten, indem sie die Tiere von den eigenen Küsten aus jagten und das Produkt »mit einem viel geringeren Zeit- und Kapitalaufwand« nach Großbritannien exportierten.[42] Gleichzeitig stach James Colnett, Offizier der Royal Navy, auf dem Kriegsschiff *Rattler* von Portsmouth aus in See, um die Walfischerei des Landes im Pazifik auszudehnen, auch wenn Ismael sich über seine Zeichnung eines

Pottwals lustig macht: »Ach, mein wackerer Kapitän, warum hast du nicht Jona für uns verewigt, wie er aus diesem Auge herausschaut!«[43]

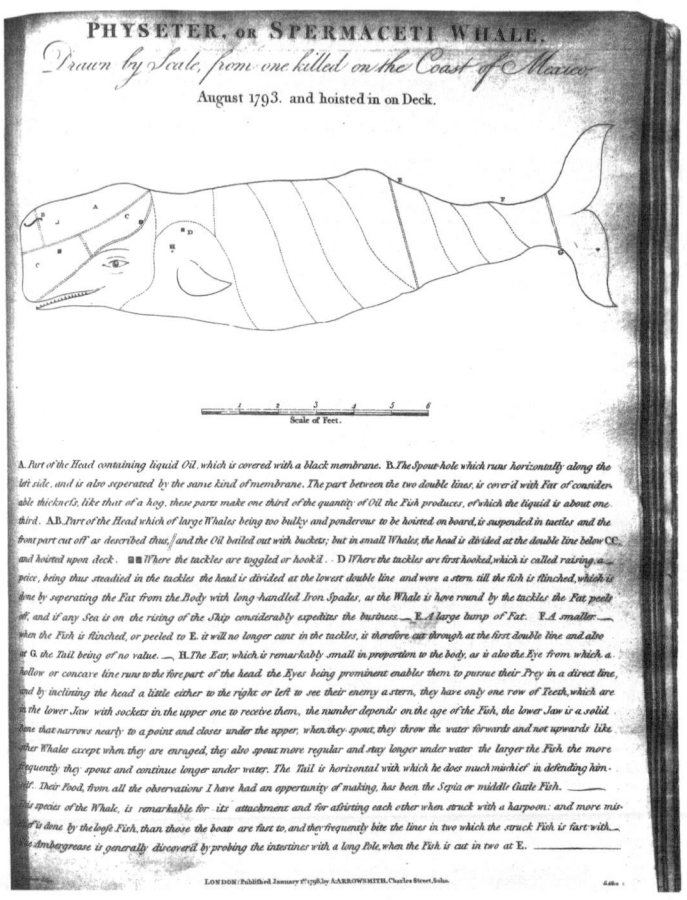

Mehr denn je wurde der Walfang als »Goldgrube britischer Macht und Herrlichkeit«[44] betrachtet, eine wesentliche Quelle seemännischer Erfahrung und kaufmännischer Spekulation. Später fuhren Opfer der Großen Hungersnot auf Walfangschiffen von Irland nach Amerika, genau wie mein Urgroßvater von Irland nach England floh, wo er schließlich in Whitby landete. In einem umfassenderen Sinne, als selbst Ismael vermutete, spielten Wale ihre Rolle in der Weltpolitik, in der Umsiedlung ganzer Bevölkerungsgruppen und in der künftigen Verschiebung von Einflusssphären.

Ich behaupte freiweg, dass der welterfahrene Philosoph bei seinem lieben Leben nicht einen einzigen friedlichen Faktor benennen kann, welcher binnen der letzten sechzig Jahre alles in allem stärker auf die ganze weite Welt eingewirkt hat als das erhabene und gewaltige Gewerbe des Walfangs.[45]

Wenn das Wetter im April besser wurde, brachen Whitbys Schiffe regelmäßig nach Grönland auf, wo sie die leicht zu fangenden Wale der Arktis harpunierten. Sie brachten blockweise Blubber mit zurück, was einen Gestank erzeugte, den Ismael mit einem Walfriedhof vergleicht und der den Hafen zu einer der übelriechendsten Städte Englands machte.

Walfangkapitäne aus Whitby – viele davon Quäker – bauten sich ihre eleganten georgianischen Häuser hoch oben auf dem West Cliff, außer Riechweite der Fabrik, die ihren Reichtum erwirtschaftete, aber mit Blick auf den Hafen, den man sich auch von Whitbys berühmtem Walbeinbogen rahmen lassen kann. Als ich in jungen Jahren unter diesem Denkmal stand, nahm ich an, es befände sich schon seit Jahrhunderten dort. In Wirklichkeit wurden diese Unterkieferknochen, ursprünglich von einem Blauwal, erst 1962 aufgestellt und mittlerweile schon durch die eines Grönlandwals ersetzt, ein Geschenk der Bürger Alaskas. Aber unten in der Stadt wurden Walknochen als Gebälk für Dächer und Wände benutzt. Ganze Häuser und Werkstätten wurden aus diesen riesigen Rippen und Kiefern gebaut. Wenn ein Mann im Maul eines Wals stehen konnte, warum sollte er dann nicht statt Ziegel Knochen nehmen und sich und seiner Familie daraus ein bequemeres Domizil errichten? Der Wal hatte schließlich keine Verwendung mehr dafür.

Die Geschwindigkeit, mit der die Walfangflotte wuchs, war geradezu beängstigend. 1782 befuhren 44 britische Walfangschiffe die Grönlandsee. Zwei Jahre später hatte sich die Zahl verdoppelt und 1787 liefen 250 Schiffe von britischen Häfen aus – doch ihre Gewinne wurden bald von einem neuen Krieg aufgefressen. Landratten wurden auf Walfängern für die Kriegsmarine vorgeschult, während erfahrene Waljäger ihrerseits zum Kampf gegen Napoleon eingezogen wurden.

Als junger Seemann war William Scoresby sen. vor Trafalgar in spanische Gefangenschaft geraten, dann aber in einer wagemutigen Flucht auf einem britischen Schiff entkommen, das Kriegsgefangene ausgetauscht hatte.[46] Nach Whitby zurückgekehrt, heuerte Scoresby auf dem Walfänger *Henrietta* an und stieg rasch zum »Specksioneer« auf (Verballhornung eines holländischen Begriffs für den Ersten Harpunier), dann zum Kapitän. Es war der Anfang einer Laufbahn, die nicht weniger als 533 Walen das Leben kosten sollte.

Scoresby war ein kräftig gebauter Mann von großer Vitalität und sein Talent für den Walfang war unbestreitbar. Auf seiner zweiten Fahrt als Kapitän der *Henrietta* kehrte er mit 18 Grönlandwalen zurück; in den folgenden fünf Jahren erbeutete das Schiff 80 weitere Tiere, die fast 800 Tonnen Tran gaben. Bald befehligte Scoresby ein größeres Schiff, die *Dundee;* auf ihrer ersten Fahrt erlegte sie beispiellose 36 Wale. Scoresby errang noch zusätzlichen Heldenruhm, als er sich vor der Küste von Yorkshire einem französischen Kriegsschiff und der drohenden Vernichtung gegenübersah. Im letzten Moment klappte die *Dundee* ihre Geschützpforten auf und beim Anblick der Achtzehnpfünder drehte der Feind ab und floh.

1803 übernahm Scoresby das Kommando eines neuen, doppelwandigen Schiffs mit Metallplatten am Bug, womit es durch arktisches Eis brechen konnte. Auf der *Resolution* fuhr auch sein 14-jähriger Sohn mit, der ebenfalls William hieß und seinerseits ein bedeutender Walfänger, Entdecker und Erfinder werden sollte. Er musste einem großen Vorbild nacheifern. Scoresby senior war näher als irgendjemand anders den 1000 Pfund Belohnung gekommen, die demjenigen winkten, der die legendäre Nordwestpassage nördlich des 89. Breitengrades entdeckte; die Suche danach erschloss »die Stammesgebiete der Wale«[47]. Er hatte auch ein geschlossenes Krähennest erfunden, einen sinnigen Mastkorb mit einer schützenden Hülle aus Leder oder Persenning, Stauraum für Fernrohr und Schusswaffe sowie Flaggen und Sprachrohr zur Kommunikation mit der Besatzung oder anderen Schiffen. Ismael fand das Ding exzentrisch und er veralberte Scoresby als »Captain Sleet«, »Kapitän Graupel«, der in seiner Erfindung auf Ausguck steht, mit einer Flinte bewaffnet, »um damit den einen oder anderen Narwal abzuknallen, jenes vagabundierende Einhorn der See, das eine Landplage in diesen Wassern war«[48].

Scoresby war kein gewöhnlicher Seemann und machte die Einträge im Logbuch oft in Versen: »Da wir dem Westeis nun entgehen, / Gelinde Winde uns umwehen.«[49] Er hielt sich auch einen zahmen Eisbären, den er an der Leine zum Hafen von Whitby hinunterführte, damit er sich dort sein Essen fischte. Scoresby war in der Hochzeit des britischen Walfangs die Personifizierung dieses nationalen Triumphs. Im Sommer 1817 widmete die *Times* ganze Spalten den Meldungen von Walfängern, die, mit Blubber und Walbein beladen, nach Berwick, Greenock, Peterhead, Aberdeen, Montrose, Dundee, Kirkcaldy, Leith, Liverpool, Hull, Newcastle, London und Whitby zurückkehrten.

Nach einem langen und erfolgreichen Berufsleben gab Scoresby 1823 die Seefahrt auf und setzte sich in Whitby zur Ruhe. Er hatte das Recht des Menschen, Wale zu jagen, niemals infrage gestellt, sondern sah im Walfang ein Zeugnis menschlicher Tüchtigkeit und göttlicher Gnade. Sein Beruf war für ihn ein Anstoß, »über die weise Einrichtung nachzudenken, die sich bezüglich des größten Exemplars der tierischen Schöpfung, ob auf Erden oder im Ozean, kundgibt, durch welche Einrichtung alle Geschöpfe dem Menschen untertan werden, sei es zur gewinnbringenden Ausnutzung ihrer lebendigen Kraft oder zur nutzbringenden Verwertung ihrer toten Leiber.

Vergleicht man beide hinsichtlich ihrer jeweiligen Körperkraft und Masse ... ist der Fang des Wals durch den Menschen ein wahrhaft wunderbares Ergebnis«, erklärte Scoresby. »Ein Tier vom tausendfachen Umfang des Menschen ... muss notgedrungen vor dessen Angriffen sein Leben lassen und dessen staunenswertem Unternehmungsgeist seinen Leib als Tribut darbringen.« Der Mensch verrichtete ein gerechtes Werk, das »durch das einfache Prinzip der göttlichen Fügung« hinreichend erklärt wurde. »Es war vom Schöpfer bestimmt, dass es so sei.«[50]

Doch was sein eigenes Hinscheiden aus der Welt betraf, so ging Scoresby dabei genauso brutal vor wie bei seiner Abschlachtung der arktischen Wale.

Bagdale nennt sich die Straße, deren erhöhter Bürgersteig vorbeiführt an der eleganten Häuserfront mit Blick über einen Quäkerfriedhof und dahinter den Pannet Park, einst mit Walbeinbogen geschmückt wie so viele Gärten in Whitby. Hier lebte

Scoresby in einem vornehmen georgianischen Haus mit klassizistischem Eingang. Und hier nahm er am 28. April 1829 im Alter von 69 Jahren seine Pistole und schoss sich durchs Herz. »Er scheint sich vorher mehrere Monate lang in einem Zustand zeitweiliger geistiger Verwirrung befunden zu haben«, stellte die anschließende gerichtliche Untersuchung fest.[51] Wir wissen natürlich nicht, aus welchem Grund sich Scoresby die Pistole ans Herz setzte; es wäre zweifellos zu sentimental, in diesen Selbstmord irgendein Schuldgefühl wegen der mehr als 500 Wale hineinzulesen, die er getötet und für deren Tod er Gott gedankt hatte.

Nach seinem Porträt zu urteilen, war William Scoresby jr. kultivierter als sein Vater: rational, wissenschaftlich, gläubig, wissbegierig, eine Verbindung der Eigenschaften, die für die Zeit typisch waren.[52] Auch er war als junger Bursche zur See gefahren, absolvierte dann aber in Edinburgh ein naturwissenschaftliches Stu-

dium, bevor er in die Kriegsmarine eintrat, und ging nach seinem Ausscheiden aus dem Dienst nach London, wo er Joseph Banks kennenlernte, den bekannten Naturforscher, der mit Kapitän Cook um die Welt gefahren war. Banks empfing Scoresby in seinem Haus am Soho Square; vielleicht erkannte er sich selbst ein wenig in diesem jungen Mann wieder, der so eloquent von den arktischen Regionen sprach, die er auf den Walfangfahrten seines Vaters bereits selbst kennengelernt hatte.

Ein Jahr später übernahm William das Kommando über seinen ersten Walfänger, die *Resolution*, gefolgt von der *Esk*. Auf seinen Fahrten suchte er zu beweisen, dass die Temperatur des Meeres unter der Oberfläche höher war. Nachdem er Banks seine Befunde geschickt hatte, entwickelten die beiden Männer ein Instrument zur Messung der Restwärme des Meeres: den »Marine Diver«, ein Messinggerät, das über 2000 Meter tief ins Wasser abgelassen werden und dort Wasserproben nehmen konnte. Für Scoresby war der Walfang ein Mittel, um seine Forschungen zu finanzieren. Während der gefährlichen Reise der *Esk* – auf der sein Schiff fast dem Packeis zum Opfer gefallen wäre und seine Männer wohl die Wissbegier ihres Kapitäns verfluchten – machte sich Scoresby wissenschaftliche Aufzeichnungen in Heften und auf Blättern, die sich auf seinem Schreibtisch häuften: Berechnungen, Zeichnungen, Hypothesen und Darstellungen, die das unbeschriebene Blatt dieser Meere zum ersten Mal füllten.

An Account of the Arctic Regions, with a History and Description of the Northern Whale-Fishery erschien 1820 in zwei Bänden in Edinburgh und war reichlich mit Landkarten und Stichen bebildert. Damit hatte Scoresby ein Werk geschaffen, an dem alle anderen von da an gemessen wurden, ein Kompendium der Cetologie und der Walfangtechniken wie auch der Arktis selbst, ergänzt um 96 Schneekristalle, deren fantastische Formen dieser Sohn Kapitän Graupels auf mehreren Seiten festhielt.

Scoresbys Text, gewissermaßen ein polares Gegenstück zu Beales Auswertung seiner Südseereisen, hatte einen religiösen Unterton, der klang, als bewiesen die Tiere, Orte und Phänomene, die er auflistete, die Existenz des Paradieses; das Buch wurde später von der Religious Tract Society wiederaufgelegt und war für die amerikanische Sonntagsschulbewegung eine Bestätigung des Schöpfungsglaubens. Bei aller wissenschaftlichen Strenge bestand für den Verfasser kein Konflikt zwischen seinen religiösen Überzeugungen und seinen Forschungsergebnissen. Scoresby war ebenso gläubig wie sein Vater, und wie dieser erhob er es zu seinem erklär-

ten Ziel, mit Gottes Gnade die Nordwestpassage zu finden. Doch wie die wahre Gestalt des Wals an seinem gelegentlichen fontänensprühenden Auftauchen nur erahnt und ein Eisberg in seiner Gesamtheit nur unter Wasser erkannt werden konnte, so war auch der eigentliche Sinn von Scoresbys Fakten und Zahlen in der Tiefe verborgen.

Abschnitt I. Beschreibung der Tiere von der Ordnung der Wale, die in der Grönlandsee vorkommen.
Balaena Mysticetus. Gemeiner Wal oder Grönlandwal.

»Dieses wertvolle und interessante Tier, aufgrund seiner Bedeutung allgemein einfach *Der Wal* genannt ... ist ein ergiebigerer Tranlieferant als jedes andere Waltier und, da weniger rührig, langsamer in seiner Fortbewegung und scheuer als alle anderen Arten ... leichter zu fangen.«[53] Wie Beale stützte Scoresby sich zur Schilderung des Leviathans auf seine eigenen Beobachtungen. »Von den 322 Individuen, an deren Fang ich persönlich beteiligt war, überschritt, glaube ich, keines die Länge von 60 Fuß ...«[54]

Und wie diese gewaltige Größe veranschaulichen, diesen Berg Walfleisch, diese Höhle deckenhoher Barten? »Wenn das Maul offen ist«, bemerkt Scoresby bei der Verbuchung des jüngsten Opfers, »stellt es einen Hohlraum dar, groß wie ein Zimmer und imstande, die bemannte Jolle eines Kauffahrers zu fassen, die 6 bis 8 Fuß breit, 10 bis 12 Fuß hoch (vorne) und 15 bis 16 Fuß lang ist.« Solche Angaben verraten ebenso viel über den Autor und seine Zeit wie über den Wal. »Die Augen ... sind bemerkenswert klein im Verhältnis zur Leibesmasse des Tiers, kaum größer als die eines Ochsen«, fährt er fort, während er an seinem von Walöl erhellten Schreibtisch sitzt, »und auch Öffnungen zum Einlass des Schalls lassen sich erst entdecken, wenn die Haut abgezogen ist.«[55] Wenig am Wal ließ sich eindeutig feststellen, solange er nicht tot war.

Trotz der kleinen Augen jedoch wird alles wahrgenommen. »Unter der Oberfläche schwimmende Wale erkennen einander in klarem Wasser erwiesenermaßen auf erstaunliche Entfernung. Über Wasser allerdings sehen sie gar nicht weit.« In Wirklichkeit nehmen sie sich gegenseitig über Schallwellen wahr, doch wie Beale die Pottwale, so hielt Scoresby die Grönlandwale für stumm. »Sie haben keine Stimme«, schließt er, »nur beim Atmen oder *Blasen* machen sie ein sehr lautes Geräusch.«[56] Das Eis hallt vom Trompeten dieser Wasserelefanten wider, wenn sie mühelos Ozeane durchqueren, an denen nicht von Speck geschützte Menschen scheitern. »Bei der Massigkeit des Wals und dem Anschein von

Untätigkeit, ja Plumpheit, den er erweckt, könnte man meinen, alle seine Bewegungen wären schwerfällig ... Es ist jedoch das Gegenteil der Fall.«[57]

Und das Alter, Scoresby, wie steht es damit, Sir? »Bei einigen Walen kommt an vielen der mittleren Fischbeinplatten eine eigentümliche Einbuchtung an der einen und Ausbuchtung an der anderen Seite vor, und zwar in regelmäßigen Abständen von 6 bis 7 Zoll«, erwidert der Kapitän unwirsch, leicht ungehalten über meine Unterbrechung. »Könnten diese Unebenheiten vielleicht, wie die Ringe in Stierhörnern, denen sie gleichen, einen Hinweis auf das Alter des Wals liefern?«[58] Die Wissenschaft brauchte 200 Jahre, um auf eine weitere von Scoresbys Entdeckungen aufmerksam zu werden, die nahezu unbemerkt in seinem Buch begraben lag. Auf seiner Suche nach der Nordwestpassage hatte er zufällig das bestgehütete Geheimnis des Wals aufgedeckt.

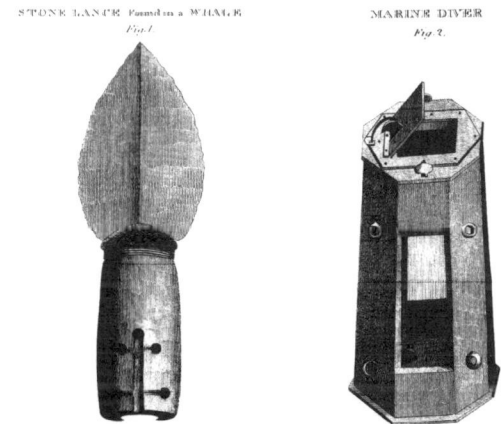

In einem bewussten Anachronismus setzt Scoresby neben das Bild seines innovativen »Marine Diver« die Zeichnung einer steinernen Waffe, die zu der Erfindung des Industriezeitalters einen neolithischen Kontrast bildet. »Der Kapitän der *Volunteer*, eines Walfängers aus Whitby, zeigte mir am 19. Juli 1813 nahe der Küste von

Spitzbergen den Kopf einer Lanze, der aus dem Speck eines wenige Wochen zuvor von seiner Besatzung getöteten Wals geholt worden war«, berichtet Scoresby mit einer gewissen stillen Verwunderung. »Er war völlig in der Speckschicht versunken und die Wunde war ganz verheilt. Allein eine kleine weiße Narbe auf der Haut des Wals kennzeichnete die Stelle, wo die Lanze eingedrungen war.« Aber die eigentliche Entdeckung war, dass solche Waffen »vor 100 Jahren bei den Esquimaux allgemein gebräuchlich«[59] gewesen waren.

Scoresby stellte fest, dass diese Geräte »von einem Stamm ebenjenes Volkes« hergestellt worden waren, »das die Küsten des zugefrorenen Ozeans bewohnt, am noch unerforschten Nordrand des amerikanischen Kontinents«[60]. Wenn im Atlantik ein Wal gefangen wurde, der ein an der Pazifikküste hergestelltes Objekt im Leib trug wie ein frühes Ortungsgerät, dann musste es zwischen den beiden Ozeanen eine Passage geben. (Als Sir Humphrey Gilbert drei Jahrhunderte vorher Elizabeth I. gegenüber die Existenz einer Nordwestpassage vertrat – ein Jahr vor Frobishers Expedition –, führte er zum Beweis ein Narwalhorn an, das an der Küste der Tatarei gefunden worden war.[61]) Dies war der Heilige Gral, nach dem Scoresby genauso gesucht hatte wie sein Vater, der Schlüssel zur nördlichsten Welt. Dabei übersah er eine noch spektakulärere Entdeckung: Mit seinem »Marine Diver« mochte Scoresby die Tiefe des Wassers ermitteln können, aber dieser primitive Gegenstand hatte das Geheimnis des Grönlandwals gelüftet.

Am 29. April 1850 entlieh sich Herman Melville die beiden Bände von Scoresbys Werk aus der New York Society Library. Bei der Lektüre der *Arctic Regions* – die er ein Jahr lang nicht zurückgab – entzündete sich seine Fantasie an der Geschichte von der steinernen Lanze. Sie veranlasste ihn, einen verblüffenden Schluss zu ziehen. In *Moby-Dick* meldet Ismael während der Zerlegung eines Wals, dass man in diesem »eine steinerne Lanzenspitze fand, die von völlig festem Fleische umgeben war. Wer hatte jene Steinlanze geworfen? Und wann? Mag sein, dass es ein Indianer aus dem Nordwesten gewesen war, lange vor der Entdeckung Amerikas.«[62] Bei aller Übertreibung war die Vorstellung atemberaubend: Wenn Scoresbys Lanzenspitze 100 Jahre alt war, dann hieß das, dass das Tier noch älter gewesen war.

Bis vor Kurzem haben Herausgeber bei ihrer Tatsachenüberprüfung Ismaels scheinbar haltlose Behauptung nicht ernst genommen. »Anatomische Befunde bei größeren Walen deuten auf eine Lebenserwartung von bis zu siebzig oder achtzig Jahren hin«, versicherte Harold Beaver den Lesern 1972 in einer Anmerkung zu *Moby-Dick*. »Doch ein längeres Leben von mehreren Jahrhunderten ist reines Seemannsgarn.«[63] Melvilles Grübeleien finden heute eine verspätete Bestätigung, denn die Wissenschaftler sehen allmählich ein, dass die Lebenszeit von Walen bisher erheblich unterschätzt worden sein dürfte. Der entscheidende Anstoß zu dieser Korrektur kam von eingeborenen Alaskern, die heute noch Grönlandwale im Beringmeer jagen. Die Iñupiat beobachten die Wale seit Jahrhunderten und ihre Geschichtenerzähler geben an, einzelne Tiere über mehrere Menschengenerationen hinweg wiedererkannt zu haben. Seit 1981 sind sechs Harpunenspitzen aus Stein oder Elfenbein in der Speckschicht von Walen gefunden worden: Solche Waffen kennen die Iñupiat längst nicht mehr, da sie seit den 1870er-Jahren hauptsächlich Metallharpunen verwenden.

Lange nach Scoresbys Entdeckung zogen die Wissenschaftler ihrerseits den Schluss, dass diese Wale so alt sein mussten wie die in ihnen gefundenen Gegenstände. Und da die Iñupiat nur junge Wale jagten, weil diese besser schmeckten, sprach einiges dafür, dass sich in den eisigen Weiten sogar noch ältere Tiere verbargen. Die arktische Umgebung schien das Leben des Grönlandwals zu verlangsamen und damit zu verlängern, Jahrzehnt für Jahrzehnt, Jahrhundert für Jahrhundert: ein fühlendes Wesen, das sich, praktisch kryokonserviert, in ungeheuren Zeithorizonten bewegte.

Mit einer Technik zur Altersbestimmung nach Veränderungen der Asparaginsäurewerte in den Augen untersuchte Dr. Jeffrey L. Bada von der Scripps Institution of Oceanography in Kalifornien Gewebeproben von Walen, die von Iñupiat-Jägern erlegt worden waren. Die meisten waren zwischen 20 und 60 Jahre alt, als sie starben; doch von fünf großen männlichen Grönlandwalen war einer 90 Jahre alt, vier lagen zwischen 135 und 180 Jahren und einer war 211 Jahre alt. Nach Anwendung anderer Methoden wie der Messung von radioaktivem Blei in den Knochen und der Entnahme von Hautproben bei lebenden Walen erklärte Bada, sie hätten »nur das Mindestalter der Grönlandwale bestimmt ... Es sind wahrhaft uralte Tiere, vielleicht die langlebigsten Säugetiere überhaupt.«[64]

Da schwerlich gerade die ältesten Wale erlegt wurden und es höchstwahrscheinlich ältere Tiere gibt, ist Badas Einschätzung kaum übertrieben. Während meiner Arbeit an diesem Buch wurde aus dem Blubber eines vor Alaska gefangenen Grönlandwals eine knapp neun Zentimeter lange Lanzenspitze geborgen, die in den 1890er-Jahren in New Bedford gefertigt worden war.[65] Die Konsequenzen sind atemberaubend: Diese Wale schwammen in den Meeren, die zur gleichen Zeit auch Scoresby befuhr; die Tiere, an denen er seine Beobachtungen vornahm, könnten noch am Leben sein. Es ist auch eine herrliche Rache: Noch vor Melville geboren, haben die Wale ihre Verfolger überlebt.

In dem Kapitel mit dem Titel »Wird der Wal kleiner? – wird er aussterben?« weist Ismael die Vorstellung zurück, die Wale, vor allem die großen Bartenwale, wären vom Aussterben bedroht. Im Gegenteil, erklärt er, sie hätten »zwei mächtige Festungen, die ... wahrscheinlich auf immer uneinnehmbar bleiben werden«, denn sie fänden Zuflucht »in ihren Polarzitadellen ... im Bannkreis eines ewigen Dezembers«[66].

Mithin halten wir ... den Wal in seinen verschiedenen Arten für unsterblich, wie vergänglich er als einzelnes Wesen auch sein mag. Er schwamm schon durch die Meere, bevor die Kontinente aus den Wassern ragten; er schwamm einst dort, wo heute die Tuilerien stehen, das Schloss von Windsor und der Kreml. Als Noahs Flut die Erde bedeckte, verschmähte er Noahs Arche, und sollte die Welt je wieder überflutet werden, so wie die Niederlande zur Vertilgung der Ratten, dann wird der Wal dennoch ewig weiterleben, wird auf dem höchsten Wellenkamm der Fluten des Äquators seinen Leib aufbäumen und seinen gischt'gen Trotz gen Himmel speien.[67]

In seinen Fantasien sah Melville eine neue Offenbarung: Hawthornes Brand auf der Prärie ins Wasser versetzt, Harry Hintons eisiges Paradies zum Leben erwacht.

Unlängst war zu hören, die Erde sei infolge der industriellen Revolution um das Jahr 1800 in eine neue geologische Epoche eingetreten. Das Zeitalter des Holozäns sei vorbei, meinen die Wissenschaftler, das Anthropozän habe begonnen. In der Peter-und-Paul-Kathedrale in St. Petersburg, wo die meisten russischen Zaren in großen Sarkophagen liegen, findet sich in einer alten Wandmalerei ein Wal. Wie ein neolithisches Höhlenbild, wie der Stein im Walspeck hat dieses vergängliche Bild die Herrscher und ihre Reiche überdauert. Heute schrumpfen die Zitadellen des Wals rapide, denn da mit dem Schmelzen des Polareises immer mehr Süßwasser in den Ozean fließt und dadurch die Nordwestpassage als Verbindung von Kontinent zu Kontinent bald dauerhaft offen bleiben könnte, machen sich die nördlichen Nationen der Welt schon bereit, die Ressourcen der Arktis aufs Neue zu plündern.

Was wird es für den Wal bedeuten, wenn das Meer ansteigt und uns an seine Macht erinnert? Der Krill, der sich von den Algen an der Unterseite des Eises ernährt, könnte rar werden und Wale, die von der Erwärmung der Weltmeere immer weiter nach Norden getrieben werden, weil in den tieferen Breiten ihre Nahrungsquellen bereits knapp werden, müssten dort feststellen, dass die ewigen Zitadellen dahin sind. Andererseits könnten die mineralischen Nährstoffe, die durch denselben Vorgang in der Antarktis frei werden, sich günstig auf die Nahrungskette und damit vielleicht auf die Wale auswirken.[68] Genaues weiß niemand. Wir durchleben zurzeit ein gewaltiges Experiment, an dessen Ende die überflutete Welt aus Melvilles Fantasien stehen könnte, eine Welt im Besitz der Wale, die sich dadurch zu höheren Wesen entwickeln mit nur noch dunklen Erinnerungen an eine Zeit, als sie von Lebewesen verfolgt wurden, die an ihrer Gier zugrunde gingen.

Nachdem er sein Buch veröffentlicht hatte, fuhr Scoresby mit der neu gebauten *Baffin* wieder zur See, um die Ostküste Grönlands zu vermessen. Doch der Abschied von seiner Frau in Liverpool sollte endgültig sein, denn als er im September 1822 heimkehrte, erwartete ihn die Nachricht, dass sie gestorben war. In seiner Trauer unternahm er nur noch eine Reise, bevor er die Seefahrt zugunsten einer anderen Berufung aufgab und Pfarrer wurde. Als der einstige Walfänger »das Prasseln der Hagelkörner auf Eisbergen«[69] gegen den Psalmengesang seiner Gemeinde eintauschte, war Whitbys Walfangflotte auf kümmerliche zehn Schiffe geschrumpft. 1825 war es Scoresbys traurige Pflicht, in der Kirche St. Mary auf dem Hügel hoch über der Stadt den Gedenkgottesdienst für die Besatzung der *Lively* abzuhalten, die in einem arktischen Unwetter komplett umgekommen war, wie auch für die der *Esk* – sein eigenes früheres Kommando –, die nur 50 Kilometer von Whitby entfernt gesunken war. Der schreckliche Blutzoll von 60 Toten beschleunigte das Ende des Walfangs – ebenso die Erschöpfung der Fanggründe durch die Abschlachtung vieler Tausend Tiere.

Scoresby wurde Pfarrer in Bradford – wo zu seiner Gemeinde

auch der Reverend Patrick Brontë aus dem Dorf Haworth und seine jungen Töchter gehörten – und richtete sein wissenschaftliches Interesse auf die mysteriösen Kräfte des Mesmerismus.⁷⁰ Statt mit Tran und Fischbein handelte Whitby jetzt mit Schmuck aus schwarzem Gagat, der dort in den Felsen gefunden und durch Königin Victoria als Trauerschmuck obligatorisch wurde. Und zu der Zeit, als mein Großvater mit seinen Geschwistern durch die Bagdale zur Messe ging, wurden Whitbys Walbeingewölbe schon vom Eisenbahnviadukt überschattet und warteten wie umgedrehte Archen auf das nächste Zeitalter der Vernichtung.

Finnwal, gestrandet in Winterton, Norfolk, am 5. Januar 1857 in einem Unwetter. Er wurde später in der Mile End Road, Whitechapel, ausgestellt.[1]

XI

DER MELANCHOLISCHE WAL

> Ein zehnter Zweig der ordnungsgemäßen Einkünfte des Königs ... ist das Anrecht auf die königlichen Fische, als da sind Wal und Stör. Werden diese entweder an den Strand geworfen oder nah der Küste gefangen, sind sie Eigentum des Königs.
>
> *Moby-Dick*[2]

An einem menschenleeren Strand südlich von Skegness und seinen schrillen Vergnügungen stapfte ich vor der untergehenden Sonne über den feuchten grauen Sand. Im Dämmerlicht näherte ich mich einem vage umrissenen Etwas, bis es schließlich eine erkennbare Form gewann. Schon vorher konnte ich es riechen. Ich rieche es heute noch, wenn ich mir die Bilder anschaue. Was dort lag wie ein Kabeljau auf der Fischhändlertheke, war ein Zwergwal. Seine glänzende schwarze Haut war komplett abgezogen und die Speckschicht darunter war fischig beige und latexartig – bis auf die Stellen, wo sie begonnen hatte, sich blaugrün zu verfärben.

Meinen letzten Zwergwal hatte ich in den Wellen über der Stellwagen Bank gesehen, wo er beim Atemholen kurz die spitze Schnauze zeigte, nach der er seinen lateinischen Beinamen bekommen hat, *Balaenoptera acutorostrata*. (Den Namen Minkwal, den er auch führt, verdankt er einem norwegischen Seemann namens

Miencke, der diesen kleinsten aller Furchenwale mehrmals mit wertvollerer Beute verwechselte.[3] Nicht zum ersten Mal fällt mir dabei auf, dass Wale nach ihrer Nützlichkeit für den Menschen benannt werden, nicht nach ihrer ureigenen Schönheit.) Bei der seltenen Sichtung damals war ein Zwergwal am Bug des Bootes mitgeschwommen, der Umriss deutlich zu erkennen, die Flossen gezackt wie Offizierswinkel am Ärmel einer Uniform. Jetzt sah ich nichts weiter als ein Stück tote Materie, das wie ein Mittelding zwischen Fisch und Fleisch roch. Die elegante Fluke war nur noch roher Knorpel; kaum noch etwas deutete darauf hin, dass der Wal jemals gelebt hatte, bis auf den bleichen kleinen Penis, der wie ein schlaffer Wurm unten am Bauch hing. Ich betastete ihn und ging dann im schwindenden Licht zurück, während der Mond aus der Nordsee aufstieg wie eine blutige Perle.

Diese stürmische Ostküste ist für die Wale seit eh und je ein Unglücksort, der von ihrem klagenden Blasen widerhallt. 80 Jahre vor meinem Fund in Skegness, im September 1926, wurde ein Zwergwal in der Nähe von Mablethorpe angespült. Damals war das Tier noch am Leben, als es strandete. Der vom Natural History Museum alarmierte Percy Stammwitz versuchte vergeblich, das 4,50 Meter lange Weibchen ins Meer zurückzubefördern, bevor er beschloss, es für wissenschaftliche Zwecke zu nutzen. Zeitungsberichten zufolge lebte der Wal nach seiner Verladung noch anderthalb Tage und auf dem Weg nach South Kensington, wo er in die Sandgruben kommen sollte, war sein Blasen »trotz der Lautstärke des Lkw-Motors deutlich zu hören, bis dem Tier ungefähr 50 Kilometer vor London ein Blutgefäß platzte und es an Lungenblutung starb«[4]. Stammwitz war sich durchaus darüber im Klaren, dass das Tier noch lebte, als er es auf den Laster verladen ließ, aber da es nicht bei Bewusstsein war, dachte er sich, wenn er das Tier tötete, würde es womöglich noch mehr leiden, sollte es währenddessen zu Bewusstsein kommen.[5]

1913 gewährte die Krone dem Natural History Museum ein Privileg auf tote königliche Fische, womit sie zusätzlich zum kommerziellen auch deren wissenschaftlichen Wert anerkannte. Das Handelsministerium verlangte, dass die amtlichen Strandgutverwalter – damals an allen Küsten des Landes stationiert – »telegrafische Meldungen« über gestrandete Wale an das Museum schickten.[6] Die Meldungen wurden von dem damaligen Museumsdirektor Sidney Harmer gesammelt und herausgegeben. Es waren traurige Verlustlisten, nicht unähnlich den anderen, die veröffentlicht wurden in den Jahren des Ersten Weltkriegs (in denen sich die Küstenwache um andere Dinge zu kümmern hatte, wie Harmer bemerkte): Neben einem Finnwal im Firth of Forth, »anfangs für ein Flugzeug gehalten«[7], taucht darin auch ein seltener Sowerby-Zweizahnwal auf, der in Skegness gefunden und »anscheinend von Gewehrschüssen getötet wurde, vielleicht weil man ihn für ein deutsches U-Boot hielt«[8]. Das Kalb des Tiers lag daneben am Strand. Andere Wale starben, als sie in Minenfelder schwammen, die für U-Boote gedacht waren.

13 000 gestrandete Wale wurden von dem Museum im Lauf des 20. Jahrhunderts registriert – jeder einzelne auf einer Todeskarte der britischen Küste verzeichnet –, aber nur wenige wurden der wissenschaftlichen Forschung zugeführt. Die übrigen verkörpern einen kollektiven Vorwurf und ein logistisches Dilemma, denn selbst im Tod stellen Wale die Menschen vor gargantueske Probleme.

In einem modernen Bürogebäude mit Blick auf die Southampton Docks führt die Strandgutverwaltung einen Erlass aus dem 14. Jahrhundert aus.[9] Seit 1324 unter Edward II. das Recht festgeschrieben wurde, ist jeder Wal, Delfin und Stör, der an englischen Ufern gefunden wird, Eigentum des Monarchen. Was einst ein Hoheitsrecht war, ist heute eine Verbindlichkeit. Im 21. Jahrhundert ist die Strandgutverwaltung praktisch das Walbestattungsunternehmen für Ihre Majestät Königin Elizabeth II.

Die Strandgutverwalterin oder ihre Vertreterin – die derzeitigen Inhaber dieser altehrwürdigen Ämter sind zufällig beide junge Frauen – werden von einer der 19 Küstenwachstationen alarmiert. Ein toter oder sterbender Wal kann im Meer treiben, wo er eine Gefahr für die Schifffahrt bedeutet, oder am Strand liegend eine Gefährdung der öffentlichen Sicherheit darstellen. Manchmal wird ein Wal an einem Strand angeschwemmt und von der Flut an den nächsten getragen. In jedem Fall ist es die unerquickliche Aufgabe der Strandgutverwalterin, sich des zweifelhaften Staatseigentums anzunehmen: eines riesigen, stinkenden Kadavers. In entlegenen Gegenden kann man den Wal den Vögeln als Aas überlassen; andernorts sind vielleicht Polizeikordons vonnöten – weniger um die Bevölkerung vor übertragbaren Infektionskrankheiten zu bewahren, als um sie vor den schweren Maschinen zu schützen, die nötig sind, um ein viele Tonnen wiegendes Tier abzutransportieren.

Die Entsorgung ist teuer. Kleine Wale wegzuschaffen kostet zwischen 6000 und 8000 Pfund, große bis zu 20 000 Pfund. Aus einem gewinnbringenden Recht ist eine öffentliche Ausgabe geworden. Als Wale noch nicht geschützt waren, stellten sie ein wertvolles Gut dar, das die Krone für sich beanspruchte; heute werden sie als abfallwirtschaftliches Problem behandelt oder infolge der Umweltverschmutzung beziehungsweise der zur Euthanisierung des Tiers erforderlichen starken Dosen sogar als Giftmüll. Und obwohl sie rasch verwesen – die Oberhaut schält sich ab, die inneren Organe platzen und treiben den Bauch mit Gas auf –, bleiben tote Wale widerständig. Ihr Blubber ist dick und schwer zu durchstoßen und die Kadaver hängen an Baggergreifern wie indische Mystiker an eisernen Haken. Manchmal müssen sie von zwei Baggern mit vereinten Kräften zerrissen werden; andere Verfahren arbeiten mit Hochdruckwasserstrahlen. Ein von der Biskaya bis an die Isle of Wight getriebener Finnwal wurde stückweise in neun

Lkw-Ladungen zur nächsten Mülldeponie transportiert. Ein anderer, der in Lee-on-Solent gestrandet war, wurde im New Forest vergraben.

In ihrem Großraumbüro zeigt Sophia Exelby mir ihre Sammlung gestrandeter Wale, das grauenhafte Fotoalbum einer Unfallversicherung, ein Walschaden schrecklicher als der andere. Ein Grindwal in Devon, zwischen Felsen eingeklemmt, auf denen Kinder gern klettern, wenn sie Gezeitenbecken suchen. Ein Finnwal in Ventnor, dessen Speck in der Sonne wie Wachs zerfließt, der abgetrennte Kopf ein paar Meter weiter am Strand. Ein Seiwal, einer der selteneren Furchenwale – und einer der schnellsten –, im Watt bei Morecambe, ein Opfer der heimtückischen Gezeiten. Ein Buckelwal in Kent, auf den weißen Flossen zusammengesackt wie ein notgelandetes Flugzeug. Ein Schwertwal im Mersey. Wale, wo sie nicht sein sollten.

Viele hatten wohl einen Unfall wie etwa eine Schiffskollision oder sie hatten sich in Leinen und Netzen verfangen oder waren krank. Massenstrandungen – ein häufigeres Phänomen an den Stränden von Cape Cod oder Neuseeland – sind weniger leicht zu erklären. Ungewöhnliche Gezeiten, schlechtes Wetter, Sandbänke und kranke Wale, die ihre Artgenossen unabsichtlich ins Verderben führen, sind als mögliche Ursachen genannt worden. In seinen Strandungsberichten bemerkte Sidney Harmer, sie kämen häufig vor, wenn die Meerestemperatur unnormal hoch oder niedrig war, weil dann Wasser aus kälteren oder wärmeren Breiten einströme und von einem lokalen Wind ans Ufer gedrückt werde.[10]

Eine andere Theorie besagt, dass Wale sich mittels Magnetosomen in ihren Zellen an den unsichtbaren Kraftlinien der Erde ausrichten; ferromagnetische Stoffe, die im Gewebe von Walorganen gefunden wurden, stützen diese Hypothese. Ihr zufolge orientieren sie sich an magnetischen Feldlinien, als besäßen sie ein persönliches GPS-Gerät (Vögel bedienen sich auf ihren Wanderungen wahrscheinlich einer ähnlichen Technik), und kennen jederzeit ihren Standort. Manchmal jedoch gibt es Anomalien auf dieser unsichtbaren Landkarte, Linien, die im rechten Winkel statt parallel zum Land verlaufen, oder Stellen, wo die Küste sich verändert und niemand ihr System aktualisiert hat.

Für ein Meeressäugetier kann ein solcher Irrtum tödlich sein. Die Sandablagerungen vor Cape Cod, die es seit der Eiszeit gibt, sind ein gutes Beispiel. Von ihren Sinnen getäuscht, werden Grindwale und Delfine ans Ufer gelotst statt durch tiefes Wasser. Spurn Point – eine Art Mini-Cape-Cod an der Mündung des Humber – könnte dieselbe Wirkung haben. Neuere Forschungen zeigen, dass vermehrte Strandungen auch mit der Sonnenaktivität zusammenhängen können, die das Magnetfeld stört.[11] Studien über Pottwale, die in den letzten 300 Jahren in der Nordsee gestrandet sind, haben ergeben, dass 90 Prozent dieser Vorfälle passierten, wenn die zyklische Sonnenaktivität unterdurchschnittlich war – ein Ergebnis, das den Gedanken nahelegt, die Katastrophenvorzeichen im Holland des 17. Jahrhunderts könnten außer der eschatologischen auch eine meteorologische Grundlage haben.

Andere Gründe, die für Massenstrandungen vorgebracht werden, werfen faszinierende Fragen zu den Walen selbst auf. Ein Biologe glaubt, ein solches Verhalten sei eine genetische Erinnerung an ihre evolutionäre Vergangenheit: Gestresste und kranke Wale wollten an Land zurückkehren, weil sie wüssten, dass sie dort wenigstens nicht ertrinken. Einige erblicken darin einen malthusianischen Instinkt zur Erhaltung der größeren Arten: Massenstrandungen als eine Art Populationskontrolle in Zeiten, in denen die Kopfzahlen in einem bestimmten Gebiet die Belastungsgrenze erreicht haben.[12] Die Tatsache, dass die Strandungen nach dem Ende des kommerziellen Walfangs zugenommen haben, wird als Argument für diese drastische Selbstregulierung ins Feld geführt.

Doch Kräfte, die mit Natur gar nichts zu tun haben, könnten

hierbei eine Sirenenrolle spielen. Es gilt zunehmend als sicher, dass Wale von starken militärischen Sonargeräten beeinflusst werden, die seit den 1960er-Jahren entwickelt wurden, um geräuschlose feindliche U-Boote aufzuspüren.[13] Es hat Strandungen im Umkreis von Marineübungen gegeben, bei denen Geräusche erzeugt werden, die doppelt so laut sind wie ein Düsentriebwerk. Zahnwale, die ihrerseits mit Schallsignalen orten, fallen dieser Manipulation ihrer natürlichen akustischen Umwelt besonders häufig zum Opfer; am schlimmsten davon betroffen sind Schnabelwale, die nach ihren Tauchgängen normalerweise langsam aufsteigen müssen. Durch die lauten Pulse in Panik versetzt, steigen sie überhastet auf, wodurch sich im Blut Gasblasen bilden und sie dekompressionskrank werden. Nekropsien haben auch starke Blutungen in Gehirn und Rückenmark ergeben.

Anthropogene Geräusche könnten die Ursache für die Häufigkeit sein, mit der Wale heutzutage an der britischen Ostküste stranden, wo seismische Tiefensondierungen nach Erdöllagern vielleicht nicht nur für lokale Unruhe sorgen, sondern die Wale auch von ihren uralten Zugstrecken abbringen und sie veranlassen, versehentlich in die zu flache Nordsee abzubiegen, wo sie nicht genug Nahrung finden. Oder vielleicht ist es auch so (wie immer bei Walen ist vieles vielleicht und kaum etwas ganz sicher so oder so), dass solche Unfälle heute eher gemeldet werden, weil die Menschen mit der Qual der Tiere empfinden und weil einst entlegene Küstenabschnitte heute gut zugänglich sind – das meint jedenfalls Liz Evans-Jones, die das Strandungsprojekt beim Natural History Museum leitet.[14] Wie dem auch sei, die Begegnungen des Wals mit der Menschenwelt gehen selten gut für ihn aus.

In früheren Zeiten betrachteten Küstenbewohner einen gestrandeten Wal als ein Geschenk der Götter; Menschen, die solche Vorfälle nicht so gewohnt waren, hielten einen toten Wal für ein böses Omen wie einen Kometen oder eine Sonnenfinsternis. Als 1658 während eines Sturms ein Wal in der Themse erschien, wurde er als Vorzeichen für das Ableben des Lordprotektors Oliver Cromwell gedeutet, der am Tag darauf starb. Ein um sich schlagender Leviathan vor Dagenham war auf jeden Fall ein wunderlicher Anblick. John Evelyn, der von seinem Grundstück aus den Fluss überblicken konnte, notierte in seinem Tagebuch: »Ein großer *Wal* wurde zwischen meinem an die Themse grenzenden Grund und Greenwich erlegt, was einen riesigen Auflauf von Schaulustigen zu Wasser, zu Pferd, zu Wagen und zu Fuß aus *London* und überall her verursachte.«

Erstaunlicherweise handelte es sich um einen Glattwal, ein Tier, das eigentlich planktonreiche Gewässer den Abwässern des damaligen London vorgezogen haben dürfte. Der Wal wurde erstmals bei Ebbe gesichtet, »denn bei Flut hätte er sämtliche Boote zerstört«. Mit seinem unglücklichen Erscheinen war sein Todesurteil gesprochen, als ob sein Versehen eine Sünde wäre. Angegriffen, wehrte er sich nach Kräften, wie es auch heutige Walretter immer wieder erleben müssen: »nach langem Kampf wurde er mit den Harpunen getötet und im Kopf getroffen, aus dem Blut und Wasser in zwei Säulen aufstieg wie Rauch aus einem Schornstein; und nach einem grässlichen Stöhnen trieb er ganz ans Ufer und starb.«

Evelyn, der sich selbst aus Liebhaberei mit naturwissenschaftlichen Forschungen beschäftigte, nutzte die Gelegenheit, das Ungeheuer zu messen. »Die Länge war 58 Fuß, Höhe 16, schwarzhäutig wie Kutschenleder, sehr kleine Augen, großer Schwanz, kleine Flossen und nur 2; spitz zulaufende Schnauze und das Maul so breit, dass etliche Männer aufrecht darin stehen könnten. Überhaupt keine Zähne, sondern saugt nur den Schleim durch ein Gitter aus jener Art Knochen, die wir Fischbein nennen.« Evelyn fand es verwunderlich, »dass ein Tier von so mächtigem Umfang sich ausschließlich von Schleim ernährt«.[15] 60 Jahre später vermerkte

Daniel Defoe auf seiner Reise durch Großbritannien 1721 einen Walbeinbogen auf der Straße von London nach Colchester, »kurz vor dem Whalebone, einer Stelle an der Straße, die so heißt, weil der Rippenknochen eines großen, in der Themse erlegten Wals 1658, dem Todesjahr Oliver Cromwells, dort aufgestellt wurde zum Andenken an dieses ungeheuerliche Geschöpf«[16]. Die Whalebone Lane gibt es in Dagenham noch heute; die Knochen werden in einem örtlichen Museum aufbewahrt.[17]

Anderen Meeresbewohnern ging es bei ihrem Londonbesuch nicht besser als Evelyns Wal. 1788 strandeten zwölf männliche Pottwale an der Themsemündung und starben dort, beinahe in Sichtweite der Metropole; sie wurden alsbald zu Tran verkocht.[18] Fünf Jahre später schwamm ein knapp zehn Meter langer Schwertwal den Fluss hinauf (ein Vorfall, der von Joseph Banks festgehalten wurde) und wurde, mit einer Harpune im Leib, zum Gegenstand einer »aufregenden Jagd«[19], bei der er seine Jäger mit hoher Geschwindigkeit von Deptford nach Greenwich zog; infolge dieser Südlondoner Wasserschlittenfahrt ging der Schädel des Tiers an das Royal College of Surgeons. Im Oktober 1842 erschien ein als »Finnfisch« bezeichneter Wal in der Nähe des Piers von Deptford, woraufhin fünf Seeleute vom Krankenhausschiff *Dreadnought* im Boot ausfuhren, bewaffnet mit einem »großen Speer mit Widerhaken«, und »den Angriff auf das Ungeheuer führten, das bald Zeichen der Schwäche erkennen ließ und aus den Blasöffnungen auf seinem Rücken große Mengen Wasser ausstieß«. Von mehreren Booten umzingelt, wurde es mit Seilen auf den Pier gehievt, wo sich solche Scharen darum drängten, dass die Polizei einschreiten musste. Das Tier, höchstwahrscheinlich ein Zwergwal, war 4,50 Meter lang und hatte Barten und einen weißen Bauch. Es wurde alsdann auf einem mehrspännigen Wagen zu einem Metzger in der Old King Street geschafft und dort öffentlich ausgestellt.[20]

Es ist bemerkenswert, dass diese Irrschwimmer an genau der Stelle in London erschienen, von der aus ihre Jäger ausgefahren waren, als wollten sie diese als Wiedergänger heimsuchen. In den 1880er-Jahren wurde ein Entenwal, der zwölf Meter lang gewesen sein soll, vor dem Woolwich Arsenal angespült. »Er kam mit der Flut den Fluss hinauf, und als er merkte, dass er auf dem Schilfbett aufgelaufen war, blies er wütend und schlug ein halbes Dutzend Purzelbäume, wobei er sich an den Steinen verletzte und den Fluss mit seinem Blut färbte.« Die Besatzung des Schleppdampfers *Empress* legte ein Seil um ihn und zog ihn an den Strand, »mit der Absicht, die Themsekontrollbehörde hinsichtlich seiner Beseitigung zu konsultieren«[21]. Am außergewöhnlichsten, wenigstens für heutige Leser, ist vielleicht der Fall eines im Mai 1918 an der Battersea Bridge gestrandeten Delfins, der von den »geschätzten Geschäftsfreunden« des Museums gekostet und von dem Teile bei einem Bankett im Mansion House serviert wurden. »Die hinterher abgegebenen Urteile waren fast alle positiv, manche regelrecht enthusiastisch. Es verdient, allgemeiner bekannt zu werden, vor allem in Zeiten von Fleischknappheit, dass die Cetaceen Fleisch von hervorragender Qualität und hohem Nährwert liefern.« Sidney Harmer gab zu, »ein gewisser Walgeschmack, der nicht bei jedermann Anklang findet«, könne sich bei der Lagerung entwickeln, »aber dieser lässt sich zu einem gewissen Grad durch Ankochen beseitigen ... es ist eine Tatsache, dass es Leute gibt, die Walfleisch jedem anderen Fleisch vorziehen«[22].

Selbst im späten 20. Jahrhundert waren Delfine und Wale in der Themse keine Seltenheit. 1961 wurde ein knapp fünf Meter langer Zwergwal dabei beobachtet, wie er mal tauchend, mal an der Oberfläche den Fluss bis Kew hinaufschwamm, »gefolgt von einer Polizeibarkasse, die Boote aufforderte, Abstand zu halten«. Der Wal war vorher am selben Tag am Flussufer entdeckt worden, nachdem er anscheinend mit einem Boot zusammengestoßen war.

Tierschützer, Polizeibeamte und andere Helfer hatten ihn auf einer Plane ins Wasser geschleift, weil sie hofften, er werde ins Meer zurückfinden, doch das Tier verfing sich schließlich an der Kews Bridge im Schilf und starb kurz darauf. Nach Ansicht der Zeitungen, die darüber berichteten, war dieser Eindringling kein Unschuldslamm, denn 24 Stunden vorher war ein Ingenieur ertrunken, als sein Dingi in Chiswick kenterte, unweit der Stelle, wo der Wal gefunden wurde; und zwei Jungen in einem anderen Boot wurden beinahe von einem »um sich schlagenden Wal oder Delfin« ins Wasser gestürzt. Das Foto dazu zeigt zwei Männer, die vor dem mutmaßlichen Übeltäter stehen, als wollten sie ihn dieser Verbrechen anklagen.[23]

Im geschichtlichen Rückblick erscheinen Übertritte vertretbar, wie dass Naturkundler ihre eigenen Forschungsobjekte verzehren, aber nur wenige hätten vorher geglaubt, dass im 21. Jahrhundert ein Wal unter der Waterloo Bridge hindurchschwimmen würde, vorbei an Charing Cross – beinahe unter dem Fenster von Melvilles Pensionszimmer – und am Westminster-Palast, um schließlich in Battersea zu stranden, in Hörweite des Verkehrslärms auf der King's Road.

Aus diesem Ereignis wurde eine Art globale Zirkusnummer. Ein Tier, das nur die Boing- und Klicklaute seiner Verwandten im offenen Meer gewohnt war, war plötzlich der Enge und Kakophonie einer der größten und lautesten Städte der Welt ausgesetzt. Verwirrt und verängstigt schwamm der Nördliche Entenwal mit den Gezeiten flussauf und flussab, schlug dabei heftig mit der Schwanzflosse und hob immer wieder flehend seinen eigentümlichen kleinkindlichen Kopf aus dem Wasser. Dabei schrien ihm ständig Leute alles Mögliche zu, umringten ihn Boote und schwirrten über ihm Hubschrauber mit Kamerateams, die einem gebannten weltweiten Fernsehpublikum Bilder von dem Spektakel sendeten. Als ich mir diese Szenen Monate später wieder ansah, wurden sie noch verschlimmert durch das Wissen, dass das Tier wenig später einen jämmerlichen Tod starb, betäubt und bestürmt von Straßenverkehr, Zügen, Booten und Menschen, erschreckt von denjenigen, die es retten wollten, halb verhungert und daher auch schrecklich durstig, erschöpft von dem vergeblichen Versuch, flussaufwärts nach Westen schwimmend ins Meer zu gelangen.

Wie nicht anders zu erwarten, wurde auch dieser Vorfall als ein Warnsignal an die Welt aufgefasst. Einen Monat vorher hatten sechs Südliche Schwarzwale einen ungewöhnlichen Auftritt im Hafen von Kapstadt gehabt, wo sie mit ihren kurzen herausragenden Zähnen und ihrer gefleckten und geäderten braunen Haut wie urtümliche Bewohner der Tiefe wirkten, die gekommen waren, um der modernen Welt ihre Sünden vorzuhalten. Wenige Tage vor dem Auftauchen des Londoner Wals war ein über 15 Meter langer toter Finnwal in Warnemünde aus der Ostsee geborgen und unter Polizeibewachung nach Berlin gefahren worden, wo er vor die japanische Botschaft gelegt wurde – als Protest gegen Japans anhaltende Raubzüge im Schutzgebiet des Südpolarmeers.[24] Und am selben Tag, an dem der Wal in der Themse erschien, strandeten vier Cuvier-Schnabelwale in Spanien, die zum Opfer von Marineübungen mit Sonareinsatz geworden waren, wie spätere Untersuchungen ergaben.

Der Londoner Wal war zum Tode verurteilt, sobald er in den Fluss hineinschwamm, aus dem er schließlich gehoben wurde, um in einer regelrechten Prozession ins Meer zurückgebracht zu werden, beobachtet von Fernsehteams und Menschenmassen auf den Themsebrücken. Je länger der Wal auf seinem aufblasbaren Ponton lag, umso mehr erlahmten seine Muskelzuckungen. Um sieben Uhr abends starb er schließlich irgendwo in der Nähe von Gravesend, zwei Stunden von der Freiheit entfernt. Seine weinenden Betreuer verlangten, dass die Kameras aus Achtung vor seinem Verscheiden auf der Gummibahre abgestellt wurden.

Einige erinnerten diese Szenen an die Beisetzung von Winston Churchill. Damals wurde der Sarg des Helden von einer Marinebarkasse flussaufwärts gebracht, was ich als Junge im Fernsehen verfolgte, von meinem Vater über die historische Bedeutung belehrt. Andere sahen darin nichts als kollektiven Irrsinn. Diese Prinzessin der Wale – denn der Wal war eine Sie – wurde der Gegenstand landesweiter Debatten und Zeitungsartikel.[25] Es gab Leitartikel, die im Umgang mit ihr ein Zeugnis unserer Menschlichkeit erblicken wollten, und andere, die mit gleichem Recht erklärten, ihr Erscheinen sei eine Erinnerung an die barbarischen Praktiken der Walfangnationen. Die viktorianische Presse hätte genauso reagiert: Die Boulevardblätter brachten ganze Seiten mit schwarzem Trauerrand für den Wal. Andere betrachteten seine Unglücksgeschichte satirisch: Eine Karikatur zeigte das Tier auf einem Katafalk und mit einer Fahne bedeckt wie ein aufgebahrtes Mitglied des Königshauses – nur dass statt eines Quartetts von Leibgardisten mit blanken Säbeln vier Fotografen mit gesenkten Teleobjektiven an den Ecken standen. Ohne dass der Zeichner es wusste, klang in seinem Bild die Szene von 1877 an, als der Weißwal aus dem Royal Aquarium, auch er ein Objekt von Geschlechtsverwechslung und Entwurzelung, aufgebahrt in Westminster gelegen hatte.

Zufällig war die Lesung im Gottesdienst an jenem Sonntag aus dem Buch Jona, was einen Pfarrer aus Hull in einem Leserbrief an eine große englische Zeitung veranlasste, darauf hinzuweisen, dass in dem betreffenden Abschnitt der Prophet Jona erklärt, »Ninive, das London oder New York seiner Zeit, werde in vierzig Tagen untergehen. Die Menschen aber wendeten die Vernichtung ab, indem sie fasteten und die einfachsten Kleider anzogen und der Gewalt abschwuren. Angesichts der versiegenden Ölquellen und der galoppierenden globalen Erwärmung und der anhaltenden grässlichen Aggression der USA wollte uns das arme Tier vielleicht eine

Warnung sein.«²⁶ Tatsächlich starb der Wal, wie die Nekropsie ergab, an Austrocknung und Stress. Monate später zeigte Richard Sabin mir die Rückenflosse, die im Natural History Museum in einem Probenglas aufbewahrt wird, runzlig und schwarzgrau, der zentrale Knorpelkern an der Schnittstelle gut zu erkennen. Wie zuletzt im Leben hing die Flosse nach einer Seite, ein Zeichen des Traumas, das das Tier in seinen letzten Tagen erlitt.

(Die Behandlung des Londoner Wals unterscheidet sich von der eines anderen Entenwals, der 1938 den Humber hinaufschwamm. »Der Wal ... schwamm viele Male zwischen Heap House und Keadby im Fluss hin und her«, wurde dem Strandgutverwalter in Hull schriftlich berichtet. »Er lief ständig auf und sein Toben richtete Schäden an den Flussufern an, wie auch seine Anwesenheit im Fluss eine fortwährende Gefahrenquelle für die Schifffahrt war. Aus diesem Grund beschloss Starkey, ihn zu erschießen.«²⁷ Auf den Kadaver erhob das Natural History Museum Anspruch, allerdings erst, nachdem es die Metzgerrechnung von W. A. Hudson in Scunthorpe beanstandet hatte: »Für: Wal ausnehmen: 5 Pfund.«²⁸)

Das ganze 20. Jahrhundert über erregten tote Wale anhaltendes Interesse. 1931 traf ein 65 Tonnen schwerer konservierter Wal im Londoner Hafen ein, Eigentum der Pacific Whaling Company und zur Ausstellung in einem Weihnachtszirkus gedacht. Es bedurfte des größten Schwimmkrans der Welt, des London Mammoth, um ihn in dem eigens dafür gebauten Behälter vom Schiff auf einen Schwerlasttransporter zu verladen, auf dem er dann in nächtlicher Fahrt zum Zirkus geschafft wurde.²⁹ Ein Augenzeuge, der ihn als kleiner Junge sah, erinnerte sich, dass ein großer Stock ihm das Maul aufhielt und dass er zur Konservierung mit Teer bestrichen war und nach Straßenbau roch.³⁰

1952, 20 Jahre später, wurde ein 21 Meter langer konservierter Finnwal, der vor Trondheim gefangen (und zuvor von eigens dafür ausgesandten Hubschraubern gesichtet) worden war, auf einem

30 Meter langen Laster – der ebenfalls als längster der Welt galt – durch Europa, Afrika und Japan gefahren. Dabei kam er an so abgelegene Orte wie Barnsley in Yorkshire, bevor in Belgien Endstation war.[31] Das Ganze erinnert an den ungarischen Film *Die Werckmeisterschen Harmonien*, in dem ein während des Kalten Kriegs durchs Land gefahrener toter Leviathan in einem Dorf für Aufruhr sorgt und zu einer Allegorie des Totalitarismus wird: »Manche sagen, er habe nichts damit zu tun, andere sagen, er stecke hinter allem.«[32] Etwas Ähnliches malte sich auch der tschechische Dichter Miroslav Holub aus:

Es herrscht großer Mangel an Walfischen.
Nichtsdestoweniger, in den Städten
fahren die Walfangflottillen durch die Straßen,
Schiffe so groß, dass ihnen
Wasser und Luft zu eng sind[33]

und ein anderer Dichter, Kenneth O. Hanson, schrieb von einem eingelegten Wal, der auf einem Schienenflachwagen durch Wyoming gefahren wurde: »auf ein Nebengleis verschoben lag / das graue Tier in Auflösung in Ketten«[34]. Ich stelle mir vor, wie die Tiere im Zuge von Walverfolgungen deportiert werden, jeder in seinem rostigen Container auf einem Güterwagen. Eine Fähre rammt einen Buckelwal, ein Frachter befördert einen Finnwal, Wale verenden an sandigen Stränden.

Ah, die Welt, oh, der Wal.

Der Mensch hatte eine neue Beziehung zum Wal entwickelt, obwohl auch diese wie immer von seinen Wünschen bestimmt wurde und nicht von den Rechten des Tiers. Obwohl die Tierschutzorganisation Society for the Prevention of Cruelty to Animals in England bereits 1824 gegründet und 1835 ein Tierschutzgesetz verabschiedet worden war, sollte es noch lange dauern, bis die Wale in den Kreis der schützenswerten Tiere aufgenommen wurden. »Jawohl, die Tiere, die Vögel und die Fische machen aufeinander Jagd«, schrieb jemand, der das Schicksal des Londoner Weißwals im Oktober 1877 beobachtet hatte, in einem Leserbrief an die *Times*,

> und der Mensch, der in unseren Augen dem Großen Schöpfer am nächsten steht, macht auf alle Jagd. Will er eine Sealjacke haben, tötet er den Seehund und zieht ihm die Haut ab; will er Hammelkotelett essen, tötet er den Hammel und schneidet sich das Kotelett ab; und will er einen lebenden Tiger angaffen, fängt er einen Tiger lebendig und sperrt ihn in einen Käfig; und ich fürchte, dass der Anblick des Wals im Todeskampf die Geschäftsführer des Westminster Aquarium in ihren Gefühlen so wenig beeinflussen wird, wie derselbe Anblick das Herz eines Nordseewalfängers rühren könnte, wenn er seine letzte Harpune hineinstößt, weil er den Tran haben will.[35]

Gefühle traten immer noch hinter wirtschaftlichen Erwägungen zurück. Am Weihnachtsabend 1868 schrieb Svend Foyn in sein Tagebuch: »Ich danke Dir, o Herr! Es ist ganz allein Dein Werk.«[36] Der Norweger pries Gott für die Granatharpune, die er sich gerade hatte patentieren lassen: eine Bombe, die im Kopf des Wals explodierte. Foyn, früher Robbenjäger, war »ein überaus glücklicher, frommer und guter alter Mann, von allen, die ihn kennenlernten, geachtet und geliebt«[37], und die *Spes et Fides* (»Hoffnung und Glaube«), zu deren Besatzung auch der schon erwähnte Miencke gehörte, trat ihre Jungfernfahrt mit seiner leistungsstarken Waffe ausgerüstet an.

Harpunenkanonen waren seit Anfang des 19. Jahrhunderts gegen Wale eingesetzt worden, aber Foyns heilige Erfindung gestattete es seinen Landsleuten, die großen Furchenwale zu jagen, was für die Starbucks und die Scoresbys noch undenkbar gewesen war: Blauwale und Finnwale, die größten Tiere der Welt. Jetzt konnte kein Wal mehr entkommen, auch wenn er noch so schnell schwamm; einmal gesichtet, war er schon so gut wie tot. Und für einen norwegischen Seemann war ein toter Wal ein guter Wal. Bald töteten die Skandinavier 1000 Finnwale im Jahr. Auch die Buckelwale hatten unter der neuen industriellen Ära der Dampfschiffe und Harpunenkanonen sehr zu leiden.

Es war eine notwendige Neuerung, daher Foyns inständige Gebete: Die anderen Walarten gab es schlicht und einfach kaum mehr. Pottwale und Glattwale waren so knapp geworden, dass die Jagd auf sie unwirtschaftlich wurde, und ohnehin waren die Preise für Walöl seit der Einführung von Petroleum und Gas abgestürzt, zudem wurde 1879 das erste elektrische Licht angeknipst. Die Welt holte sich ihre Beleuchtung anderswoher. Die ostarktischen Fischereien waren so gut wie am Ende; als der junge Arthur Conan Doyle 1880 von Peterhead als Schiffsarzt auf der *Hope* in See stach, kehrte das Dampfschiff nach sechsmonatiger Fahrt mit einem Fang von nur zwei Walen zurück und musste seinen Gewinn mit Robben machen.[38] Dundee blieb ein wichtiger Hafen, weil es von der historischen Verbindung von schottischer Jute mit dem zu ihrer Verarbeitung nötigen Tran profitierte; 700 Waljäger wohnten 1883 noch in der Stadt, als ein Buckelwal den Tay hinaufschwamm und nach sechs Wochen, in denen er sich von Heringsschwärmen ernährte, von einem Dampfboot der *Polar Star* harpuniert wurde, woraufhin man ihn konservierte und in Aberdeen, Glasgow, Liverpool, Manchester und Edinburgh zeigte.

In Amerika erlebte das Gewerbe mit der Entdeckung der Grönlandwale in der Westarktis einen kurzfristigen Aufschwung; auf diese unberührten Herden hatte man es wegen ihrer riesigen Barten abgesehen, die für Korsette und Reifen zur Verschönerung der weiblichen Figur benutzt wurden. Doch Anfang des 20. Jahrhunderts wurde Fischbein von Stahl und Kunststoff verdrängt, und als sich die Frauen von eingeschnürten Taillen emanzipierten, schien es, als winkte auch den Walen die Freiheit. 1924 fuhr der letzte Walfänger von New Bedford aus. Der Handel war schon lange im Niedergang; Charles Chace, einer der wenigen noch aktiven Walfangkapitäne, lehnte es ab, »neuenglische« Jungs (sprich: Weiße) als Kadetten zu nehmen, weil er wusste, dass sie ein untergehendes Gewerbe erlernt hatten. Die Walfangstadt hatte sich von den Walen ab- und den Stoffen zugewandt. Die Flussufer säumten jetzt Textilfabriken, die Fremdarbeiter aus Lancashire und von den Azoren beschäftigten, und Dampfschiffe brachten Touristen nach Nantucket und Martha's Vineyard – schönere Orte als die schmutzigen Häfen, wo verrottende Schiffe herrenlos an Kais lagen, die immer noch nach Tran rochen.

Mit dem Niedergang des amerikanischen Walfangs – nur in Kalifornien blieb eine Landstation in Betrieb – kamen die Europäer und füllten die Lücke. 1904 erschlossen die gepanzerten Dampfschiffe der Norweger und der Briten die bis dahin noch verschont gebliebene Antarktis, um den Wal einer neuen Verwendung zuzuführen: der Herstellung von Nitroglyzerin. In einem neuen Jahrhundert der Kriege lieferten friedliche Tiere den Rohstoff, den die Welt brauchte, um sich selbst in die Luft zu jagen. 50 000 Wale ließen in der Zeit der zwei Weltkriege ihr Leben – ebenso Opfer wie diejenigen, zu deren Tod und Vernichtung sie damit beitrugen. Derselbe Impuls, der das Schlachten an der Westfront zeitigte, schien auch zum Schlachten auf den Weltmeeren zu führen. 1918, als Europa Verluste in Millionenhöhe zu beklagen hatte, gab es im Südatlantik praktisch keine Buckelwale mehr. Ihr Tran verhinderte, dass Soldaten am Schützengrabenfuß litten. In seinem Bericht über gestrandete Wale für das Jahr 1918 hielt Sidney Harmer fest, dass »etliche der Tiere ... demzufolge für die Herstellung von Glyzerin zu Munitionszwecken verwendet« wurden.[39] Wale wie Menschen waren Kanonenfutter.

Der Lauf der Dinge, den Svend Foyn angestoßen hatte, war nicht mehr aufzuhalten. 20 Jahre nach der Erschließung der subantarktischen Walfanggründe »ist die Zahl der Furchenwale alarmierend zurückgegangen«, wie ein Autor 1925 feststellte.[40] Im selben Jahr ging das erste Fabrikschiff, die *Lancing*, in Norwegen vom Stapel. Mit diesen »schwimmenden Schlachthöfen«[41] nahm die Ausrottung ihren Fortgang, die dem blutigsten Jahrhundert der Menschheitsgeschichte den Tod von anderthalb Millionen Furchenwalen hinzufügte. Es war klar, dass das Schlachten nicht so weitergehen konnte. »In den antarktischen Regionen sind in einem solchen Ausmaß Wale getötet worden, dass sie dort genauso ausgemerzt wären wie in den arktischen Regionen, wenn sich das Walfanggebiet der Falklandinseln nicht auf britischem Territorium und daher unter einer gewissen Kontrolle befände«, meldete die *Times* 1926. »Wenn nicht rechtzeitig geeignete Maßnahmen ergriffen werden, steht zu befürchten, dass die Wale auf der ganzen Welt aussterben werden.«[42]

Im Rahmen eines Versuchs, die Fänge zu dokumentieren und zu begrenzen und diese Tiere zu verstehen, bevor sie gänzlich verschwunden waren, sandte das Natural History Museum Wissenschaftler in die südliche Hemisphäre. Sir William Allardyce, Gouverneur der Falklandinseln, an deren Küsten die britischen Walfangstationen lagen, erkannte 1913, dass die rasante Entwicklung der neuen Fangtechniken im Südpolarmeer zum raschen Dahinschwinden der Populationen führen würde. Das Kolonialministerium in London billigte seinen Vorschlag, Lizenzen auszugeben, und um sich ein Bild von der Ausbeutbarkeit der Fanggründe zu machen, schickte es G. E. Barrett-Hamilton vom Natural History Museum nach Südgeorgien. Unglücklicherweise starb der Wissenschaftler kurz nach seiner Ankunft an einem Herzanfall, wie der quirlige Percy Stammwitz, der ihn dorthin begleitet hatte, berichten musste.

Stammwitz' sonstige Briefe jedoch waren überaus lebendig und malten ein Bild von unglaublich großen, geradezu paradiesischen Walherden. Seine Beschreibungen aus dem Jahr vor der Verwüstung Europas durch den Krieg feierten den ungeheuren friedlichen Tierreichtum, den es gab, bevor der Mensch nach Süden vordrang – und der bald darauf verschwand. »Die Walfänger sagen, die Wale seien in den südlichen Meeren sehr reichlich«, schrieb er, »und man könne sie um Südgeorgien herum zu Tausenden blasen sehen, darunter auch größere Tiere von bis zu 30 Meter Länge.« Dieser letzte Satz war blau unterstrichen, als der Brief bei dem Kurator Dr. T. W. Calman eintraf, der danebenkritzelte: »*Können wir anregen, einen für das NHM zu besorgen?*«[43]

Stammwitz arbeitete in jenen Jahren unermüdlich für das Museum und für die Wale. Er nahm es an Unerschrockenheit mit jedem Entdecker der Zeit auf und war auch ein eifriger Trophäenjäger, obwohl die Schmuckstücke, die er mit nach Hause brachte, nicht für die Wände eines vornehmen Landsitzes bestimmt waren, sondern für die Vitrinen des Museums. Als junger Mann hatte er sein Heim in Turnham Green verlassen – von wo aus seine Frau Sidney Harmer besorgte Briefe schrieb und fragte, wo ihr Gatte sich wohl gerade aufhielt und ob sie weiter seine Versicherungsbeiträge einzahlen sollte – und war auf die Shetlandinseln gefahren, um für die Alexander Whaling Company zu arbeiten. Finn-, Sei- und Zwergwale gebe es dort reichlich, meldete er, und sie »hofften auch auf Buckelwale«.[44] Er sammelte dort in den Anfängen der modernen Cetologie mitunter fragwürdige Erkenntnisse über das Walverhalten; so erwiderte Gunder Jenssen, der Geschäftsführer des Unternehmens, auf eine Anfrage: »Ich habe noch nie gehört, dass Schwertwale Pottwale angreifen, da die Pottwale als recht furchterregende Bestien gelten und auf alles losgehen, sogar Haie.«[45] Doch zur Freude seiner Vorgesetzten belieferte er das Museum auch mit Körperteilen wie Flossen oder mit Föten. Zurückgekehrt, nahm Stammwitz Abdrücke von toten Walen und schuf danach die Modelle, die neben seine größte Leistung gehängt wurden, den Blauwal.

Percy Stammwitz' jährliche Beurteilungen, die immer noch in seiner Personalakte in der Museumsbibliothek aufbewahrt werden, zeugen von seinen Fähigkeiten nicht nur als Technischer Assistent, sondern auch als eigenständiger Cetologe. Sie führen die Gipsnachbildungen auf, die er mit kundiger Hand von Schwert-, Weiß-, Sei-, Grind- und Schweinswal, Commerson-, Heaviside- und Weißschnauzendelfin und sogar einem jungen Pottwal anfertigte – alle nach gestrandeten Tieren, die er manchmal unter widrigsten Umständen sicherstellte. (Nach einem besonders schwierigen Versuch, einen 18 Meter langen Pottwal in Yorkshire zu bergen – was einen förmlichen Antrag auf neue Stiefel erforderlich machte –, wurden »Mr P. Stammwitz ... angesichts seiner Überstunden und anstrengenden Arbeit in Bridlington« sechs Tage Sonderurlaub bewilligt.[46]) Mit seiner liebevollen Gestaltung von

Walplastiken zollte Stammwitz der natürlichen Schönheit der Tiere Tribut und das Talent dazu vererbte er seinem Sohn Stuart, der im Museum denselben Posten wie er unter Kuratoren antrat, die ihn von klein auf kannten und die seine »große handwerkliche Geschicklichkeit« hervorhoben wie auch sein einnehmendes Wesen und Verhalten, das er auf Bergungsfahrten mit der Royal Navy an den Tag legte.[47]

Wie die Scoresbys den Aufstieg und Niedergang des Walfangs im 18. und 19. Jahrhundert miterlebt hatten, so spiegelte die berufliche Laufbahn der Stammwitz die entsprechende Entwicklung im 20. Jahrhundert wider wie auch die wachsende Sorge der Zoologen um die Zukunft der Wale selbst. Bereits 1885 hatte William Flower, der erste Direktor des Museums, in einem Vortrag gegen die Raffgier des Walfangs in atlantischen und australischen Gewässern gewettert. Die Pioniere, die das Fundament für spätere Schutzbemühungen legten, leisteten dann im Südpolarmeer die Arbeit, die schließlich die gesamte Spezies retten sollte, und zwar genau in dem Moment, in dem sie der Ausrottung am nächsten war.

Wie immer verlangsamten Bürokratie und Finanzen die Angelegenheit, sodass das königliche Forschungsschiff *Discovery* – ein dreimastiger hölzerner Dampfsegler, der in Dundee nach dem Vorbild eines Walfängers für Scotts Antarktisexpedition von 1901 gebaut und dann in Portsmouth überholt worden war – erst 1925 nach Südgeorgien aufbrach, wo in Grytviken neben der Walfangstation ein Labor gebaut wurde. Hier konnten die Wissenschaftler an Land gebrachte Wale untersuchen, wenn auch unter höllischen Bedingungen. »Fleisch und Gedärme lagen herum wie kleine Hügel und Blut floss in Strömen«, schrieb ein Forscher, »… während von Winden und Kochöfen Dampfwolken aufstiegen wie von einem riesigen Kessel.«[48] Vier Jahre später wurde ein neues Schiff gebaut, die *Discovery II*, gut *siebzig* Meter lang und – wie Sir Fortescue Flannery beim Stapellauf erklärte – zum Sammeln von Daten bestimmt mit dem Ziel, ein internationales Abkommen zur Beschränkung der Jagdtätigkeit in der Antarktis herbeizuführen.[49] Unterstützend beigegeben wurde ihm ein frisch ausgerüstetes Schiff »vom Typ eines Walfängers«, das nach einem berühmten Entdecker benannt war: die *William Scoresby*. Die Drosselung des Walfangs geschah jedoch aus Eigennutz und nicht um der wissenschaftlichen Erkenntnis willen. Britische und norwegische Walfänger baten in einem Gesuch an den Völkerbund – gegründet, um ein weiteres Menschengemetzel zu verhindern – um Einschränkungen der Fabrikflotten. Der »ungeheure Ansturm« der Walfangsaison 1930/1931 machte die Notwendigkeit der Kontrolle nur noch dringender, wie Sir Douglas Mawson aus australischer Sicht bemerkte[50], aber ein gewisser Arthur F. Bearpark schrieb in seinem Herrenclub in St. James einen Leserbrief, in dem er darauf hinwies, dass sowohl Großbritannien als auch Norwegen bereits freiwillige Vereinbarungen geschlossen hatten.[51]

1935 wurde unter den Auspizien des Völkerbunds ein internationales Abkommen aufgesetzt und von Großbritannien und Norwegen ratifiziert, den beiden großen Walfangnationen, die sich gegen Neulinge auf dem Terrain zu einem wackligen Bündnis zusammenschlossen. Es war bald klar, dass seine Maßnahmen zu kurz griffen, und Norwegen trat an Großbritannien mit dem Vorschlag heran, das Abkommen auszuweiten. Im Mai 1936 trat in Oslo eine Internationale Walfangkonferenz zusammen, mit nur zwei Mitgliedsstaaten, Großbritannien und Norwegen; Deutschland unter seinem neuen Führer lehnte die offizielle Teilnahme ab, schickte aber einen Beobachter und ließ erklären, es verlange »volle Handlungsfreiheit als weltweit größter Verbraucher von Tran«, der sowohl zur Margarineherstellung verwendet wurde als auch von der Waschmittelfirma Henkel, die ihr eigenes 12 000-Tonnen-Fabrikschiff besaß.[52] Es wurde keine friedliche Tagung. Nach Verhandlungen, die Berichten zufolge zäh verliefen und von Boykottdrohungen seitens Norwegens unterbrochen wurden, kam man überein, »die exzessive Verkleinerung der Walpopulation durch Schonzeiten und durch die zahlenmäßige Begrenzung der Fangboote in Begleitung ... eines Walfabrikschiffs zu verhindern«. Die Fangzeit sollte von Dezember bis März sein. »Es ist zu hoffen, dass ... damit ein etwas stürmisches Kapitel in der Geschichte des modernen Walfangs zu einem glücklichen Ende gebracht wird.«[53]

In einer Art Neuauflage seiner pragmatischen Politik zur Abschaffung der Sklaverei setzte sich Großbritannien, bei aller Wahrung der eigenen Interessen, an die Spitze dieser immer dringender werdenden Versuche, den Walfang zu kontrollieren, während gleichzeitig auf einem anderen Parkett diplomatische Schritte unternommen wurden, um den drohenden Krieg abzuwenden. Im Mai 1937 tagte eine erweiterte internationale Konferenz in London, mit Vertretern aus Argentinien, Australien, Deutschland, Irland, Neuseeland, Norwegen, Südafrika und den USA. W. S. Morrison, Minister für Landwirtschaft und Fischerei, erklärte den Delegierten, »der Blauwal wäre bald ausgestorben, wenn alles so weiterliefe wie bisher, und die antarktische Walfangindustrie wäre am Ende«.[54] Eine neue Versammlung wurde einberufen, die den pelagischen Walfang für neun Monate im Jahr verbot. »In manchen Gebieten ist er vollständig verboten; einige Walarten, Walkälber und Mütter mit Kälbern sind strikt geschützt, desgleichen Wale unter einer bestimmten Größe; und der Walfang von Landstationen aus« – wie denen in der südlichen Hemisphäre – »unterliegt einer Schonzeit von sechs Monaten.«

Die Konferenz hoffte auch, dass andere Länder, »vor allem Japan, dessen Operationen sich rasch ausweiten, sich an das getroffene Abkommen halten werden«[55]. Obwohl seine Küstenstädte seit Jahrhunderten Walfang betrieben und das britische Schiff *Syren* 1819 vor Japan und den Boninseln reiche Walgründe entdeckt hatte, wurde der moderne Walfang in japanischen Gewässern erst

1891 durch einen Besuch von Zar Nikolaus II. in Gang gebracht, der im Japanischen Meer Wale in großer Zahl erblickte.[56] Nachdem Japan den Norwegern die entsprechenden Techniken abgeguckt hatte, unternahm es 1934 seine ersten Walfangfahrten ins Südpolarmeer. Da es keine internationalen Vereinbarungen unterzeichnete, blühte seine Industrie auf und binnen fünf Jahren operierten sechs japanische Fabrikschiffe in antarktischen Gewässern.

Mit diesem Ost-West-Gegensatz war bereits ein gewisses Maß an Doppelzüngigkeit verbunden. Großbritannien und Norwegen hielten sich zwar an die selbst auferlegten Beschränkungen, sodass etwa im Mai 1939 ein norwegischer Kapitän vor Gericht gestellt wurde, weil er einen 18 Meter langen weiblichen Blauwal getötet hatte, unter der Grenze von 21 Metern;[57] aber dennoch waren die beiden Staaten weiterhin für 95 Prozent der jährlichen Fangquote von 30 000 Walen verantwortlich und unterhielten jeweils zehn eifrig jagende Mutterschiffe. Den Rest teilten Deutschland, Russland, Holland und Japan unter sich auf; Amerika besaß nur noch ein Mutterschiff in einem Gewerbe, das es einmal beherrscht hatte, doch Ismael hätte das Schiff schwerlich als Walfänger erkannt. Mit Fangbooten zu jagen, wo die Wale vom sicheren Posten eines turmhoch über die Wellen ragenden Bugs abgeschossen wurden, hatte nichts Heroisches mehr. In früheren Zeiten hatten die Wale sich wenigstens noch wehren können; jetzt hatten sie keine Chance mehr.

Beim Ausbruch des Zweiten Weltkriegs fingen riesige Schiffe mit Besatzungen von 240 Mann 500 000 Tonnen Wal im Jahr. Wie Mary Heaton Vorse in Provincetown schrieb: »die Vernichtung geht so weit, dass die Größe der kolossalen Ungeheuer mit jedem Jahr abnimmt, und falls keine internationalen Schritte unternommen werden, wird der Wal bald eines der Fabelwesen der Vergangenheit sein.«[58] Der Wal war zum Symbol eines Jahrhunderts der Leiden geworden. W. H. Auden schrieb in seinem Gedicht »Herman Melville« im März 1939: »Das Böse ist banal und immer menschlich.«[59]

Der Wal war der Feind schlechthin geworden. Alle erdenklichen Mittel wurden eingesetzt, um die Tiere zu töten: explodierende Harpunen sowie an Giften Strychnin, Zyanid und Curare (angeregt vielleicht von den Aleuten, die Widerhaken mit verfaultem Fleisch bestrichen, um dem Wal eine Blutvergiftung beizubringen). Selbst elektrischer Strom, dieselbe Methode, mit der die zivilisierte Welt ihre schlimmsten Verbrecher hinrichtete, wurde gegen die schuldlosen Geschöpfe ins Feld geführt. Die Jäger waren mit Kanonen und Sprenglanzen bewaffnet, die angeblich den Tod beschleunigten, in Wirklichkeit aber wohl fürchterliche Schmerzen bereiteten. Diese Gleichgültigkeit gegenüber der Würde des Tiers kam auch darin zum Ausdruck, dass Männer in antarktischen Walfangstationen Pinguine ins Feuer warfen, weil die fetten Vögel so gut brannten.

Im Krieg gegen die Wale wurden auch Flugzeuge zum Auspähen eingesetzt und manchmal verwechselte ein Bomber einen Wal mit einem U-Boot, was die unvermeidlichen Folgen hatte. Britische und norwegische Schiffe wichen von dem gefährlichen Atlantik an die südamerikanische Pazifikküste aus; von 1941 bis 1943 fing eine vor Peru operierende norwegische Flottille 8500 Pottwale.[60] Die auf den Walfängern arbeitenden jungen Männer waren ebenso Teil der Kriegsanstrengungen wie meine Mutter, die in einer Fa-

brik in Southampton eifrig Maschinengewehrteile montierte, oder wie der schon ergraute Percy Stammwitz, der stolz in der Home Guard diente und London während der deutschen Luftangriffe verteidigte. Der Krieg brachte sogar einen Propagandatrickfilm hervor, in dem die Britischen Inseln von einem Naziwal mit Hakenkreuz am Kopf und weit aufgerissenem, zahnbewehrtem Maul bedroht wurden.

Als die deutschen U-Boote ihre Operationen auf die Südhalbkugel ausdehnten und auch der Pazifik zum Kriegsgebiet wurde, kam der Walfang praktisch zum Erliegen. Einige Küstenstationen in Südafrika und Australien arbeiteten noch weiter, aber die meisten Walfänger wurden zu Kriegszwecken umgerüstet, »und diejenigen der großen Fabrikschiffe – mit einer Verdrängung von teilweise mehr als 17 000 Tonnen –, die der Vernichtung entkommen sind, werden für dringendere Aufgaben benötigt«, wie die *Times* unter der Überschrift »KRIEG UND DER WAL« notierte. »Es wird interessant sein, die Folgen der durch den Krieg erzwungenen Schonzeit zu beobachten«, fügte das Blatt hinzu und hoffte, dass der in der letzten Jagdsaison 1939/1940 festgestellte starke Rückgang der Kopfzahlen »sich als nur vorübergehend erweist. Gleichzeitig«, räumte es ein, »dämpft die faktische Ausrottung des Grönlandwals, des pazifischen Grauwals und des Nord- wie des Südkapers alle Anwandlungen von Optimismus.«[61]

Die Nachkriegszeit brachte den Walen so wenig Frieden wie den anderen Tierarten. Tran und Walfleisch waren als Beigaben zur rationierten Kost wertvoller denn je und die Walfangnationen kamen überein, im ersten Jahr nach dem Krieg die Saison auszudehnen. 1945, wenige Monate nach dem Ende der Kampfhandlungen, fuhr der erste britische Walfangdampfer, der seit dem Krieg vom Stapel gelaufen war, rot-weiß-blau beflaggt und mit 400 Mann an Bord von Tyne nach Südgeorgien. »Die *Southern Venture* hat es eilig ... Das eben erst fertiggestellte Schiff wird die Walfanggewässer nicht mehr zum offiziellen Saisonbeginn erreichen.«[62] Zwei Norweger trafen vor ihr ein, aber auch zwei andere britische Schiffe, die man den Deutschen abgenommen und zu Walfängern umgerüstet hatte.

Die Eile kam daher, dass eine hungrige Nation ernährt werden musste. Eine neue Technik war entwickelt worden, getrocknetes Walfleisch zu transportieren – »das einen hohen Eiweißgehalt haben ... und gut verdaulich sein soll«[63] –, und bald erschienen Rezepte in der Presse, etwa »Wie man Walfleisch zubereitet – Gulasch empfohlen« (»Der schönen Farbe wegen Tomatenketchup dazugeben ... Mit Makkaroni oder Klößen servieren«). Auf den Speisekarten der Londoner Restaurants erschienen »Waleburger Steaks«, absichtlich falsch geschrieben, wohl um die Herkunft zu verbergen. (»Nachdem Mr Lightfoot seinen ›Waleburger‹ verspeist hatte, meinte er, er sei von dem Geschmack angenehm überrascht ... Es schmeckte überhaupt nicht nach Fisch.«[64])

»Walfleisch war schwer einzuordnen«, gab Dr. Edith Summerskill vom Ernährungsministerium zu, »aber man kaschierte jetzt seinen Teerjacken-Einschlag und stellte die Verwandtschaft zum Roastbeef heraus. Infolgedessen wurde alles gewonnene Walfleisch angenommen und verkauft.«[65] Mit einem Shilling und zehn Pence das Pfund war es außerordentlich preisgünstig, es ließ sich grillen, schmoren oder durch den Fleischwolf drehen und mit gerösteten Zwiebeln, Kartoffelbrei und Rosenkohl servieren, auch wenn ein Kommentator bemerkte, »es könnte ratsam sein, mäßig davon zu essen, bis das Verdauungssystem sich besser daran gewöhnt hat«[66].

Unterdessen gab das Rote Kreuz in Norwegen Pottwalzähne an die Kriegsversehrten aus, damit diese sich daran skrimshänderisch betätigten, so wie britische Veteranen Papierblumen bastelten.[67]

Noch ganz auf Krieg eingestellt, wandte Großbritannien die Lektionen der Kriegszeit auf den Walfang an. Zur Aufspürung von Walen wurden im Juni 1946 Schiffe mit »militärischen Schalldetektoren« ausgerüstet, die dann die Tiere mit Ultraschallsignalen im Sendebereich des Bootes hielten.[68] Obwohl sich bald herausstellte, dass diese Techniken den Tieren unterlegen waren, die sie nachahmten, kam der wieder aufgenommene Walfang in Fahrt. Am 10. Mai 1948 kehrte der Walfänger *Balaena* – mit 70 Briten und

500 Norwegern als Besatzung – mit einer Beute von 3000 Walen triumphal nach Southampton zurück. Das waren zehn Prozent der gesamten Fangmenge der Saison, darunter ein Koloss von knapp 29 Metern Länge und 180 Tonnen Gewicht.[69] Dieses wuchtige Schiff mit seinen eigenen Laboren, Schmiede und Krankenhaus lag in dem Hafen, den ich als Kind kannte, und machte mit seiner Größe und Eindrücklichkeit den Ozeandampfern Konkurrenz. Seine antarktische Fracht – ein krasser Kontrast zu der damals gerade herrschenden Hitzewelle – war vielleicht nicht so glamourös wie die Hollywoodstars, die von diesen Passagierschiffen befördert wurden (Lana Turner war die nächste Prominente, die am Kai zu bewundern war), aber sie war ein wesentlicher Beitrag zur Volkswirtschaft: 4500 Tonnen Fleisch, 163 000 Fässer Speiseöl (das zu Margarine verarbeitet werden sollte), 10 000 Fässer Walrat, 170 Tonnen Fleischextrakt und weitere 3000 Tonnen Fleisch als Viehfutter. In der Regionalzeitung, direkt neben Berichten über Churchills Aufrufe zu einem Vereinten Europa platziert, machten die *Balaena* und ihre Fracht einer Welt nach dem Krieg Hoffnung.

Solche Nahrungsquellen gaben bald Anlass zu Verstimmungen, vor allem als die Amerikaner die Japaner bei ihren Walfangoperationen unterstützten. Es waren harte Zeiten und die Alliierten ermunterten das besiegte Land dazu, seiner Bevölkerung mit Walbraten oder Kochspeck eine billige Eißweißquelle zu verschaffen. Die Besatzungsmächte unter General Douglas MacArthur halfen auch, außer Dienst gestellte Kriegsschiffe zu dem Zweck umzurüsten; Schiffe, die gegen die Alliierten gekämpft hatten, zogen jetzt mit ihrer Tonnage gegen die Wale ins Feld. Sie taten das gegen starken Widerstand der Australier, die sich beklagten, die Amerikaner hätten sie in der Angelegenheit nicht konsultiert. Sie fühlten sich provoziert, weil ehemalige Feinde ihre Gewässer befuhren, und protestierten »wegen früherer japanischer Verletzungen der internationalen Walfangbestimmungen und der Unwirtschaftlichkeit und Verschwendung des japanischen Walfangs«[70].

Im selben Jahr, 1947, fuhr eine japanische Walfangexpedition 10 000 Kilometer weit in die Antarktis und ihre 1300 Mann Besatzung hätten ausgereicht, um eine kleine Stadt zu bevölkern (oder zu besetzen, wie manche Australier fürchteten). Diese moderne Armada umfasste sechs Fangboote, ein 10 000 Tonnen schweres Fabrikschiff, die *Hashidate Maru*, zwei Kühlschiffe und einen Öltanker. Ein alter Nantucketer hätte seinen Augen nicht getraut. Die Schiffe fuhren weit auseinander, damit sie nicht miteinander oder mit Eisbergen kollidierten, und durchquerten die dichten Nebelbänke mittels Radar, bis sie auf den Feind stießen, den sie sich erwählt hatten: einen gigantischen Blauwal.

Ein Fangboot wurde vorausgeschickt, doch sobald es den Wal ins Visier bekam, tauchte dieser jedes Mal ab. Es dauerte zwei Stunden, bis der Harpunier sein Ziel traf. Dann wurde aus Angst vor dem außergewöhnlichen Stoffwechsel des Tiers an Ort und Stelle sofort der erste tiefe Einstich vorgenommen. Mit einer dicken Speckschicht isoliert, erzeugen Wale eine ungeheure Wärme, wie ihre kondensierenden Fontänen bezeugen, die an große Dampfmaschinen erinnern. Wenn sie sich bei der Nahrungssuche überanstrengen würden, könnten sie an Hitzschlag sterben, daher müssen sie ihre Temperatur regulieren, indem sie das Blut in Fluke und Flossen kühlen. Ein im Südpolarmeer getöteter Wal wurde sofort von Kehle bis Schwanz aufgeschlitzt, damit kaltes Wasser ihn durchströmte, weil sonst von der inneren Hitze selbst die Knochen verkohlen konnten.

Am Schwanz wurde er dann zum Schiff geschleppt und auf einer fährenbreiten Rutsche zum Heck hinaufgezogen, wo 80 Männer vier Stunden lang damit beschäftigt waren, ihn zu schlachten, da dieser Blauwal einer der größten war, die je gefangen wurden. Er war 135 000 Kilogramm schwer, gewogen natürlich in Einzelteilen, in die sie ihn zerlegten. Die Zunge allein wog drei Tonnen, das Herz war so groß wie ein Pkw und die Arterien so dick, dass ein Mann darin hätte schwimmen können. Das alles war jetzt bloß noch Abfall.

Die Arbeit wurde in einer ausgesprochen fröhlichen Atmosphäre verrichtet. »Die Arbeiter lachten und sprangen auf Lendenstücke, die zur Verladeschurre rutschten«, bemerkte Oberstleutnant Waldon C. Winston, ein amerikanischer Offizier, der die Flotte begleitete. »Andere stimmten ein Seemannslied an. Immer wieder füllten sie den Kasten auf der kleinen Brückenwaage und kippten dann den Inhalt die Verladeschurre hinunter.«[71] Sie hätten genauso gut in Detroit am Fließband stehen können.

Unter Deck waren stählerne Kochkessel, wo der Blubber zu Tran verkocht und dann in riesigen Tanks gelagert wurde. Davon durfte nichts verkommen. Mit einem speziellen Verfahren wurde besonders vitaminreicher Tran aus der Leber des Wals abgesaugt. Dieses eine Tier lieferte 133 Fässer Tran und 60 Tonnen Fleisch mit einem Wert von 28 000 Dollar. Tag für Tag, Monat für Monat, Jahr für Jahr ging das so, in Gewässern, die so weit vom Land entfernt waren, dass Verwundete häufig starben, weil es kein Krankenhaus gab, in das sie gebracht werden konnten.

Hier, im herrenlosen Niemandswasser, war niemand verantwortlich. Und doch gab es auf den Schiffen offizielle Beobachter, die die Produktion der Walfleischkonserven mitverfolgten, und Biologen, die etwas über lebende Wale erfahren wollten, indem sie tote untersuchten. Es war eine extrem verrückte Situation, die jeder rechtlichen Grundlage entbehrte. Obwohl die Bestimmungen besagten, dass Mütter mit Kälbern nicht gejagt werden durften – jedem Harpunier, der auf sie schoss, wurde der Lohn gekürzt –, wurden trächtige Kühe erlegt. Sie waren am schwersten zu töten; eine Blauwalmutter brauchte neun Harpunen und fünf Stunden, bis sie starb.

Im alten Japan hatten die Buddhisten diese ungeborenen Wale mit zur See blickenden Grabsteinen geehrt, damit sie wenigstens im Tod die Heimat sehen konnten, die ihnen im Leben genommen worden war. Amerikanische Wissenschaftler, die auf den Schiffen tätig waren, hatten andere Pläne. Einer packte einen zehn Zentimeter langen Pottwalfötus, den er beim Besuch eines Walfängers gefunden hatte, in Eis und legte ihn dann über Nacht in seinem Hotel in einer Mischung aus Wodka und Rasierwasser ein. Am nächsten Morgen sezierte er ihn. Der Fötus wies höchstens im Ansatz die Formen eines künftigen Wals auf: Die schweineartige Schnauze (Nasenlöcher vorn, bevor sie sich am Kopf nach oben verschoben), die gut sichtbaren Ohren und Genitalien, die handartigen Flossen und die Relikte von Barthaaren gaben einem den Eindruck, dass dieser werdende Wal auch noch ein ganz anderes Tier hätte werden können.[72]

Erst im Tode konnte der Mensch Wale derart genau betrachten; erst auf solchen Mutterschiffen wurde auch offenbar, dass diese gewaltigen Tiere selbst regelrechte Kolonien waren, lebende Städte krabbelnder Walläuse und angehefteter Seepocken, die erst losließen, wenn der Speck in großen Streifen abgezogen wurde, und dann mit ihren harten Schalen aus der Oberhaut kamen und klappernd an Deck fielen. Das Innere des Wals war Wirtsraum für andere Parasiten, denn Fadenwürmer siedelten in seinen Gedärmen (die zum Erstaunen der Wissenschaftler ausgelegt eine Viertelmeile lang waren). Auf der *Hashidate Maru* wurden diese Würmer einfach zusammen mit dem Fleisch durchgedreht. Besorgniserregender waren die Strahlenwerte, die im Walfleisch gemessen wurden, der radioaktive Niederschlag der Bomben, die Hiroshima und Nagasaki getroffen hatten. Aber zu dem Zeitpunkt belastete das Strontium-90 aus diesen Explosionen bereits die Knochen jedes Mannes, jeder Frau und jedes Kindes auf der Erde, eine Erbschaft auf Generationen hinaus.

Umgeben von Eisbergen lagen Furchenwale kieloben dicht an dicht wie ausgenommene Heringe, während Seevögel über ihnen flatterten wie gefiederte Sterne. Es waren erlegte Tiere, zum Auskochen bereit. Eine Fabrikflotte konnte an einem Tag 70 Tiere abschlachten, und das mit Waffen, die Star-Wars-Raketen glichen und mit ihren Steuerflächen zielgenau in den Riesenschädeln einschlugen. 360 000 Blauwale starben auf diese Art im 20. Jahrhundert; eine Population von 1000 Tieren blieb übrig. In den 1960er-Jahren konnte der Blauwal dann endlich in wirtschaftlicher Hinsicht als ausgestorben betrachtet werden.

XII
KALTER KRIEG UM WALE

> Du bist wie wir geworden,
> Schändlich und sterblich.
>
> Stanley Kunitz, »*The Wellfleet Whale*«[1]

Für seinen Film *Moby Dick*, 1954 in England und Irland gedreht statt in Neuengland, benutzte John Huston einen Schoner von 1870, der vorher schon in Walt Disneys *Schatzinsel* als *Hispaniola* hatte herhalten müssen. Das Schiff wurde in Hull im St. Andrew's Dock ausgestattet, wo Schiffsausrüster Originalharpunen beisteuerten, die sie bei sich auf dem Dachboden gefunden hatten. Diese Film-*Pequod* fuhr dann an die Westküste Irlands, wo der Regisseur beschloss, nur an trüben Tagen zu drehen, um seinem Film eine düstere Aura zu geben.

Ich kann mich erinnern, wie ich Hustons Film als kleiner Junge sah; er kam mir ziemlich wortreich und langweilig vor. Unser altmodischer furnierter Schwarz-Weiß-Fernseher mit seinem körnigen Bild konnte die subtile Wirkung nicht wiedergeben, die der Kameramann Oswald Morris mit Blick auf Walfangszenen aus dem 19. Jahrhundert erzielen wollte, indem er zwei Negative kombinierte, eines schwarz-weiß, das andere in Technicolor. Damit wollte er den Eindruck erwecken, »dass diese Geschichte 1843 gefilmt wurde, zu der Zeit, wo sie auch spielt«[2]. Ich hatte keinen Sinn für die Feinheiten von Ray Bradburys Drehbuch, für das er das Buch neunmal las und 1500 Seiten schrieb, die er dann auf 150 zusammenstrich. »Ich bekam schreckliche Depressionen«, sagte Bradbury. »Ich fühlte Melvilles Gewicht, seine ganze Last auf meinem Rücken.«[3] Die Analogien zwischen dem früheren Durst nach Walöl und der Nachkriegsgier nach Erdöl entgingen mir ebenfalls.

Genauso wenig beeindruckte mich Orson Welles in seiner bravourösen Nebenrolle als Pfarrer Mapple, wie er von seiner Schiffsbugkanzel herabdonnert – in Shepperton. (Welles brachte 1955 im Hackney Empire im Londoner East End seine eigene Fassung von *Moby-Dick* auf die Bühne, von der er behauptete, sie sei das Beste, was er je gemacht hatte.[4]) Vielleicht erkannte ich Richard Basehart als Ismael, aber nur, weil er den U-Boot-Kapitän in der Fernsehserie *Die Seaview – In geheimer Mission* spielte, wo er in einer Folge mit einem Riesenkalmar kämpft; wie bei Disneys *20 000 Meilen unter dem Meer* waren Wal und Tintenfisch Kalte-Kriegs-Monster, Unterwasserversionen von Science-Fiction-Aliens, die die Welt von innen bedrohten. Zwar war der Anblick eines anderen wilden Fremden, nämlich Queequegs mit seinem tätowierten Gesicht, ziemlich erschreckend, doch als endlich einmal ein Wal auf dem Bildschirm erschien, war schwer zu sagen, ob er lebte oder nicht – nicht zuletzt deswegen, weil Hustons Moby Dick eine lebensgroße Attrappe war. (Während der Dreharbeiten riss sich ein Teil des »Weißen Wals« los, als dieser vor Fishguard in raues Gewässer geschleppt wurde, woraufhin die Küstenwache die Schiffe in der Nähe auf eine »mögliche Gefährdung des Schiffsverkehrs« hinwies und die Royal Air Force sich mit einem Flugboot auf die Suche nach dem verlorenen Requisit machte.[5])

An diesen Ersatzwal gebunden, wäre Gregory Peck beinahe ertrunken, da Huston darauf bestand, Ahabs letzte Momente noch mal und noch mal zu filmen. Aber erst wenn ich mir heute den Film wieder anschaue, entdecke ich in diesen Aufnahmen etwas schockierend Reales. Zwischen die in einem Studiobecken aufgenommenen Szenen – kenntlich an der falschen Wellengröße und der Hintergrundprojektion eines unheimlichen Sturmhimmels, der aus Gregory Pecks Ahab eine Art Dämonenkönig aus dem Weihnachtsmärchen macht – hat Huston Aufnahmen eingefügt, die zeigen, wie vor Madeira Pottwale gejagt werden. Hier, im Todeskampf sterbender Wale, die rote Fontänen in die Luft spritzen, kommt sein Film der Wahrheit am nächsten. Es ist ein unvergesslicher Anblick, der an Hemingway erinnert, nur dass es kein Stier ist, der da öffentlich auf der Leinwand stirbt, sondern das größte Raubtier der Welt, wie angekündigt.

1958, im Jahr meiner Geburt, erzählte Ernest Hemingway der *Paris Review*, er habe einmal eine Herde von 50 Pottwalen gejagt und einen harpuniert, »fast 18 Meter lang, und dann verloren«[6]. Es war die prahlerische Stimme einer heroischen amerikanischen Vergangenheit. Der Walfang war jetzt das Metier anderer Länder und ihr Einsatz brachte die Wale sehr viel näher an den Rand der Vernichtung, als die Yankeeflotten das je getan hatten. Ja, die absolute Spitzenquote erreichte der Walfang zu meinen Lebzeiten. Allein 1951 – 100 Jahre nach Melvilles Buch – wurden weltweit mehr Wale getötet, als die Walfänger New Bedfords in anderthalb Jahrhunderten erbeuteten.

In meiner *Illustrated Encyclopaedia of Animal Life* von 1959, herausgegeben von Kuratoren des American Museum of Natural History und illustriert mit Fotos seiner verstaubten Dioramen – wenn auch zum Glück nicht vom Kampf eines lebensgroßen Pottwals mit einem Riesenkalmar –, wurden die Grenzen der damaligen Cetologie eingestanden. Wie als späte Antwort auf Ismaels Frage: »Wird der Wal kleiner?«, erklärten die Verfasser: »Wir können so lange auf keinen großen Erfolg hoffen, wie wir nicht mehr über diese Tiefseesäuger wissen. Wir bemühen uns nach Kräften, diese Kenntnisse zu erwerben.«[7]

Dieses Buch ist das Dokument einer vorökologischen Zeit. Ein Abschnitt mit dem Titel »WICHTIGSTES PRODUKT AUS DEM WAL« vermeldet: »Eine Walfangsaison in der Antarktis erbrachte unlängst 2158173 Fässer Tran«, doch unter einer anderen Überschrift, »DER WAL IN GEFAHR«, wird berichtet: »Walfänger erlegten in nur einer Saison 6158 Blauwale, 17989 Finnwale, 2108 Buckelwale und 2566 Pottwale ... Nicht mitgerechnet sind dabei 2459 Wale, die von den Russen erlegt wurden.«[8]

Es ist aufschlussreich, sich anzuschauen, wie steil die Zahlen das 20. Jahrhundert über ansteigen. 1910 wurden 1303 Finnwale und 43 Pottwale gefangen; 1958 lagen die Zahlen bei 31587 Finnwalen und 21846 Pottwalen.[9] Diese Tendenz wurde von der Politik verschärft. Von 1951 bis 1970 steigerte die Sowjetunion ohne Rücksicht auf internationale Vereinbarungen ihre Fangquote bei Südkapern auf über 3000 Tiere, wobei nur vier der Internationalen Walfangkommission (IWC) gemeldet wurden. Die IWC – 1946 im Anschluss an eine von Präsident Truman einberufene Konferenz in Washington, D. C., gegründet, mit Sitz im englischen Cambridge – beschloss sukzessive Maßnahmen zur weiteren Begrenzung des Walfangs, doch kommerzielle Interessen und überhöhte Quoten siegten über die guten Absichten.

Die Buckelwale waren von diesem Gemetzel besonders betroffen. Die Russen gaben an, nur knapp über 2000 Tiere gefangen zu haben, aber in Wirklichkeit töteten sie mehr als 48 000. Jungwale, Mütter und Kälber, geschützte Arten wurden alle wahllos erbeutet und die Zahlen gefälscht. Auch die Pottwale traf es schlimm. Um die Wende zum 20. Jahrhundert hatten sie eine kurze Atempause, als die neu aufgerüsteten Flotten die Furchenwale zu jagen begannen, aber als nach dem Zweiten Weltkrieg die Bartenwalpopulationen rapide abnahmen, richteten sich die Harpunen abermals auf die »Kaschelots«, die sich gerade zu erholen begonnen hatten.

In den 1950er-Jahren, der schlimmsten Zeit eines neuen Ost-West-Gegensatzes, starben im Durchschnitt 25 000 Pottwale im Jahr, die als vitaminreiche Nahrungsergänzung oder Tierfutter endeten. »Gekochtes Pottwalfleisch eignet sich zur Fütterung pelztragender Tiere«[10], bemerkte Alexander Berzin, ein russischer Wissenschaftler der Sowjetzeit, dessen Buch mit undeutlichen Abbildungen von Walkrankheiten und der Zerlegung von Walen versehen ist. Seine Landsleute verwendeten auch die Flechsen in den Walköpfen, um Leim herzustellen, und allein 1956 wurden in einer einzigen russischen Fabrik 980 Tonnen Walhaut gegerbt und gefärbt und zu Schuhsohlen verarbeitet. Die Menschen gingen auf Walen.

In ihrem ozeanischen Asyl wurden die Wale vom Kalten Krieg in Mitleidenschaft gezogen. Die UDSSR dezimierte die seit 1935 geschützten Atlantischen Nordkaper auf 100 Tiere und sie tötete auch 372 der noch selteneren Pazifischen Nordkaper. Die Südkaper waren vor der Küste Südafrikas während der Apartheid mit zweistelligen Zahlen bereits an einem Tiefpunkt angekommen und die arktischen Grönlandwale hatten unter den zerstrittenen Nationen ähnlich zu leiden.

Dieses wiederauflebende Interesse hatte natürlich finanzielle Gründe. Der Walfang wurde mehr und mehr zur Angelegenheit neuer multinationaler Unternehmen. 1957 kostete Walöl 90 Pfund die Tonne; im selben Jahr kaufte Unilever in Oslo 125 000 Tonnen von Schiffen mit norwegischer, japanischer und britischer Besatzung, mochte aber auf Anfrage keine Auskünfte dazu geben.[11] Ein paar Jahre später wurde geschätzt, dass die Wale zur Weltwirtschaft jährlich einen Beitrag von 50 Millionen Pfund leisteten. Mit Hubschraubern wurden Wale im Südpolarmeer ausfindig gemacht und ein dort fahrender Walfänger erhielt einmal sogar fürstlichen Besuch vom Duke of Edinburgh. Der Herzog wurde in einem am Masttopp befestigten Korb von der königlichen Jacht *Britannia* zur *Southern Harvester* hinüberbefördert, wobei ein 15 Meter langer Pottwal den Puffer zwischen den beiden Schiffen abgab.[12] (Später äußerte der Herzog in einem Fernsehinterview: »Ein Wal hat einen sehr eigenen Geruch.«[13])

Die zehnte Sitzung der Internationalen Walfangkommission in Den Haag 1958 erließ neue Beschränkungen: Das bereits bestehende Verbot, Buckelwale im Nordatlantik und in Teilen der Arktis zu töten, wurde ausgeweitet und ihre Verfolgung in der Antarktis begrenzt. Die Staaten, die nicht IWC-Mitglied waren, scherten sich nicht um diese Verbote. »Die Walfangindustrie lebt mit einem immer wiederkehrenden Schreckgespenst: der Ausrottung der Wale«, erklärte die *Times* im Januar 1959 in einem recht deutlichen Leitartikel und sah »in der nächsten antarktischen Saison ein Massaker« voraus. Sie forderte den Einsatz neutraler Beobachter und ein Verbot des Baus neuer Walfangschiffe ohne vorherige Rücksprache. »Großbritanniens Rolle als Friedensstifter ist löblich. Sie kann jedoch schwerlich zum Schaden des britischen Walfangs beibehalten werden und sie kann keinesfalls ohne die

Mitwirkung der anderen beibehalten werden.«[14] »Die Schutzbemühungen waren hauptsächlich daran gescheitert«, stellte ein anderer Wissenschaftler klar, »dass die Wale niemandem gehörten und dass niemand ein unmittelbares Interesse daran hatte, sich um sie zu kümmern.«[15] Während die IWC nach humaneren Möglichkeiten forschte, Wale zu töten, gaben Holland und Norwegen – zwei der sogenannten »großen Fünf« unter den Walfangnationen neben Großbritannien, Japan und Russland – ihre Entscheidung bekannt, von dem Übereinkommen zurückzutreten, »weil es sich für die beiden Länder als unmöglich erwiesen hat, vernünftige Walfangquoten zu erhalten«[16]. Zankten die westlichen Staaten sich noch, verstärkte Japan seine Flotte. 1963 verkündete eine Schlagzeile: »GESCHMACK AN WALFLEISCH GIBT DER INDUSTRIE AUFTRIEB« (Bezug nehmend darauf, dass Walfleisch den Japanern wichtiger war als Tran), und der Artikel meldete, dass Japan kürzlich die *Southern Harvester* erworben hatte, das Schiff, das vom Prinzgemahl der Königin besucht worden war. »Die japanischen Walfangmethoden zeichnet eine mechanische Rücksichtslosigkeit aus, wogegen die Walfänger der jüngeren Vergangenheit wie dilettantische Abenteurer wirken«, hieß es mit einer gewissen Voreingenommenheit, die ebenfalls eine Erbschaft des Krieges war.[17]

Im selben Artikel wurde noch angemerkt, »eine Piraterie« sei dabei, »die Walgründe nach und nach zu erschöpfen«. Beim Walfang durfte jeder mitmischen und mit am schlimmsten trieb es der griechische Schiffsmagnat Aristoteles Onassis, der spätere Ehemann der vormaligen amerikanischen First Lady. Seine Schiffe wurden absichtlich in Honduras und Panama registriert, Ländern, die keine IWC-Mitglieder waren. Sie räuberten in geschützten Gewässern und fingen sämtliche Wale, die ihnen begegneten, »seien es gefährdete Arten oder Neugeborene«[18]. Erst als Norwegen sein Vorgehen öffentlich anprangerte und die peruanische Marine und Luftwaffe das Feuer auf seine Schiffe eröffneten, weil diese in ihren Hoheitsgewässern Wale jagten, musste Onassis sein Schlachten beenden; er fand es dann finanziell einträglicher, seine Flotte an die Japaner zu verkaufen.[19] Dies alles geschah trotz – oder vielleicht wegen – der von der Internationalen Walfangkommission erlassenen Quoten. Der antarktische Fang für 1967/1968 zum Beispiel wurde auf 32 000 »Blauwaleinheiten« festgesetzt.[20] Das größte Tier der Erde wurde auf eine Rechengröße reduziert und seine altehrwürdige Population tauchte in bürokratischen Berechnungen nur in Form von »Beständen« auf. Es war eine schreckliche Gleichung:

1 BLAUWALEINHEIT = 2 FINNWALE,
2 ½ BUCKELWALE ODER 6 SEIWALE

Nicht allein nahm die durchschnittliche Größe der gefangenen Wale ab, »was verdächtig auf Überjagung hinweist«, wie ein Biologe bemerkte. »Die als Maß für den Aufwand pro gefangenem Wal geltende durchschnittliche Tagesfangrate pro Walfänger sinkt ebenfalls ständig. Das zeigt uns, dass die Wale im Aussterben begriffen sind.«[21] Er sah sich vor eine schreckliche Frage gestellt: »Was wird als Nächstes kommen? Werden Erdsatelliten aus dem Weltraum den Jägern mitteilen, wo der letzte Wal ist?«[22]

Die Wale konnten nicht gewinnen. Als die Furchenwale in der Antarktis weniger wurden, nahmen sich die Walfangnationen wieder den Pottwal vor. Viele Tausende wurden von den Flotten auf dem Weg ins Südpolarmeer in wärmeren Gewässern gefangen, wo man auf Weibchen und Fortpflanzungsgemeinschaften stieß. Während ihrer Londoner Tagung 1965 stellte die IWC »massive Anzeichen« dafür fest, dass die Bestimmungen zur Größe der Pottwale, die gefangen werden durften, allumfassend verletzt wurden.²³ Infolgedessen verbot die Kommission den Pottwalfang zwischen dem 40. nördlichen und dem 40. südlichen Breitengrad. In dem Jahr erreichte das Morden mit dem Tod von 72 471 Walen seinen historischen Höhepunkt.²⁴

Einer der letzten aktiven Walfanghäfen in der Zeit war Dundee. In den Gewässern, in die es seine Schiffe schickte, führte Großbritannien 20 Jahre später seinen letzten Kolonialkrieg und dort liegen sie heute als rostende Wracks in den natürlichen Häfen Südgeorgiens und der Falklandinseln. Einige der Männer, die auf den Schiffen fuhren, leben noch und beschreiben ihre Arbeit in diesen Freiluftschlachthäusern als das reinste Inferno. Was sie von dem Lärm, dem Gestank, dem Anblick noch erinnern, widert sie im Nachhinein an. Wenn die Wale hätten schreien können, sagen sie, hätte kein Mensch die Arbeit ausgehalten.²⁵ Aber die Wale blieben angesichts ihrer Schändung stumm, als wären sie übereingekommen, nicht zu protestieren, um ihre Peiniger umso mehr zu beschämen.

Ich kann für mich keinen Sonderstatus reklamieren. Wenn ich von der Schule durch das nasse Herbstlaub nach Hause ging, wo meine

Mutter am Feuer die Wäsche trocknete, fand ich im Kühlschrank die gelben Blöcke der Waltran-Margarine aus örtlicher Produktion vor und meine Wangen wurden mit Walfett eingerieben, denn »es wird die Frauen interessieren zu erfahren, dass ihre Kosmetika mit daraus hergestellt werden«, wie mein Lexikon mich belehrte. Der hartnäckige Walgeruch.

Während ich unter der Bettdecke verbotene amerikanische Comics las und mir eine Welt von Superhelden in hautengen Anzügen vorstellte, weiteten neue rationalisierte Verfahren – Sulfurierung, Verseifung, Destillation – die Verwertung von Walen in Schmiermitteln, Farben, Lacken, Tinte, Waschmitteln, Leder und Lebensmitteln aus. Die Hydrierung verbesserte den Geschmack des Trans. Maximale Ausnutzung war angesagt, im Gegensatz zur Verschwendung der frühen Walfänger. Walleber war ein Vitamin-A-Lieferant und aus Waldrüsen wurden Insulin für Diabetiker und Corticotropin zur Behandlung von Arthritis gewonnen. Im 19. Jahrhundert waren Züge mit Waltran betrieben worden; jetzt wurde die Bremsflüssigkeit von stromlinienförmigen Autos mit verchromten Heckflossen aus demselben Stoff hergestellt. Viktorianische Neuengländer hatten sich in Waltran frittierte Doughnuts schmecken lassen; jetzt lutschten Jungen mit Bürstenschnitt und gestreiften T-Shirts daraus gemachtes Eis. Ihre glänzenden Gesichter waren mit Walseife gewaschen, und wenn sie ihre Schnürsenkel aus Walleder gebunden hatten, trotteten sie ab zur Schule, vorbei an Gärten, die mit Waldünger gediehen, um im Unterricht mit Walkreide zu zeichnen, während Mami ihre Sachen auf einer Maschine nähte, die mit Walöl geschmiert wurde, und die Hauskatze mit Walfleisch fütterte. Im Büro übertrug die große Schwester Diktate auf einer Schreibmaschine, die ein Farbband mit Waltinte hatte, wobei sie zwischendurch ihren Wallippenstift auflegte. Am späteren Nachmittag spielte sie Tennis mit einem walbespannten Schläger. Zu Hause ließ Papi die Familie Aufstellung nehmen, um ein Foto auf einem mit Walgelatine beschichteten Film zu machen.

Wale, die den Stempel der Zeit tragen.

Erst 1973, als ich ein Teenager war, begann Großbritannien, Walprodukte zu verbieten. Doch es ließ selbst zu dem Zeitpunkt noch Ausnahmen zu wie Walrat, das als Schmiermittel für Präzisionsgeräte und als Weichmacher von Leder verwendet wurde und wovon es immer noch insgesamt 2000 Tonnen im Monat importierte, und andere Walprodukte, »die im Ausland hergestellten Waren beigegeben wurden. Die Pottwale waren nicht von Überjagung betroffen«, meinte der Minister für Landwirtschaft, Fischerei und Ernährung, »die Bartenwale aber schon.«[26]  Der Verband der Tierfutterhersteller – der 95 Prozent des gesamten importierten Walfleischs zu Hunde- und Katzenfutter mit »leckeren Fleischbröckchen« verarbeitete – gab bekannt, dass er ab November des Jahres die Produktion umstellen werde.

Die Wale spendeten der Welt kein Licht mehr, aber die Zeitmessung bedurfte noch ihres Öls. Uhrmacher schätzten das hervorragende Schmiermittel, weil die Uhren damit auch bei eisigen Polartemperaturen liefen (was wiederum dazu führte, dass die antarktischen Flotten mehr Wale jagen konnten). Damit die große astronomische Uhr im Straßburger Münster feierlich die Stunden schlug, wurde sie mit den Produkten von William Nye's Oil Works aus New Bedford geölt.

Und während die walgeölten Uhren tickten, gewann das mythische Tier im Atomzeitalter eine neue Bedeutung. In den späten 1940er-Jahren begeisterte sich der amerikanische Künstler Gilbert Wilson für Melvilles Roman ebenso wie für die moderne Wissenschaft. Im *Bulletin of the Atomic Scientist* schrieb er zu *Moby-*

Dick: »keiner Tragödie in der Weltliteratur gelingt es derart eindrücklich und deutlich, die tödlichen Irrtümer des Hasses und der Herrschaft aufzuzeigen.« Wilson machte sogar Schostakowitsch den Vorschlag, mit ihm zusammen aus dem Stoff von *Moby-Dick* eine Oper zu komponieren »als Katalysator, der helfen könnte, die Kalte-Kriegs-Differenzen zwischen Amerikanern und Sowjets auszuräumen und den Weltfrieden wiederherzustellen«.

In Wilsons dystopischer Vorstellungswelt wurde der Weiße Wal zum Symbol des Atomkriegs und Ahabs »krankhafte Jagd auf Moby Dick bis ins Japanische Meer« eine Analogie zu Amerikas »grauenhaften Kernwaffenversuchen und -explosionen in diesem Gebiet«.[27] Ähnlich hielt Howard P. Vincent in seiner kritischen Studie *The Trying-Out of Moby-Dick* von 1949 den Wal für »zeitlich und räumlich allgegenwärtig. Gestern versenkte er die *Pequod*; in den letzten zwei Jahren hat er fünfmal zugeschlagen: in der Wüste New Mexicos, über Hiroshima und Nagasaki und zuletzt auf dem Bikini-Atoll.«[28]

Eine Wolke ganz wie ein Walfisch.

Eine Generation vor ihm hatte D. H. Lawrence in Lobo, New Mexico, in Melvilles Buch »das Verderben unseres weißen Zeitalters« gesehen. »Und die *Pequod* war das Schiff der weißen amerikanischen Seele.«[29] 1952 wurde der trinidadische Schriftsteller C. L. R. James auf Ellis Island inhaftiert. In einem tristen Backsteinbau direkt neben Liberty Island, mit Blick auf die Hochhäuser von Manhattan, verfasste James sein Werk über *Moby-Dick*, in dem er Ahab mit modernen Diktatoren verglich. In seiner Studie, geschrieben im Schatten des atomaren Wettrüstens, wurde Ahabs *Pequod* zu einer Massenvernichtungswaffe. »Seiner alleinigen Befehlsgewalt untersteht ein Walfangschiff, eine der höchsten technischen Entwicklungen der Zeit. Er hat in seinem Gehirn das über Jahrhunderte angesammelte seemännische Wissen komplett gespeichert. Unter anderem deswegen ist er so eine tödliche Gefahr.«[30] Solche Sinnbildlichkeit konnte auch gegen den Westen gewendet werden. 20 Jahre später gaben sich die antikapitalistischen Terroristen der Roten-Armee-Fraktion, als sie wegen ihres Kriegs gegen den Imperialismus im Gefängnis saßen, Decknamen aus *Moby-Dick* (Baader selbst war Ahab), denn im Leviathan erkannten sie ihr Feindbild wieder, im mythischen von Melville ebenso wie im staatlichen von Hobbes.[31] Auch heute wird Ahabs wahnsinnige Jagd von der politischen Satire wieder aufgegriffen, wenn sie führende Politiker in ihrem »Krieg gegen den Terror« mit Melvilles dämonischem Kapitän gleichsetzt.

Wer mit Ungeheuern kämpft, mag zusehn, dass er nicht dabei zum Ungeheuer wird. Und wenn du lange in einen Abgrund blickst, blickt der Abgrund auch in dich hinein.[32]

In den 1960er-Jahren wurden Cetaceen vom Militär in Dienst genommen. Im Rahmen ihres Marine Mammal Program brachte die US-Marine Delfinen und Weißwalen bei, Minen aufzuspüren und sogar als Unterwasserwachposten zu dienen.[33] Delfine wurden im Vietnamkrieg eingesetzt und es gab Gerüchte, sie bekämen gepolsterte Kappen mit CO_2-Spritzen auf die Schnauzen gesetzt und würden darauf dressiert, Vietcongtauchern, die amerikanische Schiffe angriffen, Kohlendioxid in den Leib zu jagen, sodass sie explodierten.[34] Sie werden weiterhin zu Kriegszwecken verwendet. Im letzten Golfkrieg etwa schnallte man ihnen Kameras an die Brustflossen, mit denen sie vor der Hafenstadt Umm Qasr Minen aufspüren sollten. Für manche war eine solche militärische Verwendung die äußerste Perversion der Beziehung zwischen Mensch und Wal.

In einer weiteren Entwicklung nahm sich die menschliche Technik die Wale selbst zum Vorbild. In einem Experiment wurde ein U-Boot mit Gummi beschichtet, das der Walhaut nachgebildet war, und es ergab sich, dass sich damit Turbulenz und Strömungswiderstand reduzieren ließen; infolgedessen wurden abstehende Teile wie Radarschüsseln und Kommandotürme mit Gummi verkleidet.[35] Vielleicht fand man deshalb auch an einem U-Boot die Saugnapfspuren eines Riesenkalmars. Er hatte es anscheinend für einen Wal gehalten.

Durch die Entwicklung der Meeresakustik im Zweiten Weltkrieg war das Militär auf die von Walen produzierten Töne aufmerksam geworden (die früher von Walfängern, die sie durch die Schiffswand hörten, für Geister im Ozean gehalten wurden). Als man entdeckte, dass die Unterwasserwelt, die alle sich als stumm vorgestellt hatten, von Geräuschen erfüllt war, kam man auf die Idee, dass U-Boote Waltöne aussenden und sich auf die Weise als Wale tarnen konnten. Ein Jahrhundert zuvor hatten sich Sklavenschiffe als Walfänger getarnt; jetzt bedienten sich Atom-U-Boote eines ähnlichen Tricks. So missbrauchte der Mensch die Mittel der Wale, um in ihre Welt einzudringen, und erzeugte dabei Geräusche, die für sie tödlich waren.

Wie unten, so auch oben. Wie Wale in der Tiefsee von U-Booten imitiert wurden, die nicht gefrierendes Walrat als Schmiermittel benutzten und vom walartigen Pingen des Sonars durchtönt waren, so mussten sie auch bei der Erforschung einer anderen extremen Umgebung mithelfen, denn die NASA nahm ebenfalls Walrat für ihre empfindlichen Instrumente und Raketentriebwerke und schickte damit die ersten Walgene in den Weltraum.[36] 200 Jahre zuvor hatten Wale die Konkurrenz zwischen den Atlantikstaaten befeuert; jetzt waren sie Teil des Wettlaufs im Weltall. Ein Wissenschaftler, der in den 1950er- und 1960er-Jahren mit Walfängern gefahren war, erzählte mir, dass die USA sich erst dann für ein Verbot der Jagd auf Pottwale einsetzten (trotz der Proteste des Pentagons[37]), als sie ihren Walratbedarf ein für alle Mal gedeckt hatten[38] – ich stelle mir gekennzeichnete Fässer in einem Geheimkeller vor. Die Tatsache, dass die USA chemische Ersatzstoffe für Walrat zu anderen militärischen Zwecken entwickelten, während die UDSSR für ihre Panzer und Raketen weiter auf den Naturstoff setzte, heizte das Spiel mit dem Feuer noch zusätzlich an. Noch heute benutzen Raumfahrtzentren in Europa und Amerika Walrat für Fahrzeuge auf Mond und Mars; und während Sie diese Zeilen lesen, kreist das Hubble-Weltraumteleskop, mit Walrat geschmiert, um die Erde und blickt dabei sechs Milliarden Jahre in die Vergangenheit, während die *Voyager*-Sonde auf ihrem Flug in die Unendlichkeit das Lied des Buckelwals spielt, um freundliche Außerirdische zu begrüßen – die sich wundern dürften, wie wir die Arten behandeln, die mit uns den Planeten bewohnen.

Den Menschen im Mittelalter, nach deren Weltbild die Erde flach war und in den Ozeanen jenseits der illuminierten Landkarten Ungeheuer hausten, galt der Wal als nackter Fisch ohne Schuppen – ein praktischer Irrtum, denn so durfte sein Fleisch in der Fastenzeit von den Mönchen verspeist werden –, genau wie sie Papageitaucher für halb Vogel, halb Fisch hielten und meinten, aus Entenmuscheln entwickelten sich Gänse. Obwohl bereits Aristoteles im 4. Jahrhundert v. Chr. zu dem Schluss kam, die Wale seien mit den Säugetieren verwandt, wurden sie erst 1773 von Linné als solche eingeordnet.

Trotzdem hielt sich der Irrtum hartnäckig. Die Walfänger des 19. Jahrhunderts sprachen von Walfischen und dieses trotzige Beharren behielt Ismael schelmisch bei. Vielleicht war es auch eine unterbewusste Ausflucht, denn wenn die Jäger ihren Fang schlachteten, sahen sie ganz genau, dass der Organismus, den sie dabei vorfanden, einem Lebewesen gehörte, das ihnen selbst ähnlicher war als einem Schellfisch oder Dorsch. Und obwohl uns die Jagd im 20. Jahrhundert einen Großteil unseres heutigen Wissens zum Beispiel über den Blauwal verschaffte, kam es auch dabei zu Irrtümern. Abmessungen wurden überschätzt, weil sich die Körper streckten, wenn sie aus dem Wasser gezogen wurden. Die einzige Möglichkeit, diese gewaltigen Leiber zu wiegen, war, sie in Stücke zu hacken, weshalb über die Tonnen Blut, die verloren gingen, bevor das Fleisch auf die Waage kam, nur ungefähre Schätzungen abgegeben werden konnten. Dass Wale im Verhältnis zwei Drittel mehr Blut als Menschen besitzen, um für ihre Zeit in der relativen Sicherheit der Tiefsee mehr Sauerstoff speichern zu können, erhöhte die Ungenauigkeit des Verfahrens noch zusätzlich.

Es war überdies von dem eigennützigen Interesse getrieben, die Rentabilität festzustellen, aber viele Wissenschaftler, die erkannten, welches Schicksal den Walen drohte, lernten umzudenken. Mitte der 1930er-Jahre wurde systematisch damit begonnen, von dem Forschungsschiff *William Scoresby* aus Wale zu markieren.[39] Stahlpfeile wurden den Walen in den Speck geschossen und wieder herausgeholt, wenn die Tiere gefangen waren; Walfänger bekamen ein Pfund Belohnung, wenn sie sie dem Kolonialministerium mit Angaben zu Zeit und Ort des Todes aushändigten. Dann wurden die Daten ausgewertet, »um Erkenntnisse nicht nur über die Wanderungen der Wale zu gewinnen, sondern auch über die Frage, ob ein Wal Jahr für Jahr in dasselbe Gebiet im Süden zurückkehrt«[40]. 1936 wurden 800 Wale auf die Weise markiert und nummeriert. Die Ergebnisse in summa waren erstaunlich: Ein Blauwal, ergab sich, hatte in weniger als 50 Tagen über 3000 Kilometer zurückgelegt.[41]

Die Walforschung blieb invasiv. 1956 wurde von dem Bostoner Herzspezialisten Paul D. White – berühmt als Leibarzt Präsident Eisenhowers – das Projekt entwickelt, den Herzschlag eines Wals im EKG aufzuzeichnen. Dazu musste eine Harpune mit der Elektrode, die bei einem menschlichen Patienten gewöhnlich auf der Brust angebracht wird, in das Tier geschossen werden, allerdings ließ sich, wie eine Zeitung bemerkte, »bis jetzt nicht erkennen, wie

WHERE ARE A WHALE'S WHEREABOUTS?

You might think that where a whale goes in its spare time is nobody's business but its own. We thought so, too, but we were wrong. Some scientific people were intensely interested in the subject, and decided that in future whales must wear identification discs. But whales are unreasonable creatures, and move about a good deal in salt water, which in time corrodes almost anything but the whale itself. So the scientists came to us. Why to us? Well, we make a stainless steel tube which is quite blasé about salt water. And from this stainless tube, "darts" are made, which are dated and numbered and fired into the blubber. When the whale is eventually caught, the darts tell the story.

Simple, isn't it? But it's simply nothing to some of the other clever things we do with stainless steel tubes. We have helped to solve problems of corrosion in many businesses. Might we not be able to solve yours too, with Stainless Steel Tubes?

STAINLESS STEEL TUBES
BY ACCLES & POLLOCK LTD · OLDBURY · BIRMINGHAM

der Wal seine Last je wieder loswerden kann, wenn den Interessen der Wissenschaft Genüge getan ist«[42]. »Man kann kaum behaupten, dass das Tier von einer solchen Diagnose einen Nutzen hatte«, fügte mein Lexikon hinzu.[43] Dr. Whites Patient – oder Opfer – war ein 15 Meter langer Grauwal. Nachdem er bereits mit einem Glattwal experimentiert hatte, entdeckte White, dass das Herz des Wals wie das eines Menschen schlug. Im Lichte solcher Erkenntnisse wurden Versuche unternommen, das Leiden der Tiere zu begrenzen: Die Briten experimentierten aus humanitären Gründen mit einer neuen elektrischen Harpune, aber sie brachte nicht die gewünschten Ergebnisse.

Als ich in meinen jungen Jahren gefangene Delfine im gelb erleuchteten, parkhausartigen Aquarium von Brighton beobachtete, das von ihren Klicklauten widerhallte und wegen seiner meernahen Lage direkt unter der Strandpromenade noch trostloser wirkte, war die Einstellung zu den Walen im Wandel begriffen. Gegenüber der Jugendzeit meiner Eltern war dieser Wandel bereits drastisch. In den 1920er-Jahren gab es im River Tyne derart viele Schweinswale, dass die Lachsfischer darauf drangen, »dass Schritte zu seiner Ausrottung unternommen werden«[44]. In den 1960er-Jahren erschien die *Times* mit der Schlagzeile: »TOD EINES WALS ERREGT BRITISH COLUMBIA«, und schrieb, dass über das Ableben eines Schwertwals in Kanada landesweit berichtet wurde.

Das Tier – das den Spitznamen »Moby Doll« bekam – war vom Kurator des Vancouver Aquarium harpuniert worden und sollte dort als Vorlage für eine Gipsnachbildung dienen. Doch der Wal überlebte seine Verletzung und folgte stattdessen dem Boot. Die öffentliche Reaktion war vielleicht das erste echte Anzeichen einer neuen Einstellung zu den Walen. Dem Tier, das die Harpune abgeschüttelt hatte, wurden Pferdeherzen, mit Blut injizierte Flundern und Robbenjunge gefüttert, damit es am Leben blieb (»Es gab sofort Proteste aus humanitären Gründen«), und als es am Boden des Beckens tot aufgefunden wurde, stellte sich heraus, »dass Moby gar keine ›Doll‹ war, kein Püppchen. Moby war ein ›bull‹, ein Stier.«[45] Im Jahr darauf wurde in denselben Gewässern ein anderer Schwertwal gefangen. Er wurde »Namu« genannt und in einem schwimmenden Käfig 650 Kilometer südlich in sein neues Zuhause geschleppt, das Seattle Marine Aquarium, doch zwei Stunden vor Port Hardy machten seine Häscher die Entdeckung, dass ihr Gefangener plötzlich von 40 Schwertwalen umringt war, »die entschlossen schienen, ihn zu befreien«[46]. Es wurde gemeldet, Namus Familie sei ihn besuchen gekommen und er könne sie alle an ihren Zeichnungen und Narben erkennen.

Durch einzelne Tiere wie Namu wurden Wale zum Wahrzeichen eines neuen Zeitalters. In den 1960er-Jahren stellte der amerikanische Forscher John C. Lilly kontroverse Thesen zur Intelligenz der Cetaceen auf, die ihn zu einer außerordentlichen Erklärung veranlassten. »Wir brauchen eine neue Ethik«, schrieb er,

> neue Gesetze auf der Grundlage dieser Ethik, die Menschen bestrafen, wenn diese die Lebensweise und das Territorium anderer Arten missachten, deren Gehirne unseren vergleichbar und größer als unsere sind. Unsere Gesetze müssen dahin gehend geändert werden, dass die Cetaceen nicht mehr das Eigentum von Einzelnen, Unternehmen oder Staaten werden können. Wie die Achtung des menschlichen Individuums in unserem Recht zunimmt, so muss auch die Achtung des individuellen Wals und Delfins zunehmen.[47]

Lilly, in dessen Forderung man ein Echo von Henry Bestons Aufruf in den 1920er-Jahren wie auch das New-Age-Ethos seiner eigenen Zeit hören konnte, ging so weit zu behaupten, Delfine seien »wahrscheinlich genauso intelligent wie der Mensch, aber infolge ihres Lebens im Meer auf eine ungewohnte und fremde Weise«, und Wale hätten »eine komplexe innere Wirklichkeit, ein eigenes Geistesleben«[48]. Seine akademischen Kollegen jedoch betrachteten seine Untersuchungen mit einer gewissen Skepsis, nicht zuletzt weil Lilly in seiner Erforschung des menschlichen Bewusstseins auch mit LSD experimentierte. Bei der Produktion des Films *Flipper* von 1973 war er zudem beratend tätig.

Mit wachsendem Bewusstsein für die Not der Wale und die offensichtliche Unfähigkeit der Internationalen Walfangkommission nahmen sich die Umweltschützer das Recht heraus, denjenigen auf die Finger zu schauen, »die sich anmaßten, nach eigenem Gutdünken über die Welt der Wale zu verfügen«[49]. Doch als Organisationen wie Greenpeace und Friends of the Earth der Öffentlichkeit endlich die Augen für die Gräuel des Walfangs öffneten und radikale Protestaktionen wie das Bewerfen japanischer IWC-Delegierter mit Blut oder direkte Aktionen auf dem Meer durchführten, da war es schon zu spät. Die Walpopulation der Erde war in einer Weise gejagt, harpuniert, in die Luft gesprengt, geschlachtet, zermahlen und verbraucht worden wie keine andere lebende Ressource auf der ganzen Welt.

Die Industrie selbst war schon lange zum Erliegen gekommen, als die Ökokrieger schließlich ihren Sieg errangen, der trotz des stückweise durchgesetzten Schutzes der Tiere im Grunde ein Pyrrhussieg war. 1966 wurde die Jagd auf Buckelwale vollständig verboten, 1976 die auf Finnwale und 1978 wurden auch Seiwale für geschützt erklärt. In den letzten Jahrzehnten des uneingeschränkten Walfangs nahmen die Russen und Japaner – die sich notgedrungen auf den kleinsten Furchenwal, den Zwergwal, verlegt hatten – die Pottwaljagd im Nordpazifik wieder auf, wo sie es von 1964 bis 1974 fertigbrachten, eine Viertelmillion Tiere zu töten. Es war, als legten sie sich umso mehr ins Zeug, weil sie das Ende kommen sahen.

1982 war es dann so weit, dass die IWC im absonderlichen Ambiente des Metropole Hotel in Brighton – wenige Hundert Meter vom Aquarium und von seinen springenden Delfinen entfernt – ihr weltweites Moratorium verhängte, zu einem Termin, der den Walfangnationen Zeit ließ, dem Folge zu leisten. Doch der Wal war und blieb ein Opfer der internationalen Politik, trotz seiner Staatenlosigkeit: bedroht von ohrenbetäubendem Lärm, der Gehörschäden verursacht und damit den Pottwal seines wichtigsten Sinnes beraubt; vergiftet von Chemikalien, die von den Müttern durch die Milch über Generationen an die Kälber weitergegeben werden; in Fischleinen und Netzen verheddert, was dazu führt, dass alljährlich 300 000 Waltiere als Beifang ertrinken.

Wale verschlucken versehentlich Plastikmüll; die dünner werdende Ozonschicht fördert Hautkrebs; die Erwärmung der Meere führt zum Rückzug ihrer Nahrungsquellen; der Klimawandel beeinträchtigt ihre uralte Kenntnis ihres Lebensraums und seiner Ressourcen. Indessen ziehen sie von einem Hoheitsgewässer ins andere und durch Hochseegebiete, wo keinerlei Schutzbestimmungen gelten und Verantwortlichkeiten bestehen, und sind dabei, wohin sie auch ziehen, immer und überall den Folgen des menschlichen Handelns ausgesetzt (seien es meine Transatlantikflüge, die meine Umweltsünden in Kondensstreifen an den Himmel schreiben).

Es gibt kein Entrinnen. Manchmal hat man den Eindruck, als wären die Wale zum Opferdasein verurteilt. Früher wurden sie mit der Harpune unterworfen; sie heizten die Tranöfen mit ihren eigenen Abfällen an und lieferten sogar das Öl, mit dem hinterher sauber gemacht wurde, als wollten sie sich für die Schweinerei entschuldigen. Heute sind sie Frühwarnsysteme für Naturkatastrophen und man hat den Eindruck, dass ihr natürliches Sonar ihnen jegliche Vernichtung anzeigt. Ismaels Walparadies ist weiter weg denn je. Dem Druck unserer gnadenlosen Eingriffe in seine Umwelt ausgesetzt, kann der Wal abermalige längere Fangperioden kaum mehr verkraften, doch genau dieses Schicksal droht ihm.

Seit das internationale Moratorium 1987 schließlich in Kraft trat (ausgenommen Inuitvölker in Grönland, Russland und Alaska, die Makah im Staate Washington und die karibischen Bewohner von St. Vincent und den Grenadinen, sofern sie für den Eigenbedarf jagen), haben geschätzte 25 000 große Wale ihr Leben gelassen. Allein Japan hat für seine »Forschungsprogramme« in der Antarktis und im Nordpazifik, JARPA und JARPN genannt[50], 7900 Zwergwale, 243 Brydewale und 140 Seiwale getötet, dazu 38 Pottwale, mit deren Jagd das Land im Jahr 2000 wieder anfing.[51] 2006 kostete JARPA II 1073 Zwergwale – von ihren Jägern als »Kakerlaken des Meeres« bezeichnet – und obendrein 50 Finnwale das Leben. Jedes Jahr tötet Japan 20 000 kleinere Wale und Delfine, die nicht unter das Moratorium fallen.

Obwohl dieses Fleisch in japanischen Geschäften im offenen Verkauf auftaucht, geben Umweltschützer an, wegen des abnehmenden Zuspruchs der Verbraucher werde vieles auf Vorrat gelagert oder zu Tierfutter verarbeitet. Manches wird als Fleisch von Bartenwalen verkauft, die mit weniger Umweltgiften belastet sind, obwohl es in Wirklichkeit von Zahnwalen stammt. Der Wert der JARPA-Forschungen wird von anderen Wissenschaftlern bestritten, die der Meinung sind, das Programm habe keine Daten erbracht, die nicht auch ohne das Töten von Tieren hätten gesammelt werden können. Wie bei Norwegen und Island, die ganz unverhohlen Zwergwale jagen, spielen dabei andere, kulturelle Motive mit. Wie Europa begreift Japan den Walfang als Teil seiner Tradition, historisch gefördert von Herrschern, die den Verzehr von Landtieren verboten.

Japan weist auch darauf hin, dass in amerikanischen Gewässern eingeborene Völker Jahr für Jahr auf Walfang gehen. Worin besteht der Unterschied, fragt es, zwischen diesen Völkern und seinen eigenen Küstenstädten mit ihrem historisch gewachsenen Anrecht? Auf der Karibikinsel Bequia werden heute noch Buckelwale mit Techniken gejagt, die ein einheimischer Fischer in den 1870er-Jahren lernte, als er auf einem Walfänger aus Provincetown fuhr. 1977 hieß es, die Vereinigten Staaten seien »peinlich berührt« wegen der fortgesetzten Jagd der Inuit auf Grönlandwale, von denen es damals keine 2000 mehr gab. »Jedes Jahr drängen sie hartnäckig auf niedrigere Quoten und setzen den Japanern und Russen ... unbarmherzig zu. Unglücklicherweise wird einer der am meisten vom Aussterben bedrohten Wale, der Grönlandwal, ausschließlich von Amerikanern gejagt.« Zwar gebe es uralte Ernährungsgewohnheiten und religiöse Traditionen der Inuit in Zusammenhang mit den Walen, aber heute, wo sie am Öl genug Geld verdient hätten, »um Motorboote, schwere Schusswaffen und Sprengharpunen zu kaufen«, habe die Waljagd »aufgehört, ein Ritual oder eine Lebensnotwendigkeit zu sein, und ist ein Sport geworden«.[52]

Da Japan nach dem Krieg vom Westen zum Walfang angehalten und darin sogar unterstützt wurde – Walfleisch wurde bis in die 1970er-Jahre zur Schulspeisung verwendet –, reagiert es empfindlich auf diesbezügliche Belehrungen. »Es liegt nicht daran, dass die Japaner unbedingt Walfleisch essen wollen«, äußerte Ayako Okubo gegenüber der *New York Times*, »sondern daran, dass sie es sich nicht von Ausländern verbieten lassen wollen.«[53] Es gibt Stimmen, wonach Japan im Grunde erst durch den uberzogenen Druck der Amerikaner und das moralische Auftrumpfen der Umweltlobby in seine unnachgiebige Position hineingedrängt wurde. Zwar führten die USA in den 1970er-Jahren in der Kampagne gegen den Walfang das große Wort[54] (auf einer UN-Umweltkonferenz von 1972 stellten sie den Antrag, den Walfang auf zehn Jahre komplett zu verbieten[55]), aber wenn sie in der Nachkriegszeit im Walfang aktiv geblieben wären wie Russland, Norwegen und Japan, hätten sie sich wahrscheinlich völlig anders verhalten. Ohne den Niedergang der amerikanischen Walfangindustrie Ende des 19. Jahrhunderts hätte es den politischen Antrieb zur internationalen Ächtung vielleicht gar nicht gegeben. Vielleicht ist dies das wahre Erbe von *Moby-Dick*.

Es stimmt, dass sich die Bestände nach dem Tiefpunkt Mitte des 20. Jahrhunderts erholen. Die Zahlen der Buckel- und Zwergwale in den südlichen und nördlichen Ozeanen steigen und der Südkaper, *Eubalaena australis*, vermehrt sich erfolgreich vor den Küsten Südafrikas und Südamerikas, was zu Hoffnungen Anlass gibt, seine Gene könnten auch seinem Verwandten, dem Atlantischen Nordkaper, neuen Auftrieb geben. Wie Richard Sabin[56] und Feldforscher wie Colin Speedie[57] feststellen, werden Finnwale in der Biskaya und vor der Südküste Irlands wieder in größerer Zahl gesichtet, während Blauwale durch den Korridor der Irischen See schwimmen, wo sie englischen und irischen Jägern früher wie auf einer Schießbahn für Wale ein leichtes Ziel boten. So machen sich die großen Wale das moderne Moratorium zunutze, um wieder auf ihren uralten Routen zu wandern.

Dieser Erfolg jedoch macht sie erneut zu Opfern, ironischerweise diesmal unserer aufgeklärten Einstellung, weil wir ihre Populationen für nicht mehr gefährdet ansehen. Tausend Zwergwale zu fangen hat auf die übrige Population eine exponentielle Wirkung, weil dadurch komplexe Fortpflanzungs- und Sozialstrukturen zerstört werden; die Wirkung auf Pottwale könnte noch unverhältnismäßig stärker sein. 2006 gab Island seine Absicht bekannt, die Jagd auf Finnwale wieder aufzunehmen, doch diese Bestrebungen endeten mit der Entdeckung, dass die Quecksilberwerte in den gefangenen Walen für menschlichen Verzehr zu hoch waren; die Inuit auf Grönland, die *Maktaq* von Weißwal und Narwal essen, gehören trotz ihres unterentwickelten und scheinbar ursprünglichen Lebensraums zu den am stärksten kontaminierten Menschen der Welt, während die Wale im kanadischen Sankt-Lorenz-Strom so viele industrielle Umweltgifte absorbiert haben, dass einer von vier an Krebs stirbt. Die Norweger mit ihren tief verwurzelten historischen Traditionen fingen 1992 wieder mit dem kommerziellen Walfang an. Sie hatten nie vorgehabt, sich an die Grundsätze der IWC zu halten, und sehen in ihrem Handeln auch keinen Widerspruch: Wale sind für sie Vieh, so wie zahme Rinder, eine althergebrachte Nahrungsquelle für ein Seefahrervolk. Unterdessen bleibt das umstrittene Moratorium bestehen, auch wenn es lediglich eine temporäre Lösung ist, wie beide Seiten nur zu gut wissen.

Es dauerte, bis sich die Wissenschaft nach John Lillys außergewöhnlichen Thesen zur Intelligenz von Cetaceen wieder fing; die Forscher vermieden es so strikt, sich zu dem Thema zu äußern, wie sie nicht daran dachten, sich mit der möglichen Existenz des Ungeheuers von Loch Ness zu befassen. Dennoch wurde nach und nach deutlich, dass Wale und Delfine Gehirne haben, an die nur die Menschen und andere höhere Primaten herankommen, die wie sie einen Neocortex mit vielen Windungen und Furchen haben, Kennzeichen außerordentlicher Intelligenz. Wenn man ihre dicke Speckschicht berücksichtigt, deutet der Enzephalisationsquotient der Pottwale (verkürzt gesagt, das Verhältnis von Körper- zu Hirngewicht) auf beachtlichen Scharfsinn hin.

Studien zeigen, dass Cetaceen Probleme lösen und Werkzeuge gebrauchen, Freude und Trauer an den Tag legen und in komplexen Gesellschaften leben können. Nicht nur das, sie geben diese Fähigkeiten auch in einer »kulturellen Überlieferung«[58] weiter. Es könnte durchaus sein, meint Mark Simmonds, dass der Walfang im 20. Jahrhundert »nicht nur zahlreiche Individuen« vernichtet hat, »sondern auch das ihnen eigene kulturelle Wissen, wie bestimmte Lebensräume und Gebiete zu nutzen sind«.[59] Die verbliebenen Tiere hatten infolgedessen auch niedrigere Geburtenraten, und obwohl die Pottwale nicht so schlecht dran waren wie etwa die Glattwale – die auf einen Bruchteil ihrer Zahl vor der Zeit des Walfangs dezimiert wurden –, wächst ihre Population durch ihr langsames Fortpflanzungstempo um lediglich ein Prozent im Jahr.[60]

Für *Physeter* könnte das Moratorium von 1986 gerade noch rechtzeitig gekommen sein.

Zusammen mit Forschern wie Jonathan Gordon und Nathalie Jacquet hat Hal Whitehead den Pottwal jahrelang unter seinen natürlichen Lebensbedingungen studiert. Vieles deutet darauf hin, dass diese Wale »kognitiv weit entwickelt« sind, erzählt er mir[61]; sie benutzen ihr Gehirn nur nicht auf die gleiche Art wie die Menschen. Ihr Leben, in einem anderen Medium geführt und von ganz anderen Strukturen und Einflüssen abhängig als unseres, verlangt besondere Fähigkeiten, von denen wir keine Ahnung haben.

Die Schlüsse, die Whitehead hinsichtlich des Pottwals zieht, sind faszinierend. Er stellt fest, dass das Gehirn zwar sehr groß ist, aber, gemessen an der Körpergröße und verglichen mit anderen Säugetieren, nicht ungewöhnlich groß. Sein Aufbau jedoch »spricht für Stärken, was die Verarbeitung von akustischen Reizen und die Intelligenz anbelangt«; das Endhirn, das für bewusste geistige Vorgänge und Sinneswahrnehmungen zuständig ist, für Intelligenz und Persönlichkeit, ist besonders groß und auch der Neocortex, der bei Primaten mit sozialer Intelligenz in Zusammenhang steht, ist hoch entwickelt.[62]

Eben weil sie so groß sind und ihr Lebensraum so ungeheuer weit gespannt, brauchen sie zum Leben ein hohes Maß an Intelligenz. Als Tiere, die immer in Bewegung sind und sich immer in sozialen Gruppen aufhalten, sind die Wale zwangsläufig aufeinander und auf das Wissen der anderen angewiesen. Da sie lange relativ sicher und ohne Angst vor Raubtieren leben und große Kopfzahlen erreichen konnten, waren die Pottwale in der Lage, komplexe soziale Systeme und Kulturen auszubilden – auch wenn wir diese nicht genau kennen. Und obwohl Whiteheads Untersuchungen eben wegen unserer dürftigen Kenntnisse die Intelligenz dieser Wale nicht konkret festmachen konnten, spricht ihr soziales Verhalten für kollektive Erinnerungen an Jagdgründe und anderes, die sie untereinander weitergeben.[63] In einer sich laufend verändernden Umwelt haben die Alten dadurch eine wichtige Aufgabe und die Art so etwas wie eine Lebensversicherung.

Möglicherweise haben Wale das sprichwörtliche Elefantengedächtnis und können sich an mehr erinnern, als wir vermuten. Bei Hirnuntersuchungen an Buckelwalen ist auch das Vorhandensein von Spindelneuronen entdeckt worden, die sonst nur bei Primaten und Delfinen vorkommen. Diese Zellen, von großer Bedeutung für das Lernen, Erinnern und Erkennen der Welt ringsherum und vielleicht auch des eigenen Ich, sind bei den Vorfahren des Menschen erstmals vor 15 Millionen Jahren aufgetreten. Bei den Cetaceen könnten sie sich vor 30 Millionen Jahren entwickelt haben. Diese Entdeckung spricht den Buckelwalen in gleicher Weise wie den Zahnwalen komplexe soziale Fähigkeiten zu: Bündnisbildung, Kooperation, kulturelle Überlieferung und Werkzeuggebrauch.

Für Hal Whitehead besitzen Pottwale nicht nur eine Kultur – die Fähigkeit, durch soziale Interaktion Kenntnisse zu erwerben –, sondern haben diese auch eingesetzt, um sich erfolgreich an die schwierigen Umweltbedingungen des Meeres anzupassen: »die Einsicht greift um sich, dass Kultur nicht der ausschließliche Besitz der Menschen ist.«[64] Derartige Forschungen nähren den Gedanken, dass ganze ozeanweite Clans von Walen in bestimmten Ordnungen wandern und mit bestimmten Repertoires von Klicklauten »sprechen« wie Menschen, die derselben Sprachgruppe angehören. Gruppen derselben Art dürften verschiedene Verhaltensweisen und verschiedene Formen der Nahrungssuche haben, die von der Mutter gelernt und von Generation zu Generation weitergegeben werden. Ähnlich lässt sich die Clanmitgliedschaft mit der Nationalität bei den Menschen vergleichen; zwei Clans vor den Galapagosinseln ähneln sich zwar genetisch und leben dicht beieinander, verständigen sich aber in verschiedenen Dialekten.

Whitehead teilt die Klicklaute der Pottwale nach der Funktion in vier Kategorien ein: gewöhnliche Klicks auf Nahrungssuche, etwa zwei pro Sekunde; Knarrtöne, eine regelmäßige, schnellere Klickfolge, die sich nach seiner Beschreibung wie eine aufgehende Tür mit rostigen Angeln anhört und die anzeigt, dass ein Wal seine Beute ins Visier nimmt oder andere Wale an der Oberfläche sondiert; kommunikative Tonfolgen – etwa Klick-Klick-Klick-Pause-Klick – wie cetaceische Morsezeichen, die »Gespräche« vermuten lassen, allerdings »wissen wir nicht, was für Informationen übermittelt werden«[65]. Am mysteriösesten sind die langsamen Klick- oder Schepperlaute ausgewachsener Wale, die Whitehead mit einer »Gefängnistür« vergleicht, »die alle sieben Sekunden zugeknallt wird«[66].

Während die Wissenschaft sich der Komplexität der Pottwalgesellschaften bewusst wird, werden ebendiese Gesellschaften von alarmierenden neuen Gefahren bedroht, nachdem sie durch die Jagd schon schweren Schaden genommen haben, weil ihnen die Matriarchinnen und damit für den Arterhalt wichtige Kenntnisse ebenso genommen wurden wie die großen Bullen, mit denen jene sich paaren. Während wir lernen, das Wetter vorherzusagen, wird es unvorhersagbar; während wir mehr über Wale herausfinden, fangen sie an zu verschwinden. Die Naturgeschichte könnte bald genau das werden: Geschichte.

Von der Flora und Fauna der Erde sterben im Schnitt 100 Arten am Tag aus. Der Ausrottungsprozess, der vor 200 Jahren mit dem Anfang der Walforschung erstmals vom Baron Cuvier angedacht wurde, wird weitergehen. Während der Arbeit an diesem Buch ist eine Walart, der Chinesische Flussdelfin, für ausgestorben erklärt worden. Am Ende des Jahrhunderts könnte die Hälfte sämtlicher Tierarten – die Nordkaper der Cape Cod Bay eingeschlossen – dieses Schicksal geteilt haben.

Auch die Zukunft des Pottwals ist ungewiss, denn er pflanzt

sich so langsam fort, dass er zuletzt als Spätfolge der Jagd aussterben könnte. Was der Mensch mit den gezielten Gemetzeln zweier großer Walfangperioden begann, könnten seine Erben beinahe zufällig zum Abschluss bringen. Hal Whitehead und seine Kollegen werden vielleicht die Wahrheit über den Pottwal nie in Erfahrung bringen, was ihn jedoch nicht hindert, auf dem Höhepunkt seiner lebenslangen Beschäftigung mit diesen Tieren und auf der Grundlage von eingehendsten wissenschaftlichen Untersuchungen, mathematischen Modellen und exakten Messungen die erstaunlichste These überhaupt aufzustellen: Eines Tages, meint er, könnten wir entdecken, dass diese ältesten und vielleicht von allen am höchsten entwickelten Wale Emotionen, abstrakte Begriffe und möglicherweise sogar eine Religion ausgebildet haben.[67]

Wenn Pottwale eine Religion haben, glauben sie dann an uns? In Melvilles Gegenbibel endet Ahabs blasphemische Verfolgung Moby Dicks mit einer apokalyptischen dreitägigen Jagd. Von seiner Besessenheit zum Letzten getrieben, schleudert er dem Tier mit dem Ausruf:»*So* werfe ich die Waffen hin!«, die Harpune in die Seite. Vom Seil, das sich ihm um den Hals schlingt, wird er daraufhin, »eh sich's die Mannschaft versah ... aus dem Boot gerissen, lautlos, wie wenn stumme Türken ihr Opfer erdrosseln«[68]. (In Hustons Film sieht man als Letztes, wie Ahab, an die weiße Flanke des Wals gefesselt wie gekreuzigt, mit seinem leblosen Arm die anderen Bootsinsassen zu sich in den Abgrund der Vernichtung winkt. Dann greift das Tier die *Pequod* an und versenkt das Schiff und die gesamte Besatzung.) Die ganze menschliche Fracht von Melvilles Geschichte geht unter und hinterlässt eine Wasseroberfläche, die aussieht, als hätte es nie einen Menschen gegeben, »und das große Leichentuch des Meeres wogte weiter wie vor fünf Jahrtausenden«[69]. Allein Ismael überlebt. Er klammert sich an einen für Queequeg gebauten Sarg und wird von einem Walfangschiff gerettet, das *Rachel* heißt: »auf der Suche nach ihren verschollenen Kindern fand sie nur eine weitere Waise«[70].

Was aber die meisten Kommentatoren zu erwähnen vergessen, ist, dass es in Melvilles Buch noch einen Überlebenden gibt: den Wal. Und falls irgendein Tier seine eigene Religion ausbilden sollte, dann sicher dieses, das allen Heimsuchungen zum Trotz als eine unsterbliche, allwissende Kraft im Ozean fortlebt und in seinem ewigen Wandern alle menschlichen Vorstellungen und Dimensionen übersteigt.

XIII
WHALE WATCHING

Wer kann sagen, wie sich die Welt einem andern darbietet? Ließe sich ein größeres Wunder denken, als sie vorübergehend mit den Augen eines andern sehen zu können?

Henry David Thoreau, *Walden*[1]

An der Macmillan Wharf liegt das Boot bereit zur ersten Walbeobachtungsfahrt des Tages. Der Biologe Dennis Minsky überfliegt den Bericht von gestern, fotokopierte Formulare an einem Klemmbrett. Er fährt sich mit der Hand durch die grau melierten Haare und streicht sich den Schnurrbart glatt. Heute wird es den nächsten Stapel auszuwertender Datenblätter geben, Teile in einem Puzzle, das niemals fertig wird.

Kapitän Mark Da Lomba drückt seine Zigarette in einem leeren Kaffeebecher aus und schlägt dann einen Kurs ein, der immer gleich und immer anders ist. Mit dem Pilgrim Monument wird auch die Sonne vom dichten Nebel verschluckt und gedämpft tutet ein Nebelhorn vom entschwindenden Land herüber. Wir sind heute die Ersten, in deren Kielwasser andere Boote mit Kindern und Eltern, Liebespaaren und Einzelgängern folgen werden, und alle halten sie nach etwas ganz Bestimmtem die Augen offen.

Es sind die bekannten Stationen: die von Vögeln verkotete Buhne, bevölkert von Kormoranen und einem sich rekelnden See-

hund, dann die drei Leuchttürme, die unseren Abschied vom letzten Stück Land anzeigen: Long Point, wo es vor der sandigen Landspitze im Wasser jäh auf 40 Meter hinuntergeht, Wood End, wo früher ein Ableger von Provincetown stand, und Race Point, wo die See bei den tückischen grünen Untiefen in Küstennähe rau wird. Boote kehren an dieser Stelle häufig um; so weit gekommen zu sein ist schon eine Leistung. In der Bucht kommt es vor, dass nur der Wind das Wasser kräuselt. Hinter diesem Punkt kann das Meer unser 30-Meter-Boot herumwerfen wie eine Badeente.

Der Wind frischt auf, als wir ins offene Meer gelangen. Der auf 80, 70, 60 Fuß fallende Tiefenmesser zeigt den Anstieg der Stellwagen Bank unter uns an, deren Kontur die des Cape unter Wasser ungefähr wiederholt. Dieses Unterwasserplateau, eine atlantische Serengeti, ist das Epizentrum des Nahrungszyklus, der die Wale anlockt, Tiere, die so wanderfreudig wie Zugvögel sind, erzählt Dennis den Passagieren.

Es ist ein frappierender Vergleich: die luftig leichten Knochen eines Schwarms Schwalben und die fettreichen Körper einer Herde Wale. Beide legen gleich weite Distanzen zurück und in diesem Sommer geht es den zurückkehrenden Walen gut. 68 Mütter mit Kälbern sind ausgemacht worden, Zuwachs für die über 2000 bekannten Individuen, die vom Reichtum dieser Gewässer Zeugnis ablegen. Dennoch sind sie nach wie vor bedroht: Die Vorfahren dieser Tiere wurden im vorigen Jahrhundert von Walfängern harpuniert und manche könnten selbst noch zum Jagdziel werden. Mit der Erwärmung des Meeresgrunds durch die Sonne schlängeln sich die Sandaale aus ihren Löchern ans Licht. Am Oberdeck zeigt Dennis seinen Zuhörern eine Gummiattrappe des Fisches, während sein Assistent eine Reihe von recht schweren Informationstafeln hochhält, die ihnen zeigen, was sie zu Gesicht bekommen könnten. Die Kinder kreischen, als Dennis erst den Fisch herumreichen lässt und dann ein kleines Probenglas mit Meerwasser, in dem zahllose winzige Ruderfußkrebse schwimmen. Sein letztes Schaustück ist ein altes Bündel Barten, fransig, braun und brüchig, vom Aussehen her an Pferdehufe erinnernd.

Fünf Jahre nach meiner ersten Fahrt mit diesem Boot ist meine Rolle nun eine andere. Heute gehöre ich mit zum Whale-Watch-Team, bin nicht mehr nur Beobachter. Ich lasse die Augen hinter dem Feldstecher über den Horizont schweifen. Die Suche ist immer aufregend. Ich halte Ausschau nach irgendetwas, das auf die Anwesenheit von Walen hindeutet: subtile Veränderungen an der Wasseroberfläche, die das Zusammentreffen verschiedener Strömungen anzeigen, kreisende Möwen, die etwas Essbares erspäht haben, jede kleine Anomalie, die die Monotonie unterbricht.

Das Boot pflügt sich voran. Große Sturmtaucher, einmalig treffend benannte Vögel, kippen waghalsig ab, bis ihre Flügel fast die Wellen streifen; wie die Buntfuß-Sturmschwalben sind sie Hochseevögel, die ihr ganzes Leben auf dem Meer verbringen. Dennis zitiert Aldo Leopold, der etwas über die gegenseitige Bedingtheit von Tieren und Landschaft gesagt hat. Unser Skipper flucht laut über das Ausbleiben der verdammten Wale. Auf einmal erblickt er mit bloßem Auge, das schärfer ist als mein geliehenes Fernglas, in der Ferne ein Blasen. Und damit verändert sich alles.

Ein Landbewohner hätte in diesem Augenblick weder einen Wal noch auch nur die Spur eines Herings gesehen – lediglich einen kleinen Fleck aufgewühlten, grünlich weißen Wassers und dünne Dunstschwaden, die vereinzelt darüber hintrieben und zerfließend nach Lee davonwehten, wie die verwischte Gischt weiß wogender Brecher.[2]

Für die Anfahrt auf Wale gibt es strenge Vorschriften. In zwei Meilen Entfernung muss die Geschwindigkeit erst auf dreizehn, dann zehn, dann sieben Knoten gedrosselt werden; der gesetzliche Mindestabstand beträgt 600 Fuß, etwa 180 Meter. Selbst Flugzeuge müssen eine Mindestflughöhe von 1000 Fuß, also etwa 300 Metern, einhalten. John Waters witzelt, die Wale beständen strikter auf respektvoller Distanz als Hollywoodstars.

Als das Boot langsam austuckert, kommt Leben ins Ruderhaus. Wir schnappen uns Kameras und Klemmbretter und klettern die Leiter aufs Dach hinauf, wo der Kapitän das Kommando übernimmt. Während wir auf den Blas zugleiten, machen die Passagiere ihrerseits ihrer Vorfreude Luft. Laut klickend bricht das digitale Salvenfeuer aus, doch die Kameras nehmen nur Abbilder dessen auf, was die Fotografierenden mit eigenen Augen sehen: Geschöpfe, deren Größe den Rahmen unserer Welt sprengt, Tiere, die so fremdartig sind, dass man manchmal meint, man könnte sie gar nicht gesehen haben.

BE (Boston Entry) Boje, 42° 14′ 88″ N, 70° 17′ 45″ W

Das Erscheinen des Leviathans wird noch erstaunlicher dadurch, dass es so selbstverständlich geschieht. Während er auftaucht, rinnen Ströme an seinem grafitschwarzen Rücken hinunter wie

Quecksilberfäden; unter Wasser sehen die mächtigen Brustflossen, vom treibenden Plankton leuchtend, grün aus. Sogar das Meer, durch das er schwimmt, formt er sich, wie er es braucht. Mit seinem kolossalen Körper schafft sich der Wal sein eigenes Tal, während der Schlag seines Schwanzes einen glatten Streifen Wasser hinterlässt, der selbst in rauer See still wie ein Teich ist. Diese Flukenspur, das Kielwasser, woran sich seine Route verfolgen lässt, hielten die Walfänger für Öl, *glip* genannt, das beim Tauchen vom Wal abgewaschen wurde, und sie glaubten, wenn sie es kreuzten, würde ihn das »gallen«, also aufschrecken und vertreiben. Auch die Inuit scheuen davor zurück, den Zauber dieser Spur zu brechen, in ihrem Fall aber aus Hochachtung, denn sie sehen in diesem »Pfad des verborgenen Wals«, von ihnen *qaala* genannt, die Spiegelung des Tiers in unserer Welt und unsere in seiner.[3]

Blas des Finnwals

Auch wenn er noch so gewaltig ist, lässt sich ein Wal an der zarten, schleierigen Fontäne seines Blases bestimmen. Beim Finnwal ist sie ein säulenartiger hoher Geysir, beim Zwergwal ein kurzes, abgehacktes Prusten, beim Buckelwal ein buschiges Schnauben mit dem Ton einer Dampfmaschine, aus dem manchmal das empörte Trompeten eines Elefanten wird, und beim Nordkaper ist sie deutlich V-förmig – für viele Walbeobachter das Einzige, was sie von diesen seltenen Tieren je zu Gesicht bekommen. Für derart riesige Wesen sind das ätherische, schillernde Kennzeichen und sie können auch – wie ich erst erfahre, nachdem ich mehrmals besprüht worden bin – eine grippeartige Infektion übertragen. Kein Wunder, dass Tom, unser Videofilmer, das Gesicht abwendet, als der Wal wieder ausatmet.

Blas des Buckelwals

Andere, eher körperliche Merkmale sind genauso subtil. Der Finnwal zum Beispiel ist der einzige Wal, ja das einzige Säugetier mit asymmetrischer Zeichnung: eine Hälfte taubengrau, die andere albatrosweiß, und diese elegante Teilung erstreckt sich sogar auf die Barten und hat bei dem ständigen Wechsel von Licht und Schatten auf See sogar einen gewissen Tarneffekt. Seine Fluke, eckig und scharf umrissen, ist nur zu sehen, wenn der Wal, beim Fressen auf die Seite gelegt, durch Krill- oder Fischschwärme schwimmt und mit seinem aufgerissenen halb weißen Rachen die Fische zu blenden scheint. Obwohl ihre muskulösen Rücken mit feinen Wirbeln und Winkeln gezeichnet sind, erkennt man einzelne Finnwale gewöhnlich nur an Narben, die Schiffe ihnen beigebracht haben; die Menschen, könnte man sagen, erkennen sie nur daran, was Menschen ihnen angetan haben. Ein Tier, Braid, hat einen Rücken, der aussieht, als wäre ein Traktor darübergefahren, was aber die Folge einer schmerzhaften Begegnung mit einer Schiffsschraube ist; vielleicht sollte es lieber Branded heißen, »Gebrandmarkt«, als »Zopf«. Ein anderes, Loon, hat eine weiße Narbe, die an einen Vogel mit einem Fisch im Schnabel erinnert. Ihre atemberaubend langen Körper scheinen gar nicht enden zu wollen, wenn sie kraftvoll durchs Wasser schneiden. Sie sind wirklich die Athleten des Meeres.

Buckelwale sind leichter zu erwischen, nicht zuletzt deswegen, weil sie mehr Zeit an der Oberfläche verbringen als fast alle anderen Wale. Ihre Fluke ist an der Unterseite schwarz-weiß gemustert, aber außer diesen Geburtsmerkmalen oft auch zusätzlich von

Kerben und Narben gezeichnet, die sie während ihres Lebens im Meer davongetragen haben. An diesen Markierungen, die so typisch sind wie ein menschlicher Fingerabdruck, werden Individuen bei ihrer Rückkehr erkannt. Neue Bestimmungen werden vorgenommen, wenn die Mütter ihre Kälber mitbringen und sie in der Nahrungssuche unterweisen. Erst zwei Jahre nach seiner ersten Sichtung – Zeit genug, um lange Wanderungen, Krankheiten oder Schwertwalangriffe zu überleben – erhält ein Jungwal einen Namen, meist nach den Rillen und Streifen auf seiner Fluke, in die Gestalten hineingedeutet werden wie Gesichter in Flammen oder Länder in Wolken; ein Spiel, das dem Prinzen von Dänemark gewiss gefallen hätte.

Darüber hinaus werden noch andere Beobachtungen vermerkt wie etwa weiß gesprenkelte oder sichelförmige Rückenflossen, die im letzteren Fall hoch genug sind, dass sie zittern, wenn ihre Besitzer durchs Wasser gleiten. Die Geschlechtsbestimmung der Wale ist wieder etwas anderes. Das offensichtlichste Kennzeichen ist das Beisein eines Kalbes. Ansonsten ist die wulstumrandete Genitalöffnung eines Weibchens höchstens zu sehen, wenn es springt oder wenn es sich wie ein Seelöwe auf den Rücken legt und träge mit den Flossen wedelt; das Männchen hat seinerseits einen Schlitz, in den es aus hydrodynamischen Gründen seinen Penis einzieht. Das Gesamtbild setzt sich aus all diesen Zeichen zusammen, aus kurzen Einzelansichten, die man über dem oder durch das Wasser erhascht wie durch eine verschmierte Scheibe und die niemals vollständig sind.

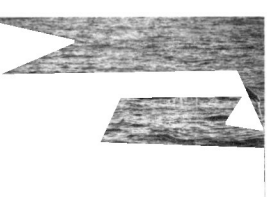  

Die Passagiere auf dem Unterdeck sind von jeder Fluke begeistert. Auf dem Dach des Ruderhauses herrscht derweil große Geschäftigkeit. Entscheidend für einen Biologen, der einen Wal sichtet, ist paradoxerweise der Moment, in dem dieser verschwindet. Abrupt und ohne Vorankündigung macht der Buckelwal einen Buckel und wuchtet dann sein ganzes Gewicht mit seinen mächtigen Muskeln in die Tiefe. Es ist eine fließende, geschmeidige, bruchlose Bewegung: Die Schnauze hebt und senkt sich, vom Kopf bis zum sehnigen Schwanz krümmt sich der Rücken und von der breiten Fluke trieft das Wasser in einem im Sonnenschein diamantglitzernden Vorhang. Jetzt erblickt man den Wal auf der Schwelle, auf der Kippe zwischen seiner und unserer Welt.

In diesem Moment des Verschwindens präsentiert das Tier gewissermaßen seinen Ausweis, die Zeichnung auf der Flukenunterseite. Wenn sie schlecht zu erkennen war, schließt sich eine Debatte an, die Stunden, ja Tage dauern kann. Der Skipper ist häufig der Erste, der einen Namen nennt. Nach 20 Jahren auf See ist Mark Da Lomba trotz seiner phlegmatischen Art stolz darauf, einzelne Tiere selbst aus der Ferne erkennen zu können. Die Biologen des Center sind meist vorsichtiger und schlagen lieber erst im Katalog an Bord nach, einem dicken Ordner mit Abbildungen der Fluken aller hier bekannter Buckelwale, sortiert von fast ganz weiß bis weitgehend schwarz zu einem Formenregister von Archipelen und Deltas und Narben.[4]

Nach der Rückkehr ins Ruderhaus werden die kunststoffbeschichteten Seiten durchgeblättert wie die Verbrecherkartei bei der

Polizei. Die Wortgefechte gehen weiter, bis jemand triumphierend auf ein Bild deutet und einen von tausend exotischen Namen ausruft: Ganesh, mit einem weißen Fleck, der an den elefantenköpfigen Hindugott erinnert; Cygnus, mit schlaff herabhängender Rückenflosse; oder Colt, mit sehr markanter Finne und der Angewohnheit, Boote zu bedrängen und so lange längsseits von ihnen zu schwimmen, bis die Skipper andere Boote zu Hilfe rufen, damit diese den Wal fortlocken und sie ihre Passagiere nach Hause bringen können. Coral hat die regelmäßigen Abdrücke von Schwertwalzähnen an der Fluke und eine ausgesprochene Vorliebe fürs Springen und Schwanzklatschen; Agassi hat weiße Flecken auf der Finne, während Glostick sich einer weißen Linie auf einer größtenteils schwarzen Fluke rühmen kann. Anchor hat, wie der Name schon sagt, den Umriss eines Ankers auf der rechten Flukenhälfte, Midnight einen mitternachtsdunklen Schwanz. Einige Wale wie etwa Stubb, Valley und Fulcrum haben bei unabsichtlichen Zusammenstößen mit Schiffen die Rückenflosse fast vollständig eingebüßt; von der schmerzhaften Bekanntschaft, die Nile mit einer Langleine schließen musste, sind ihr weiße Narben am Schwanzstiel zurückgeblieben;

Meteors rechte Flukenhälfte ist abgerissen wie ein Stück Papier, das jemand als Lesezeichen benutzen wollte. Es ist aufschlussreich, in langjährigen Beobachtungen festzustellen, wie viele Wale auf diese Weise gezeichnet sind.

Am berühmtesten von allen ist Salt, die als erster Wal vor Cape Cod überhaupt von Al Avellar benannt wurde, dem Mann, der in Provincetown mit der Walbeobachtung anfing. Man erkennt sie an ihrer Rückenflosse, die aussieht wie mit Salz bestreut. Sie bringt immer noch Kälber zur Welt – Buckelwalweibchen bleiben ihr Leben lang fruchtbar – und ist inzwischen eine Ururgroßmutter und Trägerin eines Stammbaums, der mit jedem im *Gothaischen Hofkalender* mithalten kann. Anchors Kalb dreht sich wie ein Akrobat in der Luft, wenn es aus dem Wasser springt, und hält dabei seinen gefurchten weißen Bauch wie ein Segel in den Wind. Ein anderer, noch nicht identifizierter Wal schlägt so hart mit den Flossen auf, dass unter der weißen Haut das Blut einschießt und die Seepocken sich lösen. Die roten Stellen an den Achseln sehen aus, als leuchtete das Tier von innen. Solche Gesten wirken beinahe träge, doch einige Forscher halten sie für einen Ausdruck von Aggression.

Andere sind es eindeutig nicht. Ventisca, berüchtigt für ihr dichtes Heranschwimmen an die Boote, wälzt sich immer wieder auf den Rücken und spritzt mir mit den Flossen Wasser ins Gesicht; ich kann genau erkennen, wie die Bauchfurchen bis zum Nabel verlaufen. Wenn Nile in der Nähe des Bootes taucht, erkennt man an ihrer Bauchwölbung eine melonengroße Schwellung, und ein in Rückenlage vorbeischwimmender Jungbulle zeigt deutlich seinen Genitalschlitz.

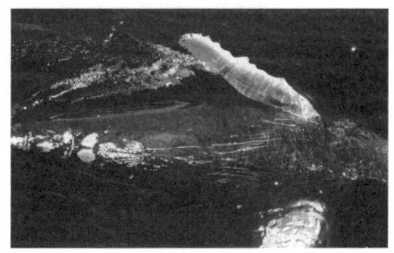

Es ist beinahe unanständig, Wale

so genau sehen zu können. Ich überlege schamhaft, ob ich die Augen abwenden soll, damit ich sie nicht zu verführerisch finde, wie ich auch zugeben muss, dass Wale mich manchmal regelrecht anwidern mit ihrer schlangenhaften Animalität und ich mich frage, warum ich so viel Arbeit und Zeit in sie investiere. Ihre Körperlichkeit ist und bleibt ein Problem für mich. Dann wieder gibt es Tage, an denen gerade ihr Auftauchen an der Wasseroberfläche ihnen etwas Ursprüngliches, ja Neugeborenes verleiht. Eines Nachmittags präsentierte ein noch nicht benannter Einjähriger reinweiße Flecken oben auf der Fluke, am Kinn und über einem Auge mit krass gegensätzlichen Lidern: eines schwarz, das andere weiß. Ein paar Sekunden lang – länger kann es nicht gewesen sein, obwohl es mir so vorkam – begegneten sich unsere Augen. Er fixierte mich mit einem Blick, in dem weder der stumme Trotz eines Pferdes noch die flehende Anhänglichkeit eines Hundes lag und der mich heute noch verunsichert, wenn ich daran denke.

Drei Buckelwale kreuzen vor unserem Bug und einer hat einen ausgeprägten Überbiss, der an einen Lachs erinnert, und wird daran als Sockeye erkannt. Beim nächsten Vorbeiziehen fällt mir ein Seil auf, das dem Tier aus dem Maul hängt und zwischen den Barten klemmt wie ein Stück Zahnseide, und als es taucht, sehe ich, dass die Leine bis zum Schwanz reicht. Es hat sich darin verfangen und kann sich nicht mehr selbstständig befreien.

Die Passagiere applaudieren der Besatzung für die nahe Begegnung, die sie ihnen verschafft hat, aber im Ruderhaus ist die Stimmung umgeschlagen. Karen Rankin, die Biologin, hat bereits das Befreiungsteam des Center alarmiert und bei unserer Anfahrt auf Provincetown saust schon die *Ibis* aus dem Hafen und fragt uns per Funk nach genaueren Angaben. Ich berichte Scott Landry, was ich gesehen habe. Draußen auf See kommen die drei Wale so dicht heran, dass das Team einen Haken anbringen kann, um Sockeyes Geschwindigkeit zu drosseln, darauf müssen 90 Meter Stellnetz weggeschnitten werden. Dabei büßt der Wal einen Tuberkel ein, einen der empfindlichen borstigen Knoten am Kopf, aber für die Freiheit ist das ein geringer Preis.

Dies sind die neuen Gefahren, denen die Wale ausgesetzt sind. Im Hochsommer drohen Kollisionen mit Sportbooten. Einmal müssen drei Finnwale abrupt unter einer Jacht hinwegtauchen, die unsere Bahn schneidet. Karen spricht über Lautsprecher eine Rüge aus; die Schlafmützen können von Glück sagen, dass sie Käpt'n Joe Bones' weitaus weniger höfliche Bemerkungen nicht zu hören bekommen.

Ausgewähltes Glossar eines Walbeobachtungsskippers aus Provincetown[5]

Cameras! Ausruf bei Sichtung interessanter Wale
Dutch boys: uninteressante Wale (wie wenn man Farbe der
    Marke Dutch Boy beim Trocknen zusieht)
Finback Alley: die Strecke von Race Point bis Peaked Hill,
    häufig von Finnwalen frequentiert
Flashing: Aufleuchten des Bauchs eines aufsteigenden Wals

Hail Mary: »Ave Maria« beim Anblick eines aufsteigenden Wals
Lag: ein Weißseitendelfin (kurz für *Lagenorhynchus acutus*)
Mosquito: lästiges Privatboot, das sich an einen Walbeobachter hängt
Mugger: nahe heranschwimmender Wal, der einen förmlich »überfällt«
Old Bag: Salt, die Grande Dame dieser Gewässer
Old Reliable: Loon, markant gezeichneter und häufig gesichteter, »zuverlässiger« Finnwal
Pick my pocket: ein »Taschendiebstahl«, der bedeutet, dass ein Wal von einem anderen Boot »geklaut« wurde
Plastic: kleine Boote, Störfaktoren (siehe auch *Mosquito*)
Poison breach: wenn ein Wal nur einmal aufsteigt
Skunked: »angeschmiert« ist man, wenn es keine Wale zu sehen gab.

Alle Provincetowner haben Walgeschichten zu erzählen. Als Mary Martin, die in einer einsamen Hütte in den Dünen wohnt, eines Nachmittags vor Race Point im Meer schwamm, tauchte auf einmal 100 Meter weiter ein Finnwal auf. Wenn Jody Melander im Winter mit ihrem Pick-up über den Strand fährt, sieht sie häufig Nordkaper so dicht am Ufer, dass sie ohne Weiteres zu ihnen hinausschwimmen könnte. Vor ein paar Jahren erschien ein verirrter Weißwal im Hafen, der in seiner Neugier gefährlich dicht an die Schiffsschrauben heranschwamm. Und im Sommer 1982 wurde ein 4,50 Meter langes Schwertwalweibchen in der Bucht regelrecht ansässig; ihr zahmes Verhalten deutete auf frühere Kontakte zu Menschen hin und manche meinten, es sei von der Marine zu militärischen Zwecken ausgebildet worden und entflohen. Pat de Groot beschloss, das Tier zu zeichnen. Sie fuhr im Kajak hinaus, fütterte es mit Flundern – dass es tote Fische annahm, sprach für seine Vertrautheit mit Menschen – und hatte in ihrem schmalen Boot überhaupt keine Angst vor seinen regelmäßigen tödlichen Zähnen. In ihrem Atelier am Strand malte sie den Wal wieder und wieder mit Tusche auf flache graue Steine. Das Tier blieb in der Gegend, bis eines Tages jemand auf die Idee kam, es brauche einen Drink, und ihm Whisky ins Blasloch goss. Es ließ sich nie wieder blicken.

Das Meer hat die stählerne Farbe des Himmels. Über den Bug gebeugt, sehe ich silbrige Sandaale aus dem Wasser schnellen, dass es aussieht wie ein kleiner Regenschauer. Unter ihnen schwimmt ein Schwarm Roter Thunfische, die mit aufgerissenem Maul wie Torpedos hierhin und dorthin schießen.

Plötzlich schwimmt unter ihnen allen ein Buckelwal. Vor seinem hellen Bauch kommen einem die Thunfische klein wie Elritzen vor. Die Sandaale stieben auseinander wie Mücken. Es ist eine anschauliche Lektion über die Hierarchie in der Nahrungskette. Wale füllen ihre akkordeonartig gefurchten dehnbaren Kehlsäcke täglich mit einer Tonne Fisch, wobei ihnen tollkühne Möwen ins offene Maul stoßen oder keck auf der Schnauze herumspazieren wie auf einem mit Seepocken besetzten Felsen.

In den letzten Tagen des Sommers wimmelt der Ozean von Leben. Ein stummer Konvoi von drei Riesenhaien kommt angeschwommen. Die Art, wie sie mit den sichelartigen Schwanzflossen hin und her schlagen, unterscheidet sie von den Walen, die den Schwanz nach Säugetierart auf und ab bewegen, was ihren »unfischigen« Eindruck verstärkt. Die Haie ernähren sich von Plankton, das sie mit starrem Blick aus dem Wasser filtern, und ihre gefleckten bräunlichen Körper erinnern fast an Reptilien, ein Zeichen ihres hohen gattungsgeschichtlichen Alters. Ein pfannkuchenförmiger Mondfisch lässt sich in Seitenlage von der Strömung treiben, wärmt seinen großen flachen Körper an der Oberfläche und tut nicht mehr, als das Maul zur Nahrungsaufnahme zu öffnen und zu schließen. Weißseitendelfine kurven flink und elegant durch die Wellen und wirken dabei wie eine kollektive Intelligenz auf Beutefang. Wenn sie wie Hürdenläufer hoch aus dem Wasser springen, glänzt ihre schwarz-weiße Zeichnung in der Sonne.

Eine allgemeine, geradezu ekstatische Fresswut bricht aus. Buckelwale schnappen mit ihren Riesenmäulern nach Fischen, die in einem vergeblichen Fluchtversuch dicht an der Oberfläche entlangschnellen. Finnwale werfen sich auf die Seite und blenden die Beute mit ihrem weißen Rachen. Zwergwale schneiden als Vorreiter der größeren Wale durch die Fischschwärme. Um mich herum ist Tumult, Hunger, Leben und Tod, der ganze natürliche Kreislauf zum wilden Wirbel des Überlebenskampfes beschleunigt.

Die Buckelwale sammeln sich in der Tiefe und lassen dabei kleine Blasenringe aufsteigen, und wenn sie sich nach oben schrauben, kündigt sich das in einem Band aus grünen Wolken an, die an der Oberfläche platzen. Es ist ein unglaublich spannender Moment, und zwar genau deshalb, weil ich weiß, was gleich geschehen wird, kenntlich an der sich verändernden Farbe des Meeres, am Gebrodel der Fische und am plötzlichen Rauschen, mit dem die Wale so dicht vor uns emporschießen, dass wir in ihren aufgerissenen Mäulern die struppigen Barten sehen und ihren fischigen Atem riechen können.

Eines Nachmittags sah ich 60 oder 70 dieser Tiere in einem Fünf-Kilometer-Kreis um uns versammelt, ein Wald aus Dampffontänen und Blasennetzen, in jeder Gruppe fünf oder sechs Tiere und jede von einer Wolke kreischender Möwen umgeben. Einige wandten eine Technik an, die nur bei Walen im Golf von Maine vorkommt und für die man die Bezeichnung »kick-feeding« erfunden hat: Sie reckten die Schwänze empor und klatschten dann damit aufs Wasser, wodurch die Fische ihnen hilflos ausgeliefert waren. Der Ozean selbst schien zu explodieren. Unser mickriges Boot wirkte nur noch nussschalengroß angesichts dieses Spektakels mit eigenem Soundtrack, einer Symphonie von Walen, die, ihrer Schönheit gar nicht gewärtig, in ihrem je eigenen Rhythmus aufstiegen und sich fallen ließen, wieder und wieder und so dicht gedrängt, als wollten sie sich in ihrer rasenden Gier gegenseitig aus dem Wasser drängen.

Bauch an Bauch, Kopf an Kopf schlangen sie die Beute hinunter, als hätten sie Angst, ihnen könnte der Nachschub ausgehen. Ich sah sogar, wie Sandaale ihnen im aussichtslosen Überlebenskampf aus dem Maul sprangen. Da Lombas Vater, der diese Gewässer seit 40 Jahren befischt und das mit mehreren Fingern bezahlt hat, meinte, er habe noch nie Wale in solchen Mengen gesehen, dass man sie gar nicht zählen konnte. Wir konnten nichts anderes tun, als dazustehen und auf die vielen Fluken zu starren, die in allen Himmelsrichtungen aus dem Wasser stießen. Es gab, schien es, keinen walfreien Quadratmeter Ozean mehr, in solchen Massen zogen die Tiere dahin, jedes für sich und doch alle in Einklang.

Was mich damals überwältigte und heute, wo ich mir das Gesehene ins Gedächtnis zurückrufe, noch mehr, war die *Allseitigkeit* des Ganzen, die Tatsache, dass wir für diese uralte Choreografie völlig nebensächlich waren, weniger Zuschauer als Gefangene, außerstande zu entkommen, lückenlos eingekreist von den Walen und ihren Fontänen. Es war, als hätte es niemals Menschen gegeben, als wäre der Ozean in den paradiesischen Urzustand zurückgekehrt. Wir mussten einfach warten und zusehen, wie sie mit ihrem Essgeschäft fortfuhren und einen allumfassenden Anspruch auf die Welt erhoben, die wir nur an der Oberfläche befuhren. Ihrem aufschießenden und abflauenden Atem wohnte alle Herrlichkeit und Bitterkeit des Lebens inne, seine ganze dramatische Spannung, sodass mich heute noch schaudert. Und doch ist dieses Geräusch, das ich noch jetzt beim Schreiben im Kopf abspielen kann, auch eigentümlich tröstlich, eine Erinnerung an unsere gemeinsame Herkunft, die Versicherung, es wird alles gut, auch wenn das gar nicht stimmt. Vielleicht werden die Wale mich lehren, wie man lebt, so wie meine Mutter mich lehrte, wie man stirbt.

Es hat eine ähnliche Symmetrie. Wie es mich erst aus der Stadt hinaus- und dann zurück zum Ort meiner Geburt zog, so schloss sich der Kreis vom Damals, wo ich meine Mutter gebraucht hatte, zum Jetzt, wo sie mich brauchte, wobei sie das niemals zugegeben hätte, jedenfalls nicht öffentlich. Sie war sehr auf ihre Unabhängigkeit bedacht und gab niemals klein bei. Aber ich hörte, wie sie am Telefon meiner Schwester ihr Leid klagte, und als noch eine schleichende Arthritis, die kein Walmedikament aufhalten konnte, zu ihrer langen Leidensliste und ihren schwächer werdenden Sinnen hinzukam, erfasste die lähmende Entzündung nach und nach ihre Beine, ihre Finger und ihre Wirbelsäule – irgendwann begann auch ich sie in den Fingern zu spüren. Einmal hörte ich, wie sie allein im Bett lag und vor sich hin sagte, sie werde nie wieder laufen können. Sie hatte mir immer erzählt, dass sie am Ende, wenn sie nicht mehr gebraucht würde, zum Weston Shore hinunterspazieren und einfach weitergehen wolle. Jetzt war sie nicht einmal mehr dazu in der Lage.

In dem September, kurz nach meiner Rückkehr von Cape Cod, erhielt ich frühmorgens einen Anruf vom Krankenhaus. Meine

Mutter hatte einen schweren Herzanfall erlitten. Eine Woche lang siechte sie auf einem Krankenhausbett dahin, von ihrer Familie umgeben. Ich ging mit, als sie schließlich auf die Intensivstation geschoben wurde, in einen halbdunklen Raum mit Luftschleuse, wo die Geräte der anderen Patienten auf der Schwelle zwischen Leben und Tod traurig piepten und tickten. Wenige Wochen vorher war ich selbst als Patient hier gewesen, wenn auch nur eine Stunde lang, und in die laut knackende enge Röhre geschoben worden, die mein Gehirn aufnehmen und herausfinden sollte, woher das ewige Klingen in meinen Ohren kam, das sich wie das Sirren einer fernen Maschine anhörte. Jetzt lag meine Mutter im selben Gebäude, an ihren eigenen Apparat angeschlossen wie ein Versuchstier, die langen grauen Haare mit einem Gummiband zurückgebunden. Sie machte nie richtig die Augen auf oder zu, aber sie rief meinen Namen.

In jenen Tagen, deren Einzelheiten ich mir erst jetzt wieder vergegenwärtige, lebte ich dort im Krankenhaus, irrte durch die Gänge, ging manchmal auf dem Friedhof spazieren, der schockierend zweckmäßig einfach auf der Straßenseite gegenüber lag, wo die Herbstsonne tief durch die Bäume schien, das Licht gefiltert vom schwindenden Laub. Einmal erwachte ich plötzlich in den dunklen Stunden vor Tagesanbruch auf dem Klappbett, das ich neben ihr bezogen hatte, und hörte, wie ihr langsamer werdender Atem im Schritt vom Sein zum Nichtsein fast unmerklich stockte. Auch ich »eine weitere Waise«. Und während ich mich übers Bett beugte – ganz vorsichtig, wie um sie nicht zu wecken –, ließ ihr Mund einen letzten leisen Laut entweichen, so wie meiner 50 Jahre vorher seinen ersten ausgestoßen hatte.

Nun war er wach, und er erkannte:
Niemand wird je verschont, außer in Träumen.[6]

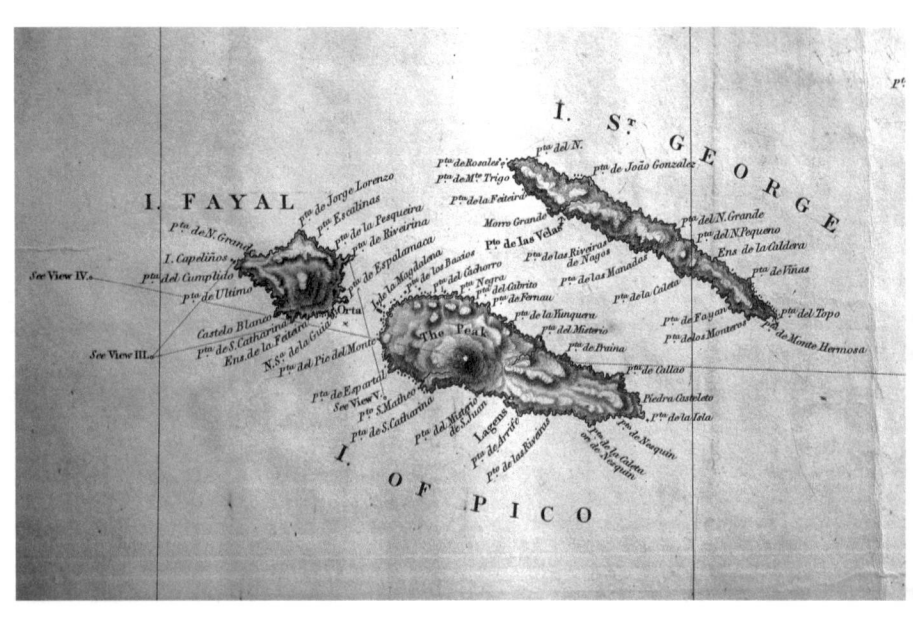

XIV

AM ENDE DER WELT

> Die Bewohner sind größtenteils portugiesischer
> Abstammung, träge und ohne Unternehmungsgeist.
> Hauptexportartikel: Wein und Branntwein, Apfel-
> sinen, Mais, Bohnen, Ananas, Vieh. Das Klima wird
> TBC-Patienten zur Kur empfohlen.
>
> *The British Encyclopaedia*, 1933[1]

Gut dreieinhalbtausend Kilometer östlich von Cape Cod und anderthalbtausend Kilometer westlich von Lissabon liegt mitten im Atlantik die Inselgruppe der Azoren. Portugal verleibte sich diese Inseln im 15. Jahrhundert ein; Columbus legte hier auf der Heimfahrt von Amerika an, um die Messe zu hören. Die meisten Leute hätten Schwierigkeiten, sie auf der Landkarte zu finden, weil sie in Atlanten meistens im Falz liegen. Und doch sind diese neun Pünktchen im Meer die Spitzen einer gewaltigen unterseeischen Gebirgskette, die größer ist als der Himalaja und sich über die halbe Erde erstreckt.

Es gibt dort keine goldenen Sandstrände, nur schwarze Felsen aus brodelnder, im Meer erkalteter Lava. An dieser Stelle teilt sich die Welt. Vier Inseln liegen auf der Eurasischen, drei auf der Afrikanischen und zwei auf der Nordamerikanischen Platte, wobei diese zwei westlichsten Inseln infolge der ständigen Plattendrift Jahr für Jahr immer näher an Amerika heranrücken und immer weiter von Europa ab. Die jüngste Insel, Pico, erhob sich erst vor einer Viertelmillion Jahren aus dem Wasser; ihr Vulkan ist immer noch aktiv und Erdbeben finden hier mit schicksalhafter Regelmäßigkeit statt. Als Pierre um seine verstorbene Mutter trauert, vergleicht Melville ihn mit dem scharf gegen den Himmel abstechenden Bergkegel der Insel:

> Inmitten all der Lustbarkeiten der wechselnden Jahreszeiten hat Pierre sich mit dem Gram der Ewigkeit umringt. Pierre ist ein unverrückbarer Berggipfel im Herzen der Zeit, wie die Inselklippe Pico, die uneinnehmbar zwischen Meereswogen steht.[2]

Der Umriss des Berges hat etwas Ominöses und man könnte auf den Gedanken kommen, der ganze Archipel sei eine einzige große Luftspiegelung. In azorischen Gewässern war es auch, dass das Geisterschiff *Mary Celeste* 1872 treibend und von der gesamten Besatzung verlassen im Atlantik aufgefunden wurde.

Jeden Morgen setzt die Fähre von Faial über die schmale Meerenge, beladen mit Lebensmittelkisten und Passagiergepäck und von Wellen getragen, die schon den Weg von der anderen Seite des Atlantiks hinter sich haben. Wenn sie wütend über die Felsen donnern, werfen sie vier Stockwerke hohe Fontänen auf und erzeugen ihre eigenen Wolken. Doch es ist nicht die Wut des Meeres, die mich beklommen macht, sondern die Tatsache, dass sein Boden nach 100 Metern anderthalb Kilometer tief und bald darauf noch tiefer abstürzt.

Es ist eine Beklommenheit, die ich spüre, wenn ich durch die dunklen Straßen von Lajes gehe, vorbei an Platanen, die dermaßen rigide beschnitten sind, dass es aussieht, als wüchsen sie verkehrt herum und streckten die Wurzeln in die Luft. Im Zwielicht vor Tagesanbruch versperrt der Vulkan den Blick auf die Sterne und irgendwo hinter meiner Schulter gräbt die Brandung am Ufer. Dieses biblische Städtchen, das älteste auf Pico, sitzt an der südlichsten Spitze der Insel und wird von zwei unwiderstehlichen Kräften beherrscht: der wilden See und der unruhigen Erde.

An einem Ende von Lajes steht die winzige Kapelle São Pedro, gegründet 1460 und aus Basalt in den Basalt gebaut, am anderen steht ein monumentales Franziskanerkloster aus dem 18. Jahrhundert mit schwarzen Kanten wie Trauerrändern. Lajes wird vom Glauben ebenso gestützt wie eingeengt. Seine stämmigen, dunkeläugigen Bewohner wirken eigentümlich vertraut. Sie haben die gleichen ansprechenden Gesichter und die gleichen Namen, die ich aus Provincetown kenne: Costa, Motta, Silvera. Selbst der Taxifahrer spricht Englisch mit New Bedforder Akzent.

Auch hier sind die Wale nie weit weg. Man sieht sie in Mosaiken auf dem Straßenpflaster, auf Souvenirs in Schaufenstern, auf den hölzernen Friesen der Cafés. Ein Lokal hat sogar den zahnlosen Unterkiefer eines Pottwals über den Spirituosen hängen. Unter den Zwillingstürmen der Santíssima Trindade, wo sonntäglich aufgeputzte Kinder ihren Katechismus aufsagen, während ihre schwarz gekleideten Großmütter singen, liegt in einer Vitrine ein gekreuzigter Christus mit auf ihn zeigenden holzgeschnitzten Harpunen, daneben ein kleiner Votivwal; einer knöchernen Tafel ist zu entnehmen, dass diese Stücke Unserer Lieben Frau in Lourdes geweiht sind, deren wunderbares Erscheinen in einer französischen Höhle im Jahr 1858 zeitlich mit dem Beginn des Walfangs auf den Azoren zusammenfiel.

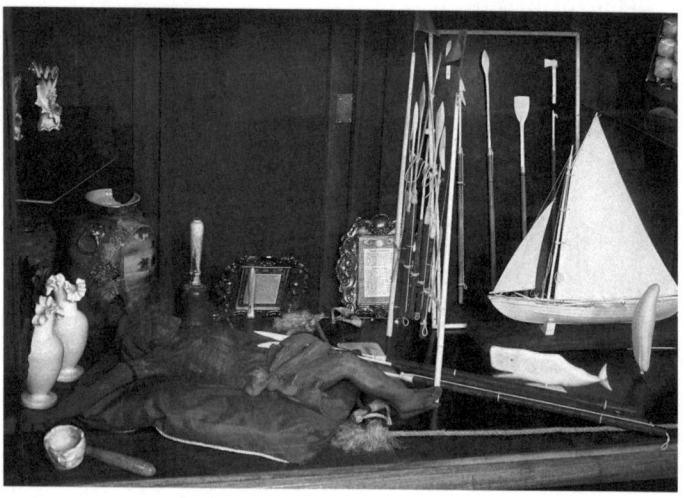

Homenagem a Nossa Senhora de Lourdes dos baleeiros de Lajes do Pico

Da die Wale entwicklungsgeschichtlich lange vor den Menschen kamen, ist es nur recht und billig, dass sie vor diesen proteischen Inseln immer noch zu Hause sind. Die Wale waren vor den Inseln hier und die Inselbewohner haben von Walen gelebt, seit die Amerikaner Mitte des 18. Jahrhunderts mit den Passatwinden hierherkamen. Viele Schiffe, darunter die *Charles W. Morgan*, ankerten in diesen Gewässern und nahmen hier frischen Proviant und frische Männer an Bord. Die Azorer ihrerseits gelangten auf einer »Brücke aus Walfängern«[3] in die Neue Welt, da die vorherrschenden Winde auf der Rückfahrt nicht wieder an ihren Inseln vorbeiführten und viele mit nach Amerika fuhren und sich dort ansiedelten.

Berechnungen zufolge hat an der Küste von Massachusetts die halbe Bevölkerung portugiesisches oder azorisches Blut. Die Inseln selbst gerieten baulich unter den Einfluss von New Bedford und Nantucket, und Dachlaternen und Stülpschalung kennzeichnen die Häuser in den schmalen Pflasterstraßen, genau wie in neuenglischen Städten, nur mit Palmen.

Entgegen den Behauptungen der *British Encyclopaedia* sind die Azorer außerordentlich erfinderisch und 1850 machten sie sich selbstständig. Bald waren 100 azorische Mannschaften auf Waljagd und wandten dabei Techniken an, die sie von ihren früheren Herren gelernt hatten. Die Erinnerungen jedoch, die sie sich bewahrt haben, gehen nicht in eine ferne Vergangenheit zurück, denn hier auf diesen schönen, teuflischen Inseln endete der Walfang erst 1986.

In einem umgebauten Bootshaus am Hafen zeigt Serge Viallelle mir einen Film über den azorischen Walfang aus den 1970er-Jahren. Es ist, als sähe man Farbaufnahmen aus dem 19. Jahrhundert, als hätte Ismael einen Camcorder gehabt. Die Inselbewohner benutzten die gleichen Walfangboote wie die Yankees, obwohl ihre doppelendigen *canoas* mit Klampen und Beschlägen aus Walbein in neuerer Zeit von Motorbooten aufs Meer hinausgeschleppt wurden. Statt von den hohen Dwarssalings eines Schiffs aus nach Walen Ausschau zu halten, benutzten sie zu diesem Zweck die sogenannten *vigias*, Ausgucktürme am Steilufer, die dort immer noch stehen, genau wie die Südküste Englands nach wie vor mit Bunkern aus Kriegszeiten gespickt ist.

 Allmorgendlich stapfte der Ausgucker den schmalen, blumengesäumten Pfad hinauf, in einem schön geflochtenen Korb sein Mittagessen, und setzte sich vor den langen Fensterschlitz auf einen Hocker. Durch einen Feldstecher, der auf einen Drehständer geschnallt war, spähte er dort den ganzen Tag über die Wellen und hielt nach den Fontänen der Wale Ausschau.

Sie waren das Zeichen, mit deren Erscheinen die Jagd begann. Mit seiner Zigarette zündete der Ausgucker, ebenfalls *vigia* genannt, eine Rakete und auf dieses Signal hin brachen alle Männer ihre normale Arbeit ab, ob sie nun auf dem Feld gruben oder auf dem Meer fischten. Sie waren gesetzlich verpflichtet, dem Ruf Folge zu leisten, und machten sich strafbar, wenn sie nicht augenblicklich alles stehen und liegen ließen und zum Hafen hinuntereilten, wo ihre *canoas* bereitlagen. Einmal auf See, konnte es sein, dass die Männer den ganzen Tag und die ganze Nacht auf den Wal warteten. Wenn er auftauchte, holten sie die Segel ein und ruderten möglichst geräuschlos auf den Blas zu. Dies war der entscheidende Moment. Da das Tier erst wieder tauchen konnte, wenn es genug Sauerstoff getankt hatte, war es in diesen Minuten, den letzten seines friedlichen Lebens, am angreifbarsten. Und dies alles spielte sich zu einer Zeit ab, in der ich in London durch die Clubs zog.

Im Film finden die Eisen ihr Ziel. Das harpunierte Tier macht einen verzweifelten Fluchtversuch, bald jedoch liegt es völlig erschöpft auf dem Wasser, wo ihm die Lanze wieder und wieder in die Seite gestochen wird; als sie sich durch den Widerstand des Wals verbogen hat, wird sie auf den Planken des *canoa* wieder gerade gehämmert, bevor sie erneut zum Einsatz kommt. Schwalle von Blut verwirbeln im Wasser; ein Schauder durchläuft den Wal und er stirbt. Befragte Fänger bezeugen, wie erregend die Jagd ist – »Einen Wal harpunieren ist wie ein Tor schießen«[4] –, ein Heldenstück, eines Matadors würdig.

Ende der 1970er-Jahre war ein Wal 500 Pfund wert, kein Wunder also, dass kleine Bauern und Fischer so erpicht darauf waren, sie zu fangen. Und doch war der Walfang im Grunde eine aussterbende Kunst. Es gab nur noch einen Schmied, der die Harpunen und Lanzen in ihrer altbewährten Form herstellen konnte. Trotzdem wurden 1979 noch 150 Pottwale vor den Azoren gefangen und in den letzten zehn Jahren des Walfangs stieg der Preis ihrer Zähne von 3 auf 80 Dollar das Kilo.

Bald fanden die Inselbewohner anderswo bessere Arbeit und die Welt verlor den Geschmack an Walprodukten. Das endgültige Aus kam, als Portugal der Europäischen Gemeinschaft beitrat, in der der Walfang verboten war. Als Serge Viallelle, ein französischer Aussteiger, in den 1980er-Jahren eine Jacht auf die Azoren überführte, dort die Wale entdeckte und blieb, musste er viel Überzeugungsarbeit leisten, bis die Einheimischen ihm glaubten, dass Leute ihnen Geld dafür bezahlen würden, die Wale nur anzuschauen. Wie in Provincetown wurde die Waljagd von der Walbeobachtung abgelöst und ihr neues Gewerbe lernten die Azorer von Al Alvellar, einem Provincetowner portugiesischer Abstammung – eine kuriose Laune des Schicksals.

Im nahen Restaurant führt mich der Besitzer durch eine Spiegeltür hinter der Theke in sein Wohnzimmer. Die Wände sind voll von Plakaten und Fotos, die an seine Jahre als Walfänger erinnern. Auf einem steht er neben einem toten Pottwal und deutet auf dessen mächtige Zähne. In dem Jahr, erzählt er mir, habe er 22 Wale getötet. Wie um das Schweigen zu brechen, das eintritt, während wir das Bild betrachten, sagt er: »Die Leute weinen wegen der Wale, aber sie weinen nicht wegen Irak.«[5]

Aus irgendeinem Grund klopfe ich ihm auf den Rücken. Er sagt, Walmehl sei ein guter Dünger gewesen, es habe keinen Schädlingsbefall gegeben, wenn die Pflanzen damit gedüngt wurden; man habe keine Pestizide gebraucht. Wirklich nützlich, diese Wale.

Am Kai vor dem Restaurant, im Angesicht des Vulkans und der untergehenden Sonne, tuckert ein Motor. Serge sagt, es sei noch dasselbe Motorboot, das früher die *canoas* aufs Meer hinausschleppte. Wenn es angeworfen werde, erzählt er mir, verscheuche das Geräusch jedes Mal sämtliche Wale im Umkreis von Meilen.

Auf der Nordseite von Pico liegt São Roque. Es hat seine eigene Version von New Bedfords bronzenem Harpunier mit seiner Waffe, in Kampfpose wie ein alter Grieche. Dahinter führt vom Meer aus eine graue Betonrampe zu einem weißen Gebäude hinauf, das mit Art-déco-Lettern für seine Produkte wirbt:

Ditaminas Oleos Farinhas Adubos Armações Baleeiras Reunidas C.[Da]

Es könnte genauso gut eine Fabrik in einem Industriegebiet in der englischen Provinz sein. Aber hinter dieser Fassade liegen rauchgeschwärzte steinerne Essen und verlassene Hallen, und auf einer Fläche, die wie ein verwilderter Spielplatz aussieht, liegen die Reste eines *canoa*, gesplitterte Planken und Walbeinstücke, von Kupfernägeln zusammengehalten.

Das Hauptgebäude ist heute ein Museum, wie ich noch keines gesehen habe. Es ist fast vollständig leer, denn es stellt sich im Grunde selber aus. Auf die Holzwände sind grob mit Kreide Maße und Rechnungen gekritzelt. Unter dem hohen Gewölbedach mit seinen rostigen Trägern stehen riesige eiserne Kochkessel. Eimer hängen an Winden. Diese Fabrik wurde 1942 gegründet, zu einer Zeit, als in ganz Europa Fabriken gebaut wurden, aber man hört förmlich noch die Metalltüren knallen.

Die Männer, die diese Öfen bedienten, arbeiten schon lange nicht mehr hier. Ein halbes Jahrhundert lang wurden Pottwale im Meer um die Insel gefangen und hierher geschleppt, wo sie mit großen Winden, hergestellt in Tyneside, an Land gezogen wurden, auf ihrem eigenen Blut und Schleim glitschend.

In einer Zisterne am Ende der Rampe wurde das Walrat aus dem Kopf abgelassen. Der Unterkiefer wurde abgerissen. Dann wurde der restliche Wal auf dem Vorplatz zerlegt, bevor die Teile durch das große Tor seiner Verwertung zugeführt wurden.

40 oder 50 Männer mit Lederschürzen und Espadrilles machten sich an das Schneiden und Sägen. Anders als ihren Vorfahren standen ihnen dafür Maschinen des 20. Jahrhunderts zur Verfügung. Der Blubber wurde in Kübeln zu den Öfen gekarrt und in riesigen, hermetisch abgedichteten Trankesseln ausgelassen. Das Walrat wurde in einer Betonkammer mit mächtigen Kühlrohren kalt gehalten.

»So endlos, ja so qualvoll ist alles irdische Mühen und Streben.«[6]

In einem anderen Teil der Anlage wurde Walfleisch zu Mehl zermahlen, das als Tierfutter dienen sollte. Europäische Rinder wurden mit Walen gefüttert. Man ließ nichts verkommen. Das war die einfache Logik des industriellen Walfangs. Die Leber des Wals lieferte Vitaminextrakte. Aus den Zähnen entstanden Schnitzereien, die bestimmt waren, im heimischen Wohnzimmer der Touristen Staub zu fangen.

São Roque roch man schon von Weitem, erinnert sich Serges Frau Alexandra an ein abstoßendes Detail aus ihrer Kindheit.[7] Der Engländer Malcolm Clarke meinte, was einen als Erstes traf, war der Blutgestank. Als Zweites der Anblick der abgetrennten Unterkiefer, die verwesend herumlagen: »Der Boden wimmelte buchstäblich von Maden.«[8]

Dies alles ist keineswegs ferne Vergangenheit. Die Narben, die ihnen die Zähne der Wale beigebracht haben, sind den Männern hier geblieben. Walknochen liegen noch heute an den Stränden.

Ein kurzes Stück außerhalb von Lajes stößt man auf ein frisch gemaltes Wandbild und einen Schriftzug über einem Garagentor: *Museu dos Cachalotes e Lulas.* Im Innern befindet sich eine exzentrische Sammlung, die sich der Leidenschaft eines einzigen Mannes verdankt. Malcolm Clarke wurde in Birmingham geboren, wuchs an der Themse auf und leistete seinen Wehrdienst im Royal Army Medical Corps. In den 1950er-Jahren befuhr er mit den Walfangflotten den Südatlantik und das Südpolarmeer. Er hat immer noch lebhafte Erinnerungen an diese Zeit und nennt unvorstellbare Zahlen. Er erlebte, wie allein in einer Saison 30 000 Wale erlegt wurden. »Wir haben die ganze Zeit gekocht wie verrückt«, sagt er. Manchmal fingen sie 24 Wale am Tag.[9]

Malcolm begann sich dafür zu interessieren, was Wale fressen. Während wir an Eimern, gefüllt mit Kalmarschnäbeln, vorbeigehen, erzählt er mir von Pottwalmägen, die Dutzende von unbekannten Arten enthielten; in einem fand er nicht weniger als

18 000 Schnäbel. Nach eigener Aussage ärgert er sich mittlerweile über Wale, weil sie so viele seiner Studienobjekte vertilgen.

Das eindrucksvollste Exponat in Malcolms Museum ist der direkt auf den Putz gemalte lebensgroße Längsschnitt eines weiblichen Pottwals, ein Wandbild von einer Größe, dass es sogar um die Ecke und auf der nächsten Wand weitergeht. Es ist ein drastisches Schaubild des cetaceischen Innenlebens, aber seine leuchtend blauen und roten Organe können sich nicht mit dem messen, was auf dem Tisch darunter liegt. In einer Tupperbox schwimmt ein Spermacetisack, wie Kutteln glänzend. Ich stupse ihn zaghaft an: Das Öl ist kristallisiert wie alter Honig.

Daneben liegt ein Stück Blubber. Es verblüfft mich, wie hart es ist, eher wie Holz als wie Speck. Ich nehme es zwischen Finger und Daumen und drücke: Das dichte Gewebe gibt kaum nach. Ich stelle mir ein damit gepanzertes Tier vor. »Sie waren für die Walfänger ungeheuer schwer zu schneiden«, sagt Malcolm. Der Blubber ist auch von Parasiten durchlöchert und zerfressen, was ihren widerwilligen Wirten zweifellos unangenehm gewesen sein muss.

Etwas noch Seltsameres liegt in einem dritten Behälter. Es sieht aus wie ein graubrauner Schlammklumpen am Grund einer alten Kaffeedose. Als ich den Deckel lüfte, sticht mir der Geruch in die Nase: scharf, beißend, ausgesprochen tierisch. Als ich es in die Hand nehme, erinnert mich die dichte, torfige Konsistenz stark an Cannabisharz. Dann zeigt mir Malcolm auf seinem Schaubild, wo das Zeug herkommt: aus dem Mastdarm des Wals. Was ich hier habe, ist ein Stück Ambra von der Größe einer kleinen Kartoffel, das kostbarste tierische Naturprodukt überhaupt, seltener als Gold oder Diamanten. Doch was ich bis dahin für das Ergebnis irgendeines mysteriösen Vorgangs hielt, vergleichbar der Perlbildung in einer Auster um ein Sandkorn herum, ist in Wirklichkeit schlicht Walscheiße.

Thomas Beale hielt es für einen gelungenen Witz, »dass eine Annäherung an den Geruch dieses Stoffes, den angenehmsten Duft überhaupt, durch Behandlung einer der ekelhaftesten Substanzen überhaupt erzeugt werden kann«. Im Zusammenhang mit seinen eigenen Untersuchungen des Walinneren erwähnt Beale den Chemiker Wilhelm Homberg, der entdeckte, »dass ein Gefäß, in dem er eine lange Digestion menschlicher Fäzes vorgenommen hatte, einen sehr starken und ganz echten Ambrageruch annahm«. Dieses etwas unappetitliche Experiment – das bei Hombergs Assistenten schleunige Laborflucht auslöste – brachte Beale zum selben Schluss: Ambra sei »nichts anderes als die hart gewordenen Fäzes des Spermaceti-Wals, was durch ihre gründliche Durchmischung mit Nahrungsrückständen recht schlüssig bewiesen wird«. Sein Freund Samuel Enderby besaß sogar »eine ungefähr sechs bis sieben Zoll lange Probe ... die allen Anzeichen nach vom unteren Teil des Walrektums geformt wurde«. Und während seiner Abenteuerfahrten im Nordpazifik hatte Beale selbst »halb flüssige Fäzes« gesammelt, die aus dem Kadaver eines Wals gelaufen waren »und die, in der Sonne getrocknet, alle Eigenschaften von Ambra aufwiesen«.[10]

Der genaue Ursprung der Ambra ist nach wie vor ungeklärt, aber sie ist zweifellos das Resultat eines bemerkenswerten Vorgangs. Der Pottwal schlingt Kalmare lebendig hinunter, zunächst einmal in den ersten seiner vier Mägen. Von dort kommt die Nahrung in den zweiten Magen, wo sie von starken Säuren zersetzt wird, unterstützt von einer wimmelnden Masse von Fadenwürmern – »ein abscheulicher Anblick«[11] laut Malcolm, der das schon viele Male gesehen hat. Wenn der Verdauungsbrei durch den Darm wandert, regen die harten, spröden Kalmarschnäbel, neben anderen unverdaulichen Stoffen wie der Cuticula der Fadenwürmer, die Verdauung des Wals dazu an, Galle abzusondern, die den Transport erleichtert. Bei ungefähr einem von hundert Walen produziert diese chemische Reaktion Ambra. Nach ihrer Ausscheidung kann sie Monate oder gar Jahre im Wasser schwimmen, wo sie zu mehrlagigen Klumpen oxidiert und aushärtet, die oftmals noch Stücke von Kalmarschnäbeln enthalten. Da Ambra leichter als Wasser ist, wird sie gelegentlich an den Strand gespült, sodass man sie früher wegen der äußeren Ähnlichkeit für grauen Bernstein hielt – daher der englische Name *ambergris*, »grauer Bernstein«.

Früher war die Forschung der Ansicht, Ambra werde nur von kranken Walen produziert. Laut Frederick Bennett wurde der Stoff am ehesten von denjenigen Tieren abgegeben, die »ein apathisches und kränkliches Aussehen« aufwiesen und die »keine flüssigen Exkremente« ausschieden, wenn sie aufgeschreckt oder harpuniert wurden.[12] Die scharfen Schnäbel, folgerte er weiter, könnten eine Wunde reißen, deren Vernarbung die Ausscheidung verhinderte, was dazu führte, dass der Wal langsam dahinsiechte,

»eine Gans, die am goldenen Ei im Innern umkam«[13]. Heutige Cetologen jedoch sind der Meinung, dass Ambra von gesunden Walen stammt.

Ich beschnuppere den Klumpen abermals wie ein Weinverkoster, um die Komplexität der Ambra zu ergründen, die Eigenschaft, die sie für Parfümeure so begehrenswert macht, nämlich dass sie ätherische Düfte absorbieren, verstärken und festhalten kann, manchmal jahrelang. Es ist, als könnte sie mit ihrer Tiefe sämtliche Aromen in sich aufnehmen. Während ich sie in den Fingern halte, bemerkt Malcolm, das würde ich jetzt tagelang nicht mehr loswerden. Ich schmiere ein bisschen in mein Notizbuch und Monate später ist der Walgeruch immer noch da.

Für diesen romantischen Stoff – der einen Wissenschaftler »an einen kühlen englischen Wald im Frühling« erinnerte »und an jenen Duft, den man wahrnimmt, wenn man Moos aufreißt und die dunkle Erde darunter bloßlegt«[14] – gab es viele seltsame und exotische Verwendungen. Die alten Chinesen nannten Ambra *lung sien hiang*, »Drachenspeichelduft«, und würzten ihren Wein damit.[15] Während der Pestepidemien trug man Bisamäpfel mit Ambra zur Abwehr des Schwarzen Todes mit sich herum. In der Renaissance wurde sie geformt, getrocknet, verziert und als Schmuck verwendet; es hieß, sie eigne sich auch als Aphrodisiakum, als Arznei für Herz und Hirn und gegen Krankheiten wie Epilepsie, Typhus und Asthma. In John Miltons *Paradise Regained* führt Satan Christus mit köstlichen Speisen, »in Ambradampf gesotten«,[16] in Versuchung, und gestützt auf Thomas Beales Forschungen, bemerkt Ismael, die Türken brächten sie nach Mekka, »so wie die Wallfahrer Weihrauch zum Petersdom in Rom bringen«[17]. Zu profanerem Zweck gebrauchten Seeleute sie als Abführmittel.[18]

Obwohl Ismael behauptet, in Großbritannien würden königliche Häupter bei der Krönung mit Walrat geölt, handelte es sich dabei in Wirklichkeit um eine mit Ambra versetzte Ölmischung, wie ich bei einem Besuch in der an Gormenghast erinnernden Bibliothek unterm Dach der Westminster Abbey herausfand. Nachdem ich in einem düsteren Winkel des Kreuzgangs durch die Eingangstür getreten und die enge hölzerne Wendeltreppe hinaufgestiegen war, verriet mir der Bibliothekar das jahrhundertealte überlieferte Geheimrezept. »*Oleum Praescriptum Ad Ungendum in Coronatione Carolum I Britanniae Regem.*« Zu Jasmin-, Rosen-, Zimt-, Moschus- und Zibetöl kam als alles entscheidende kostbare Zutat noch »*Ambraegrisiae ʒiiij*« hinzu, was eine Mixtur mit einem »reichen und ganz eigenen Aroma« ergab; »frisch zubereitet, ist sie ambrafarben, mit der Zeit aber vertieft sich die Farbe und der Duft wird mild und zart«.[19] Im heiligsten Teil der Zeremonie, mit einem Baldachin aus Goldtuch vor dem gemeinen Blick abgeschirmt, wird der oder die Neugekrönte an Kopf, Herz, Schultern, Händen und Ellbogen mit diesem Öl bestrichen, allerdings heißt es von Königin Victoria, sie habe die Klebrigkeit und den Geruch verabscheut und darauf bestanden, es gleich danach abzuwaschen, statt Ihre königliche Majestät von diesem Walgestank verunzieren zu lassen.[20]

Diese wundersame Substanz blieb so selten und geheimnisumwittert wie das Horn des Einhorns, bis die amerikanischen Walfänger sie im Wal selbst entdeckten. Wie Beale berichtet, beschrieb Dr. Boylston aus Boston 1724 der Royal Society in London ein Gespräch, das er mit Walfängern aus Nantucket geführt hatte: »Beim Zerteilen eines Pottwalbullen fanden sie darin zufällig knapp 20 Pfund dieses Stoffes, woraufhin sie und andere solche Fischer sehr angelegentlich alle solche Wale, die sie töteten, danach durchsuchten, und er ist in geringeren Mengen in mehreren männlichen Walen dieser Art gefunden worden und in keinen anderen ...

Sie geben des Weiteren an«, fuhr Boylston fort, »es sei in einer sackartigen Zyste enthalten ... [und] nirgends anders zu finden als nahe der *Geschlechtsteile* des Fischs. Entnommen, ist die Ambra zunächst feucht und hat einen außerordentlich starken und üblen Geruch.«[21] Die Vorstellung, dieser Sack befinde sich an der Peniswurzel des Wals, sowie der mit der Zeit sich entwickelnde maskuline Geruch trugen zu der irrtümlichen Ansicht bei, nur Pottwalbullen könnten Ambra produzieren. Obwohl die Männchen als die Größeren auch größere Stücke hervorbringen, sind die Weibchen gleichfalls in der Lage, ihr eigenes Parfüm abzusondern.

Im Jahr 1783 legte Joseph Banks der Royal Society einen Aufsatz von Franz Xavier Schwediaur vor, einem deutschen Arzt, in dem der Ursprung der Ambra schlüssig nachgewiesen wurde. Das Thema wurde sogar im Parlament diskutiert und im Januar 1791 berichtete die *Times*: »ein kürzlich auf der *Lord Hawkesbury* aus der Südsee mitgebrachter Wal enthielt fast 400 Unzen Ambrafett *(ambergrease)*, die in Lloyds Kaffeehaus zu 19 Shilling und sechs Pence die Unze versteigert wurden«.[22] Das war ein stattlicher Preis. Wie ein Edelmetall hat Ambra ihren Wert über die Zeit behalten. 1912 wurde ein norwegisches Unternehmen durch einen 450 Kilogramm schweren Klumpen, der in einem vor Australien gefangenen Wal gefunden und in London für 23 000 Pfund verkauft wurde, vor dem Bankrott gerettet. Laut einem Zeitungsausschnitt, der in meiner Ausgabe von Frank Bullens *The Cruise of the Cachalot* steckte, wurde 1931 einem 21 Meter langen Männchen, das tot auf der Südinsel Neuseelands aufgefunden wurde, fast eine Vierteltonne Ambra entnommen, die über 10 000 Pfund wert war. In den 1950er-Jahren brachten knapp zwei Kilogramm dieses »schwimmenden Golds« 100 000 Pfund. Indessen sammelten sowjetische Schiffe so viel Ambra – darunter 63 Stücke von einem einzigen Wal –, dass der kommunistische Staat 1963 keine mehr importieren musste.[23]

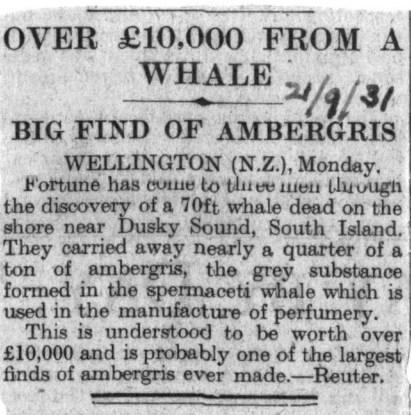

Moderne chemische Analysen haben gezeigt, dass der Hauptwirkstoff von Ambra Ambrein ist, eine cholesterinähnliche Substanz, mit der sich leichtflüchtige Öle fixieren lassen. Trotz synthetischer Ersatzstoffe ist es ein unerlässliches Ingrediens in der

Parfümherstellung. Die größten französischen Häuser entwickeln alle nach wie vor exquisite Düfte auf der Grundlage dieser überaus geheimnisvollen Komponente, von Chanel und Yves Saint Laurent bis Givenchy und Christian Dior. Falls Sie heute gerade zufällig *Dioressence* tragen, strömen Sie den Duft eines Pottwals aus. Einer der ältesten Parfümeure, Creed aus London, der seine Rezepturen so eifersüchtig hütet, als enthielten sie das Geheimnis des Krönungsöls, hatte unter seinen Stammkunden Georg III., Prinz Louis Napoléon (den Sohn von Kaiser Napoléon III., der mit Creeds Walduft parfümiert war, als er 1879 im Zulukrieg, von 18 Assegais durchbohrt, den Tod fand) und Cary Grant, für den die Firma ein eigenes Parfüm auf Ambrabasis kreierte.[24]

Nachdem ich den Rohstoff gerochen habe, kann ich mittlerweile den Hauch Ambra in dem teuren Parfüm erkennen, das mich von den Schultern einer Partygängerin anweht. Wie ihre Kundinnen und Kunden sind Parfümeure natürlich wählerisch in Bezug auf das, was sie kaufen. Die gefragtesten Stücke sind von heller Farbe, weiß, golden oder grau mit eventuell einem Stich ins Mauve; dunkelbraune oder schwarze Stücke sind weniger wert. Die meiste Ambra kommt aus dem Indischen Ozean, doch als Dorothy Ferreira aus Montauk auf Long Island von einem betagten Freund einen großen Brocken vermacht bekam, erfuhr sie, dass dieses knorrige Erbstück – das die *New York Times* zu der Schlagzeile veranlasste: ERBROCHENES VOM WAL EINE KOSTBARKEIT, KEIN ABFALL[25] – seine 18 000 Dollar wert war. Und laut einer Meldung wie aus einer Geschichte von Roald Dahl fand ein zehnjähriges Mädchen an einem Strand in Wales einen gelblichen Klumpen »Walspei«, der angeblich auf 35 000 Pfund veranschlagt wurde. »Wir haben erst letztens im Radio von Ambra erfahren«, erzählte ihre Mutter einer Boulevardzeitung, »aber als Melissa welche fand, konnte ich es gar nicht glauben!« Leider stellen sich solche Funde meistens als Industrieplastik oder Surfboardwachs heraus oder, wie Richard Sabin mitteilt, als »etwas noch Unerfreulicheres«[26].

Doch selbst Wissenschaftler kann die Aussicht, diesen seltenen Stoff zu ergattern, mit kindlicher Begeisterung erfüllen. Einer erzählte mir, wie er einmal eine Woche lang einen Pottwal sezierte, der auf Malta angespült worden war. Die 26 fröhlichen Helfer, die am ersten Tag antraten, waren am letzten Tag auf ein Häuflein Unerschütterlicher zusammengeschrumpft, so furchtbar war der Gestank. Trotzdem wühlte er sich auf der Suche nach Ambra wild entschlossen, aber letztlich erfolglos durch 200 Meter stinkende Gedärme.[27]

Licht spendendes Wachs, schmierendes Öl, duftende Fäzes: Manchmal kommt es einem so vor, als wären die Wale Könige aus dem Meeresland, die uns die Gaben ihres Selbstopfers bringen. Es ist fast paradox, dass die Wale in den Tiefen ihres Körpers solche kostbaren Substanzen produzieren, Tiefen, die uns so verborgen sind wie die Meere, in denen sie schwimmen.

Wie Melville über Nantucket schrieb, will mir in dem Moment scheinen, eine Insel, auf der er nie gewesen war, so schreibe ich über Tiere, die ich bis dahin nie in natura gesehen habe, auch wenn ich ihre innersten Geheimnisse riechen und in die Hand nehmen kann. Je näher ich ihnen komme, umso ferner erscheinen sie mir, und je mehr ich über sie in Erfahrung bringe, umso weniger weiß ich von diesen sonderbaren Tieren, Säuger wie wir und doch unter den großen Unbekannten unseres Daseins eines der größten.

Selbst ihre elementarsten Mechanismen haben eine funktionale Schönheit. In Malcolms Museum zeigt ein Schaubild Luft- und Speiseröhre eines Pottwals und man sieht, dass die zweite die erste verschließen kann, damit die Lungen sich nicht mit Wasser füllen, wenn der Wal frisst. Ein anderes führt vor, welches Farbspektrum tief tauchende Wale sehen können; in Gewässern, die mit zunehmendem Abstand von der Sonne von Türkis in Schwarz übergehen, ist eine differenzierte Blauwahrnehmung am zweckmäßigsten. Ein Holzmodell demonstriert Malcolms Theorie, dass Pottwale ihren Auftrieb regulieren, indem sie die Temperatur des Öls in ihrem Kopf verändern, wobei er jedoch alternative wissenschaftliche Erklärungen zulässt, vor allem die, wonach das Walrat dazu dient, die Klicklaute der Wale zu fokussieren. Ein aufgeschnittener Knochen zeigt wabenartige Zellen, die beim lebenden Tier mit Öl gefüllt sind; mit Luft gefüllt, würden sie beim Tauchen durch den zunehmenden Wasserdruck zusammengepresst.

Das Leben eines Wals birgt viele Gefahren.

Diese Museumsstücke haben etwas Atavistisches. Die kleinsten sind muschelähnliche Knochen, die aus dem Innenohr des Wals stammen; solche Knochen fanden sich auch im Kielraum der *Morgan*. Diese Otolithen sind die Teile am Wal, die sich am längsten halten. In South Carolina sind solche fossilierten Ohrsteine von 15 Millionen Jahre alten Walen gefunden worden und ihre gewölbten Kammern lassen an Urozeane und prähistorische Geräusche denken, als könnte man, wenn man sie an das eigene Ohr hielte, ausgestorbene Tiere in längst vergangenen Meeren singen hören.

Vor seinem Museum hat Malcolm auf einem Felsplateau mit Blick übers Meer ein lebensgroßes Walmodell aus grauen Rohren gebaut. Es gleicht einer Kreuzung aus Ismaels Arsakidentempel und einem Klettergerüst für Kinder. Während über uns Bussarde kreisen, unterhalten wir uns über Malcolms Jahre auf See. Auf mein Drängen hin spricht er sogar von Monstern: von dem Riesenkalmar, den ein Fischer einmal neben sich im Wasser erblickte, Tentakel länger als sein 30-Meter-Boot, womit das ganze Tier doppelt so lang war; und von dem Flugzeugpiloten, der vor Durban über dem Indischen Ozean nach Walen Ausschau hielt und dabei den Rumpf eines abgestürzten Flugzeugs aus dem Wasser ragen sah, woraufhin dieser Rumpf vor seinen Augen plötzlich einen ganz langen Hals bekam und im Meer verschwand.

Solche Geschichten passen zu dieser infernalischen Insel, auf der Feuer und Wasser eine brisante Verbindung eingehen; hier hätten sich Melville und Hawthorne in meiner Vorstellung begegnen können. Selbst die Steilfelsen, auf denen wir stehen, sind mit verborgenen Höhlen durchsetzt. Pfeilgerade nach Süden kommt bis zur Antarktis kein Land mehr. Und irgendwo tief in der unergründlichen, schwarz und schwärzer werdenden Finsternis schwimmen Pottwale in einem ewigen Wachtraum durch Täler, die sich 45 000 Kilometer über den Meeresboden ziehen, durch still ruhende Tiefseebecken mit eigenen Temperaturen, an Quallen vorbei, die wie gespenstische viktorianische Bräute in ektoplasmischen Krinolinen pulsen.

XV

DIE JAGD

> Und ich allein bin entronnen,
> dass ich dir's ansagte.
> *Hiob*[1]

Jetzt, Philip.« Joãos scharfes Kommando kommt unerwartet. Mir bleibt keine Zeit für den Neoprenanzug. Hastig spucke ich in die Taucherbrille und stecke mir den Schnorchel in den Mund. Marco stellt sich auf meine Flossen, damit ich die Füße hineinschieben kann. Ich lasse mich über den Rand des Festrumpfschlauchboots in den Atlantik gleiten.

Die Gewässer, in denen ich schwimme, sind 3500 Meter tief. Nach vorn habe ich keine Sicht. Unter mir geht das Blau in tiefes Schwarz über, ein derart undurchdringliches Schwarz, wie ich es nur einmal als Kind in einer Höhle in der Cheddar Gorge sah, als der Führer das Licht ausmachte und uns sagte, eine solche tiefe Finsternis könnten wir nirgendwo anders erleben.

João ruft mir die Richtung zu. Das Boot wird mit jeder Minute kleiner, die ich mich von diesem Punkt der Sicherheit entferne und ins Unbekannte vorstoße. Ich könnte genauso gut ins Weltall hinausschwimmen.

Es war mir nicht klar, als wir eilig aus dem Hafen ausliefen, aber die Bedingungen waren perfekt. Die Fläche des Meeres war spiegelblank und kräuselte sich kaum in der Sommersonne. João, kurz geschorene Haare und einen Schwertwal auf die Wade tätowiert, musterte den Horizont durch seine Sonnenbrille. Marco, sein Steuermann, hing am Bügel des Boots, eines modernen Walboots mit 250-PS-Motor, und spähte in die andere Richtung.

Als wir außerhalb des Hafens beschleunigten, kam wie aus dem Nichts eine Gruppe Delfine angesaust und setzte sich uns direkt vor den Bug, wollte spielen. Sie schwammen so dicht mit uns um die Wette, dass ich sie ohne Weiteres hätte berühren können. Ihre stahlblauen und taubengrauen Körper mit den sanduhrförmigen Rennstreifen wiesen die Spuren ihrer gegenseitigen Bisse auf. So niedlich sie aussahen, diese Tiere waren größer als ich. Das Wasser, in dem sie Ströme silberner Bläschen aus den Blaslöchern hinter sich herzogen, war so klar, dass sie in einem Vakuum zu schweben schienen. Dass sie ihre Körper verdrehten, um zu uns heraufzuschauen, gab einem das Gefühl, sie geleiteten uns zu einer Verabredung, die wir hier am Ende der Welt mit jemandem hatten.

Da erschien etwas Größeres vor uns. Selbst aus einer Meile Entfernung wusste ich, dass es ein Wal war – allerdings von einer Art, die ich noch nie gesehen hatte. Sein Blas im Winkel von 45 Grad war unverkennbar. Ich sah sofort, woher sein lateinischer Name kam. Er war in der Tat ein »großköpfiger Bläser«; *Physeter*, das klang sogar wie seine explosiven Ausatmungen.

Beim Näherkommen konnte ich eine graue Gestalt ausmachen, die wie ein glänzender Baumstamm im Wasser lag. Es war schwer zu sagen, wo oben und unten war, was der Kopf und was die Rückenflosse. Als das Tier dann zum Atemholen aufstieg, sah ich sein eines, seitlich liegendes Nasenloch. Es wirkte äußerst befremdlich. Sein Körper war überzogen von in der Sonne glänzenden Buckeln und konnte »mit wenigem besser verglichen werden als mit einem dunklen Felsen oder dem Stamm eines riesigen Baumes«, wie Frederick Bennett bereits in den 1830er-Jahren schrieb.[2]

Als der Kopf sich aus dem Wasser hob, sah ich, dass der Wal nicht allein war. Nach und nach wurde er Teil einer größeren Versammlung. Ein Stück weiter lagen zwei oder drei Tiere, dann noch einige, bis sich, fast verdeckt von den Wellen, meinem Blick eine Gruppe von zehn oder zwölf Pottwalen bot, die im Rhythmus der See atmeten, einem Rhythmus, der mit dem Auf und Nieder des Boots auf der Dünung auch meinen Atem ergriff.

Dies alles liegt fünf Minuten zurück, doch es könnte ein Leben her sein. Jetzt ringe ich im Wasser nach Luft und bemühe mich, daran zu denken, durch die Nase und nicht durch den Mund zu atmen, wie sie.

»Links von dir, Philip!«, ruft João durch den Trichter seiner Hände. Ich habe keine Ahnung, wo links und rechts ist. Ich strampele wild mit den Beinen, komme aber nicht vom Fleck. Die Wellen schieben mich zurück, drücken mich nieder. Mit hämmerndem Herzen hole ich tief Luft und spähe nach unten, ins Unbekannte.

Es ist, als blickte ich ins Weltall. Das Blau ist undefinierbar und doch klar und deutlich, ungreifbar und allumfangend wie der Himmel. Ich fühle mich wie ein Astronaut, ausgesetzt in der Unendlichkeit. Myriaden winziger Planeten oder Asteroiden treiben in meinem Gesichtskreis, manche elliptisch, manche vollkommen rund. Scharf vom Blau abstechend, ziehen die gräulichen, gallertartigen Mikrotierchen und was ich für Fischlaich halte in ihrem eigenen All.

Im Salzwasser über einer Erde schwebend, die weit unter mir verschwunden ist, ziehe ich meinerseits durch eine andere Dimension. Ich kann vor mir nichts erkennen. Die nahrhafte Suppe samt den davon zehrenden Kleinorganismen, die wie Stäubchen im

Sonnenschein tanzen, nimmt mir die Sicht und beschränkt mein Blickfeld ringsum.

Auf einmal passiert es. Aus dem Dunkel schält sich vor mir eine Gestalt heraus, die ich aus Erzählungen, Bildern, Büchern und Filmen kenne, aber die mir nie real erschien, eine Gestalt, die ich mir aus kindlichen Albträumen zusammenfantasiert haben könnte, die Erinnerung an etwas Unmögliches. Sie ist so groß, dass ich sie nicht in den Blick nehmen kann, und doch wird sie jetzt Wirklichkeit.

Ein Pottwal liegt dort im Wasser. Ich bin keine zehn Meter entfernt, als ich ihn erblicke, als sein klobiger Schädel, von dem aus sich die muskulösen Flanken bis zur mächtigen, langsam wippenden Fluke erstrecken, mein Blickfeld vollständig einnimmt.

In einem mir endlos erscheinenden Moment – den Atem hinter der Taucherbrille angehalten, vor Angst und Erregung am ganzen Leib erstarrt, hin- und hergerissen, weil ich nicht näher herangehen, aber auf gar keinen Fall zurückweichen will – schwindet der Abstand zwischen uns.

Sein großer grauer Kopf, hoch wie ein Granitklotz, überwältigend monumental, wendet sich mir zu. Ich gehe völlig darin auf. Dabei sehe ich nichts anderes als, viel höher und breiter als ich, die Stirnseite eines Tiers, das, wie mir plötzlich aufgeht, gegenüber dem anschwimmenden mickrigen Menschlein einen großen Nachteil hat. Es kann mich nicht sehen. Seine Augen können mich nicht wahrnehmen. Ich schwimme im toten Winkel des Wals auf ihn zu. Und er kommt immer näher.

Und wenn er nun einfach weiterschwimmt? Der Kopf senkt sich, die massige Kuppel zeigt in meine Richtung. Und mit einem Mal höre ich ihn.

Klick-klick-klick, *klick-klick-klick,* klick-klick-klick.

Knacklaute in rascher Folge. Ich fühle sie mehr im Brustbein, als dass ich sie höre. Mein Brustkorb ist ein Resonanzkörper geworden. Der Wal erzeugt in seinem Kopf ein Bild von mir, einen Kernspin des Eindringlings, den Umriss eines Fremdkörpers in seiner Welt.

Mein Körper macht sich selbstständig und ich pisse ins Wasser. Ein absurder Gedanke geht mir durch den Kopf: Erst unangemeldet kommen und dann die Kontrolle über die Körperfunktionen verlieren und dem Gastgeber auf die Fußmatte pinkeln. Im letzten Moment weicht der Kopf leicht zur Seite, als hätte er erkannt. Nicht essbar. Uninteressant.

Meine Angst schlägt in etwas anderes um. Ich begreife, dass dies ein Weibchen ist. Eine große Mutter treibt vor mir, vor Lebendigkeit strotzend. Trotz ihres Desinteresses scheint eine unsichtbare Nabelschnur mich mit ihr zu verbinden, Säugetier mit Säugetier, meine mutterlose Bleiche mit ihrer umfangenden Gräue. Verloren und gefunden. Eine weitere Waise.

Ich kann es nicht fassen, dass etwas so Großes so still sein kann. Von ihrem sechsten Sinn geprüft, komme ich mir unbedeutend vor und doch nicht ganz. In Form meines Bildes in ihrem Kopf werde ich in ihrer Dimension, der Dimension des Meeres, neu geschaffen und in ihr anderes Sein überführt. Während die Walmutter an mir vorbeibiegt, sehe ich an ihrer Seite das Auge, grau, schleierig, wach, das Zentrum ihres Bewusstseins. Dahinter liegen nur mühelos arbeitende Muskeln. Der Augenblick dauert ewig – und nur wenige Sekunden. Wir beide in unserer nackten Ganzheit, zwischen uns nichts als grenzenloses Meer.

Dann ist sie an mir vorbei und stößt lautlos in die schwarze Tiefe, die Silhouette vor dem Blau so scharf umrissen, als wäre sie ein 3-D-Bild in einer Computeranimation. Erst als der Abstand zwischen uns zunimmt und die Lautlosigkeit ihres Abtauchens hypnotische Kraft gewinnt, tritt ihre urtümliche Riesenhaftigkeit wirklich zutage, die mir vorher völlig unbegreiflich gewesen ist.

Marco zieht mich aus dem Wasser, als ich wieder am Boot bin, und João lächelt, gibt mir die Hand und sagt feierlich: »Du bist ein Glückskind.«

Die nächsten paar Tage verbrachte ich auf See, fern vom Land. Ich brauchte keine Kreditkarte und keine Schlüssel. Während die anderen Menschen einkauften, aßen, redeten, wachten, schliefen, schwamm ich mit Walen.

Häufig konnte ich die Wale nicht sehen, wenn ich ins Wasser glitt, und musste mich völlig auf Joãos gerufene Anweisungen verlassen. Manchmal zogen die Tiere so schnell dahin, dass sie verschwunden waren, ehe ich in Blicknähe schwimmen konnte. Ich sah sie entschwinden, drei Wale, von fast unmerklichen Schwanzschlägen in die blaue Weite getrieben. Doch manchmal gelang es mir auch, an die riesigen Köpfe heranzukommen, die sich mit jedem Schlag so rhythmisch hoben, wie ich meinerseits die Luft aus dem Schnorchel blies. Ich war auf einer Höhe mit ihnen, statt sie von oben zu betrachten, erlebte aus nächster Nähe, wie die großen Schwanzflossen steil aus den Wellen stießen – die von vielen Walfängern so sehr gefürchtete Hand Gottes –, bevor sie mit ungeheurer Grandeur in die Tiefe tauchten. Ich war in ihrer Welt und hatte einen Einblick von innen statt lediglich einen Anblick von außen.

Dann zog schlechtes Wetter auf und tagelang donnerte die See weiß schäumend gegen Picos schwarze Felsenküsten an. Die Boote lagen im Hafen fest. Am Abend kamen die Gelbschnabel-Sturmtaucher, die den Walen tagsüber wie Höflinge folgten, zum Schlafen an Land, und wenn ihre geisterhaften Gestalten über dem dunklen Hafen kreisten, ertönte ihr beinahe komisch klingendes Krächzen.

Ich lag im Bett und bekam die Augen nicht zu. Wenn doch, sah ich den Wal. Mein Leben lang hatte ich von Walen geträumt. Jetzt war die Leere gefüllt worden, oder vielmehr ich war in sie hineingenommen worden. Wem wollte ich was beweisen? All meine Verlust- und Verlassensängste schienen in dieser Konfrontation zu kulminieren, die so extrem war, dass sie mich in einen anhaltenden Halluzinationszustand versetzte. Während ich schlaflos in einem gemieteten Bett lag, befürchtete ich, vollständig den Verstand zu verlieren in diesen frühen Morgenstunden, derselben Zeit wie letztens im Krankenhaus, wo ich auf einem Klappbett gelegen und gelauscht hatte, wie der Atem der Frau, die mich zur Welt gebracht hatte, langsam verebbte.

Eines Morgens dann im ersten trüben Frühlicht, in dem sich hinter meinem Fenster der Kegel des Vulkans abzeichnete, wurde das Meer mit einem Mal still, als hätte sich eine Hand darüber ausgestreckt.

Nachdem er das Hydrophon ins Wasser gelassen hatte, lauschte João konzentriert auf die durchs Meer hallenden Klicklaute. Unter uns, unter dem dünnen Boden des Boots, meldeten die Wale ihre Position in Klickfolgen, lauter und schneller werdend, näher herankommend, in Rhythmen, deren Sinn ich nicht verstand –

klick – klick – klick ~ klick-klick-klick ~ *klick-klick-klick*

– ganz und gar einer Welt zugehörig, über die wir nur hinwegglitten. Die Töne, mit denen sie ihre Gegenwart anderen, meilenweit entfernten Walen mitteilten, hörten sich an, als kämen sie aus unendlichen Tiefen. Eingestellt auf eine geheime Frequenz der Nahrungsortung und der Gemeinschaftlichkeit, wussten sie instinktiv, wo sie waren, während wir uns ständig fragen, was in aller Welt wir eigentlich tun.

Durch das Wasser pflügte sich eine glatte, runde Gestalt auf uns zu, die mit ihrer Melone und ihrer lang gezogenen Schnauze eindeutig als Schnabelwal zu erkennen war. »Bei mir war es ein Sowerby«, sagte João. Ich kannte diese Art der Zweizahnwale nur als Modell im Museum oder als Bild in meinem Bestimmungsbuch: »Art: *Mesoplodon bidens*; Status: Unbekannt; Population: Unbekannt; Bedrohung: Unbekannt«.³

Vor dieser Insel wimmelten die Gewässer nur so von Raritäten. Plötzlich waren wie durch Zauberei überall Tiere im vorher leeren Meer, als wären sie lebendig den Seiten eines meiner Bücher entsprungen. Die Vielfalt war überwältigend. Schwärme von Streifen- und Zügeldelfinen mit Zeichnungen wie auf kostbarem Porzellan sausten vorbei, gefolgt von einer Schule von Kurzflossen-Grindwalen, wo die Kälber so dicht an der Seite der Mütter schwammen, als wären sie mit unsichtbaren Stricken angebunden. Ein Mantarochen schwamm unter unserem Kiel hindurch wie eine große Fledermaus. Marco fischte eine vorbeischwimmende Karettschildkröte aus dem Wasser. Sie beäugte uns misstrauisch, bevor sie wieder ins Meer gelassen wurde, wo sie ungeschickt paddelte wie eine zu groß geratene Landschildkröte.

Das Leben sprang uns aus dem Ozean entgegen. Während wir an den Steilfelsen vorbeiflitzten, auf denen die *vigia* stand, schoss etwas Schmetterlingsartiges auf Höhe meiner Augen aus den Wellen: ein Fliegender Fisch mit Regenbogenflügeln, ein glitzerndes, geradezu unwirkliches Wesen wie ein fantastisches Aufziehspielzeug. Selbst die Wasseroberfläche war festlich geschmückt mit dahintreibenden Portugiesischen Galeeren, die Gasblasen von einer schillernden rötlichen Krause gesäumt und mit langen dunkelroten

und violetten Tentakeln, jede gebildet von einer Kolonie ursprünglich unabhängiger Polypen. Ich hätte am liebsten zugegriffen und die ziellosen Wesen wieder aufgerichtet, wenn der Wind sie umgeweht hatte, doch ich wusste, dass ich mir damit eine potenziell tödliche Nesselgiftdosis eingefangen hätte.

Vor uns stiegen Fontänen auf. Die Wale waren zurückgekehrt und holten vor dem nächsten langen Tauchgang auf der Suche nach Nahrung tief Luft. Als sie uns

passierten, trieb ein zerfetzter roter Klumpen an die Oberfläche: ein übrig gelassener großer Brocken eines Kalmars, die Tentakel zerrissen wie Fleisch, das man den Löwen im Tierpark vorgeworfen hatte.

Ein Wal warf sich dicht steuerbords auf die Seite, sodass sein heller, gefleckter Unterkiefer durchs Wasser zu erkennen war. Ein anderer reckte wie Ausschau haltend seine kantige Schnauze aus dem Wasser und betrachtete uns, so wie wir ihn betrachteten; in dem Moment stand das ganze Tier aufrecht im Meer.

Diese Begegnungen waren Lektionen in Pottwalkunde; ich erhielt einen persönlichen Intensivkurs in praktischer Cetologie.

Häufig sah ich die runzligen Flanken mit langen, rindenartigen Falten von Kopf bis Schwanz, die aussahen, als wären die Tiere zu lange im Wasser gewesen. Einmal kamen wir an eine Gruppe von drei Walkühen, die daraufhin eine nach der anderen abtauchten und das mit ihnen schwimmende Kalb zurückließen, als wären wir die bestellten Babysitter. Als sie wieder hochkamen – eine graue Flottille mit bugartig aufsteigenden Köpfen –, um ihr Kind abzuholen, waren wir anscheinend zu nahe herangekommen und das nächste Weibchen klatschte laut mit der Fluke aufs Wasser als Warnung, Abstand zu halten.

Diese Gewässer waren ihr Zuhause: Kinder-, Wohn- und Esszimmer in einem. Ein Wal hob die Fluke und sprühte eine Kotwolke aus, die abscheulich stank und die rötliche Farbe verdauter Kalmare hatte. Ein anderer ließ ein Stück abgeschälte Haut zurück. João fischte es aus dem Wasser und reichte es mir. Es hatte dieselbe Farbe wie der Wal, war aber hauchzart und lag in meiner Hand wie ausgebreiteter grauer Schnodder. Später legte ich es auf eine Seite meines Notizbuchs, wo es zu einem festen Gewebe trocknete, doch seinen starken Geruch behielt – den »eigentümlichen und sehr starken Geruch«, der Beale beeindruckte[4] und den Ismael auf Fahrwache über Meilen hinweg wittern konnte, »jener eigentümliche Geruch ... welchen der lebende Pottwal manch-

mal weit übers Wasser verströmt«[5]. Er war zudem zutiefst männlich und stechend und, wie ein Fläschchen mit Walrat, das ich auf einem Bord in Arrowhead fand, irgendwie sexuell und erregend.

Freilich könnt ihr vom unversehrten Kadaver des Wales mit der Hand eine hauchdünne, durchsichtige Substanz abkratzen, die feinsten Lagen von Marienglas ähnelt, allerdings fast so weich und geschmeidig wie Seide ist (jedenfalls bevor man sie trocknet, denn danach schrumpft sie nicht nur ein und verdickt, sondern wird auch recht hart und spröde). Ich besitze etliche solcher getrockneten Blättchen und verwende sie als Lesezeichen für meine Walbücher. Wie zuvor bereits erwähnt, sind sie durchsichtig, und liegen sie auf der bedruckten Seite, wirken sie, so will es mich manchmal dünken, wie ein Vergrößerungsglas. Wie dem auch sei, jedenfalls ist es vergnüglich, über Wale gewissermaßen durch ihre eigene Brille zu lesen.[6]

Die Spannung, mit der ich dem Erscheinen der Wale entgegenfieberte, wurde in jenen Tagen auf See nicht weniger. Nach und nach stimmte ich mich auf ihren Zyklus und die Rhythmen des Meeres ein und entwickelte ein Gespür dafür, wann mit ihrem Auftauchen zu rechnen war und wann sie wieder verschwanden. Während wir Stunde um Stunde auf sie warteten, lag ich manchmal vorn im Bug und schlief aus schierer Erschöpfung in der Sonne ein, bis mich das laute Prusten weckte, mit dem der Kopf des nächsten Tiers durch die Wellen stieß. Minutenlang lag es nun auf dem Wasser wie ein hechelnder Hund nach einem schnellen Lauf und schöpfte Atem. Dann hob sich der Kopf mit dem letzten Atemzug und der Körper streckte sich kurz, bevor sich das mächtige Rückgrat unter der straffen Haut krümmte wie ein sich auffaltendes Gebirge. Schließlich riss das Tier den Schwanz in die Höhe und stemmte sich wieder in die Tiefe.

Wie gleichbleibend diese majestätische Abfolge auch war – der muskulöse Schwanz einem grauen Baumstamm vergleichbar, so viel aufrechter als bei jedem anderen Wal, den ich kannte, die gewaltigen Rückenwirbel an die Knöchel einer geballten Faust erinnernd, die Schwanzflosse, mit der sich das Tier zu erkennen gab, ein Anklang an die Kontur der Insel am fernen Horizont –, so war sie doch jedes Mal aufs Neue besonders und aufregend. Der Zustand permanenter Gespanntheit, in den einen die wiederholte Darbietung dieser Schönheit versetzte, war fast zu viel für die Nerven. Gleichzeitig hatte die Geschmeidigkeit dieses Meeresriesen und die Pfeilgeradheit seines Verschwindens, bei dem sich kaum eine Welle kräuselte, eine uralte Erhabenheit. Genau in diesem Moment glichen die Wale am ehesten prähistorischen Dinosauriern und erschien es ohne Weiteres glaubhaft, dass diese Wesen älter waren als alle anderen. Dann fing das Warten wieder von vorne an.

Ah, die Welt. Oh, der Wal.

Den ganzen Tag lang saß ich im Neoprenanzug am Seitenwulst des Bootes, nervös, bereit. Zwei- oder dreimal gab es falschen Alarm, weil João das Boot nicht vor die Wale bekam. Sich ihnen aus einem anderen Winkel zu nähern hätte keinen Zweck gehabt, wie seine Vorgänger herausgefunden hatten.

Die brennende Sonne bräunte die wenigen entblößten Stellen meines Körpers und zog wie zur Erinnerung bleibende scharfe Grenzlinien an Handgelenken und Hals. Die Wellen schwappten mir an die Füße, wenn ich sie über die Seite baumeln ließ. Ich wollte wieder rein.

»Los!«

Diesmal war ich gegen die überraschende Kälte des Meeres geschützt, isoliert wie ein Wal. Ich ließ mich ins Wasser gleiten, die Fingerspitzen lösten sich und ich schaukelte mit den Wellen, ließ mich von ihnen tragen. Joãos Rufe entfernten sich mit dem Boot. Ganz allein bewegte ich mich stetig auf den Wal zu.

Es war ein Jungtier, ungefähr zehn Jahre alt, meinte João später, und seine ausgeprägte Melone kennzeichnete ihn als Männchen. Er war recht dunkel und ich hatte gelernt, dass die Tiere mit dem Alter immer heller werden. Aber wie er da lag und grau in der Sonne glänzte, war er immer noch größer als unser Boot.

Diesmal legte sich meine Angst, als ich den Wal unter Wasser in den Blick bekam, und ich nahm seine unfassbare Schönheit wahr. Von einer eigentümlichen Ruhe ergriffen, tauchte ich. Ich entspannte mich. Mein Herzschlag wurde langsamer und ich machte die Augen weiter auf, um in dem von Sonnenstrahlen durchschossenen Wasser so viel wie möglich zu sehen. Mit größter Konzentration versuchte ich, mir alle Einzelheiten des Wals einzuprägen.

Farbe und Beschaffenheit der Haut, die erst glatten und dann runzlig werdenden Flanken. Die spielenden Muskeln, die gekerbte Schwanzflosse, die an ein Flugzeugheck erinnerte. Seine fest geschlossenen Kiefer ließen ihn nur noch friedlicher erscheinen, spielerisch sogar. Er hatte es offenbar nicht eilig, sich zu entfernen. Er lag einfach da. Und dann wandte er sich mir zu.

Ich wusste inzwischen, dass die Wale mich kannten, dass sie

mich durchschauten, auch wenn ich sie nicht verstand, dass sie mich mit sechs Sinnen in vier Dimensionen verorteten. Mit kleinsten Bewegungen reagierten sie auf meine. Wo ich Mühe hatte, die Balance zu wahren, die Beziehung zu halten, hatten sie die Begegnung vollständig im Griff.

Der Jungwal kam an meine Seite. Minuten wurden zu Stunden, als wir lautlos zusammen schwammen, Auge an Auge, Flosse an Flosse. Seine Bewegungen spiegelten meine. Schwarzes Neopren und grauer Blubber parallel. Magerer Mensch und mächtiger Wal. Ich hatte keine Angst mehr.

Als ich wieder im Boot saß, sah ich, wie der Wal sich einmal im Kreis drehte. Ein letztes Mal hob er den Kopf, dann krümmte er sich, streckte die Fluke und war fort.

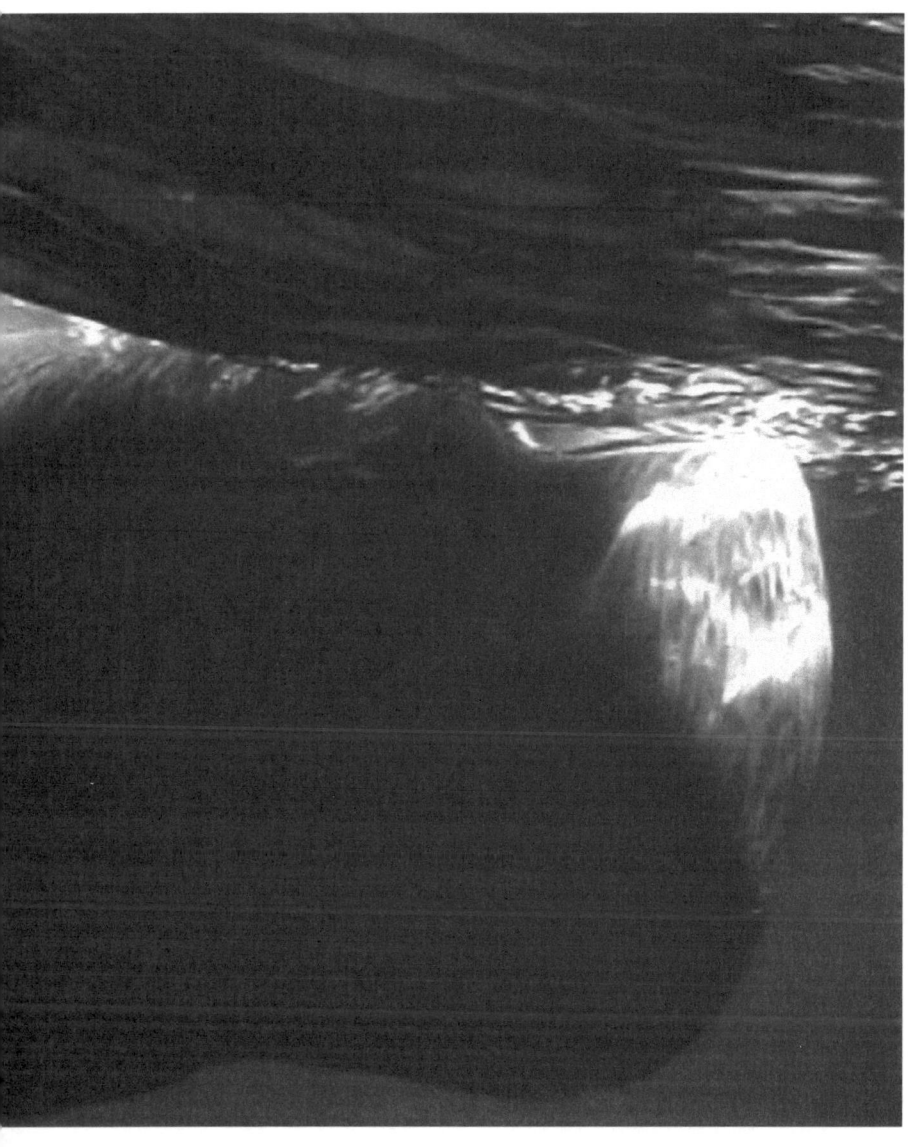

ANHANG

Anmerkungen

Alle Zitate aus Herman Melville, *Moby-Dick oder Der Wal* stammen aus der deutschen Übersetzung von Matthias Jendis. München: Hanser 2001; die Bibelzitate aus der »Einheitsübersetzung«.

Prolog

1 Algernon Swinburne, *Lesbia Brandon*, S. 14 f.
2 *Moby-Dick*, Kap. 58, S. 442.
3 Henry David Thoreau, *Cape Cod*, S. 219.
4 *Moby-Dick*, Kap. 58, S. 441.
5 Philip Brannon, *The Picture of Southampton*, S. 16. Das Seegerichtsbuch von Southampton für die Jahre 1566 bis 1585 verzeichnet einen nicht näher identifizierten Wal, der den Keyhaven Creek hinaufschwamm »und dort derart auf Grund lief, dass er nicht mehr vom Fleck kam«. Das Tier wurde von Soldaten getötet, die es nach Hurst Castle brachten »und es dort in Stücke schnitten und dort eine Menge Tran gewannen«. Der Bürgermeister von Southampton erhob Anspruch auf den Wal als königlichen Fisch. (Edwin Welch, *The Admiralty Court Book of Southampton, 1566–85*, Bd. 13, S. 80.)

I
Lotungen

1 *Moby-Dick*, Kap. 1, S. 40.
2 *New York Tribune*, 9. August 1861, zit. nach: chnm.gmu.edu/lostmuseum [Stand: März 2012].
3 *The Times*, 27. September 1877.
4 *Illustrated London News*, 6. Oktober 1877.
5 *The Times*, 4. Oktober 1877.
6 *The Times*, 3. Oktober 1877.
7 *Illustrated London News*, 6. Oktober 1877.
8 »In Marty Keese's Youth«, *New York Sun*, 1. September 1907, zit. nach: chnm.gmu.edu/lostmuseum [Stand: März 2012]. Ende der 1990er-Jahre gab es eine breite Kampagne mit dem Ziel, die Wale von Coney Island zu befreien, und schließlich wurden sie in ein anderes Aquarium verlegt. Zur vielleicht surrealsten und scheußlichsten Ausbeutung von Walen überhaupt kam es 1971, als das Londoner Dolphinarium, eine

bizarre Stripteasebar, in der 65 Oxford Street eröffnete, mit »Aquamaids« und angeblich auch einem Schwertwal. Der Tank war drei Meter tief, vierzehn Meter lang und fünf Meter breit; die Reste der blauen Wände sind noch heute im Keller eines Hauses am Soho Square zu besichtigen. Ich habe Bob Cassidy dafür zu danken, dass er mich auf die Geschichte aufmerksam gemacht hat. Das Dolphinarium wurde von einem Unternehmen namens Pleasureama betrieben, das den »einzigen Zweck« hatte, wie sein Präsident, der Abgeordnete Sir Harmar Nicholls, erklärte, »für seine Aktionäre Gewinn abzuwerfen«. Die Firma bestand keine zwei Jahre. 1974 eröffnete Paul Raymond eine Revue in Soho, wo Delfine darauf dressiert wurden, den angestellten Frauen den BH aufzuhaken. Nach sechs Wochen musste die Show wegen Protesten schließen. Siehe »The Rose-Tinted Menagerie«, www.iridescent-publishing.com [Stand: März 2012].

9 Siehe F. Scott Fitzgerald, *Der große Gatsby*, S. 224. Der am Wasser stehende Gatsby ist eine Anspielung auf Ismael an der Battery und in Fitzgeralds Schlussbemerkung über »jene unermessliche Finsternis jenseits der Stadt, wo die dunklen Felder des Landes unter dem Nachthimmel wogten«, klingt der letzte Satz in *Moby-Dick* an: »… dann brach alles ein, und das große Leichentuch des Meeres wogte weiter wie vor fünf Jahrtausenden« (Kap. 135, S. 864). In *Der Mann, der vom Himmel fiel* (1976) blickt Thomas Jerome Newton ebenfalls aufs Wasser hinaus und Nicolas Roeg, der Regisseur des Films, zitiert Audens Gedicht *Musée des Beaux Arts* mit seinem Verweis auf Ikarus.

10 Melville, *Redburn*, Kap. 27, in: *Redburn, Israel Potter und sämtliche Erzählungen*, S. 133.
11 Thoreau, *Cape Cod*, S. 17.
12 Ebd., S. 319.
13 Nathaniel Philbrick, *Mayflower*, S. 59.
14 *Mourt's Relation*, zit. nach: John Braginton-Smith und Duncan Oliver, *Cape Cod Shore Whaling*, S. 4 f.; siehe auch: Philbrick, *Mayflower*, S. 74.
15 Mary Heaton Vorse, *Time and the Town*, S. 89.
16 Thoreau, *Cape Cod*, S. 47.
17 *Moby-Dick*, Kap. 32, S. 237.
18 Hal Whitehead, *Sperm Whales*, S. 184.
19 *Moby-Dick*, Kap. 35, S. 261.
20 *OnEarth*, Frühjahr 2007, S. 29.
21 *New York Times*, 26. Dezember 2004.
22 Mary Oliver, »Humpbacks«, in: *New and Selected Poems*, Bd. 1, S. 169.
23 *Sindbad der Seefahrer*, S. 11.
24 Lukian von Samosata, *Wahre Geschichten*, S. 27 ff.
25 D. H. Lawrence, *Der Untergang der Pequod*, S. 223.
26 John Donne, »The Progress of the Soule« I, 32, zit. nach: Greg Gatenby, *Whales: A Celebration*, S. 119.
27 *Moby-Dick*, Kap. 1, S. 38.
28 Ebd., Kap. 71, S. 500.
29 Ebd., »Epilog«, S. 866.

30 Viola Meynell in der Einleitung zu ihrer Ausgabe von *Moby-Dick* (1920), S. VI f. Das Wiederaufleben des Interesses an *Moby-Dick* erhielt Auftrieb durch die postume Veröffentlichung von *Billy Budd, Sailor* im Jahr 1924.
31 Lawrence, *Der Untergang der Pequod*, S. 205, 202, 221.
32 *Moby-Dick*, Kap. 1, S. 40.

II
AM ANFANG DER REISE

1 *Moby-Dick*, Kap. 1, S. 33 f.
2 Melville, *Redburn*, Kap. 1, in: *Redburn, Israel Potter und sämtliche Erzählungen*, S. 11 f.
3 John D'Wolf, *A Voyage to the North Pacific and a Journey Through Siberia More Than Half a Century Ago* (1861), zit. nach: Wilson Heflin, *Herman Melville's Whaling Years*, S. 10.
4 Melville, *Redburn*, Kap. 2, S. 15.
5 Ebd., Kap. 12, S. 69.
6 Ebd., Kap. 20, S. 103.
7 Ebd., Kap. 38, S. 196 f.
8 Ebd., Kap. 37, S. 193.
9 *Moby-Dick*, Kap. 1, S. 37.
10 Ebd., Kap. 3, S. 61 f.
11 Ebd., Kap. 4, S. 68.
12 Ebd., S. 69 f.
13 Ebd., S. 68.
14 Besatzungsliste, ausgestellt im New Bedford Whaling Museum, Massachusetts.
15 Howard P. Vincent, *The Trying-Out of Moby-Dick*, S. 91.
16 Melville, *Redburn*, Kap. 23, S. 113.
17 Heflin, *Herman Melville's Whaling Years*, S. 17.
18 *Moby-Dick*, Kap. 16, S. 133.
19 Heflin, *Herman Melville's Whaling Years*, S. 19.
20 Ebd., S. 32 f.
21 John Spollon, »The Whaleman«, zit. nach: *The Standard-Times* (New Bedford), 20. Juni 2003 (den Hinweis habe ich Arthur Motta jr. zu verdanken).
22 *Moby-Dick*, Kap. 7, S. 81.
23 Ebd.
24 Ebd., Kap. 9, S. 90.
25 Ebd., Kap. 8, S. 89.
26 Ebd., Kap. 2, S. 43.
27 Zit. nach: Gerd Unverfehrt, *Da sah ich viel köstliche Dinge*, S. 119; siehe auch: Thomas Sturge Moore, *Albert Durer*, S. 126.
28 *Moby-Dick*, Kap. 55, S. 423.
29 Ebd., S. 427.
30 Ebd., S. 428 f.
31 Ebd., Kap. 32, S. 228.

III
DER POTTWAL

1 *Moby-Dick*, Kap. 86, S. 592.
2 Victor B. Scheffer, *Der Wal, das fröhliche Ungeheuer*, S. 74.
3 *Moby-Dick*, Kap. 41, S. 298.
4 Randall R. Reeves u. a., *Guide to Marine Mammals of the World*, S. 238.
5 Siehe John C. Lilly, *Communication between Man and Dolphin*, S. 30.
6 *Moby-Dick*, Kap. 44, S. 328.
7 Ebd., Kap. 74, S. 522.
8 Siehe Whitehead, *Sperm Whales*, S. 161.
9 *Moby-Dick*, Kap. 74, S. 523.
10 William M. Davis, *Nimrod of the Sea*, S. 187.

11 Thomas Beale, *The Natural History of the Sperm Whale* (1839), S. 37 f.
12 *Moby-Dick*, Kap. 80, S. 547.
13 Ebd., Kap. 74, S. 522.
14 Ebd., S. 520.
15 Ebd., S. 521.
16 Ebd., Kap. 87, S. 599.
17 Ebd., Kap. 85, S. 581.
18 Ebd.
19 Scheffer, *Der Wal, das fröhliche Ungeheuer*, S. 31.
20 Ebd., S. 30.
21 Siehe Whitehead, *Sperm Whales*, S. 80.
22 Nach einem Bericht in *The Times* vom 13. August 1884.
23 Nach einem Bericht von Malcolm Clarke vom 25. August 1969. Die gemessene Tauchzeit war 1 Stunde und 52 Minuten, die Tiefe betrug 3193 Meter.
24 *Moby-Dick*, Kap. 87, S. 606, Anm.
25 Ebd.
26 Siehe Vincent, *The Trying-Out of Moby-Dick*, S. 305, Anm.
27 Siehe Richard Ellis, *Seeungeheuer*, S. 219.
28 Laut Jonathan Gordon, zit. nach: Whitehead, *Sperm Whales*, S. 275. Gordon und Whitehead waren 1982 vor Sri Lanka die Vorreiter der modernen Pottwalforschung. Gordons Schwerpunkt verlagerte sich später auf die Azoren, die er erstmals 1979 besucht hatte, als der Walfang noch voll im Gange war. Der erste Pottwal, den er sah, wurde vor seinen Augen mit Harpunen und Lanzen durchbohrt und brauchte dann mehrere Stunden zum Sterben. (Persönliche Mitteilung von Jonathan Gordon vom 18. Mai 2006.) Bei Whitehead und Linda Weilgart waren es *Physeter-*Populationen im Pazifik, die ihr Interesse weckten; siehe Whitehead, *Sperm Whales*, S. 22 f.
29 Siehe die Übersicht in ebd., S. 284.
30 *Moby-Dick*, Kap. 88, S. 610 ff.
31 Ebd., Kap. 87, S. 604 f.
32 Whitehead, *Sperm Whales*, S. 12.
33 Ebd., S. 215.
34 Siehe ebd., S. 33.
35 Zit. nach: Vincent, *The Trying-Out of Moby-Dick*, S. 302.
36 Whitehead, *Sperm Whales*, S. 332.
37 Gordon, *Sperm Whales*, S. 18; siehe auch: Whitehead, *Sperm Whales*, S. 170.
38 Whitehead, *Sperm Whales*, S. 220.
39 Siehe ebd., S. 341.
40 Ebd., S. 194.
41 Beale, *The Natural History of the Sperm Whale*, S. 53.
42 Zit. nach: Whitehead, *Sperm Whales*, S. 188.
43 Beale, *The Natural History of the Sperm Whale*, S. 53.
44 Laut Malcolm Clarke, zit. nach: Whitehead, *Sperm Whales*, S. 53, 60.
45 Beale, *The Natural History of the Sperm Whale*, S. 3.
46 Siehe Whitehead, *Sperm Whales*, S. 8 f.
47 Siehe ebd., S. 145.
48 Richard Ellis, *Riesenkraken der Tiefsee*, S. 164, Anm.
49 Siehe ebd., S. 164.
50 Randall R. Reeves u. a., *Guide to Marine Mammals of the World*, S. 234.
51 Sidney Harmer, 12. Januar 1923, Archiv des Natural History Museum (NHM), London.
52 Siehe *Minutes of Standing Committee*, 8. November 1924, NHM.
53 Siehe *The Times*, 6. Juni 1929.

54 Siehe *Minutes of Standing Committee*, 17. Juli 1933, NHM.
55 Siehe *Minutes of Standing Committee*, 20. April 1937, NHM.
56 *The Times*, 1. August 1938.
57 Nelson Cole Haley, *Whale Hunt*, S. 219–222.
58 Michael Hanlon, »Deep Trouble«, *Daily Mail*, 30. September 2005.
59 *Moby-Dick*, Kap. 59, S. 443 f.
60 Ebd., S. 444 f.
61 Persönliche Mitteilung von Malcolm Clarke, 11. Dezember 2006.
62 *Moby-Dick*, Kap. 94, S. 647.
63 Ebd., Kap. 95, S. 651 f. (»Hauer« ist Matthias Jendis' Übersetzung von englisch *mincer*. In den Anmerkungen zu seiner Ausgabe von *Moby-Dick* schwingt sich Harold Beaver auf S. 878 zu der Behauptung auf, dieser spezielle *mincer* erweise sich als ein *mincing queer*, ein »scharwenzelnder Schwuler«, und der »Überzieher«, englisch *cassock*, umgestülpt zum Trocknen ins Rigg gehängt, bedeute »ass / cock« in the rigging, »Arsch / Schwanz in Montur«.)
64 Vincent, *The Trying-Out of Moby-Dick*, S. 328.
65 D. H. Lawrence, *Der Untergang der Pequod*, S. 223; zit. auch von Beaver in der Einleitung zu seiner *Moby-Dick*-Ausgabe, S. 36.
66 W. H. Auden, »Herman Melville«, in: Melville, *Ein Leben*, S. 714.
67 *Moby-Dick*, Kap. 106, S. 713.
68 Beaver in seiner *Moby-Dick*-Ausgabe, S. 36.

IV
EIN SCHMUTZIGES
GESETZESWERK

1 *Moby-Dick*, Kap. 1, S. 38.
2 Ebd., Kap. 24, S. 196.
3 Zit. nach: Robert K. Wallace, *Douglass and Melville*, S. 4.
4 *Moby-Dick*, Kap. 27, S. 208.
5 Ebd., Kap. 6, S. 77.
6 Mary Heaton Vorse, *Time and the Town*, S. 142 f.
7 Frederick Douglass, *My Bondage and My Freedom*, New York 1855, zit. nach: *The Underground Railroad*: New Bedford.
8 Zit. nach: Philip McFarland, *Hawthorne in Concord*, S. 162.
9 *Moby-Dick*, Kap. 32, S. 233 f.
10 Ebd., Kap. 61, S. 453.
11 Douglass, *Das Leben des Frederick Douglass als Sklave in Amerika*, S. 202.
12 Wallace, *Douglass and Melville*, S. 38, 50.
13 Ebd., S. 49.
14 Ebd., S. 47.
15 Melville, *Redburn*, Kap. 41, in: *Redburn, Israel Potter und sämtliche Erzählungen*, S. 212; siehe auch: Wallace, *Douglass and Melville*, S. 48.
16 Wallace, *Douglass and Melville*, S. 47.
17 Charles Nordhoff, *Whaling and Fishing*, S. 16. Nordhoffs Buch über den Walfang, erstmals 1856 erschienen, kurz nach *Moby-Dick*, verkaufte sich wesentlich besser als Melvilles.
18 *Moby-Dick*, Kap. 1, S. 39.
19 Nordhoff, *Whaling and Fishing*, S. 16.

20 Stuart M. Frank, »Whaling«, *Portraits of a Port*, 25. August 2002, S. 4.
21 Sarah Lazarus, *Trouble Waters*, S. 44.
22 Nordhoff, *Whaling and Fishing*, S. 136.
23 *Moby-Dick*, Kap. 6, S. 78.
24 Nordhoff, *Whaling and Fishing*, S. 23.
25 *Moby-Dick*, Kap. 13, S. 118.
26 Frank, »Whaling«, S. 4.
27 *Moby-Dick*, Kap. 13, S. 118 f.
28 Nordhoff, *Whaling and Fishing*, S. 25.
29 Ebd, S. 23.
30 *Moby-Dick*, Kap. 6, S. 79.

V
Fernes Land

1 *Moby-Dick*, Kap. 14, S. 123 f.
2 Ebd., Kap. 57, S. 437.
3 Mary Heaton Vorse, *Time and the Town*, S. 145.
4 *Moby-Dick*, Kap. 57, S. 436 f.
5 Melville, *Weißjacke*, Kap. 42, in: *Typee. Omoo. Weißjacke*, S. 761.
6 *Moby-Dick*, Kap. 57, S. 436.
7 »JFK's Missing ›Tooth‹ Found«, http://www.jfklibrary.org/About-Us/News-and-Press/Press-Releases/JFKs-Missing-Tooth-Found.aspx, 10. Mai 2000.
8 *Moby-Dick*, Kap. 25, S. 198. Dieses ganze Kapitel, »Postscript« genannt, wurde aus der ersten, englischen Ausgabe von Melvilles Buch getilgt, möglicherweise um zu vermeiden, dass die Briten und ihre Monarchin daran Anstoß nahmen.
9 Hector St. John de Crèvecœur, *Description of the Island of Nantucket*, zit. von Paul Lyons in seiner Einleitung zu Owen Chase, *Shipwreck of the Whaleship Essex*, S. xi. Siehe auch: *Historic Nantucket*, Winter 2000, Bd. 49, Nr. 1, S. 8.
10 *Moby-Dick*, »Auszüge«, S. 25.
11 Ebd., Kap. 16, S. 134.
12 Ebd., Kap. 32, S. 227 f.
13 Melville, *Mardi*, Bd. 1, Kap. 1, S. 14.
14 *Moby-Dick*, »Auszüge«, S. 23.
15 Zit. nach: E. Keble Chatterton, *Whalers and Whaling*, S. 24.
16 Owen Chase, »Bericht vom Schiffbruch des Walfängers *Essex* aus Nantucket« (Auszug), in: Melville, *Moby-Dick*, hrsg. von Norbert Wehr, Anhang, S. 845.
17 Ebd., S. 846.
18 Chase, *Shipwreck of the Whaleship Essex*, S. 5.
19 *Moby-Dick*, Kap. 14, S. 124 f.
20 Chase, »Bericht vom Schiffbruch des Walfängers *Essex* aus Nantucket«, S. 845.
21 Chase, *Shipwreck of the Whaleship Essex*, S. 3.
22 Ebd., S. 4.
23 *Moby-Dick*, Kap. 16, S. 141.
24 Siehe Patty Jo Rice, »Beginning with candle making: a history of the Whaling Museum«, *Historic Nantucket*, Sommer 1998.
25 Siehe James Everett Grieder, *A House Divided: Nantucket After the Revolution*, Part 1, Historic Nantucket (Website).
26 *Moby-Dick*, Kap. 132, S. 820.
27 Nathaniel Philbrick, *Im Herzen der See*, S. 38.
28 Siehe Gordon Jackson, *The British Whaling Trade*, S. 67.
29 Siehe Paul Smart, »Nantucket-on-

the-Hudson: Remembering the halcyon days of Hudson's whaling fleet«, Kingston, New York 2003.
30 Siehe Jackson, *The British Whaling Trade*, S. 93; siehe auch: Jane Clayton, »Nantucket whalers in Milford Haven, Wales«, *Historic Nantucket*, Winter 2007, Bd. 56, Nr. 1, S. 4–7.
31 Davis, *Nimrod of the Sea*, S. 55; siehe auch: Appendix D.
32 Thoreau, *Cape Cod*, S. 39.
33 *Moby-Dick*, Kap. 14, S. 125.
34 Siehe H. W. Brands, *The Age of Gold*, S. 50.
35 Siehe Chatterton, *Whalers and Whaling*, S. 26.

VI
VERSIEGELTE ORDER

1 Melville, *Weißjacke*, »Das Ende«, in: *Typee. Omoo. Weißjacke*, S. 990.
2 Mehr über die *Morgan* bei John F. Leavitt, *The Charles W. Morgan*, passim. Ich habe Mary K. Bercaw Edwards für eine kundige Führung durch das Schiff zu danken.
3 J. Ross Browne, *Etchings of a Whaling Cruise*, S. 43.
4 Nelson Cole Haley, *Whale Hunt*, S. 48.
5 Ebd., S. 121.
6 Ebd., S. 61.
7 Ebd., S. 66.
8 Melville, *Weißjacke*, Kap. 6, S. 615.
9 Ebd., Kap. 53, S. 815.
10 Melville, *Redburn*, Kap. 44, in: *Redburn, Israel Potter und sämtliche Erzählungen*, S. 226.
11 Ebd., Kap. 49, S. 258 ff.; siehe auch: Harold Beavers Anmerkungen zu seiner Ausgabe von *Redburn*, wo er Martin Leonard Pops, *The Melville Archetype*, zitiert: »Das Wortspiel mit *hand-organ* ist unausweichlich, und auch in mehreren anderen Fällen benutzt Melville Musikinstrumente als Symbole der Genitalien ... Während Carlo spielt, wird Redburn sexuell erregt, und als Carlo eine besonders kriegerische Melodie beendet, teilt Redburn uns mit: ›Ich komme zu mir.‹« (*Redburn*, S. 261). Mehr zu *Redburn* und der Frage von Melvilles Sexualität bei Newton Arvin, *Herman Melville*, S. 27, 42–45, 138; und Andrew Delbanco, *Melville*, S. 248–256.
12 Melville, *Weißjacke*, Kap. 52, S. 809. An anderer Stelle heißt es dort: »Was zu viele Matrosen an Land sind, ist wohlbekannt, aber was manche von ihnen werden, wenn sie völlig von den Gewohnheiten an Land abgeschnitten sind, vermag sich ein Landbewohner kaum vorzustellen. Die Sünden, von denen die Städte der Ebene zugrunde gerichtet wurden, gibt es noch in diesen holzumwallten Gomorrhas der Tiefe. Mehr als einmal wurden am Mast der ›Neversink‹ Klagen vorgebracht, von denen der Wachoffizier sich voll Ekel abwandte, die anzuhören er sich weigerte und woraufhin er dem Klageführenden befahl, sich aus seinen Augen zu scheren.« (Ebd., Kap. 89, S. 966.)
13 Siehe B. R. Burg (Hrsg.), *An American Seafarer in the Age of Sail*, S. 26.
14 Siehe Delbanco, *Melville*, S. 249 (wo der ursprünglich phrenologische Begriff allerdings mit »Adhäsion« übersetzt wird).

15 Mehr über die Wachen auf Walfängern bei Charles Nordhoff, *Whaling and Fishing*, S. 47, 72; Haley, *Whale Hunt*, S. 22; und Heflin, *Herman Melville's Whaling Years*, S. 46.
16 Siehe Heflin, *Herman Melville's Whaling Years*, S. 57.
17 *Moby-Dick*, Kap. 24, S. 193.
18 Ebd., Kap. 61, S. 453.
19 Haley, *Whale Hunt*, S. 55.
20 Heflin, *Herman Melville's Whaling Years*, S. 47.
21 Melville, »Skizzen einer Walreise«, in: *Moby-Dick*, hrsg. von Norbert Wehr, S. 899.
22 Zit. nach: Chatterton, *Whalers and Whaling*, S. 72.
23 Philbrick, *Im Herzen der See*, S. 76.
24 *Moby-Dick*, Kap. 48, S. 356f.
25 Nordhoff, *Whaling and Fishing*, S. 226f.
26 Melville, »Skizzen einer Walreise«, S. 899.
27 Siehe Frederick Drimmer u. a. (Hrsg.), *The Illustrated Encyclopaedia of Animal Life*, Bd. 4, *Mammals*, S. 393.
28 Nordhoff, *Whaling and Fishing*, S. 162.
29 Ebd., S. 164.
30 Haley, *Whale Hunt*, S. 240.
31 Nordhoff, *Whaling and Fishing*, S. 225.
32 *Moby-Dick*, Kap. 50, S. 375f.; Kap. 61, S. 457.
33 Frank T. Bullen, *The Cruise of the Cachalot*, S. 28.
34 Beale, *The Natural History of the Sperm Whale* (1839), S. 4f.
35 Melville, *Omoo*, Kap. 82, in: *Typee. Omoo. Weißjacke*, S. 586.
36 *Moby-Dick*, Kap. 3, S. 49.
37 Ebd., Kap. 60, S. 447.
38 Ebd., S. 451.
39 Ebd., Kap. 85, S. 584.
40 Ebd., Kap. 61, S. 455, Anm.
41 Ebd., S. 457.
42 Chatterton, *Whalers and Whaling*, S. 78.
43 Jonathan Gordon, *Sperm Whales*, S. 18.
44 *Moby-Dick*, Kap. 61, S. 458.
45 Nordhoff, *Whaling and Fishing*, S. 191.
46 *Moby-Dick*, Kap. 95, S. 652.
47 Ebd., Kap. 98, S. 662.
48 Heflin, *Herman Melville's Whaling Years*, S. 56.
49 *Moby-Dick*, Kap. 78, S. 537.
50 Ebd., S. 541.
51 Siehe Robert Burton, *The Life and Death of Whales*, S. 17; siehe auch: Nicholas Redman, *Whales' Bones of the British Isles*, S. 101.
52 Ambrose John Wilson, »The Sign of the Prophet Jonah and Its Modern Confirmation«, *Princeton Theological Review*, Bd. 25, 1927, S. 635–637, zit. nach: Scheffer, *Der Wal, das fröhliche Ungeheuer*, S. 66. Siehe auch: Whitehead, *Sperm Whales*, S. 45; und A. A. Berzin, *The Sperm Whale (Kashalot)*, S. 206–209.
53 Scheffer, *Der Wal, das fröhliche Ungeheuer*, S. 66; siehe auch: Drimmer, *The Illustrated Encyclopaedia of Animal Life*, S. 386.
54 Egerton Y. Davis, »Man in Whale«, in: *Natural History*, Bd. 56, 1947, S. 241, zit. nach: Scheffer, *Der Wal, das fröhliche Ungeheuer*, S. 67.
55 George Orwell, *Das verschüttete Leben*, S. 61.
56 *The Times*, 9. Juni 1928.
57 George Orwell, »Im Innern des

Wals«, in: *Im Innern des Wals*, S.128f. Im März 1930 hatte Orwell Lewis Mumfords *Herman Melville* für die *New Adelphi* besprochen (siehe Sonia Orwell und Ian Angus [Hrsg.], *The Collected Essays, Journalism and Letters of George Orwell*, Bd.1, S.19–21).
58 Davis, *Nimrod of the Sea*, S.86.
59 *Moby-Dick*, Kap.94, S.646, 648.
60 Ebd., Kap.96, S.655.
61 Ebd.
62 Ebd., Kap.98, S.662.
63 Ebd., S.664.

VII
DER GÖTTLICHE MAGNET

1 *Moby-Dick*, Kap.104, S.702.
2 Melville, *Typee*, Kap.5, in: *Typee. Omoo. Weißjacke*, S.43; siehe auch: John Bryant in der Einleitung zu seiner Ausgabe des Buchs, S.xixf.; sowie Arvin, *Herman Melville*, S.53.
3 Mehr dazu bei Wallace, *Douglass and Melville*, S.58.
4 Arvin, *Herman Melville*, S.5. Arvin, der sogenannte »scharlachrote Professor« und kurzzeitige Liebhaber von Truman Capote, wurde in der restriktiven Atmosphäre der McCarthy-Ära in den 1950er-Jahren von seiner Universität entlassen, weil man ihm vorwarf, pornografische Literatur mit der Post bekommen zu haben. Arvin war einer der Ersten, die schriftlich »eine verborgene, unerkannte Sexualität« bei Melville thematisierten (ebd., S.28).
5 Ebd., S.5f.
6 Siehe Hershel Parker, »Melville and Hawthorne in the Berkshires«, in: David Scribner (Hrsg.), *Aspects of Melville*, S.21.
7 Siehe die Besprechungen, die Jay Leyda zitiert in *The Melville Log*, Bd.1, S.305, 308.
8 Tagebucheintrag vom 6. November 1849, in: Melville, *Ein Leben*, S.158f.
9 4. November 1849, ebd., S.156.
10 16. November 1849, ebd., S.168.
11 10. November 1849, ebd., S.161f.
12 *Moby-Dick*, Kap.57, S.435.
13 21. November 1849, in: Melville, *Ein Leben*, S.175.
14 24. November 1849, ebd., S.181.
15 25. November 1849, ebd.
16 Brief vom 27. Juni 1850, ebd., S.228.
17 Heflin, *Herman Melville's Whaling Years*, S.85f.
18 *Moby-Dick*, Kap.45, S.342.
19 Tagebucheintrag von 1834, zitiert von Harold Beaver im Anhang zu seiner *Moby-Dick*-Ausgabe, S.979.
20 *Moby-Dick*, Kap.45, S.336.
21 Beale, *The Natural History of the Sperm Whale* (1835), S.52.
22 *Moby-Dick*, Kap.45, S.336f.
23 Melville, »Notizen zum Bericht von Owen Chase über den Schiffbruch des Walfängers *Essex*«, in: *Moby-Dick*, hrsg. von Norbert Wehr, S.866.
24 Owen Chase, »Bericht vom Schiffbruch des Walfängers *Essex* aus Nantucket«, ebd., S.853.
25 Ebd., S.856.
26 Owen Chase, *Der Untergang der Essex*, S.109; siehe auch: Philbrick, *Im Herzen der See*, S.208.
27 Melville, »Notizen zum Bericht von Owen Chase«, S.866.
28 Philbrick, *Im Herzen der See*, S.284.

29 Melville, »Notizen zum Bericht von Owen Chase«, S. 867.
30 Jeremiah Reynolds, »Mocha Dick; oder der Weiße Wal des Pazifiks«, in: *Moby-Dick*, hrsg. von Norbert Wehr, S. 873.
31 Ebd., S. 888; siehe auch: Scheffer, *Der Wal, das fröhliche Ungeheuer*, S. 149.
32 Chase, »Bericht vom Schiffbruch des Walfängers *Essex*«, S. 846.
33 Nordhoff, *Whaling and Fishing*, S. 161.
34 Chase, »Bericht vom Schiffbruch des Walfängers *Essex*«, S. 861; siehe auch: *Moby-Dick*, Kap. 45, S. 341, Anm.
35 Zahlen nach Whitehead, *Sperm Whales*, S. 131.
36 *Moby-Dick*, Kap. 105, S. 709 f.
37 New Bedford Whaling Museum, Kendall Collection, KWM 301, Begleittext.
38 Nordhoff, *Whaling and Fishing*, S. 162.
39 *Moby-Dick*, Kap. 45, S. 342.
40 Zit. nach: Vincent, *The Trying-Out of Moby-Dick*, S. 300.
41 John Fowles, »Voices of the Deep« (Buchsprechung im *New Statesman*, 1983), zit. nach: Gatenby, *Whales: A Celebration*, S. 201.
42 *Moby-Dick*, Kap. 41, S. 301 f.
43 Brief an Richard Henry Dana jr. vom 1. Mai 1850, in: Melville, *Ein Leben*, S. 226; siehe auch: Delbanco, *Melville*, S. 159.
44 Tagebucheintrag vom 6. November 1849, in: Melville, *Ein Leben*, S. 159.
45 *Moby-Dick*, Kap. 133, S. 829.
46 Brief an Hawthorne vom 29. Juni 1851, in: Melville, *Ein Leben*, S. 261 f.; siehe auch: *Moby-Dick*, hrsg. von Norbert Wehr, Anhang, S. 936.
47 Brief von Hawthorne an Henry Longfellow, zitiert von Mary Oliver in ihrem Vorwort zu Hawthorne, *Mosses from an Old Manse*, S. vi.
48 Elizabeth Peabody, zit. nach: Christopher Benfey, »A face from the fire: The enduring smile of Nathaniel Hawthorne«, S. 14; siehe auch: McFarland, *Hawthorne in Concord*, S. 34.
49 Hawthorne, *Der scharlachrote Buchstabe*, S. 19.
50 Oliver, Vorwort zu Hawthorne, *Mosses from an Old Manse*, S. xiv.
51 Hawthorne, »Feuerkult«, dt. von Hans-Joachim Lang, in: *Erzählungen*, S. 580.
52 Zit. nach: Henry James, *Hawthorne*, S. 42.
53 Siehe McFarland, *Hawthorne in Concord*, S. 167 f.
54 Hawthorne, »Das alte Pfarrhaus«, dt. von Hans-Joachim Lang, in: *Erzählungen*, S. 598 f.
55 Leyda, *The Melville Log*, S. 384.
56 Arvin, *Herman Melville*, S. 136.
57 Siehe Leyda, *The Melville Log*, S. 384.
58 Hawthorne, *Passages from the English Notebooks*, 18. November 1856, zit. nach: Melville, *Ein Leben*, S. 358.
59 Brief von Hawthorne an Horatio Bridge vom 17. August 1850, zit. nach: Leyda, *The Melville Log*, S. 389.
60 Melville, »Hawthorne und seine Moose«, in: *Moby-Dick*, hrsg. von Norbert Wehr, Anhang, S. 903.
61 Ebd., S. 918 (Übersetzung leicht verändert).

62 Hawthornes Tagebuch vom 8. August 1851, zit. nach: *Zwanzig Tage mit Julian und Little Bunny*, S. 44.
63 Hawthornes Tagebuch vom 1. August 1851, ebd., S. 21; siehe auch: *Moby-Dick*, hrsg. von Norbert Wehr, Anhang, S. 938.
64 Zit. nach: McFarland, *Hawthorne in Concord*, S. 158.
65 Brief von Evert an George Duyckinck vom 7. August 1850, zit. nach: Leyda, *The Melville Log*, S. 385.
66 Brief an Lemuel Shaw vom 6. Oktober 1849, in: Melville, *Ein Leben*, S. 137.
67 Brief an Evert A. Duyckinck vom 3. März 1849, ebd., S. 123; siehe auch: Charles Olson, *Nennt mich Ismael*, S. 45. (Olson war ein Freund und Parteigänger von Ezra Pound.)
68 *Moby-Dick*, Kap. 49, S. 370.
69 Ebd., S. 372.
70 Melville, *Moby-Dick*, hrsg. von Harold Beaver, S. 321. Die Möglichkeit, *sperm* als »Sperma« zu verstehen, ist im Deutschen nicht zu erhalten; siehe *Moby-Dick*, Kap. 48, S. 359: »… (pullt, Jungs) Walrat, so heißt unser Spiel.«
71 *Moby-Dick*, Kap. 85, S. 579.
72 Brief an Hawthorne vom Mai (?) 1851, in: Melville, *Ein Leben*, S. 259.
73 *Moby-Dick*, Kap. 1, S. 36.
74 Brief an John Murray vom 2. September 1846, in: Melville, *Ein Leben*, S. 72. Als der Wahrheitsgehalt von *Typee* in Zweifel gezogen wurde, bestätigte Toby schriftlich die Darstellung seines Freundes. Mehr über Melvilles Beziehung zu Toby (Richard Tobias Greene) bei Stanton Garner, *The Civil War of Herman Melville*.
75 Brief an Sarah Huyler Morewood vom September 1851, in: Melville, *Ein Leben*, S. 270.
76 *Moby-Dick*, Kap. 51, S. 381.
77 Brief an Evert A. Duyckinck vom 13. Dezember 1850, in: Melville, *Ein Leben*, S. 242.
78 Ebd.
79 Ebd., S. 241. In »sein unnatürliches Ringen« um sein eigenes Buch verstrickt, ging Pierre Glendinning mit Vorliebe an stürmischen Abenden auf dem Broadway spazieren, »weil dann die großen Hauptstraßen weniger vollgestopft waren und die Markisen der unzähligen Geschäfte flatterten und klatschten wie die breiten Segel eines Schoners im Sturm und die Schließgitter rasselten wie wellengepeitschte Schanzkleider und die Schieferplatten herunterschepperten wie losgerissene Taljenblöcke« (Melville, *Pierre oder Die Doppeldeutigkeiten*, Buch XXV, S. 581). *Pierre*, das auf *Moby-Dick* folgte, ist ein merkwürdiges, häufig unlogisches Werk, stark beeinflusst von Hawthorne, von Schauerromanen und von Melvilles eigenen Erfahrungen und sexuellen Neigungen.
80 *Moby-Dick*, Kap. 14, S. 124.
81 Zit. nach: Leyda, *The Melville Log*, S. 412.
82 *Moby-Dick*, Kap. 113, S. 748; siehe auch den Brief an Hawthorne vom 29. Juni 1851, in: Melville, *Ein Leben*, S. 262; sowie Olson, *Nennt mich Ismael*, S. 55.
83 Mehr zu dieser Episode findet sich in Hershel Parkers definitiver Biografie von Melville, Bd. I.

84 Brief an Hawthorne vom 17. (?) November 1851, in: Melville, *Ein Leben*, S. 275.
85 Ebd., S. 275 f.
86 Ebd., S. 276.
87 Ebd., S. 276 f. (Übersetzung leicht verändert).
88 Besprechung von 1851 unter »Literary Notices«, gerahmter Zeitungsausschnitt, ausgestellt in Arrowhead. Die englischen Zeitungen ergingen sich mitunter in wüsten Schmähungen. »Dies ist ein unverarbeitetes Gemenge aus Dichtung und Wirklichkeit«, heißt es in *The Atheneum* vom 25. Oktober 1851. »Der Gedanke einer zusammenhängenden und zusammenhaltenden Geschichte ist dem Verfasser im Laufe der Niederschrift offensichtlich des Öfteren gekommen und wieder abhandengekommen. Der Stil seiner Erzählung ist stellenweise von weniger wirrem als irrem Englisch entstellt und die Katastrophe am Schluss fällt überhastet, schwach und dunkel aus ... Wir haben wenig mehr zur Missbilligung oder Empfehlung dieses absurden Buches zu sagen ... Mr. Melville kann sich nur bei sich selbst bedanken, wenn seine Gräuel und sein Bombast vom Leser als Schund der schlimmsten tollhausliterarischen Art abgetan werden – da er anscheinend weniger unfähig als unwillig ist, das Handwerk eines Künstlers zu erlernen.« (Zit. nach: Leyda, *The Melville Log*, S. 430 f.)
89 Brief an Evert A. Duyckinck vom 7. November 1851, in: Melville, *Ein Leben*, S. 272.
90 *Moby-Dick*, Kap. 1, S. 39. Das Gefühl, verfolgt zu werden, hatte Melville offenbar mit Shelley gemein – wobei der Verfolger in Shelleys Fall der »ekle Dämon« war.
91 Brief an Evert A. Duyckinck vom 12. Februar 1851, in: Melville, *Ein Leben*, S. 247. Siehe *Pierre*, Buch XII, S. 439: »Zum Teufel mit Ihnen und Ihrer Daguerreotypie!«
92 *Berkshire County Eagle*, 10. Oktober 1856, zit. nach: Leyda, *The Melville Log*, S. 525.
93 Ebd., S. 527.
94 Tagebucheintrag vom 9. November 1856, in: Melville, *Ein Leben*, S. 348.
95 Hawthorne, *Passages from the English Notebooks*, zit. nach: Melville, *Ein Leben*, S. 355 f.
96 Ebd., S. 357. Hawthorne könnte es sich vorgeworfen haben, dass er Melville und sein Buch beeinflusst und ihn damit veranlasst hatte, ein Werk zu schaffen, das zu seiner Zeit beim Publikum wie bei den Kritikern als Fehlschlag galt; auf jeden Fall können Hawthornes erfolglose Bemühungen in den 1850er-Jahren, Melville einen Konsulatsposten zu verschaffen, als Versuch gewertet werden, diesen Selbstvorwürfen entgegenzuwirken.
97 *Moby-Dick*, Kap. 57, S. 437.
98 Ebd., Kap. 60, S. 451.
99 Ebd., Kap. 93, S. 643.
100 Bemerkung des Touristenführers in Arrowhead, 9. Juli 2005.
101 W. H. Auden, »Herman Melville«, in: Melville, *Ein Leben*, S. 715.
102 *Moby-Dick*, Kap. 42, S. 310.
103 W. H. Auden, »Herman Melville«, S. 714.

104 Zit. von Beaver in der »Biographical Note« zu seiner *Moby-Dick*-Ausgabe, S. 13.

VIII
GANZ WIE EIN WALFISCH

1 Thoreau, *The Maine Woods*, zit. nach: David Rothenberg, *Thousand Mile Song*, S. 20.
2 Hawthorne, »Das alte Pfarrhaus«, dt. von Hans-Joachim Lang, in: *Erzählungen*, S. 629.
3 Newton Arvin (Hrsg.), *The Heart of Hawthorne's Journals*, S. 120.
4 Thoreau, *Walden*, S. 12.
5 Ebd., S. 12f.
6 Ebd., S. 14.
7 Ebd., S. 17 (Übersetzung leicht verändert).
8 Zit. nach: McFarland, *Hawthorne in Concord*, S. 263.
9 *Moby-Dick*, Kap. 27, S. 209.
10 Nordhoff, *Whaling and Fishing*, S. 353.
11 Thoreau, *Cape Cod*, S. 28.
12 *Moby-Dick*, Kap. 16, S. 138.
13 Thoreau, *Cape Cod*, S. 36.
14 Ebd., S. 36f.
15 Bullen, *The Cruise of the Cachalot*, S. 20.
16 Thoreau, *Cape Cod*, S. 167f.
17 Ebd., S. 168.
18 Ebd., S. 170.
19 Ebd.
20 Ebd., S. 318.
21 Ebd., S. 176.
22 Persönliche Mitteilung von Charles Mayo, 15. November 2005.
23 Siehe Maurizio Würtz und Nadia Repetto, *Wale und Delphine*, S. 135.
24 *Moby-Dick*, »Wortkunde«, S. 13.
25 Persönliche Mitteilung von Charles Mayo, 15. November 2005.
26 *Moby-Dick*, Kap. 14, S. 124.
27 Persönliche Mitteilung von Charles Mayo, 15. November 2005.
28 Nordhoff, *Whaling and Fishing*, S. 161.
29 *Moby-Dick*, Kap. 60, S. 449.
30 Henry Beston, *The Outermost House*, S. 24f.
31 Zahlen aus Osterberg, Costa, Mayo, »Interpretation of Zooplankton Resources«.
32 *Moby-Dick*, Kap. 35, S. 261.
33 Ebd., Kap. 58, S. 439.
34 Siehe *The Voyage of St Brendan*, engl. von John O'Meara, zit. nach: Gatenby, *Whales: A Celebration*, S. 13.
35 Shakespeare, *Hamlet* III, 2, S. 171, 173.
36 Thomas Hobbes, *Leviathan*, »Einleitung«, S. 5.
37 *Moby-Dick*, Kap. 104, S. 704.
38 Ebd., S. 703f.
39 Ebd., S. 704.
40 Ebd., Kap. 105, S. 707.
41 Ebd., Kap. 104, S. 704.
42 Siehe *The Independent*, 20. Dezember 2007; siehe auch. »Laelaps«-Blog, Brian Switek, Rutgers University.
43 Siehe Scheffer, *Der Wal, das fröhliche Ungeheuer*, S. 46; siehe auch: Berzin, *The Sperm Whale (Kashalot)*, S. 65. Wie ein bizarrer Kommentar zu solchen evolutionären Atavismen wirkte die Meldung vor einigen Jahren, dass die Japaner im Zuge ihrer »wissenschaftlichen« Walfangoperationen versuchten, Rindereizellen mit Zwergwalspermien zu befruchten und Zwergwalzellen in die von Kühen

und Schweinen zu implantieren. (»Japanese crossing whales with cows«, *Metro*, 12. März 2008.)
44 Zit. nach: Burton, *The Life and Death of Whales*, S. 12.
45 Brief von Melville an Hawthorne vom 17. (?) November 1851, in: Melville, *Ein Leben*, S. 276.
46 Linnaean Society of New England, *Report ... Relative to a Large Marine Animal*, »Einleitung«.
47 Ebd., S. 10 f.
48 Ebd., S. 11.
49 Ebd., S. 13.
50 Ebd., S. 37.
51 Ebd., S. 51.
52 Charles Gould, *Mythical Monsters*, S. 291.
53 J. P. O'Neill, *The Great New England Sea Serpent*, S. 99.
54 Ebd., S. 119–121.
55 *The Times*, 16. April 1850.
56 Zit. nach: Ellis, *Seeungeheuer*, S. 56.
57 Siehe Gould, *Mythical Monsters*, S. 292–294; siehe auch: *Illustrated London News*, 28. Oktober 1848, S. 265; Bernard Heuvelmans, *In the Wake of Sea Serpents*, S. 199; Ellis, *Seeungeheuer*, S. 60 ff.
58 Siehe O'Neill, *The Great New England Sea Serpent*, S. 56.
59 Ebd., S. 143.
60 Siehe Gould, *Mythical Monsters*, S. 311–315.
61 Zit. nach: Ellis, *Seeungeheuer*, S. 64.
62 *Moby-Dick*, Kap. 102, S. 693.
63 Ebd., S. 694.
64 Ebd., S. 696.

IX
DER RECHTE GEBRAUCH DES WALS

1 *Moby-Dick*, Kap. 102, S. 695 f.
2 Tom und Cordelia Stamp, *William Scoresby: Arctic Scientist*, S. 95.
3 Linda Drury, »The Bishop of Durham's Whale, 1766–67«, S. 51.
4 Peter Adamson, *The Great Whale to Snare*, S. 8 f.
5 *Moby-Dick*, Kap. 30, S. 221.
6 Tagebuch der Sarah Stickney, mit Genehmigung von David Connell, Burton Constable Foundation.
7 Arthur G. Credland, *The Hull Whaling Trade*, S. 99.
8 Siehe Drury, »The Bishop of Durham's Whale, 1766–67«, S. 43.
9 James Alderson, »An Account of a Whale of the Spermaceti Tribe«, S. 253.
10 Arthur G. Credland, »Some notes on the development of cetology«, S. 99.
11 Alderson, »An Account of a Whale of the Spermaceti Tribe«, S. 260 f.
12 Ebd., S. 256.
13 Ebd., S. 264.
14 Ebd., S. 258.
15 Siehe Scheffer, *Der Wal, das fröhliche Ungeheuer*, S. 30.
16 *Moby-Dick*, Kap. 3, S. 49.
17 Geschäftsbücher der Haushofmeister, Burton Constable Hall.
18 Drury, »The Bishop of Durham's Whale, 1766–67«, S. 48.
19 Ebd., S. 39.
20 Zit. nach: Redman, *Whales' Bones of the British Isles*, S. 36.
21 *The Times*, 31. März 1809.
22 Redman, *Whales' Bones of the British Isles*, S. 65.
23 *The Times*, 2. Juli 1831.

24 *Magazine for Natural History*, 1835, Bd. VIII, S. 599.
25 Beale, *The Natural History of the Sperm Whale* (1839), S. 354.
26 Ebd., S. 33.
27 In der Karikatur im *New Yorker* ist das Boot mit einem Ehepaar bemannt und die Frau sagt zum Mann: »Pass auf den Wal auf, Liebling.« Siehe außerdem Garlands Karikatur im *Daily Telegraph* vom 13. Juli 2006, die den Titel eines Films, *Der Tintenfisch und der Wal*, als Bildunterschrift verwendet, sowie Huggins' Wal – in dem Fall mit einem Davidstern über dem Auge und umschlungen von einem Riesenkalmar, auf dessen Tentakeln die Worte »Islamischer Dschihad«, »Hamas«, »Iran«, »Al-Qaida« und »Hisbollah« stehen. Der Zeichner und Animationskünstler Rowland B. Wilson zeichnete auch mehrere *Moby-Dick*-Karikaturen für den *New Yorker* und den *Playboy*, darunter eine mit einem abenteuerlich gemusterten Wal, der vor einem der Fangboote der *Pequod* aufragt, dazu die Bildunterschrift: »Muss er denn weiß sein, Käpt'n? Käme nicht auch was in Paisley infrage?«
28 Beale, *The Natural History of the Sperm Whale*, S. 9.
29 Ebd., S. v–vi.
30 Siehe Selby Whittingham, »Elhanan Bicknell«, *Oxford Dictionary of National Biography*.
31 Siehe *The Times*, 26. Februar und 4. März 1829. Der Wal in der Whitstable Bay – der nach einigen Berichten bis zu 25 Meter lang gewesen sein soll – wurde von Mr Gould von der Zoological Society (dem Unglücklichen, der sich laut Francis Buckland im Herzen des Wals verfing) nach Ambra abgesucht, allerdings ohne Erfolg. Gould wollte sich das Skelett für das Museum seiner Gesellschaft sichern, aber wie im Fall des Blauwals im Whaling Museum von New Bedford entbrannte ein Streit über das Besitzrecht an dem toten Tier, das von der Regierung als »königlicher Fisch« beansprucht wurde: »alle Erlöse daraus werden beschlagnahmt, und die Gebeine verbleiben jetzt am Strand« (Redman, *Whales' Bones of the British Isles*, S. 100).
32 Peter Bicknell, »Turner's *The Whale Ship*: A missing link?«, S. 23.
33 Zit. nach: ebd.
34 Robert K. Wallace, »The ›sultry creator of Captain Ahab‹«, S. 9.
35 *Moby-Dick*, Kap. 3, S. 47 f.
36 Cuvier, zit. nach: Beale, *The Natural History of the Sperm Whale*, S. 3.
37 Ebd., S. 3.
38 Ebd., S. 188.
39 Ebd., S. 136.
40 Ebd., S. 76.
41 Ebd., S. 75–80, 96.
42 *Moby-Dick*, Kap. 102, S. 696. Wie schon in *Pierre* schöpfte Melville hier offenbar aus Schauerromanen – den »Schockern«, die Jane Austen in *Northanger Abbey* veralbert – wie auch aus Thomas Love Peacocks Parodie *Nightmare Abbey*, die in Lincolnshire spielt. Peacocks Roman von 1818, der Shelley, Byron und Coleridge karikiert, nimmt das Erhabene, das Romantische und das Gruselige genauso auf die Schippe, wie Melville es mit dem

Transzendenten tut. Peacocks »Mr. Flosky«, der Coleridge zum Vorbild hat, »lebte inmitten dieser imaginären Welt, in der nichts ist, als was nicht ist«, und stürzte sich »in den dichtesten Nebel Kantscher Metaphysik und lag mehrere Jahre *perdu* in transzendentaler Finsternis, bis das gesunde Tageslicht des gesunden Menschenverstandes für seine Augen unerträglich wurde« (*Nachtmahr-Abtei*, S. 24 f.). Ahab ist natürlich eine Byron'sche Gestalt, wenn auch eine recht verquere.

43 Siehe Joan Druett, *Rough Medicine: Surgeons at Sea in the Age of Sail*, New York 2001, S. 212 f., zit. nach der Ploughboy-Website, »Thomas Beale«, Tom Tyler, Denver, 27. September 2002.

44 Persönliche Mitteilung von John Chichester-Constable, 25. Januar 2006.

45 Persönliche Mitteilung von Michael Boyd, 25. Januar 2006, der damit den Schluss von *Moby-Dick* zitiert (Kap. 135, S. 863).

X
Das Weiss des Wals

1 Melville, *Mardi und eine Reise dorthin*, Bd. 2, Kap. 15, S. 72.
2 Mein Dank geht an Nicholas Moore für seine Ahnenforschung.
3 Bram Stoker, *Dracula*, S. 88 f.
4 Edgar Allan Poe, *Die Geschichte des Arthur Gordon Pym aus Nantucket*, Kap. XII, S. 215.
5 »Richard Parker« scheint ein Unglücksname in der Literatur zu sein. Auch einer der Schiffbrüchigen in Yann Martels Roman *Schiffbruch mit Tiger* heißt Richard Parker – er ist allerdings ein bengalischer Tiger.
6 Poe, *Die Geschichte des Arthur Gordon Pym aus Nantucket*, »Anmerkung«, S. 381.
7 Ebd., Kap. XXIV, S. 372.
8 *Moby-Dick*, Kap. 42, S. 316.
9 Ebd., S. 318.
10 Ebd., S. 312. Mary Shelleys Roman *Frankenstein*, den Melville aus London mitbrachte und der mit einer Verfolgungsjagd in der Arktis anfängt und endet, scheint hier ebenfalls ein naheliegender Einfluss zu sein.
11 Davis, *Nimrod of the Sea*, S. 59.
12 Oliver Goldsmith, *A History of the Earth and Animated Nature*, Bd. II, Titelblatt.
13 *Moby-Dick*, Kap. 55, S. 426.
14 Siehe Ellis, *Seeungeheuer*, S. 47.
15 *Moby-Dick*, Kap. 42, S. 323.
16 Odell Shepard, *The Lore of the Unicorn*, S. 113, 254.
17 Siehe Mark Hutchinson, »Under the black sun«.
18 Viola Sachs, *The Game of Creation*, S. 1.
19 Auch im königlichen Wappen Großbritanniens kommt ein Einhorn vor. In *Ghost* (Anthony Reynolds Gallery, 2001) montiert Mark Wallinger einen Narwalstoßzahn auf das Pferd in George Stubbs' Bild *Whistlejacket*. Auch andere Wale spielen in der Kunst des 21. Jahrhunderts eine herausragende Rolle. Der mexikanische Künstler Gabriel Orozco hat Installationen aus Walknochen geschaffen, auf die er mit Grafitstift komplizierte Muster »tätowiert«

hat, darunter eine aus dem Skelett eines an der Küste Andalusiens gestrandeten Finnwals, das der Künstler mir im Herbst 2006 in seinem Atelier in Huelva zeigte (siehe Philip Hoare und Mark Godfrey, *Gabriel Orozco;* Philip Hoare, »Tattooed Leviathan«). In der Victoria Miro Gallery zeigte der niederländische Künstler Jacco Olivier im Januar 2007 auf drei riesigen Leinwänden von über sieben Metern einen Film von einem Wal. »Die ganze Zeit erlebt man mit, wie ein Wal mit einer zögernden, forschenden Bewegung gezeichnet wird, wie auf der Suche nach einer Wahrheit, nach einer Erlösung in der Farbe«, erklärte der Künstler (Website der Victoria Miro Gallery). Dem Kritiker Charles Darwent schien es, »als schwimme er in einem Becken, damit wir ihn betrachten können ... eigentümlich verzweifelt; ein Schmerzenswal« (*Independent on Sunday*, 14. Januar 2007). In Matthew Barneys Kunstfilm *Drawing Restraint 9*, gedreht auf einem japanischen Walfänger, ergehen sich Barney und seine Lebensgefährtin Björk in surrealen Fantasien von Übergängen zwischen Menschen und Walen (Serpentine Gallery, September 2007). Der in Kapitel XI auf Seite 331 f. erwähnte Zwergwal wurde von den Künstlern Heather Ackroyd und Dan Harvey für *Stranded* skelettiert, woraufhin sie auf den Knochen Kristalle wachsen ließen (*The Ship*, Natural History Museum, Juni 2006).

20 Siehe *The Times*, 13. September 1949.
21 William J. Broad, *New York Times*, 13. Dezember 2005.
22 Siehe Vassili Papastavrou, *Wale und Robben*, S. 51.
23 *The Times*, 13. Juni 1949.
24 Siehe Frederick Drimmer u. a. (Hrsg.), *The Illustrated Encyclopaedia of Animal Life*, Bd. 4, *Mammals*, S. 395.
25 Siehe Barry Lopez, *Arktische Träume*, S. 28.
26 Credland, *The Hull Whaling Trade*, S. 88.
27 Chatterton, *Whalers and Whaling*, S. 50.
28 *Journal of the House of Commons*, Bd. 10, 1688–1693 (1802).
29 Chatterton, *Whalers and Whaling*, S. 52.
30 Siehe William Scoresby, *An Account of the Arctic Regions*, S. xxxiv; siehe auch: Gordon Jackson, *The British Whaling Trade*, S. 55 f.
31 Siehe Alistair Douglas, »Excavations at Rainbow Quay«, S. 189.
32 *The Times*, 8. August 1788.
33 Cornelius De Jong, »Hunt of the Greenland Whale«, S. 89, zit. nach: C. Ian Jackson (Hrsg.), *The Arctic Whaling Journals of William Scoresby The Younger*, Bd. 1, S. xl–li.
34 Ian Kelly, *Beau Brummell*, S. 126.
35 Siehe K. M. Dallas, »Enderby, Samuel (1756–1829)«, *Australian Dictionary of Biography*; siehe auch: H. G. R. King, »Enderby Family«, *Oxford Dictionary of National Biography*.
36 Siehe Gordon Jackson, *The British Whaling Trade*, S. 92.
37 *Moby-Dick*, Kap. 33, S. 247.
38 Zit. nach: Gordon Jackson, *The British Whaling Trade*, S. 70.

39 *Moby-Dick*, Kap. 53, S. 389.
40 Whitehead, *Sperm Whales*, S. 15.
41 Beale, *The Natural History of the Sperm Whale* (1839), S. 136.
42 Chatterton, *Whalers and Whaling*, S. 25.
43 *Moby-Dick*, Kap. 55, S. 426.
44 *The Times*, 3. Dezember 1790.
45 *Moby-Dick*, Kap. 24, S. 192.
46 Siehe J. K. Laughton, bearb. von Elizabeth Baigent, »William Scoresby (Senior)«, *Oxford National Dictionary of Biography*; siehe auch: William Scoresby, *My Father*; R. E. Scoresby-Jackson, *The Life of William Scoresby*; sowie C. Ian Jackson (Hrsg.), *The Arctic Whaling Journals of William Scoresby The Younger*.
47 *Moby-Dick*, »Auszüge« (aus McCullochs Handelswörterbuch), S. 29.
48 Ebd., Kap. 35, S. 263.
49 Adamson, *The Great Whale to Snare*, S. 14.
50 Tom und Cordelia Stamp, *William Scoresby: Arctic Scientist*, S. 71.
51 *Hull Advertiser*, 1. Mai 1829, S. 3; siehe auch: Credland, *The Hull Whaling Trade*, S. 38; Scoresby, *My Father*, S. xxvi; Scoresby-Jackson, *The Life of William Scoresby*, S. 258. In dem Jahr, bevor sein Vater geistesgestört starb, hatte William jr. seine zweite Frau Elizabeth Fitzgerald in Irland geheiratet. Dort untersuchte er den grauenhaften Fall der Brigg *Mary Russell*, die in den Hafen von Cork einlief, nachdem ihr Kapitän den Verstand verloren und sieben Mann seiner Besatzung getötet hatte, weil er glaubte, sie wollten gegen ihn meutern. Scoresby und ein befreundeter Richter gingen an Bord des im Hafen liegenden Schiffes und verzeichneten »jede Einzelheit des schrecklichen Blutbads, das sie in der Kabine antrafen, wo die Leichen lagen«. Der Vorfall faszinierte Scoresby ähnlich, wie die *Essex* Melville verfolgte und ihn dazu veranlasste, Ahab zu erschaffen, den die See ebenfalls in den Wahnsinn trieb. Scoresby besuchte den Kapitän der Brigg, einen Mann namens Stewart, in der Anstalt, in die er eingeliefert worden war, und fand ihn »durchaus klar im Kopf und im Bewusstsein dessen, was er getan hatte. Seine Wahnvorstellungen waren so täuschend echt gewesen, dass er zu der Zeit von der Richtigkeit seines Handelns überzeugt gewesen war«. Stewart entwickelte später »eine harmlose Form von religiöser Manie« (Stamp, *William Scoresby: Arctic Scientist*, S. 112 f.).
52 Siehe Elizabeth Baigent, »William Scoresby (Junior)«, *Oxford National Dictionary of Biography*.
53 Scoresby, *An Account of the Arctic Regions*, S. 449.
54 Ebd., S. 451 f.
55 Ebd., S. 456.
56 Ebd., S. 462.
57 Ebd., S. 466.
58 Ebd., S. 457.
59 Ebd., S. 10 f.
60 Ebd., S. 11 f.
61 Siehe Shepard, *The Lore of the Unicorn*, S. 254 f.
62 *Moby-Dick*, Kap. 81, S. 562.
63 Anmerkung von Harold Beaver zu seiner *Moby-Dick*-Ausgabe, S. 847.
64 Siehe Janet Raloff, »Cetacean

seniors: Whales that give new meaning to longevity«, *Science News Online,* Bd. 158, Nr. 16, 14. Oktober 2000, S. 254; siehe auch: J. L. Bada, J. C. George u. a., »Age and growth estimates of bowhead whales (Balaena mysticetus) via aspartic racemization«, *Canadian Journal of Zoology,* Bd. 77, April 1999, S. 571–580.
65 Siehe *The Independent,* 14. Juni 2007; siehe auch: Erin Conroy, »19th century weapon found in whale«, Associated Press (Website), 13. Juni 2007.
66 *Moby-Dick,* Kap. 105, S. 710 f.
67 Ebd., S. 712.
68 Siehe »Melting icebergs boost wildlife off Antarctica«, *The Independent,* 22. Juni 2007.
69 Melville, *Weißjacke,* Kap. 19, in: *Typee. Omoo. Weißjacke,* S. 669.
70 Siehe W. Scoresby, *Zoistic Magnetism,* mit dem Text zweier Vorträge, die er am 24. April und 1. Mai 1849 in Torquai gehalten hatte. Scoresbys Experimente waren außergewöhnlich, selbst wenn man das allgemeine damalige Interesse am Mesmerismus oder animalischen Magnetismus berücksichtigt, der sich auf ähnliche Kräfte berief wie der Spiritismus (über den sich Hawthorne während seiner Zeit in England geringschätzig äußerte). Der ehrbare (wenn auch dreimal verheiratete) Geistliche beschrieb seine intimen Experimente mit jungen Frauen. Eine Sitzung hielt er mit einem 16-jährigen Mädchen ab, das »das Gesicht eines Engels« hatte. »Ihre Antworten auf die Fragen, die ich stellte, zeugten von einer sehr frommen Einstellung und einem Gefühl der Glückseligkeit: ›Ich war noch nie im Leben so glücklich; ich habe es nicht verdient, so glücklich zu sein; es ist himmlisch!‹« In anderen Experimenten mit »zwei interessanten jungen Damen, Schwestern … in verschiedenen Séancen« fielen beide in eine »*glückselige Trance …* Luftstriche vom Kopf abwärts, in reichlichem Abstand vom Kleid, wurden deutlich verspürt und lösten angenehme, manchmal freudige Empfindungen aus … Handkontakt seitens der Anwesenden war durchweg unangenehm, und die aufdringliche Hand wurde jedes Mal weggestoßen … ›Du hast Fanny berührt; du sollst Fanny nicht berühren, sie ist nicht mesmerisiert.‹« (*Zoistic Magnetism,* S. 14 f.)

XI
DER MELANCHOLISCHE WAL

1 Siehe Redman, *Whales' Bones of the British Isles,* S. 78, 89, 141. Das Tier wurde mit der Haut konserviert. Der Schädel wurde später vom Royal College of Surgeons erworben und von W. H. Flower zusammengefügt. 1864 wurde ein anderer Finnwal in Shoreditch ausgestellt, nahe dem Bahnhof Liverpool Street.
2 *Moby-Dick,* »Auszüge« *(Blackstone),* S. 23.
3 Siehe James G. Mead und Joy P. Gould, *Whales and Dolphins in Question,* S. 5.
4 *The Times,* 20. September 1926.

5 Persönliche Mitteilung von Richard Sabin, 3. November 2007.
6 Sidney Frederic Harmer, *Report on Cetacea Stranded on the British Coasts*, 1914, Vorwort.
7 Ebd., 1918, S. 12.
8 Ebd., 1919–1920, S. 5.
9 Interview mit Sophia Scott (geborene Exelby) und Alison Kentuck, 7. April 2006.
10 Harmer, *Report on Cetacea Stranded on the British Coasts*, 1917, S. 18.
11 Siehe BBC News (Website), 13. März 2005, unter Berufung auf Dr. Klaus Vanselow von der Universität Kiel.
12 Siehe Ellis, *Seeungeheuer*, S. 195 f.
13 Siehe Peter Canby, »The US Navy bears down on whales – and the scientists who study them«, Interview mit Hal Whitehead und Linda Weilgart, *OnEarth*, Frühjahr 2007, S. 26–30.
14 Persönliche Mitteilung von Liz Evans-Jones, 9. November 2007.
15 E. S. De Beer (Hrsg.), *Diary of John Evelyn*, S. 356. Die von Evelyn angefertigte Zeichnung des Tiers stellt deutlich einen Glattwal dar.
16 Daniel Defoe, *A Tour through the Whole Island of Great Britain*, Bd. 1, S. 7 f.
17 Die Knochen liegen heute im Valence House Museum in Dagenham.
18 Siehe Berzin, *The Sperm Whale (Kashalot)*, S. 268.
19 Harmer, *Report on Cetacea Stranded on the British Coasts*, 1916–1917, S. 9.
20 *The Times*, 25. Oktober 1842.
21 *The Times*, 28. November 1899.
22 Harmer, *Report on Cetacea Stranded on the British Coasts*, 1919, S. 8.
23 *The Times*, 13. Juli 1961.
24 Siehe *Daily Mail*, 19. Januar 2006.
25 Siehe zum Beispiel Philip Hoare, »Why I weep for the whale«, Leitartikel für *The Independent on Sunday*, 22. Januar 2006; »The day London went whale watching«, *The Guardian*, 21. Januar 2006; »The whale who came to London«, *The Times*, 21. Januar 2006; »Free Willy!«, *Daily Mail*, 21. Januar 2006; »Death of the foundling«, *Sunday Telegraph*, 22. Januar 2006; »Farewhale«, *The Mail on Sunday*, 22. Januar 2006; Marcel Berlins, »Who owns the whale they couldn't save?«, *The Guardian*, 23. Januar 2006; »Willy's final secret (he was a Wilma all along)«, *Daily Mail*, 23. Januar 2006; »The Whale in London – 4-page souvenir in pictures«, *Evening Standard*, 23. Januar 2006; »Thames whale was trying to swim home – via Reading«, *The Independent*, 26. Januar 2006; »Whaleballs«, *Private Eye*, 26. Januar 2006.
26 Reverend David Perry, Hull, gegenüber dem *Independent*, 26. Januar 2006.
27 Der Verwaltungsdirektor des Natural History Museum an den Strandgutverwalter, Hull, 10. Oktober 1938, NHM-Archiv.
28 Ebd.
29 Siehe *The Times*, 2. Dezember 1931.
30 Persönliche Mitteilung von Gilbert + George, 15. November 2007.
31 Steve Deput, »›Jonah‹ – the world's only inland whale«, E-Mail an das Natural History Museum, 23. Juli 2007; siehe auch: Deput, *The Barnsley Whale. Der Wal liegt

32 John Demetry Archive, »God in the Movie Image«, 9. Dezember 2007, Website, ursprünglich veröffentlicht auf GayToday.com.
33 Miroslav Holub, »Walfängerei«, in: *Vom Ursprung der Dinge*, S. 41.
34 Kenneth O. Hanson, »Before the Storm«, zit. nach: Gatenby, *Whales: A Celebration*, S. 92.
35 *The Times*, 4. Oktober 1877.
36 Scheffer, *Der Wal, das fröhliche Ungeheuer*, S. 109.
37 Leonard Harrison Matthews u. a., *The Whale*, S. 192.
38 Siehe Andrew Lycett, *Conan Doyle*, S. 69.
39 Harmer, *Report on Cetacea Stranded on the British Coasts*, 1918.
40 Chatterton, *Whalers and Whaling*, S. 20.
41 Lazarus, *Trouble Waters*, S. 69.
42 *The Times*, 20. September 1926.
43 Percy Stammwitz, 16. Oktober 1913, NHM-Archiv.
44 Ebd., 17. Juni 1912.
45 Briefwechsel, 15. August 1913, NHM-Archiv.
46 Briefwechsel, 17. Februar 1937, NHM-Archiv.
47 Briefwechsel, 9. April 1940, NHM-Archiv.
48 F. D. Ommaney, 1929, zit. nach: Lazarus, *Trouble Waters*, S. 67.
49 Siehe *The Times*, 4. November 1929.
50 *The Times*, 23. September 1932.
51 Siehe *The Times*, 26. September 1932.
52 *The Times*, 9. Mai 1936.
53 *The Times*, 22. September 1936.
54 *The Times*, 25. Mai 1937.
55 *The Times*, 9. Juni 1937.
56 Siehe Matthews u. a., *The Whale*, S. 210 f.
57 Siehe *The Times*, 13. Mai 1939.
58 Mary Heaton Vorse, *Time and the Town*, S. 27.
59 In: Melville, *Ein Leben*, S. 714.
60 Siehe Berzin, *The Sperm Whale (Kashalot)*, S. 325.
61 *The Times*, 29. März 1944.
62 *The Times*, 29. Oktober 1945.
63 *The Times*, 11. Januar 1947.
64 *The Times*, 30. November 1946.
65 *The Times*, 7. Oktober 1949.
66 *The Times*, 11. Januar 1947. Mehr über den Verzehr von Walen bei Vincent, *The Trying-Out of Moby-Dick*, S. 237, der aus *Whales and Porpoises as Food* zitiert, einem zehnseitigen Rundschreiben der amerikanischen Fischereibehörde von 1918, und Rezepte aus dem Delmonico anführt, dem New Yorker Restaurant, in dem einst Melville speiste. Auch in *Moby-Dick* findet sich ein Kapitel »Der Wal als Speisefisch«, in dem er von Tümmlerspießbraten zur Tudorzeit spricht und von auf Grönland vergessenen Engländern, die sich »von den schimmeligen Speckgrieben ernährt haben, die man nach dem Auskochen des Wales an Land zurückgelassen hatte«. Gebacken wie Krapfen, sehen diese »so appetitlich aus, dass auch der enthaltsamste Fremde kaum die Finger von ihnen lassen kann« (*Moby-Dick*, Kap. 65, S. 476).
67 Siehe Matthews u. a., *The Whale*, S. 208.
68 Ebd., S. 217.
69 Siehe *Southern Evening Echo*, 10. Mai 1948; *The Times*, 11. Mai 1948.

70 *The Times*, 24. Juni 1947.
71 Frederick Drimmer u. a. (Hrsg.), *The Illustrated Encyclopaedia of Animal Life*, Bd. 4, *Mammals*, S. 419 f.
72 Siehe Scheffer, *Der Wal, das fröhliche Ungeheuer*, S. 116.

XII
KALTER KRIEG UM WALE

1 Stanley Kunitz, »The Wellfleet Whale«, *Atlantic Monthly*, November 1981.
2 Scott Hammen, *John Huston*, Boston 1985, zit. nach den Aufzeichnungen des British Film Institute zur Verfilmung von *Moby-Dick*, 2006. 1954 gedreht, wurde Hustons Film jedoch erst 1956 gezeigt.
3 Ebd.
4 Persönliche Mitteilung von Simon Callow, 8. Mai 2007. Welles schrieb seine Nebenrolle als Pfarrer Mapple selbst; mit der Gage für seinen Auftritt im Film (den er mithilfe einer allzeit bereiten Flasche Brandy überstand) finanzierte er seine Bühnenfassung von *Moby-Dick* (Moby Dick [1956] – Trivia, www.imdb.com).
5 *The Times*, 30. Oktober 1954. Oswald Morris, der Kameramann des Films, erwähnt in seiner Autobiografie *Huston, We Have a Problem*, dass es kein komplettes lebensgroßes Modell des Wals gab, nur Rumpfteile, Schwanz, Kopf usw., und dass eines davon sich losriss (Moby Dick [1956] – Trivia, www.imdb.com).
6 Philip Gourevitch (Hrsg.), *The Paris Review Interviews*, Bd. I, S. 57.

7 Frederick Drimmer u. a. (Hrsg.), *The Illustrated Encyclopaedia of Animal Life*, Bd. 4, *Mammals*, S. 384.
8 Ebd., S. 383.
9 Zahlen aus Würtz und Repetto, *Wale und Delphine*, S. 24 f.
10 Berzin, *The Sperm Whale (Kashalot)*, S. 324.
11 *The Times*, 9. Februar 1957.
12 *The Times*, 2. Januar 1957.
13 *The Times*, 25. Mai 1957.
14 *The Times*, 30. Januar 1959.
15 *The Times*, 26. August 1964.
16 *The Times*, 1. / 2. Juli 1959.
17 *The Times*, 14. Oktober 1963.
18 Lazarus, *Trouble Waters*, S. 76.
19 Siehe *The Times*, 20. November 1954; siehe auch: Jackson, *The British Whaling Trade*, S. 239.
20 Matthews, *The Whale*, S. 186; siehe auch: Lazarus, *Trouble Waters*, S. 73.
21 Scheffer, *Der Wal, das fröhliche Ungeheuer*, S. 111.
22 Ebd., S. 110.
23 *The Times*, 8. Juli 1965.
24 Siehe Würtz und Repetto, *Wale und Delphine*, S. 25.
25 Siehe Alice Roberts, Interview mit Don Lennie und George Cummings, BBC 2, *Coast*, gesendet 2005; auch BBC Website, H2G2, »Whaling and Whale Protection«, 20. November 2006.
26 *The Times*, 16. März 1973.
27 Elizabeth A. Schultz, *Unpainted to the Last*, S. 184.
28 Vincent, *The Trying-Out of Moby-Dick*, S. 176 f.
29 D. H. Lawrence, *Der Untergang der Pequod*, S. 222 f.
30 C. L. R. James, *Mariners, Renegades & Castaways*, S. 15.

31 Siehe Scott Horton, »Moby Dick Sighted Again«, *Harper's Magazine*, www.harpers.org. Mit Bezug auf die Äußerung von George Bushs Berater Karl Rove, »*er* sei der große weiße Wal«, zitiert Horton ein Interview mit Stefan Aust, Verfasser von *Der Baader-Meinhof-Komplex*, in der *FAZ*, in dem Aust darauf hinweist, dass Gudrun Ensslin sich im Gefängnis Decknamen für die RAF-Mitglieder ausdachte: »Der Wal ist der Leviathan, und der Leviathan ist das Sinnbild für den Staat, den die RAF als die Pappmaske der trügerischen Erscheinungswelt zerschlagen will.« (»Stefan Aust im Interview«, *FAZ*, 22. August 2007, Nr. 194, S. 31, http://www.faz.net/-00miuq [Stand: Mai 2012]). Ulrike Meinhof war ebenfalls von Melvilles Buch begeistert und empfahl es 1972 ihren Kindern. Neuer ist der Fall des Amokläufers an der Virginia Tech von 2007, Cho Seung-hui, der sich »Ismail Ax« auf den Arm geschrieben hatte und vor seinem Selbstmord ein Päckchen mit dem Absender »A. Ishmael« verschickte, worin viele eine Anspielung auf Melvilles Antihelden erblickten, der ebenfalls Selbstmordtendenzen hatte.
32 Friedrich Nietzsche, *Jenseits von Gut und Böse* 146, in: *Kritische Studienausgabe*, Bd. 5, S. 98.
33 Siehe Lazarus, *Trouble Waters*, S. 172–174.
34 Siehe Rothenberg, *Thousand Mile Song*, S. 98, der David Helvarg, *Blue Frontier*, San Francisco 2006, S. 71, zitiert. Die Technik wurde als *swimmer nullification* (»Schwimmer-Auslöschung«) bezeichnet.
35 Persönliche Mitteilung von Malcolm Clarke, 11. Dezember 2006.
36 Siehe BBC Website, H2G2, »Whaling and Whale Protection«, 20. November 2006. Laut meinem Bruder Lawrence, der zu der Zeit in der Raumfahrttechnik arbeitete, war allgemein bekannt, dass Walöl der beste Schmierstoff war.
37 Siehe Aron, Burke und Freeman, »Flouting the Convention«.
38 Persönliche Mitteilung.
39 Siehe Matthews, *The Whale*, S. 180.
40 Ebd.
41 Laut *The Times*, 29. Juni 1957.
42 *The Times*, 1. Januar 1956.
43 Drimmer u. a. (Hrsg.), *The Illustrated Encyclopaedia of Animal Life*, Bd. 4, *Mammals*, S. 395.
44 Harmer, *Report on Cetacea Stranded on the British Coasts, 1921–1922*, S. 12.
45 *The Times*, 15. Oktober 1964.
46 *The Times*, 16. Juli 1965.
47 John C. Lilly, *Communication between Man and Dolphin*, S. 20.
48 Ebd., S. 36.
49 Ellis, *Seeungeheuer*, S. 214.
50 Siehe Lazarus, *Trouble Waters*, S. 79–108.
51 Zahlen nach der NRDC Action Fund Website, Dick Russell, »Whale Killers«, 6. Juli 2005.
52 *The Times*, 6. Oktober 1977.
53 *New York Times*, 25. März 2007.
54 Siehe Richard Black, »Did Greens help kill the whale?«, BBC News Website, 16. Mai 2007. Siehe auch den oben erwähnten Artikel von Aron, Burke und Freeman (mit dem Untertitel: »Die anhaltende

Kampagne zum Verbot des gesamten kommerziellen Walfangs hat politische statt wissenschaftlicher Motive und schafft einen schrecklichen Präzedenzfall«), in dem die Verfasser u. a. erklären, »die zynischen Handlungen der walfangfeindlichen Mehrheit der IWC« stellten »eine deutliche Warnung an alle Staaten dar, die dabei sind, multilaterale Umweltverträge auszuhandeln«. Mit anderen Worten, durch die Rettung der Wale könnte der Welt der Untergang drohen.
55 Siehe *The Times*, 9. Juni 1972.
56 Persönliche Mitteilung von Richard Sabin, 9. November 2007.
57 Persönliche Mitteilung von Colin Speedie, 13. Dezember 2007.
58 Lazarus, *Trouble Waters*, S. 180.
59 Mark Peter Simmonds, »Into the brains of whales«, S. 112.
60 Whitehead, *Sperm Whales*, S. 19, 126.
61 Persönliche Mitteilung von Hal Whitehead, 17. Mai 2006; siehe auch die Website der Whale and Dolphin Conservation Society.
62 Siehe Whitehead, *Sperm Whales*, S. 357 f., 323, 325.
63 Siehe ebd., S. 357 f.
64 Ebd., S. 26.
65 Ebd., S. 173.
66 Ebd., S. 143 f.; siehe auch Kap. 5 passim.
67 Siehe ebd., S. 371.
68 *Moby-Dick*, Kap. 135, S. 863.
69 Ebd., S. 864.
70 Ebd., »Epilog«, S. 866.

XIII
WHALE WATCHING

1 Thoreau, *Walden*, S. 16.
2 *Moby-Dick*, Kap. 48, S. 363.
3 Persönliche Mitteilung von Joanne Jarzobski, 14. März 2008.
4 Die Daten wurden gesammelt vom Provincetown Center for Coastal Studies; siehe »Latest Humpback Sightings«, PCCS Website.
5 Für die Angaben habe ich Dennis Minsky, Todd Motta, Joe Baines und Mark Da Lomba zu danken.
6 W. H. Auden, »Herman Melville«, in: Melville, *Ein Leben*, S. 715.

XIV
AM ENDE DER WELT

1 J. M. Parrish, John R. Crossland, Angelo S. Rappoport (Hrsg.), *The British Encyclopaedia*, S. 438.
2 Melville, *Pierre*, Buch XXII, S. 522. »Dadurch, dass er studiert den Part des Todes, lernt er leben.« (Ebd., S. 523.)
3 Thomas W. Puryear, »Vistas of Control«, *Portraits of a Port*, S. 6.
4 *Baleia, Baleia,* Dokumentarfilm, Sammlung Serge Viallelle, Espaço Talassa, Lajes, Pico.
5 Persönliche Mitteilung von António Domingos Ávila, 29. Juni 2007.
6 *Moby-Dick*, Kap. 13, S. 119.
7 Persönliche Mitteilung von Alexandra Viallelle, 11. Dezember 2006.
8 Persönliche Mitteilung von Malcolm Clarke, 11. Dezember 2006.
9 Ebd.

10 Thomas Beale, *The Natural History of the Sperm Whale* (1839), S. 134 f.
11 Persönliche Mitteilung von Malcolm Clarke, 11. Dezember 2006.
12 Zit. nach: Vincent, *The Trying-Out of Moby-Dick*, S. 319.
13 Ebd., S. 318.
14 Christopher Ash, *Whaler's Eye*, S. 68, zit. nach: Scheffer, *Der Wal, das fröhliche Ungeheuer*, S. 71.
15 *New York Times*, 18. Dezember 2006.
16 John Milton, *Das wiedergewonnene Paradies* 2,343 f., in: *Poetische Werke*, S. 637. In seiner Biografie Casanovas erwähnt Ian Kelly, der große Frauenheld habe einmal die Locke einer Geliebten in einem mit Ambra aromatisierten Konfekt verspeist; siehe Ian Kelly, *Casanova*, sowie die Besprechung von Sarah Bakewell im *Independent*, 27. Juni 2008.
17 *Moby-Dick*, Kap. 92, S. 636.
18 Zu Ambra siehe Berzin, *The Sperm Whale (Kashalot)*, S. 325–330.
19 J. D. Jamieson, »The Anointing of the Queen«, S. 404 f.
20 Auch Elizabeth I. nahm an dem Geruch Anstoß und verlangte die Streichung von Ambra aus dem Rezept. Für diese Information habe ich Diane Gibbs vom Westminster Abbey Museum zu danken.
21 Zit. nach: Beale, *The Natural History of the Sperm Whale*, S. 131 f.
22 *The Times*, 7. Januar 1791.
23 Siehe Berzin, *The Sperm Whale (Kashalot)*, S. 328.
24 Siehe Robert Chalmers, *GQ* (Online), 1. November 2002.
25 *New York Times*, 18. Dezember 2006.
26 Persönliche Mitteilung von Richard Sabin, 7. März 2008.
27 Persönliche Mitteilung von Stephen Roberts, 7. März 2008.

XV
DIE JAGD

1 Hiob 1,19, zit. nach: *Moby-Dick*, »Epilog«, S. 865.
2 Zit. nach: Scheffer, *Der Wal, das fröhliche Ungeheuer*, S. 13.
3 Mark Carwardine, *Wale und Delfine*, S. 114 f.
4 Beale, *The Natural History of the Sperm Whale* (1839), S. 37.
5 *Moby-Dick*, Kap. 133, S. 824.
6 Ebd., Kap. 68, S. 485 f.

Literaturverzeichnis

Diane Ackerman, *Der Mond bei Wal-Licht*, dt. von Thomas Jung, Berlin und Weimar 1994.

Peter Adamson, *The Great Whale to Snare: The Whaling Trade of Hull*, Kingston upon Hull, o. J.

James Alderson, »An Account of a Whale of the Spermaceti Tribe, cast on shore on the Yorkshire coast, on the 28th of April, 1825«, *Transactions of the Cambridge Philosophical Society*, Bd. II, Teil II, Cambridge 1827.

William Aron, William Burke und Milton Freeman, »Flouting the Convention«, *Atlantic Monthly*, Mai 1999.

Newton Arvin, *Herman Melville*, New York 1950.

– (Hrsg.), *The Heart of Hawthorne's Journals*, Boston und New York 1929.

W. H. Auden, »Herman Melville«, in: Herman Melville, *Ein Leben. Briefe und Tagebücher*, dt. von Werner Schmitz und Daniel Göske, München und Wien 2004.

J. Bada, J. C. George u. a., »Age and growth estimates of bowhead whales (Balaena mysticetus) via aspartic racemization«, *Canadian Journal of Zoology*, 77, April 1999.

Thomas Beale, *The Natural History of the Sperm Whale*, London 1835.

–, *The Natural History of the Sperm Whale*, London 1839.

E. S. De Beer (Hrsg.), *Diary of John Evelyn*, London 2006.

Christopher Benfey, »A face from the fire: The enduring smile of Nathaniel Hawthorne«, *Times Literary Supplement*, 17. Dezember 2004.

A. A. Berzin, *The Sperm Whale (Kashalot)*, hrsg. von A. V. Yablokov, aus dem Russischen übersetzt, Jerusalem 1972.

Henry Beston, *The Outermost House*, New York 1992.

Peter Bicknell, »Turner's *The Whale Ship:* A missing link?«, *Turner Studies*, Winter 1985, Tate Gallery, Bd. V, Nr. 2.

Ray Bradbury, *Green Shadows, White Whale*, London 1992.

John Braginton-Smith und Duncan Oliver, *Cape Cod Shore Whaling: America's First Whalemen*, Yarmouth, Mass., 2004.

H. W. Brands, *The Age of Gold*, London 2005.

Philip Brannon, *The Picture of Southampton* (1850), Alresford 1973.

J. Ross Browne, *Etchings of a Whaling Cruise* (1846), hrsg. von John Seelye, Cambridge, Mass., 1968.

Frank T. Bullen, *Creatures of the Sea*, London 1908.
–, *The Cruise of the Cachalot* (1898), Tucson, Ariz., 2008.
B. R. Burg (Hrsg.), *An American Seafarer in the Age of Sail: The Intimate Diaries of Philip C. Van Buskirk, 1851–1870*, New Haven, Conn., und London 1994.
Robert Burton, *The Life and Death of Whales*, London 1980.
Peter Canby, »The US Navy bears down on whales – and the scientists who study them«, Interview mit Hal Whitehead und Linda Weilgart, *OnEarth*, Frühjahr 2007, S. 26–30.
Mark Carwardine, *Wale und Delfine*, dt. von Lorenzo von Fersen, Bielefeld 2008.
Owen Chase, *Shipwreck of the Whaleship Essex*, Vorwort von Tim Cahill, Einleitung von Paul Lyons, New York 1999.
–, »Bericht vom Schiffbruch des Walfängers *Essex* aus Nantucket« (Auszug), dt. von Alexander Pechmann, in: *Moby-Dick*, hrsg. von Norbert Wehr, Hamburg 2007.
–, *Der Untergang der Essex*, hrsg. von Iola Haverstick und Betty Shepard, dt. von Michael Benthack, Hamburg 2000.
E. Keble Chatterton, *Whalers and Whaling: The Story of the Whaling Ships up to the Present Day*, London 1926.
Phil Clapham, *Whales*, Grantown-on-Spey 1997.
James Colnett, *A Voyage to the South Atlantic and round Cape Horn into the Pacific Ocean*, London 1798.
Arthur G. Credland, *The Hull Whaling Trade: An Arctic Enterprise*, Beverley, East Yorkshire, 1995.

–, »Some notes on the development of cetology, popular interest in the whale tribe, and a famous literary whale«, *The Scottish Naturalist*, Bd. III, 1999.
William M. Davis, *Nimrod of the Sea; or, The American Whaleman*, New York 1874.
Daniel Defoe, *A Tour through the Whole Island of Great Britain*, 2 Bände, London 1966.
Andrew Delbanco, *Melville. Biographie*, dt. von Werner Schmitz, München und Wien 2007.
Steve Deput, *The Barnsley Whale*, Edinburgh 2006.
Alistair Douglas, »Excavations at Rainbow Quay, an 18th-century whale rendering plant, Rotherhithe, London«, *Post-Medieval Archaeology*, Bd. 33, 1999.
Mary Douglas, *Breaking the Record*, London 1902.
Frederick Douglass, *Das Leben des Frederick Douglass als Sklave in Amerika, von ihm selbst erzählt*, dt. von Dietlinde Haug, Bornheim-Merten 1986.
Frederick Drimmer u. a. (Hrsg.), *The Illustrated Encyclopaedia of Animal Life*, Bd. 4, *Mammals*, London 1959.
Linda Drury, »The Bishop of Durham's Whale, 1766–67: The story behind the skeleton in Durham Cathedral«, *Durham County Local History Society, Bulletin* 25, Dezember 1980.
Richard Ellis, *Seeungeheuer. Mythen, Fabeln und Fakten*, dt. von Monika Niehaus-Osterloh, Basel, Boston und Berlin 1997.
–, *Riesenkraken der Tiefsee*, dt. von Kurt Beginnen, Königswinter 2002.
F. Scott Fitzgerald, *Der große Gatsby*,

dt. von Bettina Abarbanell, Zürich 2006.
Stuart M. Frank, »Whaling«, *Portraits of a Port*, New Bedford Whaling Museum / *The Standard-Times*, 25. August 2002.
Stanton Garner, *The Civil War of Herman Melville*, Lawrence, Kan., 1993.
Greg Gatenby, *Whales: A Celebration*, Boston 1983.
Oliver Goldsmith, *A History of the Earth and Animated Nature*, Bd. II, Glasgow, Edinburgh und London 1870.
Jonathan Gordon, *Sperm Whales*, Grantown-on-Spey 1998.
Charles Gould, *Mythical Monsters* (1886), London 1992.
Philip Gourevitch (Hrsg.), *The Paris Review Interviews*, Bd. I, Edinburgh, London und Melbourne 2007.
Nelson Cole Haley, *Whale Hunt: The Narrative of a Voyage*, Mystic, Conn., 2002.
Sidney Frederic Harmer, *Report on Cetacea Stranded on the British Coasts*, London 1914 ff.
Nathaniel Hawthorne, *Erzählungen*, dt. von Hannelore Neves, Siegfried Schmitz und Hans-Joachim Lang, München 1977.
–, *Mosses from an Old Manse*, Vorwort von Mary Oliver, New York 2003.
–, *Der scharlachrote Buchstabe*, dt. von Richard Mummendey, Zürich 1957.
–, *Zwanzig Tage mit Julian und Little Bunny*, dt. von Alexander Pechmann, Salzburg und Wien 2011.
Wilson Heflin, *Herman Melville's Whaling Years*, hrsg. von Mary K. Bercaw Edwards und Thomas Farel Heffernan, Nashville, Tenn., 2004.

Bernard Heuvelmans, *In the Wake of Sea Serpents*, aus dem Französischen übersetzt, London 1968.
Philip Hoare, »Tattooed Leviathan«, *Modern Painters*, Oktober 2006.
Philip Hoare und Mark Godfrey, *Gabriel Orozco*, London 2006.
Thomas Hobbes, *Leviathan*, dt. von Jutta Schlösser, Hamburg 1996.
Miroslav Holub, *Vom Ursprung der Dinge. Gedichte*, dt. von Franz Peter Künzel, München und Wien 1991.
Mark Hutchinson, »Under the black sun: The melancholic mind as creative fortress and prison«, *Times Literary Supplement*, 23.–30. Dezember 2005.
C. Ian Jackson (Hrsg.), *The Arctic Whaling Journals of William Scoresby The Younger*, Bd. 1, *The Voyages of 1811, 1812, and 1813*, London 2003.
Gordon Jackson, *The British Whaling Trade*, London 1978.
C. L. R. James, *Mariners, Renegades & Castaways: The Story of Herman Melville and the World We Live In*, Hanover, N. H., und London 1978.
Henry James, *Hawthorne*, Nottingham 1999.
J. D. Jamieson, »The Anointing of the Queen: some notes on the coronation oil«, *The Pharmaceutical Journal*, 30. Mai 1953.
Ian Kelly, *Beau Brummell: The Ultimate Dandy*, London 2005.
–, *Casanova: Actor, Spy, Lover, Priest*, London 2008.
Stanley Kunitz, »The Wellfleet Whale«, *Atlantic Monthly*, November 1981.
D. H. Lawrence, *Der Untergang der Pequod. Studien zur klassischen amerikanischen Literatur*, dt. von Werner Richter, Wien und Zürich 1992.

Sarah Lazarus, *Trouble Waters: The Changing Fortunes of Whales and Dolphins*, London 2006.
John F. Leavitt, *The Charles W. Morgan*, Mystic, Conn., 1998.
Jay Leyda, *The Melville Log*, New York 1969.
John C. Lilly, *Communication between Man and Dolphin*, New York 1978.
Linnaean Society of New England, *Report of a Committee of the Linnaean Society of New England Relative to a Large Marine Animal, Supposed to be a Serpent, Seen Near Cape Ann, Massachusetts, in August, 1817*, Boston 1817.
Barry Lopez, *Arktische Träume*, dt. von Ilse Strasmann, München 1989.
Lukian von Samosata, *Wahre Geschichten*, dt. von Manuel Baumbach, Zürich 2000.
Andrew Lycett, *Conan Doyle: The Man Who Created Sherlock Holmes*, London 2007.
Philip McFarland, *Hawthorne in Concord*, New York 2004.
Yann Martel, *Schiffbruch mit Tiger*, dt. von Manfred Allié und Gabriele Kempf-Allié, Frankfurt/M. 2003.
Leonard Harrison Matthews u. a., *The Whale*, New York 1974.
James G. Mead und Joy P. Gould, *Whales and Dolphins in Question*, Washington, D. C., und London 2002.
Herman Melville, *Ein Leben. Briefe und Tagebücher*, dt. von Werner Schmitz und Daniel Göske, München und Wien 2004.
–, »Hawthorne und seine Moose«, dt. von Friedhelm Rathjen, in: *Moby-Dick*, hrsg. von Norbert Wehr, Hamburg 2007.
–, *Mardi und eine Reise dorthin*, 2 Bände, dt. von Rainer G. Schmidt, Hamburg, Bremen und Friesland 1997.
–, *The Whale*, London 1851.
–, *Moby-Dick; or, The Whale*, New York 1851.
–, *Moby-Dick*, Einleitung von Viola Meynell, London 1920 (1963).
–, *Moby-Dick, or, The Whale*, hrsg. und eingeleitet von Harold Beaver, London 1972.
–, *Moby-Dick*, mit Abb. von Barry Moser, Los Angeles, Cal., und London 1979.
–, *Moby-Dick oder Der Wal*, dt. von Matthias Jendis, München 2001.
–, *Moby-Dick; oder: Der Wal*, hrsg. von Norbert Wehr, dt. von Friedhelm Rathjen, Hamburg 2007.
–, »Notizen zum Bericht von Owen Chase über den Schiffbruch des Walfängers *Essex*«, dt. von Friedhelm Rathjen, in: *Moby-Dick*, hrsg. von Norbert Wehr, Hamburg 2007.
–, *Pierre oder Die Doppeldeutigkeiten*, dt. von Christa Schuenke, München und Wien 2002.
–, *Redburn: His First Voyage*, hrsg. von Harold Beaver, London 1986.
–, *Redburn, Israel Potter und sämtliche Erzählungen*, dt. von Richard Mummendey, München 1967.
–, »Skizzen einer Walreise«, Besprechung von J. Ross Browne, *Etchings of a Whaling Cruise*, in: *Literary World*, 6. März 1847, dt. von Friedhelm Rathjen, in: *Moby-Dick*, hrsg. von Norbert Wehr, Hamburg 2007.
–, *Typee. Omoo. Weißjacke*, dt. von Richard Mummendey, München 1970.
–, *Typee: A Peep at Polynesian Life*, Einleitung von John Bryant, London 1996.

John Milton, *Das wiedergewonnene Paradies*, dt. von Bernhard Schuhmann, in: *Poetische Werke*, hrsg. von Hermann Ullrich, Leipzig o. J.

Thomas Sturge Moore, *Albert Durer* (1905), London 2007.

Friedrich Nietzsche, *Jenseits von Gut und Böse*, in: *Kritische Studienausgabe*, hrsg. von Giorgio Colli und Mazzino Montinari, Bd. 5, München 1988.

Charles Nordhoff, *Whaling and Fishing* (1856), New York 1895.

Mary Oliver, *New and Selected Poems*, Bd. 1, Boston 1992.

Charles Olson, *Nennt mich Ismael. Eine Studie über Herman Melville*, dt. von Wulf Teichmann, München 1979.

J. P. O'Neill, *The Great New England Sea Serpent*, Camden, Me., 1999.

George Orwell, *Im Innern des Wals. Erzählungen und Essays*, dt. von Felix Gasbarra, Zürich 1975.

–, *Das verschüttete Leben*, dt. von Helmut M. Braem, überarb. von Irene Muehlon, Zürich 1973.

Sonia Orwell und Ian Angus (Hrsg.), *The Collected Essays, Journalism and Letters of George Orwell*, Bd. 1, London 1968.

David Osterberg, Marc Costa, Charles Mayo, »Interpretation of Zooplankton Resources«, 29. Januar 2006, Provincetown Center for Coastal Studies, Habitat Studies Program.

Vassili Papastavrou, *Wale und Robben*, dt. von Margot Wilhelmi, Hildesheim 1994.

Hershel Parker, »Melville and Hawthorne in the Berkshires«, in: David Scribner (Hrsg.), *Aspects of Melville*, Pittsfield, Mass., 2001.

–, *Herman Melville: A Biography, 1851–1891*, 2 Bände, Baltimore 1996 und 2002.

J. M. Parrish, John R. Crossland, Angelo S. Rappoport (Hrsg.), *The British Encyclopaedia*, London 1933.

Thomas Love Peacock, *Nachtmahr-Abtei*, dt. von Matthias Müller, Zürich 1989.

Nathaniel Philbrick, *Im Herzen der See*, dt. von Andrea Kann und Klaus Fritz, München 2000.

–, *Mayflower. Aufbruch in die Neue Welt*, dt. von Norbert Juraschitz, München 2006.

Edgar Allan Poe, *Die Geschichte des Arthur Gordon Pym aus Nantucket*, dt. von Hans Schmid, Hamburg 2008.

Thomas W. Puryear, »Vistas of Control«, *Portraits of a Port*, New Bedford Whaling Museum / *The Standard-Times*, 25. August 2002.

Janet Raloff, »Cetacean Seniors: Whales that give new meaning to longevity«, *Science News Online*, Bd. 158, Nr. 16, 14. Oktober 2000.

Nicholas Redman, *Whales' Bones of the British Isles*, Teddington 2004.

Randall R. Reeves u. a., *Guide to Marine Mammals of the World*, New York 2002.

Jeremiah Reynolds, »Mocha Dick; oder der Weiße Wal des Pazifiks«, dt. von Alexander Pechmann, in: Herman Melville, *Moby-Dick*, hrsg. von Norbert Wehr, Hamburg 2007.

David Rothenberg, *Thousand Mile Song: Whale Music in a Sea of Sound*, New York und London 2008.

Viola Sachs, *The Game of Creation*, Paris 1982.

Victor B. Scheffer, *Der Wal, das fröhliche Ungeheuer*, dt. von Henry Jelinek, Reinbek 1973.

Elizabeth A. Schultz, *Unpainted to the Last:* Moby-Dick *and Twentieth-Century American Art*, Lawrence, Kan., 1995.

William Scoresby, *An Account of the Arctic Regions*, Edinburgh 1820.

–, *My Father: Being Records of the Adventurous Life of W. Scoresby Esq. of Whitby*, London 1851.

–, *Zoistic Magnetism: Being the Substance of Two Lectures, Descriptive of Original Views and Investigations Respecting this Mysterious Agency*, London und Torquay 1849.

R. E. Scoresby-Jackson, *The Life of William Scoresby*, London 1861.

William Shakespeare, *Hamlet*, dt. von Frank Günther, Cadolzburg 2008.

M. C. Sheldrick, »Stranded whale records for the entire British coastline, 1967–1986«, in: G. Pilleri, *Investigations on Cetacea*, Nr. 22, Bern 1989.

Odell Shepard, *The Lore of the Unicorn*, London und Boston 1930 (sacred-texts.com).

Hadoram Shirihai, *Meeressäuger. Alle 129 Arten weltweit*, ill. von Brett Jarrett, dt. von Daniel Erdmann, Stuttgart 2008.

Mark Peter Simmonds, »Into the brains of whales«, *Applied Animal Behaviour Science*, Bd. 100, 2006, www.sciencedirect.com.

Sindbad der Seefahrer. Eine Geschichte aus Tausendundeiner Nacht, dt. von Max Henning, Stuttgart 1995.

Tom und Cordelia Stamp, *William Scoresby: Arctic Scientist*, Whitby 1976.

Bram Stoker, *Dracula*, dt. von Stasi Kull, München und Wien 1992.

Algernon Swinburne, *Lesbia Brandon*, London 1952.

Henry David Thoreau, *Cape Cod*, New York 1987.

–, *Walden oder Hüttenleben im Walde*, dt. von Fritz Güttinger, Zürich 1972.

The Underground Railroad: New Bedford, National Park Service, US Department of the Interior, o. O., o. J.

Gerd Unverfehrt, *Da sah ich viel köstliche Dinge. Albrecht Dürers Reise in die Niederlande*, Göttingen 2007.

Serge Viallelle, *Delphine und Wale der Azoren*, dt. von Ursula Siebert, Lajes do Pico, Açores, 1997.

Howard P. Vincent, *The Trying-Out of Moby-Dick*, Boston, Mass., 1949.

Mary Heaton Vorse, *Time and the Town: A Provincetown Chronicle*, hrsg. von Adele Heller, New Brunswick, N. J., 1991.

Robert K. Wallace, *Douglass and Melville: Anchored Together in Neighbourly Style*, New Bedford, Mass., 2003.

–, »The ›sultry creator of Captain Ahab‹: Herman Melville and J. M. W. Turner«, *Turner Studies*, Winter 1985, Tate Gallery, Bd. V, Nr. 2.

Edwin Welch, *The Admiralty Court Book of Southampton, 1566–85*, Southampton 1969.

Hal Whitehead, *Sperm Whales: Social Evolution in the Ocean*, Chicago und London 2003.

James C. Wilson, *The Hawthorne and Melville Friendship*, Jefferson, N. C., und London 1991.

Maurizio Würtz und Nadia Repetto, *Wale und Delphine*, dt. von Derek Vinyard, Hamburg 1998.

Sonstige Medien, Archive
und Websites

Associated Press
Australian Dictionary of Biography,
   Online Edition
BBC Website
British Film Institute
Burton Constable Foundation
Canadian Journal of Zoology
Daily Mail
Daily Telegraph
John Demetry Archive
Evening Standard
FAZ Online
GQ Online
The Guardian
Harper's Magazine Online
Historic Nantucket
Hull Advertiser
Illustrated London News
www.imdb.com
The Independent
www.iridescent-publishing.com
John F. Kennedy Library Website
Journal of the House of Commons,
   british-history.ac.uk
»Laelaps«, Brian Switek, Rutgers
   University Website
»Lost Museum«, City University
   of New York, chnm.gmu.edu/
   lostmuseum
Magazine for Natural History
The Mail on Sunday
Metro
Natural History Museum
   (NHM) – Archiv
The New York Times Online
New Yorker
NRDC Action Fund
OnEarth Online
*Oxford National Dictionary of
   Biography*, Online Edition
Playboy
»Ploughboy«, Tom Tyler, Denver
   University Website
Private Eye
Science News Online
Southern Evening Echo (Southampton)
The Standard-Times (New Bedford)
Sunday Telegraph
The Times Online

Empfehlenswerte
Websites

Clips und Hintergrundinformationen zur Produktion von
   Arena: The Hunt for Moby-Dick –
   www.thehuntformobydick.com

Whale Watching

In Provincetown:
   www.alphawhalewatch.com
Aufnahmen aus Provincetown:
   www.inthewildproductions.com
Auf den Azoren:
   www.espacotalassa.com

Organisationen

Provincetown Center for Coastal
   Studies: www.coastalstudies.org
UK Whale and Dolphin Stranding
   Scheme: www.nhm.ac.uk/zoology/
   stranding
Whale and Dolphin Conservation
   Society: www.wdcs.org
Internationale Walfangkommission:
   www.iwcoffice.org
National Oceanography Centre:
   www.noc.soton.ac.uk

Museen

New Bedford Whaling Museum:
 www.whalingmuseum.org
Nantucket Historical Association:
 www.nha.org
Mystic Seaport Museum:
 www.mysticseaport.org
National Maritime Museum:
 www.rmg.co.uk
Hull Maritime Museum:
 www.hullcc.gov.uk

Abbildungsnachweis

S. 19: Katherine Moore
S. 22: Johnny Hannah
S. 54, 202: Berkshire Atheneum
S. 61, 182: Rockwell Kent / R. R. Donnelly & Sons /
The Plattsburgh College Foundation
S. 72/73, 167, 260, 261, 315, 316, 318: Arthur Credland /
Hull Maritime Museum
S. 78: Max Goonetillake
S. 99, 102, 103, 111, 275, 345: Natural History Museum, London
S. 116, 123, 126, 232 unten, 277: New Bedford Whaling Museum
S. 130: Nantucket Historical Association
S. 199: Library of Congress, Washington
S. 213: Bodleian Library, Oxford
S. 222: Dan Towler
S. 244: Michael Long
S. 269, 270/271: David Connell / Burton Constable Foundation
S. 280: Metropolitan Museum of Art, New York
S. 301: Mark Wallinger/Anthony Reynolds
S. 425: António Domingos Ávila
S. 432: Martin Rosenbaum

Alle anderen Bilder stammen aus der Sammlung des Autors.

Dank

Bei meinem dritten oder vierten Besuch in Provincetown beschuldigte mich John Waters, mehr Zeit mit Walen als mit Menschen zu verbringen, und regte mich dazu an, dieses Buch zu schreiben, vielleicht als eine Art Therapie. Ursprünglich jedoch geht mein Interesse an Walen auf meine Schwester Katherine und ihre Begeisterung als Kind zurück, eine Begeisterung, die unsere Schwester Christina teilte. Ihre eigenen Kinder Oliver, Harriet, Jacob und Lydia führen diese Tradition fort, vor allem jedoch meine jüngsten Neffen Max und Cyrus, die mir so manches über Wale beigebracht haben, obwohl sie beide noch nicht einmal zehn sind.

Ich möchte auch meinen älteren Brüdern Lawrence und Stephen und ihren Familien für ihre Unterstützung danken. Wie immer hat mein Freund Mark Ashurst das letzte Urteil über mein Schaffen gefällt; ohne ihn wäre mein Buch schon vor Langem gestrandet.

Am meisten hat *Leviathan* Adam Low und Martin Rosenbaum zu verdanken, der eine Regisseur, der andere Produzent und Kameramann des BBC-Fernsehfilms *The Hunt for Moby-Dick*. Unsere gemeinsamen Abenteuer haben dieses Buch geformt: wie wir uns bei den Dreharbeiten im eisigen Neuengland mit Schlucken aus Martins Whiskyflasche aufwärmten oder wie Adam auf hoher See furchtlos Regie zu führen versuchte, obwohl er leicht seekrank wird. Adam hat auch das Manuskript gelesen und wertvolle Kommentare dazu abgegeben. Unser Leitstern war Anthony Wall, der Redakteur der Fernsehserie *Arena*, dessen Vertrauen und Anregung wir viel zu verdanken haben. Zu Hause bekam ich kreative Unterstützung und hilfreiche Bemerkungen von Michael Bracewell, Linder Sterling, Neil Tennant, Clare Goddard und Hugo Vickers. Liz Jobey veröffentlichte einen Auszug des Buches in *Granta*, Heft 99, und Keiren Phelan und das Arts Council ermöglichten eine späte Fahrt nach Provincetown. Dort führte mich Dennis Minsky in die Welt des Whale Watching ein und erklärte mir das Verhalten der Tiere und ihre Schönheit. Bei Fourth Estate wurde meine Lektorin Mitzi Angel ihrem Namen gerecht und Nicholas Pearson und Mark Richards leisteten mir unverzichtbaren moralischen und praktischen Beistand. Ich möchte auch Robin Harvie in der Presseabteilung danken, ebenso Terence Caven, Rachel Smyth und Leo Nickolls, die für die schöne Aufmachung des Buches verantwortlich sind. Mein unermüdlicher Agent Gillon Aitken sorgte dafür, dass *Leviathan* an seinem Bestimmungsort ankam. Und für die gelungene deutsche Ausgabe habe ich Katja Scholtz und Nikolaus Gelpke vom mareverlag sowie dem Übersetzer Hans-Ulrich Möhring zu danken.

Viele andere – Wissenschaftler, Kuratoren, Autoren, Journalisten, Historiker, Bibliothekare, Biologen und Künstler – haben mir auf meinen Fahrten immer neue spannende Begegnungen beschert. Wie die Wale haben sie mich um die Welt gelockt und ich führe sie hier nach ihren Standorten auf. Ich habe zu danken:

In Provincetown: Charles »Stormy« Mayo, Jooke Robbins, Scott Landry, Amy Costa, Marc Costa, David Osterberg, Joanne Jarzobski, Nathalie Jacquet, Meribeth Ratzel, Theresa Barbo, Chip Lund, Mary Moore, Ruth Leeney, Beth Swineford, Adam Leiterman, Karen Rankin-Baransky, Karen Stamieskin, Sarah Adams-Fortune, Tanya Gabettie und allen Wissenschaftlern, Führern und sonstigen Mitarbeitern am Center for Coastal Studies; Joe Basine,

Mark Da Lomba und Eric Joranson auf der *Portuguese Princess;* den Führern, Skippern und Besatzungsmitgliedern der Dolphin Fleet, darunter Todd Motta, Carole Carlsen, Irene Bragga und John Conlon; dem verstorbenen Frank Schaefer sowie Mary Martin Schaefer vom legendären White Horse Inn; Mary Oliver für die Leihgabe ihres Feldstechers und Strandgespräche im Morgengrauen; der verstorbenen Molly Malone Cook; Pat de Groot für die Bekanntschaft mit ihrer Kunst und für ihre gepflegte Gastlichkeit; Dan Towler für die Postkarten; den Herren vom Beachcombers Club; Tim Woodman für seine inspirierenden »Moby-Dick«-Gemälde; Helen Miranda Wilson, Albert Merola, James Balla, Jackson Lambert, Josiah Mayo, Jody Melander, Jo Hay, Margery Greenspan, Conny Hatch, Sally Brophy, Pauline Fisher und Debbie Minsky für ihre Freundschaft.

In New Bedford: Stuart M. Frank, Mary K. Bercaw Edwards und Arthur Motta für ihre Bemerkungen zu Melville, Walfang und der *Charles W. Morgan;* Kathy Reed aus Edgewater für ihr Quartier. *In Nantucket:* der Nantucket Historical Association, dem Whaling Museum und seiner Forschungsbibliothek. *In Westmassachusetts:* Louise McCue und Bobbie-Anne Fachini in Arrowhead, Kathleen Reilly und Ann-Marie Harris im Berkshire Atheneum. *In Connecticut:* Megan Wilson und Duncan Hannah für ihre Gesellschaft beim Besteigen des Monument Mountain; William Peterson und den Mitarbeitern des Mystic Seaport Museum. *In New York:* Jack Puttnam für seine Führung durch Melvilles Manhattan; Thomas Farel Heffernan, Dan und Lucia Woods Lindley; und Richard Melville Hall für den Tee und die Beschreibung des Wegs zum Herman Melville Place. *In Maine:* Alex Carleton für seine ästhetische Inspiration und allen in der Rogues Gallery, besonders Daniel Pepice. *In Neufundland:* Hal Whitehead für die Auskünfte über seine Arbeit mit Pottwalen.

In Andalusien: Gabriel Orozco für die Besichtigung seines tätowierten Wals; José María Galán und dem Museum Mundo Marino in Matalascañas. *Auf den Azoren:* Serge Viallelle für die Begegnung mit den Pottwalen; Alexandra Viallelle, João Quadresma und Marco Avila sowie allen bei Espaço Talassa, Lajes do Pico; Malcolm Clarke für seine Erläuterungen zu *Physeter* und ihrer Beute; Dorothy Clarke; António Domingos Ávila; Museu dos Baleeiros in Pico; Museu da Indústria Baleeira in São Roque. Ein besonderer Dank der azorischen Landesregierung und dem Landesumweltminister für die Genehmigung meiner Begegnung mit *Physeter macrocephalus.*

In London: Richard Sabin für seine geduldigen Antworten auf meine vielen Fragen; Liz Evans-Jones beim Strandings Project; Stephen Roberts, Becci Cousins, Katie Andersen, Polly Tucker, Helen Sturge und den Mitarbeitern des Natural History Museum und seines Archivs; Lisa Le Feuvre und Helen Whiteoak im National Maritime Museum; James Rawlinson, Richard Mortimer, Diane Gibbs und Christine Reynolds in Museum und Bibliothek der Westminster Abbey; den Mitarbeitern der Guildhall Library und der British Library; Gilbert and George, Jeremy Millar, Tim Marlow, Honey Luard, Anthony Reynolds, Michael Prodger, Giles Foden, Boyd Tonkin, Simon Callow, Reed Wilson, Madeleine Groves, Michael Holden, Julia Harrison, Nicholas Redman, Peter David, Steve Deput, Sam Goonetillake, Namvula Rennie und Emma Matthews.

In Yorkshire: John Chichester-Constable, David Connell und Gary Dewson in Burton Constable Hall; Dr. Michael Boyd; ganz besonders Arthur Credland und dem Hull Maritime Museum; dem Whitby Museum. *In Oxford:* Paul Bonaventura, Ruskin School of Art; Malgosia Nowak-Kemp, Museum of Natural History der Oxford University; Clive Hurst und den Mitarbeitern der Abteilung Rare Books and Printed Ephemera in der Bodleian Library. *In Devon:* Nigel Larcombe-Williams, Jake Luffman. *In Hampshire:* Peter Leslie, Jude James, Colin Speedie, Clare Moore. *In Southampton:* Sophia Scott und Alison Kentuck bei der HM Maritime and Coastguard Agency; der Southampton City Library; Tina Jones; Andy und Rob, Sholing Cycle Centre; Fr. Bill Wilson, Katherine Anteney, Jonny Hannah sowie Pamela und Ron Ashurst. Danken möchte ich auch Krishna Stott, Jon Wynne-Tyson, D. J. Taylor, Jonathan Gordon und allen Mitwirkenden an einer Geschichte, deren Ausgang hoffentlich glücklicher sein wird als ihr Anfang.

Philip Hoare
Southampton, Juli 2008

Register

A

Aberdeen 316, 348
Académie française 75
Acushnet (Fluss) 70, 150
Acushnet (Walfangschiff) 63–66, 126, 158, 159, 183
Adams, John 310 f.
Adler, G. J. 185
Aimwell (Walfangschiff) 309
Albion (Walfangschiff) 309
Alcott, Bronson 120
Alderson, Christopher 270
Alderson, James 267 f., 270
Alëuten (Inselgruppe) 45
Alëuten (Volk) 356
Alexander Whaling Company 351
Alke 297
Allardyce, William 350
Allen, Solomon 246
Ambulocetus natans 243
Amelia (Walfangschiff) 310
American Museum (New York) 24, 187
American Museum of Natural History (New York) 368
Amerikanischer Bürgerkrieg 120, 122
Amerikanischer Unabhängigkeitskrieg 140, 143, 146, 310
Amsterdam 74
An Account of the Arctic Regions (Scoresby) 204, 296, 319
Anatomy of Melancholy (Burton) 204
Andromeda 46
Ann Alexander (Walfangschiff) 212
Antarktis 110, 293 f., 328, 349 f., 352 f., 354, 355, 360, 368, 370, 372, 375
Anthropozän 327
Aphrodisiakum 433
Aquarium
– Coney Island 23, 25, 28, 56
– Blackpool 24 f.
– Brighton 382, 385
– Manchester 24
– San Diego 20
– Seattle 383
– Westminster 25–27, 343, 346
– Windsor 18–20
– Vancouver 382 f.
Archaeoceti (Urwale) 243 f., 283
Aristoteles 379
Arktis 32, 297–299, 305 f., 308, 325, 327, 347

Arrowhead 201 f., 217–219, 453;
    Abb. 202
Arthritis 374, 415
Atombombe 362, 376, 279 f.
Auden, W. H. 114, 355 f.
Aurora (Walfangschiff) 146
Australien 310, 311, 352, 354, 357, 359,
Avellar (Familie) 33
Avellar, Al 407
Avila, Marco 441, 442, 446, 449
Azoren 33, 110, 118, 159, 189, 230, 348,
    419–439

B

Baader, Andreas 377
Babylon 188
Bada, Jeffrey L. 326
Baffin (Walfangschiff) 328
Bagdale, Straße in Whitby 317, 329
Baines, Joseph (Joe Bones) 409
Balaena (Walfangschiff) 358 f.
Baltimore 117
Banks, Joseph 246, 319, 339, 434
Barnsley, Yorkshire 345
Barnum, Phineas T. 24, 27, 187, 245
Barrakudas 95
Barrett-Hamilton, G. E. 350
Barrie, James Matthew 51
Bartley, James 175
Basehart, Richard 366
Basilosaurus cetoides 243
Basken 32, 231
Battersea, London 340, 341
The Battery, Manhattan 55, 56,
    122, 219
Beagle (Schiff) 276
Beale, Thomas
– Werdegang 276, 284 f.
– Reisen 276 f., 280

– in Burton Constable 275 f.
– in Holderness 283 f.
– Tod 285
– *Natural History of the Sperm Whale*
    84 f., 93 f., 193, 269, 278 f., 281, 282,
    284, 287, 311, 431, 451
– Einfluss auf Melville 279, 282, 284
Bearpark, Arthur F. 353
Beaver (Walfangschiff) 310
Beaver, Harold 115, 325
Bennett, Frederick 92, 161, 195,
    432, 443
Beowulf 308 f.
Bequia, Karibik 386 f.
Beringmeer 325
Berkshire County Eagle 215
Berkshires, Massachusetts
    197 f., 200, 204
Berlin 274, 324
Berwick, Schottland 316
Berzin, Alexander 369
Beston, Henry 383
Beverwijk, Niederlande 71
Bibel 48, 51, 174, 212, 441
    siehe auch → Jona
Bicknell, Elhanan 279, 280, 308
Bigelow, Jacob 246
Billy Budd, Sailor (Melville) 48, 155,
    156, 220
Biskaya 231, 334, 388
Blackpool 24
Boninseln 276, 354
Boston Tea Party 57, 310
Boston 30, 33, 118, 248
Boston, Absalom F. 144
Botany Bay 311
Boyd, Michael 287
Boylston, Zabdiel 434
Bradbury, Ray 365 f.
Bradford, Marlboro 64
Bradford, Melvin O. 64

Bradford-by-the-Sea (Yorkshire) 292, 328
Brannon, Philip 24
Brendan der Reisende 240
Bridges, David 272
Bridlington, Yorkshire 291, 351
Brighton, Sussex 384
Bristol, Somerset 308
Britannia (Jacht) 370
The British Encyclopaedia 419, 423
The British Library 246
Broad River 249
Broadway, Manhattan 24, 58, 122, 204
Brontë, Emily 49
Brontë, Patrick 329
Bronx, New York 220 f.
Brook Farm 203
Brown, Henry »Box« 119
Brüder Grimm 99
Brüssel 188, 274
Buckland, Francis 174
Buddhismus 362
Bullen, Frank 109
Bulletin of the Atomic Scientist 375 f.
Buntfuß-Sturmschwalbe 399
Burke, Edmund 138
Burton Constable Hall 264, 269, 273, 283, 286
Burton Constable 257, 265, 286, 292
Burton, Robert 204, 300
»Burton-Constable-Wal« 265–273, 283 f.
Byron, Lord 198

C

Cabo de São Roque 251, 426, 429
Calman, T. W. 350
Cambridge Philosophical Society 267
Cambridge 369

canoas 423 f., 426, 427
Cape Ann 246, 250
Cape Cod (Thoreau) 16, 31, 34, 249
Cape Cod Bay 32, 231, 392
Cape Cod 29–32, 226, 227 f., 335 f.
Carcass (Schiff) 260
Carlyle, Thomas 204
Castle Clinton 56
Cetus 39, 47
Chace, Charles 119, 348
Champion, Alexander 310
Charing Cross 274
Charles W. Morgan (Walfangschiff) 106, 149–152, 156 f., 164, 178, 422, 438; Abb. 150
Chase (Familie) 144
Chase, Owen 139, 140 f., 190 f., 193
Chase, William Henry 191
Chatham, Massachusetts 230
Cheddar Gorge, Somerset 441
Chichester, Charles 273
Chichester-Constable, John Raleigh 286 f.
Chiswick 341
Cholera 285
Christentum 47
siehe auch → Jesus Christus
Christopher Mitchell (Walfangschiff) 68, 153 f., 276
Churchill, Winston 292, 343
Clarke, Malcolm 429
Claughton, Thomas Legh (Bischof) 27
Clemon, Tom 402
Coalbrookdale 179
Coffin (Familie) 142, 144
Coffin, Kezia 142
Coffin, Tristram 137
Colnett, James 311
Columbus, Christoph 419
Coming Up for Air (Orwell) 176 f.
Conan Doyle, Arthur 252, 347

Concord, Massachusetts 120, 199, 207, 223, 225
Coney Island 25, 28
The Confidence-Man (Melville) 215, 219
Conrad, Joseph 188
Constable, Marianne (geb. Chichester) 273
Constable, Thomas Aston Clifford 273
Constable, William 272, 285 f.
Cook (Familie) 32 f.
Cook, James 292, 310, 319
Coral (Walfangschiff) 188 f.
Corticotropin 374
Costa (Familie) 33, 421
County Street, New Bedford 128
Craven Street, London 184 f.
Credland, Arthur 263
Creed's of London 436
Cromwell, Oliver 338, 339
The Cruise of the Cachalot (Bullen) 109
Cumbrian (Walfangschiff) 306
Cuvier, Frédéric 75
Cuvier, Georges 75, 282, 392

D

Da Lomba, Mark 397, 405, 414
Daedalus (Fregatte) 249
Dagenham, Essex 338, 339
Dartmouth, Neuschottland 143
Darwin, Charles 105, 276
Davis Strait 32
Davis, Egerton Y. 175 f.
Davis, W. M. 193
de Groot, Pat 410
De Poyster, Mr 272
Defoe, Daniel 339
Delfine 37, 51, 94, 282, 377, 442
– Flussdelfine 39, 104, 392
– Seedelfine 39

– in Gefangenschaft 18, 104, 282
– Strandungen 229, 333, 336, 340
– im Krieg 377
– Intelligenz 383 f., 389, 391
– Bejagung 386
Delfine, **Arten**
– Chinesischer Flussdelfin *(Lipotes vexillifer)* 392
– Commersondelfin *(Cephalorhynchus commersonii)* 351
– Gangesdelfin *(Platanista gangetica)* 104
– Gemeiner Delfin *(Delphinus delphis)* 442
– Grindwal *(Globicephala melas)* 159, 189, 226–229, 230, 272, 335, 336, 351, 449
– Großer Tümmler *(Tursiops truncatus)* 18, 24 f., 56, 105, 159, 250
– Heavisidedelfin *(Cephalorhynchus heavisidii)* 351
– Pilotwale
    siehe → Grindwale
– Schwertwal *(Orcinus orca)* 18–20, 52, 92, 93, 233, 299, 335, 339, 351, 382, 383, 404, 406, 410, 442; Abb. 19
– Streifendelfin *(Stenella coeruleoalba)* 449
– Weißschnauzendelfin *(Lagenorhynchus albirostris)* 351
– Weißseitendelfin *(Lagenorhynchus acutus)* 410, 412
– Zügeldelfin *(Stenella frontalis)* 449
Delia (Postschiff) 250
Den Haag 370
Denkmal 67, 258, 313; Abb. 67
Deptford, London 308, 339
Deutschland 333, 353, 354, 355, 356 f.
Dewhurst, Henry 249
Dickens, Charles 186
Dinosaurier 81, 100, 241, 244, 454

Diplodocus 98
Discovery (Forschungsschiff)
 101, 110, 352
Discovery II (Forschungsschiff) 352 f.
Disney, Walt 365, 366
Donne, John 47
Douglas, Kirk 12
Douglass, Frederick 117 f., 119 f.,
 121 f., 133; Abb. 118
Dracula (Stoker) 293
Drake, Edwin L. 146
Dreadnought (Krankenhausschiff) 339
Drevar, George 251 f.
Dünkirchen 143
Dürer, Albert 135
Dürer, Albrecht 74
– *Melencolia* 300
Dundee (Walfangschiff) 315
Dundee 316, 348, 352, 373
Durban 88, 438
Duyckinck, Evert A. 184, 200, 203,
 206, 212, 214
Duyckinck, George 203
D'Wolf, John 57 f.

Eisenhower, Dwight D. 380
Eisloch 303 f.
Eliza Swan (Walfangschiff) 262
Elizabeth I. (Königin) 74, 300, 324,
Elizabeth II. (Königin) 333
Elking, Henry 307
Ellery, Epes 246 f.
Ellis Island 376
Emerson, Ralph Waldo 120, 189,
 204, 223
Emmons, Ebenezer 229
Empress (Schleppdampfer) 340
Endeavour (Schiff) 292
Enderby and Sons 308
Enderby, Samuel 308, 310, 311, 431
Eozän 243
Esk (Walfangschiff) 319, 328
Essex (Walfangschiff) 139, 190 f., 192,
 193 f., 293
Europäische Gemeinschaft 425
Evans-Jones, Elizabeth 337
Evelyn, John 338
Exelby, Sophia 335
Exeter, Devon 307

E

East Newton, Yorkshire 272
Eastern Harbor, Cape Cod 230
Eastham, Massachusetts 136
Eclectic Society of London 278
Edinburgh 215, 318, 319, 348
Edinburgh, Prinz Philip,
 Herzog von 370
Edward II. 333
Einhorn 299 f., 301, 316
Eisbären *(Ursus maritimus)*
 259 f., 286, 291, 293, 294, 297, 309;
 Abb. 260
Eisenbahn 25, 119, 329

F

Fabelwesen und Mythen 46 f., 50, 80,
 196, 279, 285, 301, 355
Fadenwürmer 362, 431
Faial, Azoreninsel 230, 420
Fairhaven, Massachusetts 62–64, 66
Falklandinseln 106, 143, 175, 193,
 349 f., 373
Färöer 227
Ferreira, Dorothy 436
Field, David Dudley 200, 201
Filey, York 291
Firth of Forth 333
Fishguard, Wales 366

Fitzgerald, F. Scott 30
Flamborough Head, Yorkshire 269
Flannery, Fortescue 352
Fleet Market 186
Fliegende Fische 450
Flipper (Film) 52, 384
Flower, William 27, 352
Folger (Familie) 133, 144
Folger, Timothy 143
Fort Stanwix 57
Fowles, John 196
Foyn, Svend 347, 349
Frankenstein (Shelley) 204, 206
Frazer, James 279
Free Willy (Film) 52
Friends of the Earth 384
Frobisher, Martin 300, 324
Fruitlands 120
Fugitive Slave Law 120
Futurismus 51
Fylingdales, York 292

G

Galapagosinseln 189, 391
Gansevoort, Peter 57, 62, 186, 188
Garbo, Greta 136
Gardner (Familie) 144
Gardner, Edward 195
Gent, Belgien 274
Georg III. (König) 436
George IV. (Prinzregent) 309
Gesellschaft zur Bekämpfung des Lasters 230
Gilbert, Humphrey 324
Glasgow 215, 348
Gloucester, Cape Ann 246
The Golden Bough (Frazer) 279
Goldrausch 146
Goldsmith, Oliver 296

Golf von Maine 36, 248, 413
Golfkrieg 377
Golfstrom 36
Gordon, Jonathan 92, 390
Grampus Bay 227
Grant, Cary 436
Gravesend, Kent 342
The Great Gatsby (Fitzgerald) 30
Great Hollow, Cape Cod 227
Green, Carlos 63
Greene, Richard Tobias (Toby) 183, 200, 205 f.
Greenland Dock 308
Greenock 316
Greenpeace 384
Grenadineinseln 386
Griffiths, Elizabeth 122
Griffiths, Julia 122
Grönland 32, 293, 307, 308, 313, 328, 386, 388; Abb. 275, 304
Grönlandsee 314, 321
Große Hungersnot 311 f.
Grytviken, Südgeorgien 352

H

Hackney Empire 366
Haie 29, 88, 95, 105, 134, 250, 282, 294, 412
Haley, Nelson Cole 106, 152, 153, 160, 164, 178
Hamburg 307
Hamilton (Kaufmann) 272
Hamlet (Shakespeare) 242
Hanson, Kenneth O. 346
Harmer, Sidney 101, 333, 335, 340, 349, 351
Harmony (Walfangschiff) 260–262; Abb. 261
Harper and Brothers 213 f.

Harvard, Massachusetts 118, 198, 246
Hashidate Maru (Walfangschiff)
　360f., 362
Hawthorne, Julian 203
Hawthorne, Nathaniel 198–200, 207,
　215f., 218, 223; Abb. 199
– Melville 184, 199, 201–204, 206,
　208–212, 215f., 439
– Thoreau 224, 225
– **Werke:**
　»Earth's Holocaust« 200
　»Fire Worship« 198
　The House of the Seven Gables 200
　Mosses from an Old Manse 197, 202
　The Scarlet Letter 200
　»Young Goodman Brown« 199f.
Hawthorne, Rose 202
Hawthorne, Sophia 198, 202, 203
Hawthorne, Una 202
Heap House, Lincolnshire 344
Heiliges Land 187, 216
Hemingway, Ernest 367
Henkel 353
Henrietta (Walfangschiff)
　314, 315
Heringe 19, 36, 40, 348, 363, 400
»Herman Melville« (Auden) 355f.
Herring Cove, Provincetown 248
Hinton, Harry 295, 327
Hispaniola (Schiff) 365
History of Nantucket (Macy) 137
*History of the Earth and Animated
　Nature* (Goldsmith) 296
Hoar, Edward 225
Hobbes, Thomas 242, 377
– *Leviathan* (Hobbes) 242, 377
Holderness, York 264–270, 283
Holland 71, 74, 306f., 355, 371
　siehe auch → Niederlande
Holmes, Oliver Wendell 200
Holozän 327

Holub, Miroslav 345
Homberg, Wilhelm 431
Hope (Walfangschiff) 347
Houqua (Walfangschiff) 64
Housatonic River 197
Howland Great Wet Dock 308
Hubble-Teleskop 379
Hudson (Fluss) 248
Hudson, New York 143
Hudson, W. A. 344
Huggins, William John 260f., 277, 280
Hull Literary and Philosophical
　Society 275
Hull Maritime Museum 257, 258–263
Humber (Fluss) 257, 272, 301, 336, 344
Hussey (Familie) 144
Hussey, Christopher, jun. 138
Hussey, Christopher, sen. 137
Huston, John 69f., 365, 366f., 393
Hyannis, Massachusetts 131, 136

I

Ibis (Rettungsboot) 234, 409
Icthyographia (Willughby) 301
Ichthyosaurier 98, 252, 287
Icy Glen 201, 253
Iguanodon 100, 102
*Illustrated Encyclopaedia of Animal
　Life* 368
Illustrated London News 250
Indohyus 243
Industrialisierung 49, 124, 135, 141, 179,
　224, 323, 327, 347
Industry (Walfangschiff) 144, 262
»Inside the Whale« (Orwell) 177
Institut d'Afrique 285
Insulin 374
Internationale Walfangkommission
　(IWC) 368–373, 383f., 389

Internationale Walfangkonferenz 353
Inuit (Esquimaux) 242, 303, 306, 324, 386, 387, 388, 401
Iñupiat 325 f.
Irische See 388
Irving, Washington 187
Islam 47
Island Bay, Neuseeland 106
Island 386, 388
Isle of Wight 14, 334
Iveson, Richard 270
IWC 368–373, 383 f., 389

J

Jacquet, Nathalie 390
James, C. L. R. 376 f.
Japan 342, 345, 354 f., 359 f., 362, 371, 372, 384, 386 f.
Japanische Botschaft in Berlin 342
Japanisches Meer 193, 355, 376
JARPA, JARPN, JARPA II 386
Jenseits von Gut und Böse (Nietzsche) 377
Jenssen, Gunder 351
Jeroboam (Walfangschiff) 49
Jesus Christus 47, 422, 433
Johnson, Amy 286
Johnson, Thomas 63
Jona 11, 46, 47, 49, 59, 69, 102, 174, 177, 312, 343
Joranson, Eric 240

K

Kalmare 84, 85, 95, 106–110, 162, 169, 229, 271, 429 f., 431 f., 450, 451
 siehe auch → Koloss-Kalmar, Kopffüßer, Riesenkalmar und Tintenfisch

Kalter Krieg 345, 355, 366, 369 f., 376
Kamtschatka-Halbinsel 57, 276
Kanada 143, 303, 382, 388
Kap Hoorn 64, 276
Kapstadt 342
Kapverdische Inseln 118, 119
Karettschildkröte 449
Karibik 36, 386 f.
Karl I. (König) 433
Kaspisches Meer 243
Katwijk, Niederlande 71
Keadby, Lincolnshire 344
Kennedy, Jacqueline 136 f.
Kennedy, John Fitzgerald 136 f.
Kent (Walfangschiff) 276, 278
Kent 301, 335
Keratin 40
Keto
 siehe → Cetus
Kew, London 340 f.
Kingston upon Hull (Hull) 257 f., 262 f., 306, 307, 308, 309, 316, 365
Kirkcaldy, Schottland 316
Klimawandel 385
Knickerbocker Magazine 192
Koloss von Rhodos 41
Koloss-Kalmar *(Mesonychoteuthis hamiltoni)* 110
Kopffüßer 95, 108 f.
 siehe auch → Kalmar, Koloss-Kalmar, Riesenkalmar, Tintenfisch
Kormorane 15, 126, 397
Kraken 12, 59, 107, 245, 295
Kunitz, Stanley 365
Kutchicetus 243

L

Labrador 24, 32, 36
Labradorstrom 36
Lacépède, Bernard de 274
Lachs 235, 288, 382, 408
Lajes do Pico 421f.
Lancing (Walfangschiff) 349
Landry, Scott 236, 409
Lansingburgh, New York 183
Lawrence, D. H. 47, 51, 114, 376
Lawton, William 276
Lee-on-Solent, Hampshire 335
Leith, Schottland 316
Lenox, Massachusetts 200, 202, 208
Leopold, Aldo 399
Lesbia Brandon (Swinburne) 14
Lightfoot, Mr 358
Lilly, John C. 383f., 389
Lima 154
Lincoln, Abraham 60, 122
Linnaean Society, Boston 245–247
Linné, Carl von 43, 80, 99, 379
Little Humber (Fluss) 271
Lively (Walfangschiff) 328
Liverpool 59, 64, 122, 154, 158, 215, 216, 282, 292, 316, 328
Loch Ness, Ungeheuer 389
London 28f., 142, 185–187, 213, 274, 308, 316, 338–340, 342, 343, 344, 354, 372
  siehe auch → Natural History Museum
Long Island Sound 248
Long Island 92, 436
Long Point, Provincetown 33, 398
Lord Hawkesbury (Walfangschiff) 434
Lourdes 422
Loutherbourg, Philippe Jacques de 179

M

Mablethorpe, Lincolnshire 332
MacArthur, Douglas 359
Macaulay, Thomas Babington 279
Macmillan Wharf, Provincetown 38, 397
Macy (Familie) 133, 144
Macy, Obed 137
Macy, Thomas 137
Madeira 367
Mahone Bay, Halifax 248
Maiden, William 63
The Maine Woods (Thoreau) 223
Makahindianer 386
Malta 437
Malthus, Thomas 336
The Man Who Fell to Earth (Fitzgerald) 30
Manchester 24, 30, 306, 348
Manhattan 56, 188, 214, 248
Mantarochen 449
Manu 47
Marconi, Guglielmo 31
Mardi (Melville) 184, 291
Marfleet, Lincolnshire 272
Margaret (Walfangschiff) 262
Marianengraben 12
»Marine Diver« 319, 323, 324
Marine Mammal Program 377
Marine 314, 337, 342, 377, 410
Marquesasinseln 183
Martha's Vineyard, Massachusetts 348
Martin, Mary 410
Mary Celeste (Frachtsegler) 420
Massachusetts Bay 224
Mather, Cotton 32
Mawson, Douglas 353
Mayflower (Schiff) 32, 118
Mayo (Familie) 230

Mayo, Charles »Stormy«
230, 234–236, 238, 240
Mayo, Josiah 230
Medikamente 374, 415, 433
Medusen 47, 295
Medway (Fluss) 301
Meerjungfrau 24
Mekka 433
Melancholie 204, 299, 300 f.
Melander, Jody 410
Melvill, Allan 57, 58
Melvill, Maria (geb. Gansevoort) 58, 60
Melvill, Thomas 57
Melville (Familie) 57 f., 156, 183, 221
Melville Hall, Richard (»Moby«) 51, 499
Melville, Elizabeth (geb. Shaw) 184, 206, 207, 220, 221
Melville, Herman
– Bildnis 54, 123
– Äußeres 59, 185, 215
– Geburt 55, 56
– Hintergrund und Aufwachsen 57 f.
– nach Liverpool 59 f., 215
– nach New Bedford 62, 66, 123
– Heirat 184
– nach London 184–187, 281
– weitere Besuche in Großbritannien 215
– Walfang-Reise 48 f., 59, 158, 161, 166, 179
– Sexualität 114, 156, 184
– zieht in die Berkshires 204
– Hawthorne 184, 197–204, 206, 208–212, 215 f., 218
– Turner 281
– ins Heilige Land 187, 216
– schreibt *Moby-Dick* 187–192, 196, 206 f., 284, 324 f.
– letzte Jahre 219–221

– Werke:
Billy Budd, Sailor 48, 155, 156, 220
The Confidence-Man 215, 219
Mardi 184, 291
Omoo 184
Redburn 122, 154, 156, 184, 196
Typee 183, 184, 200 f.
White-Jacket 154, 155, 156, 184, 186, 281
Melville, Malcolm 184, 219
Melville, Stanwix 57, 219
Memidadluk (Inuk) 306
Mersey (Fluss) 335
Mesmerismus 206 f., 329
Mesonychia 243
Mesonychoteuthis hamiltoni 110
Meynell, Viola 51
Miencke, norwegischer Seemann 332
Milford Haven, Wales 144
Milton, John 9, 433
Minsky, Dennis 397
Mittelmeer 81, 243
Moby Dick (Film) 69 f., 236, 365–367, 393; Abb. 364, 367
Moby Dick (Oper) 376
Moby Dick (Theaterstück) 366
»Moby Doll« 382 f.
Moby, Richard Melville Hall 51, 499
Moby-Dick oder: Der Wal (Melville)
– Beschreibung 48–52, 187 f., 205 f.
– Entstehung 187–197, 203–212, 220, 279, 284
– Veröffentlichung 48, 51, 196 f., 212–214
– Abbildungen 209, 210, 213
– Bezug zu *Walden* 224
– »Burton-Constable-Wal« 273, 283 f.
– Geheimcode 300 f.

- sexuelle Symbole 113–115
- Sklaverei 120, 122
- jüngere Interpretationen 155 f., 375–377, 388, 394
- Charaktere:
  Ahab, Kapitän 49 f., 51, 52, 89, 97, 114, 143, 236, 281, 366 f., 376 f., 393
  Bildad, Kapitän 141
  Gabriel, Prophet 49
  Ismael 48, 49 f., 59, 60–62, 118, 132, 140, 194, 213, 254, 294, 393 f.
  Vater Mapple 69, 366
  Peleg, Kapitän 138
  Pequod 49, 64, 141, 206, 365, 376, 393
  Queequeg 60–62, 132, 174, 203, 204, 206, 366, 393
  Starbuck 143, 204
  Tashtego 173 f.
Mocha (Insel) 192
»Mocha Dick« (Reynolds) 192 f., 205, 294
Mondfisch 412
Monongahela (Walfangschiff) 253
Montreal 25
Montrose, Schottland 316
Monument Mountain, Massachusetts 197, 200 f., 249
Moore, Dennis Gilbert 292
Moore, Patrick James 292
Moore, Rose Margaret 292
Moore, Sarah (geb. Leonhard) 292
Moore, Theresa Marion (geb. Hoare; Mutter) 11, 29, 291, 308, 356, 415 f.
Moore, Thomas 292
Morecambe 292, 335
Morris, Oswald 365
Morrison, W. S. 354
Motta (Familie) 33, 421

Mount Greylock, Massachusetts 202, 207, 217
Möwen 229, 399, 411, 413
M'Quhae, Peter 250
Mystic, Connecticut 149, 157
Mythen und Fabelwesen 46 f., 50, 80, 196, 279, 285, 301, 355

N

Die Nacht des Jägers (Film) 15
Nahant (Insel) 248
Nantucket Athenaeum 121, 133
Nantucket 131–134, 137–147, 191 f.
Napoleon I. (Kaiser) 314
Napoléon III. (Kaiser) 436
Napoléon, Louis (Prinz) 216, 436
The Narrative of Arthur Gordon Pym (Poe) 293–295
Narrative of the Life of Frederick Douglass (Douglass) 121
NASA 378
Nassau, Graf Ernst Casimir von 71
Nattickindianer 138
Natural History Museum, London 27, 99–106, 332, 333, 337, 344, 350
Natural History of the Cetacea (Dewhurst) 249
Natural History of the Sperm Whale (Beale) siehe unter → Beale
Natural History of Whales (de Lacépède) 274
Naturgeschichte Norwegens (Pontoppidan) 247, 297
Nelson, Horatio 260
Neuengland 30, 65, 123, 133, 136, 137, 141, 142, 143, 197, 230
siehe auch → Berkshires, Boston, Cape Cod, Lenox, Mystic, Provincetown

Neufundland 59, 143, 175
Neunaugen 88
Neuseeland 106, 190, 335, 354, 435
New Bedford, Massachusetts
    65–77, 85, 117–120, 123, 128–129, 133,
    145 f., 178, 326, 348, 368, 375;
    Abb. 116, 126
New Forest, Hampshire 228, 335
New Kent Road, London 279
New York Times 44 f., 387, 436
New York Tribune 24
New York 23, 24, 27 f., 56, 92, 118, 122,
    143, 184, 187 f., 343
    siehe auch → Bronx, Coney Island,
    Ellis Island, Long Island,
    Manhattan
New Yorker 277
Newcastle 309, 316
Newington Butts, London 279
Niederlande 32, 56, 71, 307, 327
    siehe auch → Holland
Nietzsche, Friedrich 377
Nikolaus II. (Zar) 355
Nimrod of the Sea (Davis) 193, 295
Ninive 343
Nitroglyzerin 349
Noah 16, 243, 327
Norddeutscher Lloyd 25
Nordhoff, Charles 123–125, 127, 164,
    169, 193, 195, 226
Nordpol
    siehe → Arktis
Nordsee 266, 336, 337, 346
Nordwestpassage 300, 315, 321, 323,
    324, 327
Norwegen 163, 308, 331 f., 347, 348,
    349, 353 f., 355, 356, 358, 371 f., 386, 387,
    388 f., 435

O

Oder (Dampfschiff) 25
Okubo, Ayako 387
Oliveira (Familie) 33
Oliver, Mary 46, 198
Omoo (Melville) 184
Onassis, Aristoteles 371 f.
Opium 142, 143
Orwell, George 176 f.
Oslo 353, 370
Ostende 274
Ostsee 342
Otolith 438
Ouse (Fluss) 301
The Outermost House (Beston) 383
Owen, Richard 243 f.

P

Pacific Whaling Company 344, 351
Pakicetus 243
Pannet Park, Whitby 317
Papageitaucher 379
Paradise Regained (Milton) 433
Parfüm 432, 434, 436
Paris Review 367
Parker, Richard 293
Parlament 307, 434
Pattinson, Mr (Gutsverwalter) 272
Pauline (Segelschiff) 251
Peaked Hill, Provincetown 409
Pearl Street, Manhattan 55 f., 187 f.
Pearsall, Mr (Kurator) 275
Pease, Valentine 63, 64
Peck, Gregory 70, 366 f.;
    Abb. 367
Pembroke College, Cambridge 267
Pentagon 378
Pequotindianer 149

Perseus 46 f.
Pest 74, 433
Peterhead, Schottland 316, 347
Phillips, John 273
Pico, Azoren 420–439
The Picture of Southampton
 (Brannon) 24
Pilgerväter 31 f., 118, 226, 227, 231
Pilgrim Monument, Provincetown 397
Pinguine 356
Pinocchio 176
Pitt, William 310
Plankton 40, 98, 237, 238, 239, 241, 338, 401, 412
Plymouth, Devon 31, 32
Plymouth, Massachusetts 249
Poe, Edgar Allan 187, 192, 198, 293 f., 295
Point Barrow, Alaska 303
Pollard, George 191, 192
Pontoppidan, Bischof 247, 297
Port Jackson, Neusüdwales 311
Portland Gale 33
Portsmouth, Hampshire 11, 311, 352
Portugiesische Galeeren 450
Priestley, J. B. 292
Primaten 389, 390, 391
Protocetus Abb. 244
Provincetown, Massachusetts 31–34, 136, 229 f., 234, 398, 409 f., 425
Pterodaktylus 98
Puritaner 137, 149
 siehe auch → Pilgerväter

Q

Quadresma, João 441 f., 444, 447, 448, 451, 454 f.
Quäker 64, 65 f., 119, 128, 137, 141 f., 143, 144 f., 147, 198, 220, 279, 286, 313, 317
Quastenflosser 105

R

Race Point, Provincetown 398, 409, 410
Raines, John 272
Rainham, Essex 301
Rankin, Karen 409
Rattler (Schraubendampfer) 311
Raymond, Frederic 63
Read, Enoch 63
Redburn (Melville) 122, 154, 156, 184, 196
Religious Tract Society 320
Report of the Mammalia
 (Emmons) 229
Report on the Fishes (Storer) 229
Resolution (Walfangschiff) 315, 319
Reynolds, Jeremiah 192 f., 293 f.
Rhode Island 70, 128
Rhodos 41
Riesenhai *(Cetorhinus maximus)* 412
Riesenkalmar *(Architeuthis dux)* 106, 109, 252, 285, 366, 368, 438; Abb. 108
Rivera, Jacob Rodriguez 142
Robben 94, 175 f., 234, 260 f., 263, 291, 309, 348, 382
Robin Hood's Bay, Yorkshire 287
Rodhocetus 243
Roscoe, William 122
Rotch, Benjamin 143
Rotch, Joseph 66

Rotch, William, jun. 128
Rotch, William, sen. 143
Rote-Armee-Fraktion 377
Rotes Kreuz 358
Rotes Meer 176
Rotherhithe, London 186
Rotterdam 274
Rousseau, Jean-Jacques 286
Royal Academy 280 f.
Royal Aquarium
   siehe → Aquarium, Westminster
Royal College of Surgeons
   27, 339
Ruderfußkrebse 237, 240, 399
Ruskin, John 281
Russland 327, 355, 368, 369, 371, 384, 386, 387
   siehe auch → UDSSR
Rynders, Isaiah 121

S

Sabin, Richard 104, 344, 388, 437
Sachs, Viola 300
Saenredam, Jan 71, 74
Salem, Massachusetts 198, 199
Salomo 70, 178
Samuel (Walfangschiff) 309
San Diego 20
San Francisco 146, 219
Sandaal 36, 40, 45, 399, 411, 414
Sankt-Lorenz-Strom 388
Santíssima Trinidade, Pico 421
São Roque, Pico 426, 429
Sarah and Elizabeth (Walfangschiff) 276
Sartor Resartus (Carlyle) 204
Savssat (Eisloch) 303 f.
Scarborough, Yorkshire 291
Scawen, William 307

Die Schatzinsel (Film) 365
Scheveningen 71–74; Abb. 72
Schiffshalter 87
Schostakowitsch, Dimitri 376
Schwediaur, Franz Xavier 434
Scoresby, Mary Eliza (geb. Lockwood) 328
Scoresby, William, jun. 59, 259, 318–324, 328 f.; Abb. 318
– *An Account of the Arctic Regions* 204, 296, 319
Scoresby, William, sen. (»Kapitän Graupel«) 314–318, 258 f.; Abb. 315
Scott, Robert Falcon 352
Scrimshaw 134–137
Scripps Institution of Oceanography 326
Scull, David C. (»Ambra-König«) 33
Scymnodon 88
Seamen's Bethel 68–70
Die Seaview – In geheimer Mission (Fernsehserie) 366
Seaton, Durham 272
Seeadler 297
See-Elefant 250
Seehunde 297, 346, 397 f.
Seelöwen 169, 278, 297, 404
Seepocken 242, 362, 407, 411
Seeschlangen 201, 243, 245, 247–254, 297; Abb. 247, 250, 252, 297
Seeungeheuer 39, 246, 252, 272
   siehe auch → Seeschlangen
Shaker 49, 115, 151, 203, 205
Shakespeare, William 204
Shaw, Lemuel 184
Shearwater (Forschungsschiff) 237, 238 f., 241
Shelley, Mary 204, 206
Shepperton 366
Sherman, James H. 189
Shetlandinseln 351

Sholing, Southampton 15
Silvera (Familie) 421
Sindbad 46
Sintflut 16, 243, 327
Skegness, Lincolnshire 331f., 333
Sklaverei 117–122, 133, 144, 203, 225, 243, 258, 279, 285, 311, 354
Smeerenburg (»Transtadt«) 307
Smithsonian Institute 70
Society for the Prevention of Cruelty to Animals 346
Sonntagsschulbewegung 320
South Sea Company 307
South Sea Whale Fishery (Huggins) 277
Southampton (Schiff) 185
Southampton Water 14, 18, 24
Southampton, Hampshire 11, 12, 23, 25, 29, 31, 293, 356, 359
Southern Harvester (Walfangschiff) 370, 371
Southern Venture (Walfangschiff) 357
Southport, Lancashire 215, 216
Sowjetunion
 siehe → UDSSR
Speedie, Colin 388
Spencer (Walfangschiff) 309
Spes et Fides (Walfangschiff) 347
Spitzbergen 307, 324
Spurn Point, York 269, 272, 336
Sri Lanka 44
St. Andrew's Dock, Hull 365
Stammwitz, Percy 101f., 104, 332, 350–352, 356
Stammwitz, Stuart 102, 352
Star of the East (Walfangschiff) 175
Starbuck (Familie) 51, 133, 144, 347
Starbuck, Edward C. 64
Starbuck, Joseph 133
Starbuck, Samuel 143
State Theatre, New Bedford 69f.

St. Barbe, John 310
Stellwagen Bank 35, 234, 331, 398
Stepney Poor House 285
Stickney, Sarah 266f.
St. Lawrence (Paketdampfer) 59, 60, 292
Stoker, Bram 293
Stone Fleet 146
Störe 331, 333
Storer, David Humphreys 229
Story, Amos 246
Strandgutverwalter 333, 334, 344
Sturge, Joseph 279f.
Sturge, Thomas 276, 279, 308
Sturmtaucher 399, 447; Abb. 447
St. Vincent, Karibik 386
Südafrika 88, 354, 357, 388
Südatlantik 101, 106, 251, 349, 429
Südgeorgien 101, 102, 350, 352, 357, 373
Südinsel, Neuseeland 435
Südpolarmeer 342, 350, 352, 355, 360, 370, 372, 429
Summerskill, Edith 358
Swain, William 68, 153, 276
Swinburne, Algernon 14
Sydney 311
Sykes, Christopher 266
Syren (Walfangschiff) 354

T

Tätowierung 60f., 62, 135, 183, 190, 206, 214, 254, 366, 442
Taucher 12, 41, 83, 377
Tay (Fluss) 348
Temple, Lewis 119
Tethys 243
Themse (Fluss) 185, 308, 338, 339–341, 342f.

Thompson, George 272
Thoreau, Henry David 223–226, 227–230
– *Walden* 224 f., 397
– *Cape Cod* 16, 31, 34, 249
– *The Maine Woods* 223
Thoreau, John 223
Thunfische 95, 411
The Times 25 f., 103, 177, 274, 309, 316, 346, 349, 357, 370, 382, 434
Tintenfische 15, 39, 366
Titusville, Pennsylvania 146
Toulinguet (Walfangschiff) 175
Townsend, Charles H. 56
Trafalgar-Schlacht 314
Transzendenz 51, 179, 203, 223
Trevor, Richard (Bischof) 272
Trinidad 376
Trondheim 344
Truman, Harry S. 368
The Trying-Out of Moby-Dick (Vincent) 376
Tunstall, York 266, 269
»Tunstall-Wal« 266, 269, 272, 283 f., 285
Turner, J. M. William 280 f.; Abb. 280
Turner, Lana 359
Tyne (Fluss) 382
Typee (Insulaner) 183, 214
Typee (Melville) 183, 184, 200 f.
Tyrannosaurus Rex 81

U

Uckaluk (Inuk) 306
UDSSR 97 f., 109, 368, 369, 379, 435
 siehe auch → Russland
Umm Qasr 377
Unilever 370
Union (Walfangschiff) 189
University Museum, Oxford 193

V

Van Buskirk, Philip C. 155
van de Velde, Esaias 71, 281
Ventnor, Isle of Wight 335
Venus vor dem Spiegel (Velázquez) 270 f.
Das verlorene Paradies (Milton) 9
Verstrahlung 362
Viallelle, Alexandra 429
Viallelle, Serge 423, 425
Victoria (Königin) 329, 434
Vietnam 377
vigia 423 f., 449
Vincent, Howard P. 114, 376
Vishnu 47
Völkerbund 353
Volunteer (Walfangschiff) 323
Vorse, Mary Heaton 34, 118 f., 133
Voyager (Raumfähre) 379

W

Walbeobachtung
 siehe → Whale Watching
Walden (Thoreau) 224 f., 397
Walden Pond 223–226

Wale
- Alter, Lebenserwartung 70, 325–327, 455
- Angriffe auf Schiffe 168, 188–191, 393
- Anthropomorphisierung 42, 51 f., 94
- Barten 39 f., 138, 305, 399, 402; Abb. 39, 232
- Bejagung siehe → Wale, Walfang
- Beobachtung siehe → Whale Watching
- Blas (Spaut) 58, 87, 95, 115, 127, 162, 167, 401 f., 442 f.; Abb. 401, 402
- Blasloch 42, 85, 95, 96, 109, 170
- Ernährung 19, 36 f., 43, 45, 81, 84, 87, 95, 109, 110, 169, 174–177, 235, 238, 240, 248, 328, 391, 398, 402 f., 411, 412, 429–431
- Evolution 45, 92, 196, 336
- Fluke 83, 93, 103, 235 f., 302, 360, 401, 402 f., 405, 406; Abb. 396, 404–406, 440, 457
- Föten 75, 351, 362
- Fortpflanzung 36, 40, 45, 89 f., 91, 96, 233, 392, 434
- erste Fotografien und Filme 44, 46, 109
- Gefahren siehe → Wale, Gefährdung und Walfang
- Gehirn und Intelligenz 85, 92, 383 f., 389, 390
- Gesang 263, 299, 304
- Irrschwimmer 339–343, 410 f.
- Kälber 36, 38, 70, 88, 89, 90, 91, 93, 170, 230, 354, 358, 361, 369, 399, 404, 407, 449, 451
- Kommunikation 40, 45, 95–97, 265, 322, 391 f., 438, 445, 448
- Markierungen 380, 404
- Matriarchat 91, 392

- Ortung und Orientierung 43, 45, 95–98, 109, 322, 337, 448
- Parasiten 38, 240, 362, 430
- Sozialverhalten 89 f., 92 f., 94, 97, 233, 304, 383, 390 f., 448
- Spermaceti siehe → Walrat
- Spermaceti-Organ 96, 112, 430
- Sprache siehe → Kommunikation
- Springen 37 f., 227, 281, 404, 406
- Strandungen 25, 71–75, 174, 229, 266–273, 279 f., 332–339, 342, 351; Abb. 72, 222, 269, 330, 373
- Tauchen 41 f., 83, 87 f., 93, 97, 163 f., 303 f., 337, 437 f.
- Trinken 45, 81
- Walrat (Spermaceti) 112 f., 142, 159, 173 f., 178, 263, 267, 311, 359, 375, 378 f., 428, 433, 438, 453

Wale, Arten
- Atlantischer Nordkaper *(Eubalaena glacialis)* 40, 231, 233–235, 238–241, 304 f., 369, 388, 392, 410; Abb. 239
- Bartenwal *(Mysticeti)* 39 f., 49, 85, 174, 235, 244, 326, 369, 375, 386
- Beluga *(Delphinapterus leucas)* 24–28, 298 f., 301, 303 f., 346, 377, 388, 410; Abb. 24, 28
- Blauwal *(Balaenoptera musculus)* 40, 70, 99 f., 101–104, 115, 274, 347, 354, 355, 360 f., 363, 368, 372, 380, 388; Abb. 100, 102
- Brydewal *(Balaenoptera edeni)* 385
- Buckelwal *(Megaptera novaeangliae)* 32, 40, 101, 105, 250
Äußeres 35–37, 242, 245
Bejagung 115, 169, 347, 349, 368, 369, 372, 386 f.
Blas 402
Ernährung 40, 45, 411, 412

Fluke 83, 403 f., 405
Fortpflanzung 399, 404, 407
Gesang 52, 306, 379
Intelligenz 39
Jagdbeschränkung 370, 384
Name 37, 274
Strandungen 335, 348
Zukunft 388
Abbildungen 36, 37, 76
- Cuvier-Schnabelwal
  (Ziphius cavirostris) 342
- Finnwal *(Balaenoptera physalus)*
  Ausstellungsreise 344 f.
  Bejagung 115, 189, 347, 351, 368, 372, 384, 386, 388
  Beschreibung 40–42, 105, 402 f., 412
  Blas 42, 401 f.
  Strandungen 333, 334 f., 342
  Abbildungen 42, 330, 345, 401
- Furchenwale *(Balaenopteridae)*
  38, 332, 335, 347, 349, 360, 363, 369, 372, 384
- Glattwale *(Balaenidae)* 121, 138, 231, 232, 233, 347, 389; Abb. 232
- Grauwal *(Eschrichtius robustus)*
  189, 357, 382
- Grönlandwal *(Balaena mysticetus)*
  101, 121, 261, 298, 304–306, 309, 313, 315, 321, 322, 324, 325 f., 348, 357, 370, 387
- Kleinstpottwal *(Kogia sima)*
  80
- Minkwal *(Balaenoptera acutorostrata)* siehe → Zwergwal
- Narwal *(Monodon monoceros)*
  259, 262, 298, 299–303, 324; Abb. 299, 305
- Nördlicher Entenwal *(Hyperoodon ampullatus)* 163, 340, 341, 344
- Orca *(Orcinus orca)*
  siehe → Delfine, Arten: Schwertwal

- Pazifischer Nordkaper *(Eubalaena japonica)* 369
- Pottwal *(Physeter catodon* oder *Physeter macrocephalus)*
  Angriffe 188–193, 195
  Äußeres 75 f., 80 f., 83–87, 283
  Bejagung 93 f., 138–142, 159 f., 195 f., 310 f., 347, 356, 367 f., 369, 372 f., 384, 425 f.
  Blas 115, 442 f.
  Ernährung 81, 84 f., 95, 107 f., 109 f., 174, 251 f., 429 f., 431
  Evolution 80, 244, 245, 391
  Fortpflanzung 88 f., 392 f.
  Gehirn und Intelligenz 85, 389 f.
  Größe 81, 193 f.
  Jagdbeschränkung 372 f., 378
  Kälber 89, 170
  Klassifizierung 75, 80
  Kommunikation 97
  Lebensdauer 91, 194
  Name 75, 79
  Population 92, 194
  sexuelle Symbolik 74 f., 114 f.
  Sonar 95–98, 438, 445 f.
  soziale Gruppen 89 f., 92, 195, 390 f., 392
  Spermaceti 75, 112
  Stimme 322, 392
  Strandungen 71–75, 265 f., 279 f., 336, 339
  Streifzüge 75, 81 f., 159
  Tauchen 87 f., 95, 162, 437 f.
  Verteidigung 93
  Zukunft 392 f.
  Abbildungen 10, 76, 82, 86, 99, 269, 373, 428
- Schweinswale *(Phocoenidae)*
  38, 39, 238, 253, 286, 351, 382
- Seiwal *(Balaenoptera borrealis)*
  335, 351, 372, 384, 386

- Sowerby-Zweizahnwal
  (Mesoplodon bidens) 104, 333, 449
- Südkaper *(Eubalaena australis)*
  233, 357, 369, 388
- Südlicher Schwarzwal *(Berardius arnuxii)* 342
- Weißwal *(Delphinapterus leucas)*
  siehe → Beluga
- Zahnwal *(Odontoceti)* 39, 40, 85, 89, 104, 244, 333, 337, 386, 391, 449
- Zwergpottwal *(Kogia breviceps)* 80, 109
- Zwergwal *(Balaenoptera acutorostrata)* 40, 274, 331 f., 339, 340, 351, 386, 388, 401 f., 412

Wale, Gefährdung
- Erwärmung der Meere 327 f.
- Gifte 385, 388
- Kollisionen mit Schiffen 94, 234, 335, 403, 409
- Krankheiten 369, 433
- Krebs 385, 388
- Lärm 378, 385
- Netze und Leinen 234, 235, 335, 385, 409
- Sonar 337, 342

Wale, Produkte
- Ambra 33, 430–437; Abb. 432
- Blubber 25, 37, 101, 140, 179, 228, 269, 280, 309, 326, 334, 361, 428, 430
- Fischbein
  siehe → Walbein
- Fleisch 37, 74, 227, 228, 263, 267, 309, 340, 357, 358, 359, 361, 362, 369, 371, 375, 379, 386, 387, 429
- Kerzen 142, 145, 157
- Kunst 134–137, 242, 303, 429; Abb. 135
- Lebertran 263, 361, 374, 429
- Medizin 374
- militärische Zwecke 349, 377 f., 410
- Tierfutter, Viehfutter 263, 359, 369, 374, 375, 386, 429
- Tran 70, 126, 128, 138, 140, 141, 157 f., 159, 179, 180, 186, 226, 262, 307, 308, 309, 310, 315, 348, 349, 353, 357, 361, 368, 374, 385
- Walbein (Fischbein) 124, 136, 138, 232, 242, 262, 307, 309, 313, 317, 329, 339, 348, 423
- Walöl 79, 97, 112 f., 123, 124, 137, 142, 146, 157, 178, 232, 271, 308, 309, 310, 347, 366, 370, 374, 375, 385, 430, 434, 438

Wale, Walfang
- Beschränkungen 303, 353, 355, 370
- Beschreibung 150–180
- eingeborene Völker 303, 308, 325, 356, 386 f., 388 f.
- vom Wal verschluckt 174–177
- Harpune 118, 119, 134, 166 f., 218, 269, 325, 346, 347, 356, 380, 382, 387, 425
- Fabrikschiffe 349, 353, 354, 355, 357, 360, 363
- Fangquoten 355, 368 f., 371, 372, 387
- Walfangindustrie 146, 206, 259, 347, 354 f., 370 f., 384, 387, 429
- Moratorien 385, 386, 388, 389
- Abbildungen 171, 172, 256, 261, 277, 428

Walker, William 273
Walläuse *(Cyamidae)* 236, 240, 242, 362
Wallis, Edward 273
Walrosse 145, 297
Warnemünde 342
Warwick, New England 30
Washington, D. C. 369
Waterhouse Hawkins, Benjamin 102
Waterloo, Schlacht 293
Waters, John 400
Webster, Daniel 249
Welles, Orson 69, 366

Wellfleet, Massachusetts 227
The Wellfleet Whale (Kunitz) 365
Weltkrieg, Erster 333, 349
Weltkrieg, Zweiter 349, 356 f., 358, 378
Die Werckmeisterschen Harmonien (Film) 345
Westminster Abbey 433
Westminster 25–27, 343, 346
Whale Watching 35–39, 40–42, 238–241, 397–416, 425
Whaling Museum, New Bedford 70
Whitby 292 f., 306, 308 f., 313 f., 316–318, 323, 328 f.
White, Paul D. 380–382
Whitehead, Hal 38, 91 f., 95, 311, 390–393
White-Jacket (Melville) 154, 155, 156, 184, 186, 281
Whitman, Walt 156, 184
Whitstable 174, 280
Wikinger 227, 262, 308, 309
Wilberforce, William 258
Wilde, Oscar 89
Wilde, William 89
Wilhelm IV. (König) 260
William Scoresby (Forschungsschiff) 353, 380
William Wirt (Walfangschiff) 191
Willughby, Francis 301
Wilmington, Delaware 141
Wilson, Ambrose John 174
Wilson, Gilbert 375
Winchester Cathedral 273
Windsor Safari Park 18–20
Winslow (Walfangschiff) 195
Winston, Waldon C. 361
Winterton, Norfolk Abb. 330
Wiscasset, Maine 141
Wood End, Provincetown 398
Wuthering Heights (Brontë) 49

Y

York 301, 306
Yorkshire Philosophical Society 268

Z

Zeuglodon 244
Zoology 253
20 000 Meilen unter dem Meer (Film) 12, 366

David Barrie
Unglaubliche Reisen
Vom inneren Kompass der Tiere

Übersetzt von
Harald Stadler

mare

»Danke, David Barrie, für diese faszinierenden Reisen per Flügel, Huf und Flosse!«

Sy Montgomery, Autorin des *Spiegel*-Bestsellers
Rendezvous mit einem Oktopus

Wussten Sie, dass Albatrosse sich am Stand der Sonne orientieren, während Mistkäfer das Licht der Milchstraße nutzen? Dass Meeresschildkröten mithilfe des Erdmagnetfelds ihren Geburtsstrand wiederfinden, Seehunde anhand von Leitsternen navigieren und Lachse sich auf ihre Nase verlassen? Tiere sind navigatorische Superhelden. Sie alle verfügen über sensationelle Sinne und machen ohne fremde Hilfe ihren Weg – von der winzigsten Wüstenameise bis zum größten Meeressäuger.

David Barrie
UNGLAUBLICHE REISEN
Vom inneren Kompass der Tiere

Aus dem Englischen von Harald Stadler
352 Seiten, gebunden mit Schutzumschlag
und Lesebändchen
€ 26,– [D] / € 26,80 [A]
ISBN 978-3-86648-282-1
Auch als E-Book erhältlich

JONATHAN BALCOMBE

WAS FISCHE WISSEN

Wie sie lieben, spielen, planen:
unsere Verwandten unter Wasser

*Übersetzt von
Tobias Rothenbücher*

mare

»Jonathan Balcombe schreibt über Fische wie Peter Wohlleben über Bäume.«

Süddeutsche Zeitung Magazin

Der Fisch, ein fühlendes Wesen? Auch wenn wir nicht in ihren Augen lesen und ihre Welt nicht begreifen können, scheinen die Flossenträger uns Menschen nicht unähnlich: Sie sind strategisch und sozial, pflegen aufwendige Balzrituale und lebenslange Beziehungen, können täuschen und bestrafen. *Was Fische wissen* überrascht mit Erkenntnissen, die weit über den Aquarien- und Meeresrand hinausgehen.

Jonathan Balcombe
WAS FISCHE WISSEN
Wie sie lieben, spielen, planen:
unsere Verwandten unter Wasser

Aus dem Englischen von Tobias Rothenbücher
336 Seiten, Klappenbroschur
€ 18,– [D] / € 18,50 [A]
ISBN 978-3-86648-639-3
Auch als E-Book erhältlich